U0289408

普通高等教育“十三五”规划教材

线性代数与解析几何

主编 李晓艳 魏晓娜 李永军

上海财经大学出版社

图书在版编目(CIP)数据

线性代数与解析几何/李晓艳,魏晓娜,李永军主编. 一上海:上海财经大学出版社,2017.3
(普通高等教育“十三五”规划教材)
ISBN 978-7-5642-2673-2/F·2673

Ⅰ.①线… Ⅱ.①李… ②魏… ③李… Ⅲ.①线性代数-高等学校-教材②解析几何-高等学校-教材 Ⅳ.①O151.2 ②O182

中国版本图书馆 CIP 数据核字(2017)第 035958 号

□ 责任编辑 石兴凤
□ 封面设计 杨雪婷

XIANXING DAISHU YU JIEXI JIHE
线性代数与解析几何
主编 李晓艳 魏晓娜 李永军

上海财经大学出版社出版发行
(上海市武东路 321 号乙 邮编 200434)
网 址:http://www.sufep.com
电子邮箱:webmaster @ sufep.com
全国新华书店经销
上海译文印刷厂印刷
上海淞杨印刷厂装订
2017 年 3 月第 1 版 2017 年 3 月第 1 次印刷

787mm×1092mm 1/16 17.5 印张 425 千字
印数:0 001—2 000 定价:48.00 元

内容提要

本书内容包括行列式、矩阵与线性方程组、几何向量与坐标、轨迹与方程、平面与直线、线性空间、特征值与特征向量、二次型与常见的二次曲面，同时附有多个应用教学案例，本书的特点是强调几何与代数的融合，强调从具体到抽象的思维方式，以及从问题出发引入概念与内容的教学模式。

本书可作为理工科和其他非数学类专业高等院校的教学用书，也可作为各大专院校或成人教育学院的学生教材，还可作为考研生、自学者和广大科技工作者的参考资料。

前　言

“线性代数与解析几何”是大学数学中最基本、最重要的课程之一，主要讲授矩阵运算的原理、线性空间与线性变换的理论以及空间解析几何的基本知识。该课程是将线性代数与解析几何的内容有机地整合，而不是简单地拼凑。在讲授线性代数内容的同时，要以解析几何为背景及应用的对象；而在讲授解析几何时，则要以线性代数为工具，两者是相辅相成的。它的思想方法与几何直观性可为许多抽象的、高维的数学问题提供形象的几何模型与背景。

长期以来，在我国理工科类大学数学教学中，线性代数都是作为一门独立的课程开设，而解析几何则作为高等数学的一部分被置于微积分课程体系中。然而，线性代数是讨论有限维空间的理论课程，相关理论较为抽象，没有背景材料与实际应用的支持，会使学生对其概念及基本思想的理解造成一定的困难。如“矩阵的秩”和“向量组的秩”等概念是学生感到最抽象、最难理解同时又感到最没用的知识，而它们在解析几何中却有着广泛的应用，使得对几何问题的讨论变得简洁明了。因此，如何让学生通过这一难关，顺利地从“具体的数学”过渡到“抽象的数学”，也是这一课程努力的目标。本书三位编者都有着线性代数与解析几何方面多年的教学经历，一方面在多年的教学实践中我们阅读过许多有特色的教材，另一方面是为了适应高校非数学类专业数学课程教学改革，这使我们有了编写一本更加切合实际的教学用书的想法。

本书在写作上具有以下特点：第一，在教材内容的安排和文字的表述上，遵循由浅入深、由易到难、由具体到抽象的过渡原则，力求通俗易懂，用较少的知识引入较多的概念和解决较多的问题。比如，通过初等变换化简矩阵所得非零行数引入矩阵的秩的概念，通过数组空间引入一般线性空间的概念和内容等。第二，从问题出发，引入要研究的内容。例如，从解线性方程组出发，为解决解的存在性及唯一性、公式解、解的几何结构等问题，引入行列式、矩阵运算、线性空间等概念和内容。第三，本书每章都给出了经典例题的解法与技巧，这些例题或为阐释基本概念或为说明基本方法，都具有较典型的代表性，读者应予以足够的重视。第四，本书每章都安排了实际应用问题的数学案例，一部分还编排了数学软件求解，让读者了解线性代数与解析几何在解决实际问题中的独特作用，特别是代数与几何相结合的一些经典实例，有利于学生充分认识数学模型中代数与几何问题的相互依托作用。整合线性代数与空间解析几何，不仅可以借助几何直观地使一些抽象的代数概念和理论变得比较容易接受，而且也可以借助矩阵方法处理解析几何中一些原本比较困难的问题，例如，直线问题、直线与平面间的位置关系、二次曲面或平面二次曲线的化简等。再者，整合后的课程在大学一年级开设，为后续课程的学习奠定了坚实的基础。

另外，在配置习题时，我们尽可能选入传统的、有代表性的题目，同时为理解基本概念、掌握基本方法而选编了一些基本题目，并且每一节的题目安排由易到难，力求做到所附习题能反映各章节的基本要求并让学生通过练习能有所提高，以最大限度地发挥习题的作用。

本书由兰州城市学院教师李晓艳、魏晓娜、李永军编写。李晓艳编写第 1 章、第 2 章、第 3 章；魏晓娜编写第 4 章、第 5 章、第 6 章；李永军编写第 7 章并负责全书文字、符号的规范化和统筹处理。本书在编写和出版过程中得到了相关领导、同事的支持与帮助，也得到了国家自然科学基金(11261027)和 2014 陇原青年创新人才扶持计划项目资金的支持，在此一并表示衷心的感谢！

本书在编写过程中参考了许多文献资料，列举在后，在此对有关的作者表示诚挚的谢意。限于编者水平，书中定有许多不妥之处，敬请读者批评指正。

编　者

2016 年 12 月于兰州城市学院

目　录

第 1 章　行列式

在空间解析几何的讨论中常常会用到线性代数中的矩阵与行列式. 这两部分知识在数学及其他学科领域有着广泛的应用. 行列式(determinant)的概念最初是伴随着方程组的求解而发展起来的. 作为基本的数学工具之一,行列式在线性代数、多项式理论及解析几何等领域中都有着极其广泛的应用. 行列式的提出可以追溯到 17 世纪,其雏形由日本数学家关孝和(Seki Takakazu)与德国数学家莱布尼兹(Leibniz)各自独立得出. 最终,法国数学家柯西(Cauchy)于 1841 年创立了现代的行列式概念和符号.

§1.1　n 阶行列式的定义

1.1.1　二阶与三阶行列式

先来看中国古代的一个鸡兔同笼问题. 大约在 1500 年前,《孙子算经》中记载了这样一个有趣的问题:"今有雉兔同笼,上有三十五头,下有九十四足,问:雉兔各几何?"这四句话的意思是:有若干只鸡和兔同在一个笼子里,从上面数,有 35 个头;从下面数,有 94 只脚. 问:笼中各有几只鸡和兔? 用二元一次方程很容易求解:可设鸡有 x_1 只,兔有 x_2 只,则

$$\begin{cases} x_1+x_2=35, \\ 2x_1+4x_2=94, \end{cases} \tag{1.1.1}$$

用消元法易得:$x_1=23$,$x_2=12$,即鸡有 23 只,兔子有 12 只.

我们将二元一次方程组一般化,来观察解的特点. 考虑二元一次线性方程组

$$\begin{cases} a_{11}x_1+a_{12}x_2=b_1, \\ a_{21}x_1+a_{22}x_2=b_2. \end{cases} \tag{1.1.2}$$

当 $a_{11}a_{22}-a_{12}a_{21}\neq 0$ 时,由消元法可得方程组的解:

$$\begin{cases} x_1=\dfrac{b_1a_{22}-b_2a_{12}}{a_{11}a_{22}-a_{12}a_{21}}, \\ x_2=\dfrac{b_2a_{11}-b_1a_{21}}{a_{11}a_{22}-a_{12}a_{21}}. \end{cases} \tag{1.1.3}$$

这就是二元一次线性方程组(1.1.2)的公式解. 据此,我们引进二阶行列式的概念.

定义 1.1.1　令 $D=\begin{vmatrix} a_{11} & a_{12} \\ a_{21} & a_{22} \end{vmatrix}=a_{11}a_{22}-a_{12}a_{21}$,其中,$\begin{vmatrix} a_{11} & a_{12} \\ a_{21} & a_{22} \end{vmatrix}$ 叫做一个二阶行列式,显然,其值由主、副对角线元素的积作差得来.

当 $D=\begin{vmatrix} a_{11} & a_{12} \\ a_{21} & a_{22} \end{vmatrix}\neq 0$ 时,借助于二阶行列式这个新概念,方程组(1.1.2)的公式解可简

记为

$$\begin{cases} x_1 = \dfrac{D_1}{D}, \\ x_2 = \dfrac{D_2}{D}, \end{cases}$$

其中，$D_1 = \begin{vmatrix} b_1 & a_{12} \\ b_2 & a_{22} \end{vmatrix}$，$D_2 = \begin{vmatrix} a_{11} & b_1 \\ a_{21} & b_2 \end{vmatrix}$.

我们回顾那道鸡兔同笼的题目，在方程组(1.1.1)中，

$$D = \begin{vmatrix} 1 & 1 \\ 2 & 4 \end{vmatrix} = 2 \neq 0, D_1 = \begin{vmatrix} 35 & 1 \\ 94 & 4 \end{vmatrix} = 46, D_2 = \begin{vmatrix} 1 & 35 \\ 2 & 94 \end{vmatrix} = 24,$$

于是 $x_1 = \dfrac{D_1}{D} = 23, x_2 = \dfrac{D_2}{D} = 12$，即鸡有 23 只，兔子有 12 只.

类似可以给出下面的定义：

定义 1.1.2 令

$$D = \begin{vmatrix} a_{11} & a_{12} & a_{13} \\ a_{21} & a_{22} & a_{23} \\ a_{31} & a_{32} & a_{33} \end{vmatrix}$$

$$= a_{11}a_{22}a_{33} + a_{12}a_{23}a_{31} + a_{13}a_{21}a_{32} - a_{11}a_{23}a_{32} - a_{12}a_{21}a_{33} - a_{13}a_{22}a_{31}, \tag{1.1.4}$$

我们称之为三阶行列式.

三阶行列式定义没有二阶行列式那么容易记忆，需要注意展开式的六项中哪些项带有正号，哪些项带有负号.

类似地，若三元线性方程组

$$\begin{cases} a_{11}x_1 + a_{12}x_2 + a_{13}x_3 = b_1, \\ a_{21}x_1 + a_{22}x_2 + a_{23}x_3 = b_2, \\ a_{31}x_1 + a_{32}x_2 + a_{33}x_3 = b_3 \end{cases}$$

的系数行列式为

$$D = \begin{vmatrix} a_{11} & a_{12} & a_{13} \\ a_{21} & a_{22} & a_{23} \\ a_{31} & a_{32} & a_{33} \end{vmatrix} \neq 0,$$

则用消元法同样可求其解

$$\begin{cases} x_1 = \dfrac{D_1}{D}, \\ x_2 = \dfrac{D_2}{D}, \\ x_3 = \dfrac{D_3}{D}, \end{cases}$$

其中，D_1、D_2、D_3 是将 D 的第一列、第二列、第三列分别换成常数项所得到的三阶行列式，即

$$D_1 = \begin{vmatrix} b_1 & a_{12} & a_{13} \\ b_2 & a_{22} & a_{23} \\ b_3 & a_{32} & a_{33} \end{vmatrix}, D_2 = \begin{vmatrix} a_{11} & b_1 & a_{13} \\ a_{21} & b_2 & a_{23} \\ a_{31} & b_3 & a_{33} \end{vmatrix}, D_3 = \begin{vmatrix} a_{11} & a_{12} & b_1 \\ a_{21} & a_{22} & b_2 \\ a_{31} & a_{32} & b_3 \end{vmatrix}.$$

例 1.1.1　解方程组$\begin{cases}3x-2y+z=15,\\5y-2z=9,\\2x+y-z=1.\end{cases}$

解　因为系数行列式为 $D=\begin{vmatrix}3&-2&1\\0&5&-2\\2&1&-1\end{vmatrix}=-11\neq0$，所以方程组有解. 再由

$$D_1=\begin{vmatrix}15&-2&1\\9&5&-2\\1&1&-1\end{vmatrix}=-55,D_2=\begin{vmatrix}3&15&1\\0&9&-2\\2&1&-1\end{vmatrix}=-99,D_3=\begin{vmatrix}3&-2&15\\0&5&9\\2&1&1\end{vmatrix}=-198,$$

可得 $x=\frac{-55}{-11}=5,y=\frac{-99}{-11}=9,z=\frac{-198}{-11}=18.$

1.1.2　n 阶排列及其逆序数、对换

我们已经知道二、三阶行列式展开式中有的项取正号，有的项取负号，如果将行列式定义扩展到 $n(n\geqslant4)$ 阶，必然也会出现这样的现象，那么每一项及其符号是基于什么规律而确定下来的呢？展开式的项数又是多少呢？这就要用到我们这一部分将要阐述的 n 阶排列的概念.

定义 1.1.3　由自然数 $1,2,\cdots,n$ 组成的任意一个 n 元有序数组 $i_1i_2\cdots i_n$ 称为一个 n 阶排列. 其中，$12\cdots n$ 称为自然排列.

比如 2413 是 4 阶排列，253164 是 6 阶排列. 需要注意的是，1123 及 13567 都不是排列. 易知，n 阶排列一共有 $n!$ 个.

定义 1.1.4　在一个排列中，如果一个较大的数字排在一个较小的数字之前，则称这两个数字构成一个逆序. 在一个排列 $i_1i_2\cdots i_n$ 中，逆序的总数称为这个排列的逆序数，记为 $\tau(i_1i_2\cdots i_n)$. 逆序数为奇数的排列称为奇排列，逆序数为偶数的排列称为偶排列.

比如，8 阶排列 57864312，为方便起见，将数 i 与排在其前面的数构成的逆序数记为 τ_i，则 $\tau_1=6,\tau_2=6,\tau_3=5,\tau_4=4,\tau_5=0,\tau_6=2,\tau_7=0,\tau_8=0$，于是

$$\tau(57864312)=6+6+5+4+0+2+0+0=23,$$

故 8 阶排列 57864312 为一个奇排列.

思考：还有别的计算逆序数的方法吗？

定义 1.1.5　把一个排列中两个数字 i,j 的位置互换而保持其余数字的位置不动，则称对这个排列施行了一个对换，记作 (i,j). 相邻位置两个数字的对换称为相邻对换，否则称为一般对换.

对换具有可逆性，即若连续实施两次同一个对换，则将排列还原. 对换有下述重要性质：

定理 1.1.1　对换改变排列的奇偶性.

证明　当 (i,j) 为相邻对换时，对换前后，i,j 之外数字的位置都没有改变，因此这些数字所构成的逆序数不变，i,j 和其余数字所构成的逆序数也不变，故只需考虑 i,j 两者之间的逆序. 如果 i 和 j 原来并没有逆序(即 $i<j$)，那么在对换后的新排列中会得到一个新的逆序，即增加了一个逆序数；如果原来两者就是逆序(即 $i>j$)，那么现在就会变成顺序，即减少了一个逆序数. 在这两种情形中排列前后奇偶性都发生了变动.

当(i,j)为一般对换时，设i,j之间有s个数字$k_1,k_2,\cdots,k_s$. 不失一般性，设原排列为

$$\cdots ik_1k_2\cdots k_sj\cdots, \tag{1.1.5}$$

经对换(i,j)，得到

$$\cdots jk_1k_2\cdots k_si\cdots. \tag{1.1.6}$$

用下面的方法可以将(1.1.6)看作由(1.1.5)经过一系列的相邻对换而得到：先将(1.1.5)的i向右依次与$k_1,k_2,\cdots,k_s$作s次相邻对换得$\cdots k_1k_2\cdots k_sij\cdots$，再将$j$向左依次与$i,k_s,k_{s-1},\cdots,k_1$作$s+1$次相邻对换而得(1.1.6)，即(1.1.6)可由(1.1.5)经$2s+1$次相邻对换而得. 由第一段论述知，每一个相邻对换都要改变排列的奇偶性，而$2s+1$是一个奇数，所以(1.1.5)和(1.1.6)的奇偶性相反.

推论 1.1.1 排列经过奇数次对换，其奇偶性发生改变；经过偶数次对换，其奇偶性不变.

证明 由上面的定理知此结论显然成立.

推论 1.1.2 当$n\geqslant 2$时，在n阶排列中，奇偶排列数目相等，即各有$\frac{n!}{2}$个.

证明 任取对换(i,j)，对所有的奇排列作(i,j)对换，由推论1.1.1知上述排列将全部变为偶排列，故奇排列个数不大于偶排列个数. 同理，对所有的偶排列作(i,j)对换，可知上述排列将全部变为奇排列，故偶排列个数不大于奇排列个数. 于是，在n阶排列中，奇偶排列数目相等，即各有$\frac{n!}{2}$个.

定理 1.1.2 自然排列$12\cdots n$可以与任意n阶排列$i_1i_2\cdots i_n$经过一系列对换相互转换，且所作对换次数与排列$i_1i_2\cdots i_n$具有相同的奇偶性.

证明 先来看由自然排列到任意同阶排列的转换. 对n用数学归纳法.

当$n=1$时，一阶排列只有自然排列，命题成立. 当$n=2$时，二阶排列有两个，即自然排列12和一般排列21，命题显然成立.

假设对$n-1$的情形命题成立，即$n-1$阶自然排列可经一系列对换变为任意的同阶排列. 设$i_1i_2\cdots i_n$是任一n阶排列，若$i_n=n$，则$i_1i_2\cdots i_{n-1}$是一个$n-1$阶排列，结论由归纳法得到；若$i_n=j\neq n$，作对换(j,n)，归结到$i_n=n$的情形，结论成立.

由于对换可逆，任意n阶排列可经(同样的)一系列对换变为同阶自然排列. 由推论1.1.1知，两者相互转换所作的对换次数与排列$i_1i_2\cdots i_n$具有相同的奇偶性.

1.1.3 *n* 阶行列式的定义

我们用

$$D=\begin{vmatrix} a_{11} & a_{12} & \cdots & a_{1n} \\ a_{21} & a_{22} & \cdots & a_{2n} \\ \vdots & \vdots & & \vdots \\ a_{n1} & a_{n2} & \cdots & a_{nn} \end{vmatrix}$$

表示一个n阶行列式，其中，元素$a_{ij}\in C(i,j=1,2,\cdots,n)$，这里$C$为复数集. 为了描述行列式中某个位置的元素，我们将行列式的横排称为行(row)，竖排称为列(column)，这也是用行列式来命名上面式子的原因所在. a_{ij}表示此n阶行列式的第i行第j列的元素，i称为行指

标，j 称为列指标.

我们首先分析二阶和三阶行列式的定义.

对于二阶或三阶行列式，它的值都是元素之“积”的“和”. 对于二阶行列式，积是取自不同行不同列的两个元素的积，这样的积共有 2！=2 个，$a_{11}a_{22}$ 取正号，$a_{12}a_{21}$ 取负号. 对于三阶行列式，积都是取自不同行不同列的三个元素的乘积，共有 3！=6 个. 其中三项，即 $a_{11}a_{22}a_{33}$，$a_{12}a_{23}a_{31}$ 和 $a_{13}a_{21}a_{32}$ 带正号，另外三项 $a_{11}a_{23}a_{32}$，$a_{12}a_{21}a_{33}$ 和 $a_{13}a_{22}a_{31}$ 带负号.

进一步可以观察到，若我们首先将上述取自不同行不同列的元素的积项的行指标按照自然顺序排起来，再考察列指标，则对于二阶行列式，两项的列指标为 12，21，而 12 是偶排列，此项前面带有正号，21 是奇排列，对应的项前面带有负号. 对于三阶行列式，行指标按照自然顺序排列后，带正号的项的列指标为 123，231，312，它们是关于 1，2，3 的偶排列；带负号的项的列指标为 132，213，321，它们为奇排列.

从二阶和三阶行列式的展开式中得到启发，下面借助于 n 阶排列的知识来定义 n 阶行列式的值.

定义 1.1.6 n 阶行列式

$$D=\begin{vmatrix} a_{11} & a_{12} & \cdots & a_{1n} \\ a_{21} & a_{22} & \cdots & a_{2n} \\ \vdots & \vdots & & \vdots \\ a_{n1} & a_{n2} & \cdots & a_{nn} \end{vmatrix}$$

等于所有来自不同行不同列的 n 个元素乘积的代数和. 由于代数和的项数为 $n!$ 个，为了表达方便，我们可以将每项中的 n 个元素按行指标由小及大的顺序排列，即写作 $a_{1j_1}a_{2j_2}\cdots a_{nj_n}$ 的形式，并规定当列指标 $j_1j_2\cdots j_n$ 是偶排列时，此项前面带正号；当列指标 $j_1j_2\cdots j_n$ 是奇排列时，此项前面带负号. 这样，n 阶行列式可以表示为

$$D=\begin{vmatrix} a_{11} & a_{12} & \cdots & a_{1n} \\ a_{21} & a_{22} & \cdots & a_{2n} \\ \vdots & \vdots & & \vdots \\ a_{n1} & a_{n2} & \cdots & a_{nn} \end{vmatrix}=\sum_{j_1j_2\cdots j_n}(-1)^{\tau(j_1j_2\cdots j_n)}a_{1j_1}a_{2j_2}\cdots a_{nj_n}. \tag{1.1.7}$$

其中，$\sum\limits_{j_1j_2\cdots j_n}$ 表示对所有可能的 n 阶排列求和.（1.1.7）称为行列式的展开式.

上述 n 阶行列式通常记为 $D=\det(a_{ij})$ 或者 $|a_{ij}|$.

可以验证当 $n=2,3$ 时，我们定义的二、三阶行列式与前面定义的二、三阶行列式是一致的，即

$$\begin{vmatrix} a_{11} & a_{12} \\ a_{21} & a_{22} \end{vmatrix}=\sum_{j_1j_2}(-1)^{\tau(j_1j_2)}a_{1j_1}a_{2j_2},$$

$$\begin{vmatrix} a_{11} & a_{12} & a_{13} \\ a_{21} & a_{22} & a_{23} \\ a_{31} & a_{32} & a_{33} \end{vmatrix}=\sum_{j_1j_2j_3}(-1)^{\tau(j_1j_2j_3)}a_{1j_1}a_{2j_2}a_{3j_3}.$$

当 $n=1$ 时，规定 $|a_{11}|=a_{11}$.

上面定义行列式展开式中的项是按行指标的自然顺序排列的. 一个自然的问题是，每一项能否按列指标的自然顺序排列呢？答案是肯定的. 由于数的乘法满足可交换性，不妨设某

项为 $a_{1j_1}, a_{2j_2}, \cdots, a_{nj_n}$，调整元素的顺序，设

$$a_{1j_1}a_{2j_2}\cdots a_{nj_n}=a_{i_1 1}a_{i_2 2}\cdots a_{i_n n}.$$

我们知道此项的正负由 $\tau(j_1 j_2\cdots j_n)$ 来决定. 将上述等式左侧化为右侧可以通过元素之间的对换来完成，每作一次元素的对换，由其元素的行指标和列指标构成的排列也都要作一次对换，也就是说，$i_1 i_2\cdots i_n$ 与 $j_1 j_2\cdots j_n$ 同时改变奇偶性，故 $(-1)^{\tau(i_1 i_2\cdots i_n)}=(-1)^{\tau(j_1 j_2\cdots j_n)}$. 于是，$n$ 阶行列式的另一个展开式为

$$\begin{vmatrix} a_{11} & a_{12} & \cdots & a_{1n} \\ a_{21} & a_{22} & \cdots & a_{2n} \\ \vdots & \vdots & & \vdots \\ a_{n1} & a_{n2} & \cdots & a_{nn} \end{vmatrix}=\sum_{i_1 i_2\cdots i_n}(-1)^{\tau(i_1 i_2\cdots i_n)}a_{i_1 1}a_{i_2 2}\cdots a_{i_n n}.$$

例 1.1.2 确定 4 阶行列式 $\det(a_{ij})$ 的展开式中乘积项 $a_{31}a_{14}a_{43}a_{22}$ 所带的符号.

解 交换元素的顺序，使得其行指标次序成为自然的排列形式，得

$$a_{31}a_{14}a_{43}a_{22}=a_{14}a_{22}a_{31}a_{43}.$$

因为由列指标构成的排列逆序数 $\tau(4213)=4$ 是偶数，故乘积项 $a_{31}a_{14}a_{43}a_{22}$ 所带的符号为正.

一般而言，直接利用定义来求行列式的值是一件困难的事情，因为我们知道 10 阶行列式的展开式就有 $10!=3628800$ 项. 但对于某些特殊的情形，可以按定义去计算其值. 举例如下：

例 1.1.3 计算 n 阶行列式

$$D=\begin{vmatrix} 0 & 1 & 0 & \cdots & 0 \\ 0 & 0 & 2 & \cdots & 0 \\ \vdots & \vdots & \vdots & & \vdots \\ 0 & 0 & 0 & \cdots & n-1 \\ n & 0 & 0 & \cdots & 0 \end{vmatrix}.$$

解 通过观察可知，此行列式只可能含有一个非零项 $a_{12}a_{23}\cdots a_{n-1,n}a_{n1}$，由列指标所构成排列的逆序数 $\tau(23\cdots(n-1)n1)=n-1$，故原行列式

$$D=(-1)^{\tau(23\cdots(n-1)n1)}a_{12}a_{23}\cdots a_{n-1,n}a_{n1}=(-1)^{n-1}n!.$$

例 1.1.4 计算 n 阶行列式

$$D=\begin{vmatrix} a_{11} & a_{12} & \cdots & a_{1,n-1} & a_{1n} \\ 0 & a_{22} & \cdots & a_{2,n-1} & a_{2n} \\ \vdots & \vdots & & \vdots & \vdots \\ 0 & 0 & \cdots & a_{n-1,n-1} & a_{n-1,n} \\ 0 & 0 & \cdots & 0 & a_{nn} \end{vmatrix}.$$

解 根据定义，D 的展开式中每一项都可以写成 $(-1)^{\tau(j_1 j_2\cdots j_n)}a_{1j_1}a_{2j_2}\cdots a_{nj_n}$ 的形式. 由于这个行列式的第 n 行中除了 a_{nn} 外其余元素全为零，所以含 $j_n\neq n$ 的项其值皆为零，因此只需考虑项中含 $j_n=n$ 的那项即可. 再看第 $n-1$ 行，这一行中只有 $a_{n-1,n-1}$ 和 $a_{n-1,n}$ 两项不为零，因此不为零的项只可能在 j_{n-1} 取 $n-1$ 或 n 时得到. 由于同一列中只可以选取一个元素，因此 $j_{n-1}\neq n$，只有 $j_{n-1}=n-1$. 按同样的推理方法依次推出，D 的展开式中非零项只可能是 $(-1)^{\tau(12\cdots n)}a_{11}a_{22}\cdots a_{nn}$，所以有

$$D=a_{11}a_{22}\cdots a_{nn}.$$

在行列式中，由左上角到右下角所形成的斜线称为主对角线，由右上角到左下角所形成的斜线称为副对角线. 对于例 1.1.4 的 n 阶行列式，在主对角线下面的元素全为零，称为上三角形行列式. 如果主对角线上面的元素全为零，则称为下三角形行列式. 上三角形行列式和下三角形行列式统称为三角形行列式. 如果除了主对角线之外的元素全为零，则称之为对角行列式. 根据定义可得

$$\begin{vmatrix} 0 & 0 & \cdots & 0 & a_{1n} \\ 0 & 0 & \cdots & a_{2,n-1} & a_{2n} \\ \vdots & \vdots & & \vdots & \vdots \\ 0 & a_{n-1,2} & \cdots & a_{n-1,n-1} & a_{n-1,n} \\ a_{n1} & a_{n2} & \cdots & a_{n,n-1} & a_{nn} \end{vmatrix}=(-1)^{\frac{1}{2}n(n-1)}a_{1n}a_{2,n-1}\cdots a_{n1}.$$

习题 1.1

1. 利用对角线法则计算下列行列式.

(1) $\begin{vmatrix} 2 & 1 \\ -5 & -3 \end{vmatrix}$；　　(2) $\begin{vmatrix} 2 & 0 & 1 \\ 1 & -4 & -1 \\ -1 & 8 & 3 \end{vmatrix}$；　　(3) $\begin{vmatrix} a & b & c \\ b & c & a \\ c & a & b \end{vmatrix}$.

2. 确定 i 与 j，使

(1)$74238i9j6$ 为奇排列；　　(2)$2i31859j6$ 为偶排列.

3. 用行列式的定义计算下列行列式.

(1) $\begin{vmatrix} a_1 & 0 & b_1 & 0 \\ 0 & c_1 & 0 & d_1 \\ a_2 & 0 & b_2 & 0 \\ 0 & c_2 & 0 & d_2 \end{vmatrix}$；　(2) $\begin{vmatrix} a & 0 & 0 & 0 & b \\ b & a & 0 & 0 & 0 \\ 0 & b & a & 0 & 0 \\ 0 & 0 & b & a & 0 \\ 0 & 0 & 0 & b & a \end{vmatrix}$；　(3) $\begin{vmatrix} 0 & 2 & 0 & \cdots & 0 \\ 0 & 0 & 3 & \cdots & 0 \\ \vdots & \vdots & \vdots & & \vdots \\ 0 & 0 & 0 & \cdots & n \\ 1 & 0 & 0 & \cdots & 0 \end{vmatrix}$.

4. 设 x_1,x_2,x_3 是方程 $x^3+px+q=0$ 的三个根，试求行列式 $\begin{vmatrix} x_1 & x_2 & x_3 \\ x_3 & x_1 & x_2 \\ x_2 & x_3 & x_1 \end{vmatrix}$ 的值.

§1.2　n 阶行列式的性质

1.2.1　行列式的性质

为了简化行列式的计算，下面给出行列式的一些重要性质.

定理 1.2.1　行与列互换，行列式的值不变，即

$$\begin{vmatrix} a_{11} & a_{12} & \cdots & a_{1n} \\ a_{21} & a_{22} & \cdots & a_{2n} \\ \vdots & \vdots & & \vdots \\ a_{n1} & a_{n2} & \cdots & a_{nn} \end{vmatrix}=\begin{vmatrix} a_{11} & a_{21} & \cdots & a_{n1} \\ a_{12} & a_{22} & \cdots & a_{n2} \\ \vdots & \vdots & & \vdots \\ a_{1n} & a_{2n} & \cdots & a_{nn} \end{vmatrix}.$$

证明 设 $b_{ij}=a_{ji}(i,j=1,2,\cdots,n)$，则

$$\text{右边}=\begin{vmatrix} b_{11} & b_{12} & \cdots & b_{1n} \\ b_{21} & b_{22} & \cdots & b_{2n} \\ \vdots & \vdots & & \vdots \\ b_{n1} & b_{n2} & \cdots & b_{nn} \end{vmatrix}=\sum_{j_1j_2\cdots j_n}(-1)^{\tau(j_1j_2\cdots j_n)}b_{j_11}b_{j_22}\cdots b_{j_nn}$$

$$=\sum_{j_1j_2\cdots j_n}(-1)^{\tau(j_1j_2\cdots j_n)}a_{1j_1}a_{2j_2}\cdots a_{nj_n}=\text{左边}.$$

假设 $D=\begin{vmatrix} a_{11} & a_{12} & \cdots & a_{1n} \\ a_{21} & a_{22} & \cdots & a_{2n} \\ \vdots & \vdots & & \vdots \\ a_{n1} & a_{n2} & \cdots & a_{nn} \end{vmatrix}$，$D^T=\begin{vmatrix} a_{11} & a_{21} & \cdots & a_{n1} \\ a_{12} & a_{22} & \cdots & a_{n2} \\ \vdots & \vdots & & \vdots \\ a_{1n} & a_{2n} & \cdots & a_{nn} \end{vmatrix}$，那么称 D^T 为 D 的转置行列式，有时候也记作 D'. 于是，定理 1.2.1 可以简写为 $D=D^T$. 由此定理可知行列式中行和列的地位是对称的，具有相同的性质.

定理 1.2.2 在行列式中，如果某一行(列)元素全为零，则该行列式值为零.

证明 不妨设行列式第 i 行全为零. 因在行列式展开式的每一项中必然有一个因子取自第 i 行，故展开式的每一项都为零，于是行列式的值等于零.

定理 1.2.3 在行列式中交换任意两行(列)的位置，行列式的值变号.

证明 设行列式为

$$D=\begin{vmatrix} a_{11} & a_{12} & \cdots & a_{1n} \\ \vdots & \vdots & & \vdots \\ a_{p1} & a_{p2} & \cdots & a_{pn} \\ \vdots & \vdots & & \vdots \\ a_{q1} & a_{q2} & \cdots & a_{qn} \\ \vdots & \vdots & & \vdots \\ a_{n1} & a_{n2} & \cdots & a_{nn} \end{vmatrix},$$

交换 D 的 p,q 两行得

$$D_1=\begin{vmatrix} a_{11} & a_{12} & \cdots & a_{1n} \\ \vdots & \vdots & & \vdots \\ a_{q1} & a_{q2} & \cdots & a_{qn} \\ \vdots & \vdots & & \vdots \\ a_{p1} & a_{p2} & \cdots & a_{pn} \\ \vdots & \vdots & & \vdots \\ a_{n1} & a_{n2} & \cdots & a_{nn} \end{vmatrix}.$$

不计符号，任取 D 的一项 $a_{1j_1}a_{2j_2}\cdots a_{pj_p}\cdots a_{qj_q}\cdots a_{nj_n}$，它是来自 D 的不同行不同列 n 个元素的乘积，因为 D_1 和 D 只是在两行之间交换了位置，这一项也是 D_1 的一项，反之亦然. 因此不计符号，两者有着完全相同的项，这样我们只需比较该项在 D 和 D_1 中的符号. 该项在 D 中的符号为 $(-1)^{\tau(j_1j_2\cdots j_p\cdots j_q\cdots j_n)}$，在 D_1 中的符号为 $(-1)^{\tau(j_1j_2\cdots j_q\cdots j_p\cdots j_n)}$，由 §1.1 定理1.1.1 可知，以上两式符号相反. 由于该项可任意选取，故 $D_1=-D$.

推论 1.2.1 如果行列式有两行(列)元素完全相同，那么行列式的值为零.

证明　设行列式 D 有 i,j 两行(列)完全相同,交换 i,j 两行(列)形成的新行列式,记为 D_1,则 $D_1=D$. 又由定理 1.2.3 知,$D_1=-D$,于是 $D=-D$,从而有 $D=0$.

定理 1.2.4　行列式具有线性性质,即

(1) $$\begin{vmatrix} a_{11} & a_{12} & \cdots & a_{1n} \\ \vdots & \vdots & & \vdots \\ b_1+c_1 & b_2+c_2 & \cdots & b_n+c_n \\ \vdots & \vdots & & \vdots \\ a_{n1} & a_{n2} & \cdots & a_{nn} \end{vmatrix} = \begin{vmatrix} a_{11} & a_{12} & \cdots & a_{1n} \\ \vdots & \vdots & & \vdots \\ b_1 & b_2 & \cdots & b_n \\ \vdots & \vdots & & \vdots \\ a_{n1} & a_{n2} & \cdots & a_{nn} \end{vmatrix} + \begin{vmatrix} a_{11} & a_{12} & \cdots & a_{1n} \\ \vdots & \vdots & & \vdots \\ c_1 & c_2 & \cdots & c_n \\ \vdots & \vdots & & \vdots \\ a_{n1} & a_{n2} & \cdots & a_{nn} \end{vmatrix};$$

(2) $$\begin{vmatrix} a_{11} & a_{12} & \cdots & a_{1n} \\ \vdots & \vdots & & \vdots \\ ka_{i1} & ka_{i2} & \cdots & ka_{in} \\ \vdots & \vdots & & \vdots \\ a_{n1} & a_{n2} & \cdots & a_{nn} \end{vmatrix} = k\begin{vmatrix} a_{11} & a_{12} & \cdots & a_{1n} \\ \vdots & \vdots & & \vdots \\ a_{i1} & a_{i2} & \cdots & a_{in} \\ \vdots & \vdots & & \vdots \\ a_{n1} & a_{n2} & \cdots & a_{nn} \end{vmatrix}.$$

行列式的线性性质对于列也同样适用.

证明　(1)左侧 $\displaystyle =\sum_{j_1j_2\cdots j_n}(-1)^{\tau(j_1j_2\cdots j_n)}a_{1j_1}\cdots(b_{j_i}+c_{j_i})\cdots a_{nj_n}$

$$=\sum_{j_1j_2\cdots j_n}(-1)^{\tau(j_1j_2\cdots j_n)}a_{1j_1}\cdots b_{j_i}\cdots a_{nj_n}+\sum_{j_1j_2\cdots j_n}(-1)^{\tau(j_1j_2\cdots j_n)}a_{1j_1}\cdots c_{j_i}\cdots a_{nj_n}$$

=右侧.

(2)左侧 $\displaystyle =\sum_{j_1j_2\cdots j_n}(-1)^{\tau(j_1j_2\cdots j_n)}a_{1j_1}\cdots(ka_{ij_i})\cdots a_{nj_n}$

$$=k\sum_{j_1j_2\cdots j_n}(-1)^{\tau(j_1j_2\cdots j_n)}a_{1j_1}\cdots a_{ij_i}\cdots a_{nj_n}$$

=右侧.

此性质表明,若某一行(列)是两组数的和,则这个行列式就等于两个行列式的和,而这两个行列式除这一行(列)之外全与原行列式的对应行(列)一样;一行的公因子可以提出来,或者说用一个数乘行列式的一行就相当于用这个数乘此行列式.

推论 1.2.2　如果行列式有两行(列)成比例,则此行列式为零,即

$$\begin{vmatrix} a_{11} & a_{12} & \cdots & a_{1n} \\ \vdots & \vdots & & \vdots \\ a_{p1} & a_{p2} & \cdots & a_{pn} \\ \vdots & \vdots & & \vdots \\ ka_{p1} & ka_{p2} & \cdots & ka_{pn} \\ \vdots & \vdots & & \vdots \\ a_{n1} & a_{n2} & \cdots & a_{nn} \end{vmatrix}=0.$$

证明　结合定理 1.2.4(2)和推论 1.2.1 即得.

推论 1.2.3　把行列式某一行(列)的 k 倍加到另一行(列),行列式的值不变,即

$$\begin{vmatrix} a_{11} & a_{12} & \cdots & a_{1n} \\ \vdots & \vdots & & \vdots \\ a_{p1} & a_{p2} & \cdots & a_{pn} \\ \vdots & \vdots & & \vdots \\ a_{q1} & a_{q2} & \cdots & a_{qn} \\ \vdots & \vdots & & \vdots \\ a_{n1} & a_{n2} & \cdots & a_{nn} \end{vmatrix} = \begin{vmatrix} a_{11} & a_{12} & \cdots & a_{1n} \\ \vdots & \vdots & & \vdots \\ a_{p1} & a_{p2} & \cdots & a_{pn} \\ \vdots & \vdots & & \vdots \\ a_{q1}+ka_{p1} & a_{q2}+ka_{p2} & \cdots & a_{qn}+ka_{pn} \\ \vdots & \vdots & & \vdots \\ a_{n1} & a_{n2} & \cdots & a_{nn} \end{vmatrix}.$$

证明 结合定理 1.2.4 和推论 1.2.2 可得.

有了上面的性质,可以进行行列式的计算.下面就来看一些具体的例子.为了描述方便,先引入下列记号:

(1)$r_i \div k$(或 $c_i \div k$)表示从第 i 行(列)提取公因子 k;

(2)$r_i + kr_j$(或 $c_i + kc_j$)表示将第 j 行(列)的 k 倍加到第 i 行(列);

(3)$r_i \leftrightarrow r_j$(或 $c_i \leftrightarrow c_j$)表示交换第 i 行(列)与第 j 行(列)的位置.

在计算中我们往往会反复利用行列式的性质,试图将行列式化为上(下)三角形行列式,进而得到行列式的值.

1.2.2 利用性质计算行列式

例 1.2.1 计算行列式

$$D = \begin{vmatrix} 3 & -1 & 5 & 4 \\ 1 & 2 & 6 & 2 \\ 2 & \frac{1}{2} & 0 & -3 \\ 1 & \frac{1}{6} & 2 & \frac{2}{3} \end{vmatrix}.$$

解

$$D \xlongequal[c_4 \div 2]{r_3 \div \frac{1}{2},\ r_4 \div \frac{1}{6}} \frac{1}{6} \begin{vmatrix} 3 & -1 & 5 & 2 \\ 1 & 2 & 6 & 1 \\ 4 & 1 & 0 & -3 \\ 6 & 1 & 12 & 2 \end{vmatrix} \xlongequal[r_3 - 4r_1,\ r_4 - 6r_1]{r_1 \leftrightarrow r_2,\ r_3 - 3r_1} \frac{1}{6} \begin{vmatrix} 1 & 2 & 6 & 1 \\ 0 & -7 & -13 & -1 \\ 0 & -7 & -24 & -7 \\ 0 & -11 & -24 & -4 \end{vmatrix}$$

$$\xlongequal[c_2 \leftrightarrow c_4,\ r_3 - 7r_2,\ r_4 - 4r_2]{r_i \div (-1),\ i=1,2,3,4} -\frac{1}{6} \begin{vmatrix} 1 & 1 & 6 & 2 \\ 0 & 1 & 13 & 7 \\ 0 & 0 & -67 & -42 \\ 0 & 0 & -28 & -17 \end{vmatrix}$$

$$\xlongequal[r_4 - 28r_3]{r_4 \div (-1),\ r_3 \div (-67)} -\frac{67}{6} \begin{vmatrix} 1 & 1 & 6 & 2 \\ 0 & 1 & 13 & 7 \\ 0 & 0 & 1 & \frac{42}{67} \\ 0 & 0 & 0 & -\frac{37}{67} \end{vmatrix} = \left(-\frac{67}{6}\right) \times \left(-\frac{37}{67}\right) = \frac{37}{6}.$$

Matlab 是一款功能强大的计算软件,我们可以借助它来验算行列式是否求解正确.比

如上例,我们可以在 Matlab 环境下依次输入:

```
format   rat ↵
det([3,-1,5,4;1,2,6,2;2,1/2,0,-3;1,1/6,2,2/3]) ↵
```

就得到行列式的值“37/6”,其中“format　rat”的功能是让计算结果以分数形式列出,“↵”代表回车键.行列式元素之间的逗号也可以用空格代替.

例 1.2.2 计算 n 阶行列式

$$D=\begin{vmatrix} 1 & 1 & 1 & \cdots & 1 \\ 2 & 2 & 0 & \cdots & 0 \\ 4 & 0 & 3 & \cdots & 0 \\ \vdots & \vdots & \vdots & & \vdots \\ 2^{n-1} & 0 & 0 & \cdots & 0 \end{vmatrix}.$$

解 将第 2 行的 $-\frac{1}{2}$ 倍,第 3 行的 $-\frac{1}{3}$ 倍,…,第 n 行的 $-\frac{1}{n}$ 倍加到第一行,即

$$D\xlongequal[i=2,3,\cdots,n]{r_1-\frac{1}{i}r_i}\begin{vmatrix} 1-\sum\limits_{i=2}^{n}\frac{1}{i}2^{i-1} & 0 & 0 & \cdots & 0 \\ 2 & 2 & 0 & \cdots & 0 \\ 4 & 0 & 3 & \cdots & 0 \\ \vdots & \vdots & \vdots & & \vdots \\ 2^{n-1} & 0 & 0 & \cdots & n \end{vmatrix}=\left(1-\sum_{i=2}^{n}\frac{1}{i}2^{i-1}\right)\times 2\times 3\times\cdots\times n$$

$$=-\sum_{i=3}^{n}\frac{1}{i}2^{i-1}n!.$$

例 1.2.3 计算 n 阶行列式

$$D=\begin{vmatrix} 1 & x & x & \cdots & x \\ x & 1 & x & \cdots & x \\ x & x & 1 & \cdots & x \\ \vdots & \vdots & \vdots & & \vdots \\ x & x & x & \cdots & 1 \end{vmatrix}.$$

解 $$D\xlongequal[j=2,3,\cdots,n]{r_1+r_j}\begin{vmatrix} 1+(n-1)x & 1+(n-1)x & 1+(n-1)x & \cdots & 1+(n-1)x \\ x & 1 & x & \cdots & x \\ x & x & 1 & \cdots & x \\ \vdots & \vdots & \vdots & & \vdots \\ x & x & x & \cdots & 1 \end{vmatrix}$$

$$\xlongequal[j=2,3,\cdots,n]{\substack{r_1\div[1+(n-1)x] \\ r_j-xr_1}}[1+(n-1)x]\begin{vmatrix} 1 & 1 & 1 & \cdots & 1 \\ 0 & 1-x & 0 & \cdots & 0 \\ 0 & 0 & 1-x & \cdots & 0 \\ \vdots & \vdots & \vdots & & \vdots \\ 0 & 0 & 0 & \cdots & 1-x \end{vmatrix}$$

$$=[1+(n-1)x](1-x)^{n-1}=[1+(n-1)x](x-1)^n.$$

由例 1.2.3 可知,行列式的每一行(列)元素的和都相等.此类题目有多种求法,例 1.2.3 的求解方法比较简单,即将第 2,3,…,n 行(列)都加到首行(列),则第 1 行(列)的元素相等,

稍作变换即可化为三角形行列式，从而求得其值.

例 1.2.4 设 $f(x)=\begin{vmatrix} x-2 & x-1 & x-2 & x-3 \\ 2x-2 & 2x-1 & 2x-2 & 2x-3 \\ 3x-3 & 3x-2 & 4x-5 & 3x-5 \\ 4x & 4x-3 & 5x-7 & 4x-3 \end{vmatrix}$，

则 $f(x)=0$ 的根的个数是几个？

解 将原行列式的 1、4 两列各乘 -1 后分别加于 2、3 两列得

$$f(x)=\begin{vmatrix} x-2 & 1 & 1 & x-3 \\ 2x-2 & 1 & 1 & 2x-3 \\ 3x-3 & 1 & x & 3x-5 \\ 4x & -3 & x-4 & 4x-3 \end{vmatrix} \xlongequal[c_3-c_2]{c_1-c_4} \begin{vmatrix} 1 & 1 & 0 & x-3 \\ 1 & 1 & 0 & 2x-3 \\ 2 & 1 & x-1 & 3x-5 \\ 3 & -3 & x-1 & 4x-3 \end{vmatrix}$$

$$=(x-1)\begin{vmatrix} 1 & 1 & 0 & x-3 \\ 1 & 1 & 0 & 2x-3 \\ 2 & 1 & 1 & 3x-5 \\ 3 & -3 & 1 & 4x-3 \end{vmatrix},$$

说明 $f(x)$ 是 x 的二次多项式，因此 $f(x)=0$ 有两个根.

注意：若要求出另一个根，此时已很简单，将上面最后得到的行列式的第 2 行减去第 1 行得 $\begin{vmatrix} 1 & 1 & 0 & x-3 \\ 0 & 0 & 0 & x \\ 2 & 1 & 1 & 3x-5 \\ 3 & -3 & 1 & 4x-3 \end{vmatrix}$，即知 $x=0$ 是 $f(x)=0$ 的另一个根. 当然，严格地说，还应当肯定 $\begin{vmatrix} 1 & 1 & 0 \\ 2 & 1 & 1 \\ 3 & -3 & 1 \end{vmatrix}\neq 0$，否则有 $f(x)\equiv 0$ 的可能.

例 1.2.5 设 n 阶行列式 $I_n=\begin{vmatrix} 1 & a & a & \cdots & a \\ a & 1 & a & \cdots & a \\ a & a & 1 & \cdots & a \\ \vdots & \vdots & \vdots & & \vdots \\ a & a & a & \cdots & 1 \end{vmatrix}=0$，而 $n-1$ 阶行列式 $I_{n-1}\neq 0$，

则 $a=$（ ）.

(A)1；　　(B) -1；　　(C)$\dfrac{1}{n-1}$；　　(D)$\dfrac{1}{1-n}$.

解

$$I_n=\begin{vmatrix} 1+(n-1)a & 1+(n-1)a & 1+(n-1)a & \cdots & 1+(n-1)a \\ a & 1 & a & \cdots & a \\ a & a & 1 & \cdots & a \\ \vdots & \vdots & \vdots & & \vdots \\ a & a & a & \cdots & 1 \end{vmatrix}$$

$$
=[1+(n-1)a]\begin{vmatrix} 1 & 1 & 1 & \cdots & 1 \\ 0 & 1-a & 0 & \cdots & a \\ 0 & 0 & 1-a & \cdots & a \\ \vdots & \vdots & \vdots & & \vdots \\ 0 & 0 & 0 & \cdots & 1-a \end{vmatrix}
$$

$$
=[1+(n-1)a](1-a)^{n-1}.
$$

若 $a=1$，则 $I_{n-1}=0$，故 $a=\dfrac{1}{1-n}$，选(D).

例 1.2.6　计算行列式 $D=\begin{vmatrix} 1927 & 1935 & 1921 \\ 1949 & 1950 & 1948 \\ 1999 & 2000 & 1998 \end{vmatrix}$.

解　用原行列式第 2 列减第 1 列，第 1 列减第 3 列得

$$
D=\begin{vmatrix} 6 & 8 & 1921 \\ 1 & 1 & 1948 \\ 1 & 1 & 1998 \end{vmatrix}=\begin{vmatrix} 6 & 8 & 1921 \\ 1 & 1 & 1948 \\ 0 & 0 & 50 \end{vmatrix}=-100.
$$

例 1.2.7　计算行列式 $D=\begin{vmatrix} 1 & 2 & 3 & 4 \\ 2 & 3 & 4 & 1 \\ 3 & 4 & 1 & 2 \\ 4 & 1 & 2 & 3 \end{vmatrix}$.

解　将各列加于第 1 列并提出公因子 10 得

$$
D=10\begin{vmatrix} 1 & 2 & 3 & 4 \\ 1 & 3 & 4 & 1 \\ 1 & 4 & 1 & 2 \\ 1 & 1 & 2 & 3 \end{vmatrix}=10\begin{vmatrix} 1 & 2 & 3 & 4 \\ 0 & 1 & 1 & -3 \\ 0 & 2 & -2 & -2 \\ 0 & -1 & -1 & -1 \end{vmatrix}=20\begin{vmatrix} 1 & 1 & -3 \\ 1 & -1 & -1 \\ -1 & -1 & -1 \end{vmatrix}
$$

$$
=-40\begin{vmatrix} 1 & -3 \\ -1 & -1 \end{vmatrix}=160.
$$

例 1.2.8　不具体计算行列式，求方程 $f(x)=\begin{vmatrix} x-1 & 2 & 0 \\ 2 & x-2 & 2 \\ 0 & 2 & x-3 \end{vmatrix}=0$ 的根.

解　设 3 个根为 x_1、x_2、x_3，则 $f(x)=(x-x_1)(x-x_2)(x-x_3)$. 由代数方程根与系数的关系，得

$$
x_1+x_2+x_3=6;
$$

$$
x_1x_2x_3=-\begin{vmatrix} -1 & 2 & 0 \\ 2 & -2 & 2 \\ 0 & 2 & -3 \end{vmatrix}=2\begin{vmatrix} -1 & 1 & 0 \\ -2 & -1 & 2 \\ 0 & 1 & -3 \end{vmatrix}=-10.
$$

如 $x_1=-1$，即以 $x=-1$ 代入行列式得 $\begin{vmatrix} -2 & 2 & 0 \\ 2 & -3 & 2 \\ 0 & 2 & 4 \end{vmatrix}=4\begin{vmatrix} -1 & 1 & 0 \\ 2 & -3 & 2 \\ 0 & 1 & -2 \end{vmatrix}=0$，故 3 个根为 $x_1=-1$，$x_2=2$，$x_3=5$.

例 1.2.9 验证 $\lambda=\pm1$ 是方程 $\begin{vmatrix} \lambda-1 & 1 & -3 & 2 \\ 1 & \lambda-1 & 2 & -3 \\ -3 & 2 & \lambda-1 & 1 \\ 2 & -3 & 1 & \lambda-1 \end{vmatrix}=0$ 的两个根,并求此方程的另外两个根.

解 $\lambda=1$ 时,行列式为

$$\begin{vmatrix} 0 & 1 & -3 & 2 \\ 1 & 0 & 2 & -3 \\ -3 & 2 & 0 & 1 \\ 2 & -3 & 1 & 0 \end{vmatrix} \xlongequal{\text{将第 3、4 行加到第 2 行}} \begin{vmatrix} 0 & 1 & -3 & 2 \\ 0 & -1 & 3 & -2 \\ -3 & 2 & 0 & 1 \\ 2 & -3 & 1 & 0 \end{vmatrix}=0;$$

$\lambda=-1$ 时,行列式为

$$\begin{vmatrix} -2 & 1 & -3 & 2 \\ 1 & -2 & 2 & -3 \\ -3 & 2 & -2 & 1 \\ 2 & -3 & 1 & -2 \end{vmatrix} \xlongequal{\text{将第 2、3 列加到第 1、4 列}} \begin{vmatrix} -1 & 1 & -3 & -1 \\ -1 & -2 & 2 & -1 \\ -1 & 2 & -2 & -1 \\ -1 & -3 & 1 & -1 \end{vmatrix}=0;$$

故 $\lambda=\pm1$ 是方程的根. 又 $\lambda_1+\lambda_2+\lambda_3+\lambda_4=4$,

$$\lambda_1\lambda_2\lambda_3\lambda_4=\begin{vmatrix} -1 & 1 & -3 & 2 \\ 1 & -1 & 2 & -3 \\ -3 & 2 & -1 & 1 \\ 2 & -3 & 1 & -1 \end{vmatrix}=\begin{vmatrix} 0 & 1 & -3 & -1 \\ 0 & -1 & 2 & -1 \\ -1 & 2 & -1 & 0 \\ -1 & -3 & 1 & 0 \end{vmatrix}=\begin{vmatrix} 0 & 1 & -3 & -1 \\ 0 & -2 & 5 & 0 \\ -1 & 2 & -1 & 0 \\ -1 & -3 & 1 & 0 \end{vmatrix}$$

$$=\begin{vmatrix} 0 & -2 & 5 \\ -1 & 2 & -1 \\ -1 & -3 & 1 \end{vmatrix}=\begin{vmatrix} 0 & -2 & 5 \\ 0 & 5 & -2 \\ -1 & -3 & 1 \end{vmatrix}=21,$$

记 $\lambda_1=1,\lambda_2=-1$,则 $\lambda_3+\lambda_4=4,\lambda_3\cdot\lambda_4=-21$,故 $\lambda_3=-3,\lambda_4=7$ 为所求的另外两个根.

注意:以上两个例题我们均使用到多项式的根与系数的关系. 一般设 $A=(a_{ij})$ 是 n 阶矩阵,则方程 $|\lambda E-A|=0$ 的 n 个根有如下关系

$$\lambda_1+\lambda_2+\cdots+\lambda_n=a_{11}+a_{22}+\cdots+a_{nn},$$
$$\lambda_1\lambda_2\cdots\lambda_n=|A|.$$

习题 1.2

1. 计算下列行列式.

(1) $\begin{vmatrix} 4 & 1 & 2 & 4 \\ 1 & 2 & 0 & 2 \\ 10 & 5 & 2 & 0 \\ 0 & 1 & 1 & 7 \end{vmatrix}$; (2) $\begin{vmatrix} 2 & 1 & 4 & 1 \\ 3 & -1 & 2 & 1 \\ 1 & 2 & 3 & 2 \\ 5 & 0 & 6 & 2 \end{vmatrix}$; (3) $\begin{vmatrix} 246 & 427 & 327 \\ 1014 & 543 & 443 \\ -342 & 721 & 621 \end{vmatrix}$;

(4) $\begin{vmatrix} a & b & a+b \\ b & a+b & a \\ a+b & a & b \end{vmatrix}$; (5) $\begin{vmatrix} -ab & ac & ae \\ bd & -cd & de \\ bf & cf & -ef \end{vmatrix}$; (6) $\begin{vmatrix} a^2 & ab & b^2 \\ 2a & a+b & 2b \\ 1 & 1 & 1 \end{vmatrix}$.

2. 证明下列等式成立.

(1) $\begin{vmatrix} ax+by & ay+bz & az+bx \\ ay+bz & az+bx & ax+by \\ az+bx & ax+by & ay+bz \end{vmatrix}=(a^3+b^3)\begin{vmatrix} x & y & z \\ y & z & x \\ z & x & y \end{vmatrix}$；

(2) $\begin{vmatrix} a^2 & (a+1)^2 & (a+2)^2 & (a+3)^2 \\ b^2 & (b+1)^2 & (b+2)^2 & (b+3)^2 \\ c^2 & (c+1)^2 & (c+2)^2 & (c+3)^2 \\ d^2 & (d+1)^2 & (d+2)^2 & (d+3)^2 \end{vmatrix}=0$；

(3) $\begin{vmatrix} a_0 & 1 & 1 & \cdots & 1 \\ 1 & a_1 & 0 & \cdots & 0 \\ 1 & 0 & a_2 & \cdots & 0 \\ \vdots & \vdots & \vdots & & \vdots \\ 1 & 0 & 0 & \cdots & a_n \end{vmatrix}=a_1a_2\cdots a_n\left(a_0-\sum_{i=1}^{n}\frac{1}{a_i}\right)(a_i\neq0,i=1,2,\cdots,n)$.

§1.3　行列式依行依列展开

1.3.1　代数余子式

我们知道在数学研究中很多问题都会有一个由复杂到简单的转变过程.像我们熟知的消元、降次、拆分、重组等，都是复杂的问题简单化.那么，行列式的计算能不能通过这样的途径来化难为易呢?

先考查简单的三阶行列式

$$\begin{vmatrix} a_{11} & a_{12} & a_{13} \\ a_{21} & a_{22} & a_{23} \\ a_{31} & a_{32} & a_{33} \end{vmatrix}=a_{11}a_{22}a_{33}+a_{12}a_{23}a_{31}+a_{13}a_{21}a_{32}-a_{11}a_{23}a_{32}-a_{12}a_{21}a_{33}-a_{13}a_{22}a_{31}$$

$$=a_{11}(a_{22}a_{33}-a_{23}a_{32})+a_{12}(a_{23}a_{31}-a_{21}a_{33})+a_{13}(a_{21}a_{32}-a_{22}a_{31})$$

$$=a_{11}\begin{vmatrix} a_{22} & a_{23} \\ a_{32} & a_{33} \end{vmatrix}-a_{12}\begin{vmatrix} a_{21} & a_{23} \\ a_{31} & a_{33} \end{vmatrix}+a_{13}\begin{vmatrix} a_{21} & a_{22} \\ a_{31} & a_{32} \end{vmatrix}.$$

由此可知，一个三阶行列式可由三个二阶行列式表示，且其系数全部来自原行列式的第一行.这种降阶的方法对于高阶行列式同样适用.下面将重点介绍这种方法：行列式按一行(列)展开定理.

定义 1.3.1　在 n 阶行列式 $D=|a_{ij}|$ 中，去掉元素 a_{ij} 所在的第 i 行、第 j 列所剩下的 $n-1$ 阶行列式

$$\begin{vmatrix} a_{11} & \cdots & a_{1,j-1} & a_{1,j+1} & \cdots & a_{1n} \\ \vdots & & \vdots & \vdots & & \vdots \\ a_{i-1,1} & \cdots & a_{i-1,j-1} & a_{i-1,j+1} & \cdots & a_{i-1,n} \\ a_{i+1,1} & \cdots & a_{i+1,j-1} & a_{i+1,j+1} & \cdots & a_{i+1,n} \\ \vdots & & \vdots & \vdots & & \vdots \\ a_{n1} & \cdots & a_{n,j-1} & a_{n,j+1} & \cdots & a_{nn} \end{vmatrix}$$

称为元素 a_{ij} 的余子式，通常记作 M_{ij}.余子式 M_{ij} 与符号项 $(-1)^{i+j}$ 的乘积 $(-1)^{i+j}M_{ij}$，叫做元素 a_{ij} 的代数余子式，通常记作 A_{ij}.规定 $n=1$ 时，$M_{ij}=A_{ij}=1$.

利用上述概念我们可以将三阶行列式按行展开为

$$D=a_{i1}A_{i1}+a_{i2}A_{i2}+a_{i3}A_{i3}\quad(i=1,2,3),$$

或者按列展开为

$$D=a_{1j}A_{1j}+a_{2j}A_{2j}+a_{3j}A_{3j}\quad(j=1,2,3).$$

1.3.2 行列式按行(列)展开公式

下面我们给出行列式按一行(列)展开定理：

定理 1.3.1 n 阶行列式 $D=|a_{ij}|$ 等于它的任意一行(列)的所有元素与各自的代数余子式的乘积之和，即

$$D=a_{i1}A_{i1}+a_{i2}A_{i2}+\cdots+a_{in}A_{in}\quad(i=1,2,\cdots,n),$$

或者

$$D=a_{1j}A_{1j}+a_{2j}A_{2j}+\cdots+a_{nj}A_{nj}\quad(j=1,2,\cdots,n).$$

证明 我们只证行的情况，列的情况同理可证. 证明分以下三步进行.

(1)先来证特殊的情形：设首行只有第一个元素不为零，则有

$$D=\begin{vmatrix} a_{11} & 0 & \cdots & 0 \\ a_{21} & a_{22} & \cdots & a_{2n} \\ \vdots & \vdots & & \vdots \\ a_{n1} & a_{n2} & \cdots & a_{nn} \end{vmatrix}=a_{11}A_{11}=a_{11}M_{11}=a_{11}\begin{vmatrix} a_{22} & \cdots & a_{2n} \\ \vdots & & \vdots \\ a_{n2} & \cdots & a_{nn} \end{vmatrix}. \qquad (1.3.1)$$

由于 $a_{1j}=0(j=2,3,\cdots,n)$，结合行列式的定义知

$$\begin{aligned} D &= \sum_{j_2j_3\cdots j_n}(-1)^{\tau(1j_2j_3\cdots j_n)}a_{11}a_{2j_2}\cdots a_{nj_n} \\ &= a_{11}\sum_{j_2j_3\cdots j_n}(-1)^{\tau(1j_2j_3\cdots j_n)}a_{2j_2}\cdots a_{nj_n}. \end{aligned}$$

下证 $M_{11}=\sum\limits_{j_2j_3\cdots j_n}(-1)^{\tau(1j_2j_3\cdots j_n)}a_{2j_2}\cdots a_{nj_n}$. M_{11} 展开式中全为形如 $a_{2j_2}\cdots a_{nj_n}$ 的项，注意到 M_{11} 为 $n-1$ 阶行列式，故每一项所带的符号是 $(-1)^{\tau((j_2-1)(j_3-1)\cdots(j_n-1))}$. 显然，

$$\tau(1j_2j_3\cdots j_n)=\tau((j_2-1)(j_3-1)\cdots(j_n-1)),$$

从而有 $M_{11}=\sum\limits_{j_2j_3\cdots j_n}(-1)^{\tau(1j_2j_3\cdots j_n)}a_{2j_2}\cdots a_{nj_n}$. 于是，(1.3.1)式成立.

(2)更进一步，设第 i 行只有元素 a_{ij} 不为零，即 $0=a_{it}\neq a_{ij}(t=1,2,\cdots,i-1,i+1,\cdots,n)$. 下证

$$D=\begin{vmatrix} a_{11} & \cdots & a_{1,j-1} & a_{1j} & a_{1,j+1} & \cdots & a_{1n} \\ \vdots & & \vdots & \vdots & \vdots & & \vdots \\ a_{i-1,1} & \cdots & a_{i-1,j-1} & a_{i-1,j} & a_{i-1,j+1} & \cdots & a_{i-1,n} \\ 0 & \cdots & 0 & a_{ij} & 0 & \cdots & 0 \\ a_{i+1,1} & \cdots & a_{i+1,j-1} & a_{i+1,j} & a_{i+1,j+1} & \cdots & a_{i+1,n} \\ \vdots & & \vdots & \vdots & \vdots & & \vdots \\ a_{n1} & \cdots & a_{n,j-1} & a_{nj} & a_{n,j+1} & \cdots & a_{nn} \end{vmatrix}=a_{ij}A_{ij}.$$

将 D 的第 i 行依次与其上面的各行作对换，直至换至第一行；然后再将第 j 列依次与其前面的各列作对换，直至 a_{ij} 被换到左上角的位置. 于是

$$D=(-1)^{(i-1)+(j-1)}\begin{vmatrix} a_{ij} & 0 & \cdots & 0 & 0 & \cdots & 0 \\ a_{1j} & a_{11} & \cdots & a_{1,j-1} & a_{1,j+1} & \cdots & a_{1n} \\ \vdots & \vdots & & \vdots & \vdots & & \vdots \\ a_{i-1,j} & a_{i-1,1} & \cdots & a_{i-1,j-1} & a_{i-1,j+1} & \cdots & a_{i-1,n} \\ a_{i+1,j} & a_{i+1,1} & \cdots & a_{i+1,j-1} & a_{i+1,j+1} & \cdots & a_{i+1,n} \\ \vdots & \vdots & & \vdots & \vdots & & \vdots \\ a_{nj} & a_{n1} & \cdots & a_{n,j-1} & a_{n,j+1} & \cdots & a_{nn} \end{vmatrix}$$

$$\xlongequal{(1.3.1)}(-1)^{i+j}a_{ij}\begin{vmatrix} a_{11} & \cdots & a_{1,j-1} & a_{1,j+1} & \cdots & a_{1n} \\ \vdots & & \vdots & \vdots & & \vdots \\ a_{i-1,1} & \cdots & a_{i-1,j-1} & a_{i-1,j+1} & \cdots & a_{i-1,n} \\ a_{i+1,1} & \cdots & a_{i+1,j-1} & a_{i+1,j+1} & \cdots & a_{i+1,n} \\ \vdots & & \vdots & \vdots & & \vdots \\ a_{n1} & \cdots & a_{n,j-1} & a_{n,j+1} & \cdots & a_{nn} \end{vmatrix}$$

$$=(-1)^{i+j}a_{ij}M_{ij}=a_{ij}A_{ij}.$$

(3)对于任意第 i 行$(a_{i1},a_{i2},\cdots,a_{in})$的情形,我们可以将它写为

$$(a_{i1}+0+\cdots+0,0+a_{i2}+0+\cdots+0,\cdots,0+\cdots+0+a_{in}),$$

借助于行列式的线性性质有

$$D=\begin{vmatrix} a_{11} & a_{12} & \cdots & a_{1n} \\ \vdots & \vdots & & \vdots \\ a_{i1}+0+\cdots+0 & 0+a_{i2}+0+\cdots+0 & \cdots & 0+\cdots+0+a_{in} \\ \vdots & \vdots & & \vdots \\ a_{n1} & a_{n2} & \cdots & a_{nn} \end{vmatrix}$$

$$=\begin{vmatrix} a_{11} & a_{12} & \cdots & a_{1n} \\ \vdots & \vdots & & \vdots \\ a_{i1} & 0 & \cdots & 0 \\ \vdots & \vdots & & \vdots \\ a_{n1} & a_{n2} & \cdots & a_{nn} \end{vmatrix}+\begin{vmatrix} a_{11} & a_{12} & \cdots & a_{1n} \\ \vdots & \vdots & & \vdots \\ 0 & a_{i2} & \cdots & 0 \\ \vdots & \vdots & & \vdots \\ a_{n1} & a_{n2} & \cdots & a_{nn} \end{vmatrix}+\cdots+\begin{vmatrix} a_{11} & a_{12} & \cdots & a_{1n} \\ \vdots & \vdots & & \vdots \\ 0 & 0 & \cdots & a_{in} \\ \vdots & \vdots & & \vdots \\ a_{n1} & a_{n2} & \cdots & a_{nn} \end{vmatrix}$$

$$=a_{i1}A_{i1}+a_{i2}A_{i2}+\cdots+a_{in}A_{in}.$$

为了说明该定理在行列式计算中的用途,来看下面的几个例题.

例 1.3.1 计算 n 阶行列式

$$D=\begin{vmatrix} a_{11} & 0 & \cdots & 0 & 0 & a_{1n} \\ 0 & 0 & \cdots & 0 & a_{2,n-1} & a_{2n} \\ 0 & 0 & \cdots & a_{3,n-2} & a_{3,n-1} & 0 \\ \vdots & \vdots & & \vdots & \vdots & \vdots \\ 0 & a_{n-1,2} & \cdots & 0 & 0 & 0 \\ a_{n1} & a_{n2} & \cdots & 0 & 0 & 0 \end{vmatrix}.$$

解 将行列式按第一行展开,得

$$D=(-1)^{1+1}a_{11}\begin{vmatrix} 0 & \cdots & 0 & a_{2,n-1} & a_{2n} \\ 0 & \cdots & a_{3,n-2} & a_{3,n-1} & 0 \\ \vdots & & \vdots & \vdots & \vdots \\ a_{n-1,2} & \cdots & 0 & 0 & 0 \\ a_{n2} & \cdots & 0 & 0 & 0 \end{vmatrix}+(-1)^{1+n}a_{1n}\begin{vmatrix} 0 & 0 & \cdots & 0 & a_{2,n-1} \\ 0 & 0 & \cdots & a_{3,n-2} & a_{3,n-1} \\ \vdots & \vdots & & \vdots & \vdots \\ 0 & a_{n-1,2} & \cdots & 0 & 0 \\ a_{n1} & a_{n2} & \cdots & 0 & 0 \end{vmatrix}$$

$$=a_{11}(-1)^{\frac{1}{2}(n-1)(n-2)}a_{2n}a_{3,n-1}\cdots a_{n2}+(-1)^{1+n}a_{1n}(-1)^{\frac{1}{2}(n-1)(n-2)}a_{2,n-1}a_{3,n-2}\cdots a_{n1}$$

$$=(-1)^{\frac{1}{2}(n-1)(n-2)}a_{11}a_{2n}a_{3,n-1}\cdots a_{n2}+(-1)^{\frac{1}{2}n(n-1)}a_{1n}a_{2,n-1}a_{3,n-2}\cdots a_{n1}.$$

例 1.3.2 证明 n 阶($n\geqslant 2$)范德蒙德(Vandermonde)行列式

$$V_n=\begin{vmatrix} 1 & 1 & 1 & \cdots & 1 & 1 \\ a_1 & a_2 & a_3 & \cdots & a_{n-1} & a_n \\ a_1^2 & a_2^2 & a_3^2 & \cdots & a_{n-1}^2 & a_n^2 \\ \vdots & \vdots & \vdots & & \vdots & \vdots \\ a_1^{n-2} & a_2^{n-2} & a_3^{n-2} & \cdots & a_{n-1}^{n-2} & a_n^{n-2} \\ a_1^{n-1} & a_2^{n-1} & a_3^{n-1} & \cdots & a_{n-1}^{n-1} & a_n^{n-1} \end{vmatrix}=\prod_{1\leqslant j<i\leqslant n}(a_i-a_j).$$

证明 对 n 用数学归纳法.

当 $n=2$ 时,有 $V_2=\begin{vmatrix} 1 & 1 \\ a_1 & a_2 \end{vmatrix}=a_2-a_1$,结论成立. 假设对于 $n-1$ 阶范德蒙德行列式 V_{n-1} 成立,下证 n 阶行列式的情形成立.

在 V_n 中,从第 n 行开始逐行减去上一行的 a_n 倍,得

$$V_n\xlongequal[i=n,n-1,\cdots,2]{r-a_nr_{i-1}}\begin{vmatrix} 1 & 1 & \cdots & 1 & 1 \\ a_1-a_n & a_2-a_n & \cdots & a_{n-1}-a_n & 0 \\ a_1(a_1-a_n) & a_2(a_2-a_n) & \cdots & a_{n-1}(a_{n-1}-a_n) & 0 \\ \vdots & \vdots & & \vdots & \vdots \\ a_1^{n-3}(a_1-a_n) & a_2^{n-3}(a_2-a_n) & \cdots & a_{n-1}^{n-3}(a_{n-1}-a_n) & 0 \\ a_1^{n-2}(a_1-a_n) & a_2^{n-2}(a_2-a_n) & \cdots & a_{n-1}^{n-2}(a_{n-1}-a_n) & 0 \end{vmatrix}$$

$$\xlongequal{\text{按第 }n\text{ 行展开}}(-1)^{1+n}\begin{vmatrix} a_1-a_n & a_2-a_n & \cdots & a_{n-1}-a_n \\ a_1(a_1-a_n) & a_2(a_2-a_n) & \cdots & a_{n-1}(a_{n-1}-a_n) \\ \vdots & \vdots & & \vdots \\ a_1^{n-3}(a_1-a_n) & a_2^{n-3}(a_2-a_n) & \cdots & a_{n-1}^{n-3}(a_{n-1}-a_n) \\ a_1^{n-2}(a_1-a_n) & a_2^{n-2}(a_2-a_n) & \cdots & a_{n-1}^{n-2}(a_{n-1}-a_n) \end{vmatrix}$$

$$\xlongequal[i=1,2,\cdots,n-1]{c_i\div(a_i-a_n)}(-1)^{n+1}\prod_{1\leqslant i\leqslant n-1}(a_i-a_n)\begin{vmatrix} 1 & 1 & 1 & \cdots & 1 \\ a_1 & a_2 & a_3 & \cdots & a_{n-1} \\ a_1^2 & a_2^2 & a_3^2 & \cdots & a_{n-1}^2 \\ \vdots & \vdots & \vdots & & \vdots \\ a_1^{n-2} & a_2^{n-2} & a_3^{n-2} & \cdots & a_{n-1}^{n-2} \end{vmatrix}$$

$$=\prod_{1\leqslant i\leqslant n-1}(a_n-a_i)D_{n-1}$$

$$=\prod_{1\leqslant k\leqslant n-1}(a_n-a_k)\prod_{1\leqslant j<i\leqslant n-1}(a_i-a_j)$$

$$= \prod_{1\leqslant j<i\leqslant n} (a_i - a_j).$$

在给出 Cramer 法则之前先来看一个重要的结论.

1.3.3　代数余子式的性质

定理 1.3.2　在 n 阶行列式 $D=|a_{ij}|$ 中，若某一行(列)元素与另一行(列)相应元素的代数余子式乘积的和等于零，于是，对于 $1\leqslant i,j\leqslant n$，下面的等式成立

$$a_{i1}A_{j1}+a_{i2}A_{j2}+\cdots+a_{in}A_{jn}=0(i\neq j)$$

$$a_{1i}A_{1j}+a_{2i}A_{2j}+\cdots+a_{ni}A_{nj}=0(i\neq j).$$

证明　只需证明"某一行元素与另一行相应元素的代数余子式乘积的和等于零"这一结论即可，对列的结论类似可证.

将行列式 $D=|a_{ij}|$ 的第 j 行元素换成第 i 行元素得到新的行列式，记为 D_1. 因为 D_1 的第 j 行与第 i 行完全相同，因此 $D_1=0$. 另一方面，由于行列式某个元素 a_{st} 的代数余子式是去掉它所在的行和列之后的余子式 M_{st} 与符号 $(-1)^{s+t}$ 的乘积，与元素 a_{st} 本身无关，故新行列式 D_1 第 j 行元素的代数余子式 A'_{jk} 与 D 的第 j 行对应元素的代数余子式 A_{jk} 完全相同，即 $A'_{jk}=A_{jk}, k=1,2,\cdots,n$. 有 $D_1=\sum_{k=1}^{n}a_{ik}A'_{jk}=\sum_{k=1}^{n}a_{ik}A_{jk}=0$. 这样，

$$a_{i1}A_{j1}+a_{i2}A_{j2}+\cdots+a_{in}A_{jn}=\sum_{k=1}^{n}a_{ik}A_{jk}=0.$$

即第 i 行元素与第 j 行 $(i\neq j)$ 相应元素的代数余子式乘积的和等于零，则由 i 和 j 的任意性知结论成立.

将定理 1.3.1 和定理 1.3.2 综合起来我们得到：

$$a_{i1}A_{j1}+a_{i2}A_{j2}+\cdots+a_{in}A_{jn}=\sum_{k=1}^{n}a_{ik}A_{jk}=\begin{cases}D & i=j,\\ 0 & i\neq j,\end{cases}$$

$$a_{1i}A_{1j}+a_{2i}A_{2j}+\cdots+a_{ni}A_{nj}=\sum_{k=1}^{n}a_{ki}A_{kj}=\begin{cases}D & i=j,\\ 0 & i\neq j.\end{cases}$$

例 1.3.3　设 $D=\begin{vmatrix}1&2&3&4\\5&6&7&8\\2&3&4&5\\6&7&8&9\end{vmatrix}$，求 $3A_{12}+7A_{22}+4A_{32}+8A_{42}$，其中 $A_{i2}(i=1,2,3,4)$ 为 D 中元素 a_{i2} 的代数余子式.

解　因 3,7,4,8 恰为 D 中第 3 列元素，而 $A_{12},A_{22},A_{32},A_{42}$ 为 D 中第 2 列元素的代数余子式，故 $3A_{12}+7A_{22}+4A_{32}+8A_{42}$ 表示 D 中第 3 列元素与第 2 列对应元素的代数余子式的乘积之和，因此

$$3A_{12}+7A_{22}+4A_{32}+8A_{42}=0.$$

习题 1.3

1. 4 阶行列式 $\begin{vmatrix} a_1 & 0 & 0 & b_1 \\ 0 & a_2 & b_2 & 0 \\ 0 & b_3 & a_3 & 0 \\ b_4 & 0 & 0 & a_4 \end{vmatrix}$ 的值等于

(A) $a_1a_2a_3a_4-b_1b_2b_3b_4$；　　(B) $a_1a_2a_3a_4+b_1b_2b_3b_4$；

(C) $(a_1a_2-b_1b_2)(a_3a_4-b_3b_4)$；　　(D) $(a_2a_3-b_2b_3)(a_1a_4-b_1b_4)$.

2. 设行列式 $D=\begin{vmatrix} 3 & 0 & 4 & 0 \\ 2 & 2 & 2 & 2 \\ 0 & -7 & 0 & 0 \\ 5 & 3 & -2 & 2 \end{vmatrix}$，求 D 的第 4 列元素的余子式之和 $M_{41}+M_{42}+M_{43}+M_{44}$ 的值.

3. 已知 5 阶行列式

$$D_5=\begin{vmatrix} 1 & 2 & 3 & 4 & 5 \\ 2 & 2 & 2 & 1 & 1 \\ 3 & 1 & 2 & 4 & 5 \\ 1 & 1 & 1 & 2 & 2 \\ 4 & 3 & 1 & 5 & 0 \end{vmatrix}=27,$$

求 $A_{41}+A_{42}+A_{43}$ 和 $A_{44}+A_{45}$，其中 A_{4j} 为 D_5 中第 4 行第 j 列元素的代数余子式.

§ 1.4　Cramer 法则

1.4.1　Cramer 法则

定理 1.4.1(Cramer 法则)　如果线性方程组

$$\begin{cases} a_{11}x_1+a_{12}x_2+\cdots+a_{1n}x_n=b_1, \\ a_{21}x_1+a_{22}x_2+\cdots+a_{2n}x_n=b_2, \\ \cdots\cdots \\ a_{n1}x_1+a_{n2}x_2+\cdots+a_{nn}x_n=b_n \end{cases} \tag{1.4.1}$$

的系数行列式

$$D=\begin{vmatrix} a_{11} & a_{12} & \cdots & a_{1n} \\ a_{21} & a_{22} & \cdots & a_{2n} \\ \vdots & \vdots & & \vdots \\ a_{n1} & a_{n2} & \cdots & a_{nn} \end{vmatrix}\neq 0,$$

那么该方程组有唯一解

$$x_1=\frac{D_1}{D},x_2=\frac{D_2}{D},\cdots,x_n=\frac{D_n}{D}, \tag{1.4.2}$$

其中，D_i 是把 D 中第 i 列依次换成常数项 $b_1,b_2,\cdots,b_n$ 后所构成的行列式.

证明　分两步进行.

第一步，先来证解的存在性，即(1.4.2)确实是(1.4.1)的解.将(1.4.2)代入第 s $(s=1,2,\cdots,n)$ 个方程的左端，有

$$
\begin{aligned}
& a_{s1}\frac{D_1}{D}+a_{s2}\frac{D_2}{D}+\cdots+a_{sn}\frac{D_n}{D} \\
=& \frac{1}{D}(a_{s1}D_1+a_{s2}D_2+\cdots+a_{sn}D_n) \\
=& \frac{1}{D}\left(a_{s1}\sum_{k=1}^{n}b_kA_{k1}+a_{s2}\sum_{k=1}^{n}b_kA_{k2}+\cdots+a_{sn}\sum_{k=1}^{n}b_kA_{kn}\right) \\
=& \frac{1}{D}\left(b_1\sum_{k=1}^{n}a_{sk}A_{1k}+b_2\sum_{k=1}^{n}a_{sk}A_{2k}+\cdots+b_n\sum_{k=1}^{n}a_{sk}A_{nk}\right) \\
=& \frac{1}{D}b_s\sum_{k=1}^{n}a_{sk}A_{sk}=b_s.
\end{aligned}
$$

这里第二个等号是将行列式 D_i 按第 i 列展开后代入而得，第三个等号经恒等变形得到，最后一个等号利用定理 1.4.1，这说明方程组(1.4.1)有解且(1.4.2)确实是(1.4.1)的解.

第二步，证明解的唯一性.

由第一步知方程组(1.4.1)有解.设 $c_1,c_2,\cdots,c_n$ 为其任意一组解，将其代入方程组，有

$$
\begin{cases}
a_{11}c_1+a_{12}c_2+\cdots+a_{1n}c_n=b_1, \\
a_{21}c_1+a_{22}c_2+\cdots+a_{2n}c_n=b_2, \\
\quad\cdots\cdots \\
a_{n1}c_1+a_{n2}c_2+\cdots+a_{nn}c_n=b_n.
\end{cases}
\tag{1.4.3}
$$

用 D 第 s $(1\leqslant s\leqslant n)$ 列的代数余子式 $A_{1s},A_{2s},\cdots,A_{ns}$ 依次乘(1.4.3)中的 n 个等式，有

$$
\begin{cases}
a_{11}A_{1s}c_1+a_{12}A_{1s}c_2+\cdots+a_{1n}A_{1s}c_n=b_1A_{1s}, \\
a_{21}A_{2s}c_1+a_{22}A_{2s}c_2+\cdots+a_{2n}A_{2s}c_n=b_2A_{2s}, \\
\quad\cdots\cdots \\
a_{n1}A_{ns}c_1+a_{n2}A_{ns}c_2+\cdots+a_{nn}A_{ns}c_n=b_nA_{ns}.
\end{cases}
$$

把上面的 n 个等式两边分别相加，有

$$\sum_{i=1}^{n}\sum_{j=1}^{n}a_{ij}A_{is}c_j=\sum_{i=1}^{n}b_iA_{is}.$$

根据§1.3 定理 1.3.1 和定理 1.3.2 分别计算上式的右侧和左侧，有 $c_sD=D_s$，于是 $c_s=\dfrac{D_s}{D}$，这说明方程组(1.4.1)的任意解都为 $x_i=\dfrac{D_i}{D}$，故方程组有唯一解.

例 1.4.1　求一个三次多项式 $f(x)$，使得 $f(1)=6,f(2)=20,f(-1)=8,f(-3)=10$.

解　设三次多项式为 $f(x)=a_3x^3+a_2x^2+a_1x+a_0$，由条件有

$$f(1)=a_3+a_2+a_1+a_0=6,\quad f(2)=8a_3+4a_2+2a_1+a_0=20,$$
$$f(-1)=-a_3+a_2-a_1+a_0=8,\ f(-3)=-27a_3+9a_2-3a_1+a_0=10.$$

将 a_3,a_2,a_1,a_0 看作未知量，可得方程组

$$\begin{cases}a_3+a_2+a_1+a_0=6,\\8a_3+4a_2+2a_1+a_0=20,\\-a_3+a_2-a_1+a_0=8,\\-27a_3+9a_2-3a_1+a_0=10.\end{cases}$$

其系数行列式为

$$D=\begin{vmatrix}1&1&1&1\\8&4&2&1\\-1&1&-1&1\\-27&9&-3&1\end{vmatrix}=-240,$$

计算可得

$$D_1=\begin{vmatrix}6&1&1&1\\20&4&2&1\\8&1&-1&1\\10&9&-3&1\end{vmatrix}=-240,\quad D_2=\begin{vmatrix}1&6&1&1\\8&20&2&1\\-1&8&-1&1\\-27&10&-3&1\end{vmatrix}=-720,$$

$$D_3=\begin{vmatrix}1&1&6&1\\8&4&20&1\\-1&1&8&1\\-27&9&10&1\end{vmatrix}=480,\quad D_4=\begin{vmatrix}1&1&1&6\\8&4&2&20\\-1&1&-1&8\\-27&9&-3&10\end{vmatrix}=-960,$$

所以有

$$a_3=\frac{D_1}{D}=1,\ a_2=\frac{D_2}{D}=3,\ a_1=\frac{D_3}{D}=-2,\ a_0=\frac{D_4}{D}=4,$$

因而所求三次多项式为 $f(x)=x^3+3x^2-2x+4$.

应用 Cramer 法则解决线性方程组问题时要求未知量的个数与方程的个数相等,并且要求系数行列式不为零. 这种条件相对比较苛刻,并且从上面的例子可以看出,用 Cramer 法则求解时需要计算 $n+1$ 个 n 阶行列式,计算量比较大,这就要求我们在解决一般的线性方程组问题时采用别的方法,即后续章节中所要讲到的一般线性方程组的求解问题.

1.4.2 拉普拉斯(Laplace)展开定理

最后,我们来介绍拉普拉斯(Laplace)展开定理,它是行列式按一行展开的推广. 设 k 是不大于 n 的正整数,在 n 阶行列式 D 中选定 k 行 k 列,位于这 k 行 k 列交点处的 k^2 个元素按原来的次序组成一个 k 阶行列式 M,它称为 D 的 k 阶子式. 若把选定的 k 行 k 列划去,则余下的 $(n-k)^2$ 个元素按原来的次序组成一个 $n-k$ 阶行列式 N,它称为 M 的余子式. 显然,余子式也是子式,并且 M 也是 N 的余子式. 设选定的 k 行为第 $i_1,i_2,\cdots,i_k$ 行,选定的 k 列为第 $j_1,j_2,\cdots,j_k$ 列,此时称

$$(-1)^{i_1+i_2+\cdots+i_k+j_1+j_2+\cdots+j_k}N$$

为 M 的代数余子式.

定理 1.4.2(拉普拉斯展开定理) 设 k 是小于 n 的正整数,在 n 阶行列式 D 中取定 k 行(或 k 列). 元素来自这 k 行(k 列)所有的 k 阶子式和它们各自的代数余子式乘积之和等于行列式 D.

证明从略.

易知,元素来自取定的k行的k阶子式共有$t=C_n^k$个.把它们记作$M_1,M_2,\cdots,M_t$,并把M_j的代数余子式用A_j表示,则定理1.4.2肯定的是

$$D=M_1A_1+M_2A_2+\cdots+M_tA_t.$$

在一般情况下,拉普拉斯展开定理也不适用于计算行列式.如果元素来自取定的k行k阶子式只有少数几个不为零,则定理是有效的.

例1.4.2　证明:$2n$阶行列式

$$D=\begin{vmatrix} a_{11} & a_{12} & \cdots & a_{1k} & 0 & 0 & \cdots & 0 \\ a_{21} & a_{22} & \cdots & a_{2k} & 0 & 0 & \cdots & 0 \\ \vdots & \vdots & & \vdots & \vdots & \vdots & & \vdots \\ a_{k1} & a_{k2} & \cdots & a_{kk} & 0 & 0 & \cdots & 0 \\ b_{11} & b_{12} & \cdots & b_{1k} & c_{11} & c_{12} & \cdots & c_{1n} \\ b_{21} & b_{22} & \cdots & b_{2k} & c_{21} & c_{22} & \cdots & c_{2n} \\ \vdots & \vdots & & \vdots & \vdots & \vdots & & \vdots \\ b_{n1} & b_{n2} & \cdots & b_{nk} & c_{n1} & c_{n2} & \cdots & c_{nn} \end{vmatrix}=D_1D_2,$$

其中

$$D_1=\begin{vmatrix} a_{11} & a_{12} & \cdots & a_{1k} \\ a_{21} & a_{22} & \cdots & a_{2k} \\ \vdots & \vdots & & \vdots \\ a_{k1} & a_{k2} & \cdots & a_{kk} \end{vmatrix},\quad D_2=\begin{vmatrix} c_{11} & c_{12} & \cdots & c_{1n} \\ c_{21} & c_{22} & \cdots & c_{2n} \\ \vdots & \vdots & & \vdots \\ c_{n1} & c_{n2} & \cdots & c_{nn} \end{vmatrix}.$$

证明　由于D来自前k行的k阶子式只有一个,即左上角的k阶子式.此时,由拉普拉斯展开定理知

$$D=(-1)^{1+2+\cdots+n+1+2+\cdots+n}D_1D_2=D_1D_2.$$

例1.4.3　设A为m阶方阵,B为n阶方阵,且$|A|=a$,$|B|=b$,$C=\begin{pmatrix} O & A \\ B & O \end{pmatrix}$,则$|C|=($　　$)$.

(A)ab;　　(B)$(-1)^{n+m}ab$;　　(C)$-ab$;　　(D)$(-1)^{mn}ab$.

解(用拉普拉斯定理)

$$|C|=(-1)^{(1+2+\cdots+m)+(n+1+\cdots+n+m)}|A||B|,$$

而$(1+2+\cdots+m)+(n+1+\cdots+n+m)=\dfrac{m(m+1)}{2}+\dfrac{m(2n+m+1)}{2}=mn+m(m+1)$,因$m(m+1)$是偶数,故$|C|=(-1)^{mn}|A||B|$,选(D).

1.4.3　齐次线性方程组有非零解的条件

如果线性方程组(1.4.1)右端的常数项$b_1,b_2,\cdots,b_n$不全为零时,线性方程组(1.4.1)叫做非齐次线性方程组;当$b_1,b_2,\cdots,b_n$全为零时,叫做齐次线性方程组.

对于齐次线性方程组

$$\begin{cases} a_{11}x_1+a_{12}x_2+\cdots+a_{1n}x_n=0, \\ a_{21}x_1+a_{22}x_2+\cdots+a_{2n}x_n=0, \\ \quad\cdots\cdots \\ a_{n1}x_1+a_{n2}x_2+\cdots+a_{nn}x_n=0, \end{cases} \tag{1.4.4}$$

$x_1=x_2=\cdots=x_n=0$ 一定是它的解，这个解叫做齐次线性方程组的零解. 如果一组不全为零的数是方程组(1.4.4)的解，则它们叫做齐次线性方程组的非零解. 齐次线性方程组(1.4.4)一定有零解，但不一定有非零解.

由 Cramer 法则可得

定理 1.4.3 如果齐次线性方程组(1.4.4)的系数行列式 $D\neq 0$，则它只有零解.

证明 由于 $D\neq 0$，故方程组(1.4.4)有唯一解，又 D_j 的第 j 列元素全都是零，因而 $D_j=0(j=1,2,\cdots,n)$，故由 Cramer 法则可知定理 1.4.3 成立.

同样，定理 1.4.3 还可叙述为：如果齐次线性方程组(1.4.4)的系数行列式 $D\neq 0$，则它没有非零解.

其逆否命题为：如果齐次线性方程组(1.4.4)有非零解，则它的系数行列式必为零.

这个结论说明系数行列式 $D=0$ 是齐次线性方程组有非零解的必要条件，而且在下面的高斯消元法中将看到这个条件还是充分的.

例 1.4.4 问 λ 取何值时，齐次线性方程组

$$\begin{cases} (1-\lambda)x_1-2x_2+4x_3=0, \\ 2x_1+(3-\lambda)x_2+x_3=0, \\ x_1+x_2+(1-\lambda)x_3=0 \end{cases}$$

有非零解？

解 齐次线性方程组若有非零解，则其系数行列式

$$D=\begin{vmatrix} 1-\lambda & -2 & 4 \\ 2 & 3-\lambda & 1 \\ 1 & 1 & 1-\lambda \end{vmatrix}=0,$$

为简化计算，先将 D 中一个常数元消成零，再提取 λ 的一次因子，得到

$$D\xlongequal{r_1+2r_3}\begin{vmatrix} -(\lambda-3) & 0 & -2(\lambda-3) \\ 2 & 3-\lambda & 1 \\ 1 & 1 & 1-\lambda \end{vmatrix}\xlongequal{r_1\div(\lambda-3)}(\lambda-3)\begin{vmatrix} -1 & 0 & -2 \\ 2 & 3-\lambda & 1 \\ 1 & 1 & 1-\lambda \end{vmatrix}$$

$$\xlongequal{c_3-2c_1}(\lambda-3)\begin{vmatrix} -1 & 0 & 0 \\ 2 & 3-\lambda & -3 \\ 1 & 1 & -(\lambda+1) \end{vmatrix}=-(\lambda-3)[-(3-\lambda)(\lambda+1)+3]$$

$$=-\lambda(\lambda-2)(\lambda-3).$$

故当 $\lambda=0,2,3$ 时，方程组有非零解.

习题 1.4

1. 用 Cramer 法则解下列线性方程组.

(1) $\begin{cases}2x_1-x_2-x_3=4,\\3x_1+4x_2-2x_3=11,\\3x_1-2x_2+4x_3=11.\end{cases}$　　(2) $\begin{cases}bx_1-ax_2+2ab=0,\\-2cx_2+3bx_3-bc=0,(abc\neq0)\\cx_1+ax_3=0.\end{cases}$

(3) $\begin{cases}x_1+a_1x_2+a_1^2x_3+a_1^3x_4=1,\\x_1+a_2x_2+a_2^2x_3+a_2^3x_4=1,\\x_1+a_3x_2+a_3^2x_3+a_3^3x_4=1,\\x_1+a_4x_2+a_4^2x_3+a_4^3x_4=1,\end{cases}$ 其中，a_1、a_2、a_3、a_4 是互不相同的常数.

2. 当 k 取何值时，齐次线性方程组 $\begin{cases}kx+y+z=0,\\x+ky-z=0,\\2x-y+z=0\end{cases}$ 有非零解？

3. 设 a,b,c,d 是不全为0的实数，证明方程组 $\begin{cases}ax_1+bx_2+cx_3+dx_4=c,\\bx_1-ax_2+dx_3-cx_4=d,\\cx_1-dx_2-ax_3+bx_4=-a,\\dx_1+cx_2-bx_3-ax_4=-b\end{cases}$ 有唯一解，并求其解.

4. 问 λ,μ 取何值时，齐次线性方程组 $\begin{cases}\lambda x_1+x_2+x_3=0,\\x_1+\mu x_2+x_3=0,\\x_1+2\mu x_2+x_3=0\end{cases}$ 有非零解？

§1.5　案例解析

1.5.1　经典例题方法与技巧案例

例1.5.1 $\begin{vmatrix}a&0&0&0&b\\b&a&0&0&0\\0&b&a&0&0\\0&0&b&a&0\\0&0&0&b&a\end{vmatrix}=$________.

解　按第一行展开即得行列式的值为 a^5+b^5.

例1.5.2　四阶行列式 $\begin{vmatrix}a_1&0&0&b_1\\0&a_2&b_2&0\\0&b_3&a_3&0\\b_4&0&0&a_4\end{vmatrix}=(\quad)$.

(A) $a_1a_2a_3a_4-b_1b_2b_3b_4$；　　(B) $a_1a_2a_3a_4+b_1b_2b_3b_4$；

(C) $(a_1a_2-b_1b_2)(a_3a_4-b_3b_4)$；　　(D) $(a_2a_3-b_2b_3)(a_1a_4-b_1b_4)$.

解法1　按第一行展开得原式 $=a_1a_4\begin{vmatrix}a_2&b_2\\b_3&a_3\end{vmatrix}-b_1b_4\begin{vmatrix}a_2&b_2\\a_3&b_3\end{vmatrix}$，故选(D).

解法2　不妨设 $b_4\neq0$，用 $-\frac{a_1}{b_4}$ 乘第四行加到第一行得

$$原式=-b_4\begin{vmatrix}0&0&0&b_1-\frac{a_1a_4}{b_4}\\0&a_2&b_2&0\\0&b_3&a_3&0\\b_4&0&0&a_4\end{vmatrix}=(a_1a_4-b_1b_4)\begin{vmatrix}a_2&b_2\\b_3&a_3\end{vmatrix}.$$

例 1.5.3 若 $\alpha_1,\alpha_2,\alpha_3,\beta_1,\beta_2$ 都是四维列向量,四阶行列式 $|\alpha_1\alpha_2\alpha_3\beta_1|=m$, $|\alpha_1\alpha_2\beta_2\alpha_3|=n$,则 $|\alpha_1\alpha_2\alpha_3(\beta_1+\beta_2)|=(\quad)$.

(A)$m+n$; (B)$-(m+n)$; (C)$n-m$; (D)$m-n$.

解 因为 $|\alpha_1\alpha_2\alpha_3(\beta_1+\beta_2)|=|\alpha_1\alpha_2\alpha_3\beta_1|+|\alpha_1\alpha_2\alpha_3\beta_2|=m-n$,所以选(D).

例 1.5.4 设 3 阶行列式的元素为±1,则这样的行列式的最大值为( ).

(A)2; (B)4; (C)5; (D) 6.

解 3 阶行列式展开式中的乘积项共 6 项. 由于元素为±1,故每项也是±1,代数和为偶数,不可能等于 5. 我们证明不可能为 6. 若为 6,则 3 个正号项中出现−1 的因子应为偶数个,而 3 个负号项中出现−1 的因子应为奇数个,这是不可能的. 因此,最大值至多为 4,而

$$\begin{vmatrix}1&-1&1\\1&1&-1\\1&1&1\end{vmatrix}=\begin{vmatrix}2&0&0\\1&1&-1\\1&1&1\end{vmatrix}=4,$$所以最大值为 4,选(B).

例 1.5.5 计算 $\Delta=\begin{vmatrix}0&0&\cdots&0&a_1\\0&0&\cdots&a_2&0\\\vdots&\vdots&&\vdots&\vdots\\0&a_{n-1}&\cdots&0&0\\a_n&0&\cdots&0&0\end{vmatrix}$.

解法 1 直接用定义,此行列式只有一项,它的符号是 $(-1)^{\frac{n(n-1)}{2}}$,故

$$\Delta=(-1)^{\frac{n(n-1)}{2}}a_1a_2\cdots a_{n-1}a_n.$$

解法 2 按第 1 列展开得递推公式

$$\begin{aligned}\Delta_n&=(-1)^{n+1}a_n\Delta_{n-1}=(-1)^{(n+1)+n}a_na_{n-1}\Delta_{n-2}\\&=(-1)^{n+1+n+\cdots+3}a_na_{n-1}\cdots a_2a_1\\&=(-1)^{\frac{(n+4)(n-1)}{2}}a_1a_2\cdots a_{n-1}a_n\\&=(-1)^{\frac{n(n-1)}{2}}a_1a_2\cdots a_n.\end{aligned}$$

例 1.5.6 计算 $\Delta=\begin{vmatrix}x&y&0&\cdots&0&0\\0&x&y&\cdots&0&0\\\vdots&\vdots&\vdots&&\vdots&\vdots\\0&0&0&\cdots&x&y\\y&0&0&\cdots&0&x\end{vmatrix}$.

解 按第 1 列展开得 $\Delta=x^n+(-1)^{n+1}y^n$.

例 1.5.7 计算 $\Delta=\begin{vmatrix}x_1-m&x_2&\cdots&x_n\\x_1&x_2-m&\cdots&x_n\\\vdots&\vdots&&\vdots\\x_1&x_2&\cdots&x_n-m\end{vmatrix}$.

解　将各列加于第 1 列并提取 $\sum_{i=1}^{n} x_i - m$ 这个公因式，得

$$\Delta=\left(\sum_{i=1}^{n}x_i-m\right)\begin{vmatrix}1 & x_2 & \cdots & x_n\\ 0 & -m & \cdots & 0\\ \vdots & \vdots & & \vdots\\ 0 & 0 & \cdots & -m\end{vmatrix}=\left(\sum_{i=1}^{n}x_i-m\right)\cdot(-m)^{n-1}.$$

例 1.5.8　计算 $\Delta_n=\begin{vmatrix}\alpha+\beta & \alpha\beta & 0 & \cdots & 0 & 0\\ 1 & \alpha+\beta & \alpha\beta & \cdots & 0 & 0\\ 0 & 1 & \alpha+\beta & \cdots & 0 & 0\\ \vdots & \vdots & \vdots & & \vdots & \vdots\\ 0 & 0 & 0 & \cdots & 1 & \alpha+\beta\end{vmatrix}$.

解　按第 1 行展开得

$$\Delta_n=(\alpha+\beta)\Delta_{n-1}-\alpha\beta\Delta_{n-2},$$

即 $\Delta_n-\alpha\Delta_{n-1}=\beta(\Delta_{n-1}-\alpha\Delta_{n-2})$，故 $\Delta_n-\alpha\Delta_{n-1}$ 是以 β 为公比的等比数列（$n=3,4,\cdots$），而首项 $\Delta_2-\alpha(\alpha+\beta)=\beta^2$，因此

$$\Delta_n-\alpha\Delta_{n-1}=\beta^n;$$

同理 $\Delta_n-\beta\Delta_{n-1}=\alpha^n$.

消去 Δ_{n-1} 得 $(\beta-\alpha)\Delta_n=\beta^{n+1}-\alpha^{n+1}$，故

$$\Delta_n=\frac{\beta^{n+1}-\alpha^{n+1}}{\beta-\alpha}=\beta^n+\beta^{n-1}\alpha+\beta^{n-2}\alpha^2+\cdots+\beta\alpha^{n-1}+\alpha^n.$$

例 1.5.9　计算 $\Delta_n=\begin{vmatrix}\cos\alpha & 1 & 0 & \cdots & 0 & 0\\ 1 & 2\cos\alpha & 1 & \cdots & 0 & 0\\ 0 & 1 & 2\cos\alpha & \cdots & 0 & 0\\ \vdots & \vdots & \vdots & & \vdots & \vdots\\ 0 & 0 & 0 & \cdots & 1 & 2\cos\alpha\end{vmatrix}$.

解　按最后一行展开得

$$\Delta_n=2\cos\alpha\Delta_{n-1}-\Delta_{n-2},$$

以下有两种解法来求 Δ_n.

方法 1

设 Δ_n 是两个等比数列的通项 $a_1q_1^{n-1}, a_2q_2^{n-1}$ 的和，则有

$$a_1q_1^{n-1}=2\cos\alpha q^{n-2}-q^{n-3},$$

即 $q^2-2\cos\alpha q+1=0$，此方程的两个根分别为 $q_{1,2}=\cos\alpha\pm i\sin\alpha$.

因此 $\Delta_n=a_1(\cos\alpha+i\sin\alpha)^{n-1}+a_2(\cos\alpha-i\sin\alpha)^{n-1}$，而

$$\Delta_n=a_1+a_2=\cos\alpha,$$

$$\Delta_2=\begin{vmatrix}\cos\alpha & 1\\ 1 & 2\cos\alpha\end{vmatrix}=2\cos\alpha=(a_1+a_2)\cos\alpha+i(a_1-a_2)\sin\alpha,$$

由 $a_1+a_2=\cos\alpha$ 得 $a_1-a_2=i\sin\alpha$，故

$$a_1=\frac{\cos\alpha+i\sin\alpha}{2}, a_2=\frac{\cos\alpha-i\sin\alpha}{2}.$$

于是 $\Delta_n=\frac{[(\cos\alpha+i\sin\alpha)^n+(\cos\alpha-i\sin\alpha)^n]}{2}=\cos n\alpha$.

方法 2(用数学归纳法)

$\Delta_1=\cos\alpha$，$\Delta_2=\cos 2\alpha$，设 $\Delta_{k-1}=\cos(k-1)\alpha$，$\Delta_{k-2}=\cos(k-2)\alpha$，则

$$
\begin{aligned}
\Delta_k &=2\cos\alpha\Delta_{k-1}-\Delta_{k-2}\\
&=2\cos\alpha\cos(k-1)\alpha-\cos(k-2)\alpha\\
&=2\cos\alpha\cos(k-1)\alpha-[\cos(k-1)\alpha\cos\alpha+\sin(k-1)\alpha\sin\alpha]\\
&=\cos\alpha\cos(k-1)\alpha-\sin(k-1)\alpha\sin\alpha\\
&=\cos k\alpha.
\end{aligned}
$$

故 $\Delta_n=\cos n\alpha$，对任意正整数成立.

例 1.5.10 已知 $a^2\neq b^2$，a、b 是实数，试证方程组

$$
\begin{cases}
ax_1+bx_{2n}=1,\\
ax_2+bx_{2n-1}=1,\\
\quad\vdots\\
ax_n+bx_{n+1}=1,\\
bx_n+ax_{n+1}=1,\\
bx_{n-1}+ax_{n+2}=1,\\
\quad\vdots\\
bx_1+ax_{2n}=1,
\end{cases}
$$

有唯一解，并求其解.

解 我们用归纳法来求系数行列式. 当 $n=1$ 时，

$$|A_1|=\begin{vmatrix} a & b\\ b & a\end{vmatrix}=a^2-b^2.$$

当 $n=2$ 时，

$$|A_2|=\begin{vmatrix} a & 0 & 0 & b\\ 0 & a & b & 0\\ 0 & b & a & 0\\ b & 0 & 0 & a\end{vmatrix}=a^2(a^2-b^2)-b^2(a^2-b^2)=(a^2-b^2)^2.$$

设 $|A_{k-1}|=(a^2-b^2)^{k-1}$，则

$$|A_k|=\begin{vmatrix} a & \cdots & 0 & 0 & \cdots & b\\ \vdots & & \vdots & \vdots & & \vdots\\ 0 & \cdots & a & b & \cdots & 0\\ 0 & \cdots & b & a & \cdots & 0\\ \vdots & & \vdots & \vdots & & \vdots\\ b & \cdots & 0 & 0 & \cdots & a\end{vmatrix}=a^2|A_{k-1}|-b^2|A_{k-1}|=(a^2-b^2)^k.$$

由数学归纳法知 $|A_n|=(a^2-b^2)^n$ 对任意正整数皆成立. 因此，系数行列式不为零，方程组有唯一解.

解此方程组不必用行列式，根据方程组

$$\begin{cases} ax_k+bx_{2n+1-k}=1, \\ bx_{2n+1-k}+ax_k=1, \end{cases} \quad (k=1,2,\cdots,n)$$

即得 $x_k=\dfrac{1}{a+b}(k=1,2,\cdots,n)$是此方程组的唯一解.

例 1.5.11 设在 n 阶行列式 $\begin{vmatrix} a_{11} & a_{12} & \cdots & a_{1n} \\ a_{21} & a_{22} & \cdots & a_{2n} \\ \vdots & \vdots & & \vdots \\ a_{n1} & a_{n2} & \cdots & a_{nn} \end{vmatrix}$ 中,证明:当 n 是奇数时,$D=0$.

证明 因为 $a_{ij}=-a_{ji}\,(i,j=1,2,\cdots,n)$,故 $a_{11}=a_{22}=\cdots=a_{nn}=0$.

$$D=\begin{vmatrix} 0 & a_{12} & \cdots & a_{1n} \\ -a_{12} & 0 & \cdots & a_{2n} \\ \vdots & \vdots & & \vdots \\ -a_{1n} & -a_{2n} & \cdots & 0 \end{vmatrix}=(-1)^n\begin{vmatrix} 0 & -a_{12} & \cdots & -a_{1n} \\ a_{12} & 0 & \cdots & -a_{2n} \\ \vdots & \vdots & & \vdots \\ a_{1n} & a_{2n} & \cdots & 0 \end{vmatrix}=-D,$$

得 $D=0$.

例 1.5.12 计算

$$D=\sum_{j_1j_2\cdots j_n}\begin{vmatrix} a_{1j_1} & a_{1j_2} & \cdots & a_{1j_n} \\ a_{2j_1} & a_{2j_2} & \cdots & a_{2j_n} \\ \vdots & \vdots & & \vdots \\ a_{nj_1} & a_{nj_2} & \cdots & a_{nj_n} \end{vmatrix},$$

这里是对所有 n 阶排列求和.

解法 1 $\sum$中包含 $n!$ 个 n 阶行列式,交换每个行列式中的第 1,2 两列,所得 $n!$ 个行列式的和仍是 D 的 $n!$ 个行列式之和,又因为交换两列后,行列式变号,因而

$$D=\sum_{j_1j_2\cdots j_n}\begin{vmatrix} a_{1j_1} & a_{1j_2} & \cdots & a_{1j_n} \\ a_{2j_1} & a_{2j_2} & \cdots & a_{2j_n} \\ \vdots & \vdots & & \vdots \\ a_{nj_1} & a_{nj_2} & \cdots & a_{nj_n} \end{vmatrix}=-\sum_{j_1j_2\cdots j_n}\begin{vmatrix} a_{1j_2} & a_{1j_1} & \cdots & a_{1j_n} \\ a_{2j_2} & a_{2j_1} & \cdots & a_{2j_n} \\ \vdots & \vdots & & \vdots \\ a_{nj_2} & a_{nj_1} & \cdots & a_{nj_n} \end{vmatrix}=-D,$$

因而 $D=0$.

解法 2 设 $D=\begin{vmatrix} a_{11} & a_{12} & \cdots & a_{1n} \\ a_{21} & a_{22} & \cdots & a_{2n} \\ \vdots & \vdots & & \vdots \\ a_{n1} & a_{n2} & \cdots & a_{nn} \end{vmatrix}$,则有 $\begin{vmatrix} a_{1j_1} & a_{1j_2} & \cdots & a_{1j_n} \\ a_{2j_1} & a_{2j_2} & \cdots & a_{2j_n} \\ \vdots & \vdots & & \vdots \\ a_{nj_1} & a_{nj_2} & \cdots & a_{nj_n} \end{vmatrix}=(-1)^{\tau(j_1j_2\cdots j_n)}D.$

因所有 n 阶排列中奇偶排列各半,在和中 D 前加正号与加负号的个数相等,故 $D=0$.

例 1.5.13 解方程组

$$\begin{cases} x_1+a_1x_2+a_1^2x_3+\cdots+a_1^{n-1}x_n=1, \\ x_1+a_2x_2+a_2^2x_3+\cdots+a_2^{n-1}x_n=1, \\ \cdots\cdots \\ x_1+a_nx_2+a_n^2x_3+\cdots+a_n^{n-1}x_n=1, \end{cases}$$

其中,$a_i \neq a_j(i\neq j,i,j=1,2,\cdots,n)$.

解 该方程组的系数行列式恰为 n 阶范德蒙德行列式的转置行列式,因为 $a_i\neq a_j$ $(i\neq j)$,故 $D=\prod\limits_{1\leqslant j<i\leqslant n}(a_i-a_j)\neq 0$. 由 Cramer 法则知方程组有唯一解

$$x_i=\frac{D_i}{D}(i=1,2,\cdots,n),$$

其中,D_i 为常数项 $1,1,\cdots,1$ 取代 D 中的第 i 列所构成的行列式. 由行列式的性质易知

$$D_1=D,D_2=\cdots=D_n=0.$$

故原方程组的解为$(1,0,0\cdots,0)$.

例 1.5.14 设有线性方程组

$$\begin{cases}x_1+x_2+2x_3+3x_4=1,\\x_1+3x_2+6x_3+x_4=3,\\3x_1-x_2-kx_3+15x_4=3,\\x_1-5x_2-10x_3+12x_4=1,\end{cases}$$

问 k 取何值时方程组有唯一解?

解 为使方程组有唯一解,必须使系数行列式 $D\neq 0$,即

$$D=\begin{vmatrix}1&1&2&3\\1&3&6&1\\3&-1&-k&15\\1&-5&-10&12\end{vmatrix}=6(2-k)\neq 0,$$

即只要 $k\neq 2$,方程组就有唯一解.

例 1.5.15 若齐次线性方程组

$$\begin{cases}x_1+x_2+x_3+ax_4=0,\\x_1+2x_2+x_3+x_4=0,\\x_1+x_2-3x_3+x_4=0,\\x_1+x_2+ax_3+bx_4=0\end{cases}$$

有非零解,则 a、b 应满足什么条件?

解 齐次线性方程组有非零解的充要条件是系数行列式 $D=0$,即

$$D=\begin{vmatrix}1&1&1&a\\1&2&1&1\\1&1&-3&1\\1&1&a&b\end{vmatrix}=-4b+(a+1)^2=0,$$

也就是当 $b=\frac{(a+1)^2}{4}$ 时,该齐次线性方程组有非零解.

例 1.5.16 设 $f(x)=c_0+c_1x+\cdots+c_nx^n$,用齐次线性方程组的理论证明:若 $f(x)$ 有 $n+1$ 个不同的根,则 $f(x)$ 是零多项式.

证明 设 $x_1,x_2,\cdots,x_{n+1}$ 是 $f(x)$ 的 $n+1$ 个不同的根,则有齐次线性方程组

$$\begin{cases} c_0+c_1x_1+c_2x_1^2+\cdots+c_nx_1^n=0, \\ c_0+c_1x_2+c_2x_2^2+\cdots+c_nx_2^n=0, \\ \cdots\cdots \\ c_0+c_1x_{n+1}+c_2x_{n+1}^2+\cdots+c_nx_{n+1}^n=0. \end{cases}$$

其系数行列式的转置是一个 $n+1$ 阶范德蒙德行列式. 而 $x_1,x_2,\cdots,x_n$ 互不相同,故 $D\neq0$,方程组只有零解,即 $c_0=c_1=\cdots=c_n=0$,$f(x)$是零多项式.

例 1.5.17 设 $a_1,a_2,\cdots,a_n$ 是数域 P 中互不相同的数,$b_1,b_2,\cdots,b_n$ 是数域 P 中任意一组给定的数,用Cramer 法则证明:数域 P 中存在唯一的次数小于n 的多项式 $f(x)$,使$f(a_i)=b_i(i=1,2,\cdots,n)$.

证明 设 $f(x)=c_0+c_1x+c_2x^2+\cdots+c_{n-1}x^{n-1}$. 由 $f(a_i)=b_i$ 得

$$\begin{cases} c_0+c_1a_1+c_2a_1^2+\cdots+c_{n-1}a_1^{n-1}=b_1, \\ c_0+c_1a_2+c_2a_2^2+\cdots+c_{n-1}a_2^{n-1}=b_2, \\ \cdots\cdots \\ c_0+c_1a_n+c_2a_n^2+\cdots+c_{n-1}a_n^{n-1}=b_n. \end{cases}$$

把它看成关于 $c_0,c_1,\cdots,c_{n-1}$ 的线性方程组,由于系数行列式为范德蒙德行列式的转置行列式,由题设知它不等于零,故方程组有唯一解,从而所求多项式是唯一的.

例 1.5.18 计算行列式

$$D=\begin{vmatrix} 1 & 1 & 2 & 3 \\ 1 & 2-x^2 & 2 & 3 \\ 2 & 3 & 1 & 5 \\ 2 & 3 & 1 & 9-x^2 \end{vmatrix}.$$

解(析因子法) D 可以看作关于x 的多项式 $f(x)$,观察 D 的一次因式,

当 $x=\pm1$ 时,$f(\pm1)=\begin{vmatrix} 1 & 1 & 2 & 3 \\ 1 & 1 & 2 & 3 \\ 2 & 3 & 1 & 5 \\ 2 & 3 & 1 & 8 \end{vmatrix}=0$;

当 $x=\pm2$ 时,$f(\pm2)=\begin{vmatrix} 1 & 1 & 2 & 3 \\ 1 & -2 & 2 & 3 \\ 2 & 3 & 1 & 5 \\ 2 & 3 & 1 & 5 \end{vmatrix}=0$.

可见,$f(x)$有因子 $x-1,x+1,x-2,x+2$.

另外,从行列式定义可知 D 中含有 x 的最高次数为 4,故

$$D=c(x-1)(x+1)(x-2)(x+2),$$

令 $x=0$ 直接得 $D=-12$,于是 $c=-3$,故 $D=-3(x-1)(x+1)(x-2)(x+2)$.

例 1.5.19 计算行列式

$$D=\begin{vmatrix} x & a_1 & a_2 & \cdots & a_{n-1} & 1 \\ a_1 & x & a_2 & \cdots & a_{n-1} & 1 \\ a_1 & a_2 & x & \cdots & a_{n-1} & 1 \\ \vdots & \vdots & \vdots & & \vdots & \vdots \\ a_1 & a_2 & a_3 & \cdots & x & 1 \\ a_1 & a_2 & a_3 & \cdots & a_n & 1 \end{vmatrix}.$$

解 观察行列式的特点,当 x 取 $a_1, a_2, \cdots, a_n$ 时,行列式都有两行相同,因而此时行列式的值为零,可将行列式看作关于 x 的多项式,且此多项式有因式 $x-a_1, x-a_2, \cdots x-a_n$,故可设 $D=c(x-a_1)(x-a_2)\cdots(x-a_n)$,$D$ 中 x 的最高次项为 x^n,系数为 1,故 $c=1$,即行列式

$$D=(x-a_1)(x-a_2)\cdots(x-a_n).$$

注意:例 1.5.18 和例 1.5.19 的求法采用了析因子法,其方法为:

如果行列式 D 中有一些元素是变数 x(或某个参变数)的多项式,那么可以将行列式 D 当作一个多项式 $f(x)$,然后对行列式施行某些变换,求出 $f(x)$ 的互素的一次因式,使得 $f(x)$ 与这些因式的乘积 $g(x)$ 只相差一个常数因子 c. 根据多项式相等的定义,比较 $f(x)$ 与 $g(x)$ 的某一项的系数,求出 c 的值,便可求得 $D=cg(x)$.

例 1.5.20 计算 n 阶行列式

$$D_n=\begin{vmatrix} x-a & a & a & \cdots & a \\ a & x-a & a & \cdots & a \\ a & a & x-a & \cdots & a \\ \vdots & \vdots & \vdots & & \vdots \\ a & a & a & \cdots & x-a \end{vmatrix}.$$

解法 1(三角形法).

将各列都加到第 1 列,并提取公因式得

$$D_n=[x+(n-2)a]\begin{vmatrix} 1 & a & a & \cdots & a \\ 1 & x-a & a & \cdots & a \\ 1 & a & x-a & \cdots & a \\ \vdots & \vdots & \vdots & & \vdots \\ a & a & a & \cdots & x-a \end{vmatrix}$$

$$\xlongequal[\text{分别加到各列上}]{\text{第 1 列乘}(-a)}[x+(n-2)a]\begin{vmatrix} 1 & 0 & 0 & \cdots & 0 \\ 1 & x-2a & 0 & \cdots & 0 \\ 1 & 0 & x-2a & \cdots & 0 \\ \vdots & \vdots & \vdots & & \vdots \\ 1 & 0 & 0 & \cdots & x-2a \end{vmatrix}$$

$$=[x+(n-2)a](x-2a)^{n-1}.$$

解法 2(加边法,升阶法).

$$D_n=\begin{vmatrix}1&0&0&\cdots&0\\a&x-a&a&\cdots&a\\a&a&x-a&\cdots&a\\\vdots&\vdots&\vdots&&\vdots\\a&a&a&\cdots&x-a\end{vmatrix}_{n+1}$$

$$\xlongequal[\text{各列都减第 1 列}]{\text{从第 2 列开始}}\begin{vmatrix}1&-1&-1&\cdots&-1\\a&x-2a&0&\cdots&0\\a&0&x-2a&\cdots&0\\\vdots&\vdots&\vdots&&\vdots\\a&0&0&\cdots&x-2a\end{vmatrix}_{n+1}$$

$$=(x-2a)^n\begin{vmatrix}1&-1&-1&\cdots&-1\\\frac{a}{x-2a}&1&0&\cdots&0\\\frac{a}{x-2a}&0&1&\cdots&0\\\vdots&\vdots&\vdots&&\vdots\\\frac{a}{x-2a}&0&0&\cdots&1\end{vmatrix}=(x-2a)^n\begin{vmatrix}1+\frac{na}{x-2a}&0&0&\cdots&0\\\frac{a}{x-2a}&1&0&\cdots&0\\\frac{a}{x-2a}&0&1&\cdots&0\\\vdots&\vdots&\vdots&&\vdots\\\frac{a}{x-2a}&0&0&\cdots&1\end{vmatrix}$$

$$=(x-2a)^n\left(1+\frac{na}{x-2a}\right)=[x+(n-2)a](x-2a)^{n-1}.$$

显然，当 $x=2a$ 时，上式成立且 $D_n=0$.

解法 3(递推法).

$$D_n=\begin{vmatrix}x-2a+a&a&a&\cdots&a\\0+a&x-a&a&\cdots&a\\\vdots&\vdots&\vdots&&\vdots\\0+a&a&a&\cdots&x-a\end{vmatrix}$$

$$=\begin{vmatrix}x-2a&a&a&\cdots&a\\0&x-a&a&\cdots&a\\\vdots&\vdots&\vdots&&\vdots\\0&a&a&\cdots&x-a\end{vmatrix}+\begin{vmatrix}a&a&a&\cdots&a\\a&x-a&a&\cdots&a\\\vdots&\vdots&\vdots&&\vdots\\a&a&a&\cdots&x-a\end{vmatrix}$$

$$=(x-2a)D_{n-1}+\begin{vmatrix}a&a&\cdots&a\\0&x-2a&\cdots&0\\\vdots&\vdots&&\vdots\\0&0&\cdots&x-2a\end{vmatrix}$$

$$=(x-2a)D_{n-1}+a\,(x-2a)^{n-1}$$

$$=(x-2a)[(x-2a)D_{n-2}+a\,(x-2a)^{n-2}]+a\,(x-2a)^{n-1}$$

$$=(x-2a)^2D_{n-2}+2a\,(x-2a)^{n-1}=\cdots\cdots$$

$$=(x-2a)^{n-1}D_1+(n-1)a\,(x-2a)^{n-1}$$

$$=(x-2a)^{n-1}(x-a)+(n-1)a\,(x-2a)^{n-1}$$

$$=(x-a+na-a)(x-2a)^{n-1}$$
$$=[x+(n-2)a](x-2a)^{n-1}.$$

解法 4(析因子法).

令

$$f(x)=\begin{vmatrix} x-a & a & a & \cdots & a \\ a & x-a & a & \cdots & a \\ a & a & x-a & \cdots & a \\ \vdots & \vdots & \vdots & & \vdots \\ a & a & a & \cdots & x-a \end{vmatrix},$$

显然 $f(2a)=0, f[-(n-2)a]=0$(各列之和为 0),故 $x-2a, x+(n-2)a$ 是 $f(x)$ 的一次因式.

$$又\frac{df(x)}{dx}=\begin{vmatrix} 1 & 0 & 0 & \cdots & 0 \\ a & x-a & a & \cdots & a \\ \vdots & \vdots & \vdots & & \vdots \\ a & a & a & \cdots & x-a \end{vmatrix}+\begin{vmatrix} x-a & a & a & \cdots & a \\ 0 & 1 & 0 & \cdots & 0 \\ \vdots & \vdots & \vdots & & \vdots \\ a & a & a & \cdots & x-a \end{vmatrix}+\cdots+$$

$$\begin{vmatrix} x-a & a & \cdots & a & a \\ a & x-a & \cdots & a & a \\ \vdots & \vdots & & \vdots & \vdots \\ a & a & \cdots & x-a & a \\ 0 & 0 & \cdots & 0 & 1 \end{vmatrix}$$

$$=D_{n-1}+D_{n-1}+\cdots+D_{n-1}=nD_{n-1}.$$

同理可得:$\frac{d^2f(x)}{dx}=n(n-1)D_{n-2}$, $\frac{d^3f(x)}{dx}=n(n-1)(n-2)D_{n-3}$,……,$\frac{d^{n-2}f(x)}{dx}=n(n-1)\cdots 3D_2$,$\frac{d^{n-1}f(x)}{dx}=n(n-1)\cdots 3\cdot 2\cdot D_1=n!\ D_1$,因此

$$f'(2a)=f''(2a)=\cdots=f^{(n-2)}(2a)=0.$$

而 $f^{(n-1)}(2a)=n!\ a$,$2a$ 是 $f(x)$ 的 $n-1$ 重根,又因 $f(x)$ 是 x 的 n 次多项式,从而 $f(x)=c(x-2a)^{n-1}[x+(n-2)a]$,其中,$c$ 为待定系数. 由行列式 $f(x)$ 可以看出 x^n 的系数为 1,故 $c=1, D_n=(x-2a)^{n-1}[x+(n-2)a]$.

解法 5[拆行(列)法].

将各列每个元素都写成两项之和,其中第一项为 a,除主对角线上元素的第二项为 $x-2a$ 外,其余各元素第二项均为 0,即

$$D_n=\begin{vmatrix} a+(x-2a) & a+0 & a+0 & \cdots & a+0 \\ a+0 & a+(x-2a) & a+0 & \cdots & a+0 \\ a+0 & a+0 & a+(x-2a) & \cdots & a+0 \\ \vdots & \vdots & \vdots & & \vdots \\ a+0 & a+0 & a+0 & \cdots & a+(x-2a) \end{vmatrix}.$$

根据行列式的性质,这个行列式可分成 2^n 个行列式之和. 若某个行列式有两个或两个以上的列选自这个行列式各列的第一项,则该行列式至少有两列相同,其值为 0. 因此在这

2^n 个行列式中除去值为零的外仅剩下 $n+1$ 个，这 $n+1$ 个行列式为：各列全选这个行列式各列的第二项或仅有一列选第一项，其他各列都选第二项，因此这个行列式

$$D_n=\begin{vmatrix} x-2a & 0 & \cdots & 0 \\ 0 & x-2a & \cdots & 0 \\ \vdots & \vdots & & \vdots \\ 0 & 0 & \cdots & x-2a \end{vmatrix}+\begin{vmatrix} a & 0 & \cdots & 0 \\ a & x-2a & \cdots & 0 \\ \vdots & \vdots & & \vdots \\ a & 0 & \cdots & x-2a \end{vmatrix}+$$

$$\begin{vmatrix} x-2a & a & 0 & \cdots & 0 \\ 0 & a & 0 & \cdots & 0 \\ 0 & a & x-2a & \cdots & 0 \\ \vdots & \vdots & \vdots & & \vdots \\ 0 & a & 0 & \cdots & x-2a \end{vmatrix}+\cdots+\begin{vmatrix} x-2a & 0 & \cdots & 0 & a \\ 0 & x-2a & \cdots & 0 & a \\ 0 & 0 & \cdots & 0 & a \\ \vdots & \vdots & & \vdots & \vdots \\ 0 & 0 & \cdots & x-2a & a \\ 0 & 0 & 0 & \cdots & a \end{vmatrix}$$

$$=(x-2a)^n+a(x-2a)^{n-1}+a(x-2a)^{n-1}+\cdots+a(x-2a)^{n-1}$$

$$=(x-2a)^n+na(x-2a)^{n-1}$$

$$=(x-2a)^{n-1}[x+(n-2)a].$$

解法 6（数学归纳法）.

当 $n=2$ 时，$D_2=\begin{vmatrix} x-a & a \\ a & x-a \end{vmatrix}=(x-a)^2-a^2=(x-2a)x.$

当 $n=3$ 时，$D_3=\begin{vmatrix} x-a & a & a \\ a & x-a & a \\ a & a & x-a \end{vmatrix}=(x-2a)^2[x+(3-2)a].$

猜想：$D_n=(x-2a)^{n-1}[x+(n-2)a].$

下面用数学归纳法证明猜想是否正确.

设 $D_{n-1}=(x-2a)^{(n-1)-1}[x+(n-1-2)a]$成立，则

$$D_n=\begin{vmatrix} x-a & a & a & \cdots & a & a \\ a & x-a & a & \cdots & a & a \\ \vdots & \vdots & \vdots & & \vdots & \vdots \\ a & a & a & \cdots & x-a & a \\ a & a & a & \cdots & a & x-a \end{vmatrix}$$

$$=\begin{vmatrix} x-a & a & a & \cdots & a & a+0 \\ a & x-a & a & \cdots & a & a+0 \\ \vdots & \vdots & \vdots & & \vdots & \vdots \\ a & a & a & \cdots & x-a & a+0 \\ a & a & a & \cdots & a & (x-2a)+a \end{vmatrix}$$

$$=\begin{vmatrix} x-a & a & a & \cdots & a & a \\ a & x-a & a & \cdots & a & a \\ \vdots & \vdots & \vdots & & \vdots & \vdots \\ a & a & a & \cdots & x-a & a \\ a & a & a & \cdots & a & a \end{vmatrix}+\begin{vmatrix} x-a & a & a & \cdots & a & 0 \\ a & x-a & a & \cdots & a & 0 \\ \vdots & \vdots & \vdots & & \vdots & \vdots \\ a & a & a & \cdots & x-a & 0 \\ a & a & a & \cdots & a & x-2a \end{vmatrix}$$

$=a\ (x-2a)^{n-1}+(x-2a)D_{n-1}$.

又假设 $D_n=a\ (x-2a)^{n-1}+(x-2a)(x-2a)^{n-2}[x+(n-3)a]$

$=(x-2a)^{n-1}[a+x+(n-3)a]$

$=(x-2a)^{n-1}[x+(n-2)a]$.

因此,对任意自然数 n 都有 $D_n=(x-2a)^{n-1}[x+(n-2)a]$.

1.5.2　应用案例解析及软件求解

1. 过两定点的直线方程

设平面上有两个不同的已知点(x_1,y_1)与(x_2,y_2),通过此两点存在唯一的直线,设为

$$a_1x+a_2y+a_3=0, \tag{1.5.1}$$

其中 a_1、a_2、a_3 不全为零,由于(x_1,y_1)与(x_2,y_2)在同一条直线上,故它们满足方程(1.5.1),代入后得到两个方程

$$\begin{cases} a_1x_1+a_2y_1+a_3=0, \\ a_1x_2+a_2y_2+a_3=0. \end{cases} \tag{1.5.2}$$

将(1.5.1)与(1.5.2)联合,得到方程组

$$\begin{cases} xa_1+ya_2+a_3=0, \\ x_1a_1+y_1a_2+a_3=0, \\ x_2a_1+y_2a_2+a_3=0, \end{cases}$$

这是一个关于待定系数 a_1,a_2,a_3 的齐次方程组.由于 a_1,a_2,a_3 不全为零,则该方程组有非零解,即

$$\begin{vmatrix} x & y & 1 \\ x_1 & y_1 & 1 \\ x_2 & y_2 & 1 \end{vmatrix}=0, \tag{1.5.3}$$

这就是所求的通过两已知点的直线方程.

例 1.5.21　求通过两点(−1,2)与(3,−4)的直线方程.

解　将已知两点代入方程(1.5.3),得 $\begin{vmatrix} x & y & 1 \\ -1 & 2 & 1 \\ 3 & -4 & 1 \end{vmatrix}=0$,即得直线方程为 $3x+2y-1=0$.

用 Matlab 计算程序如下:

```
syms  x  y
A=[x,y,1;-1,2,1;3,-4,1];
det(A)
```

2. 输电网络的线性方程组模型

一种大型输电网络可简化为图 1−1 所示的电路.

其中,$R_1,R_2,\cdots,R_n$ 表示负载电阻,$r_1,r_2,\cdots,r_n$ 表示内阻,电源电压为 V,求各负载上的电流 $I_1,I_2,\cdots,I_n$.

记 $r_1,r_2,\cdots,r_n$ 上的电流分别为 $i_1,i_2,\cdots,i_n$,根据电路中电流、电压的关系得到关系式:

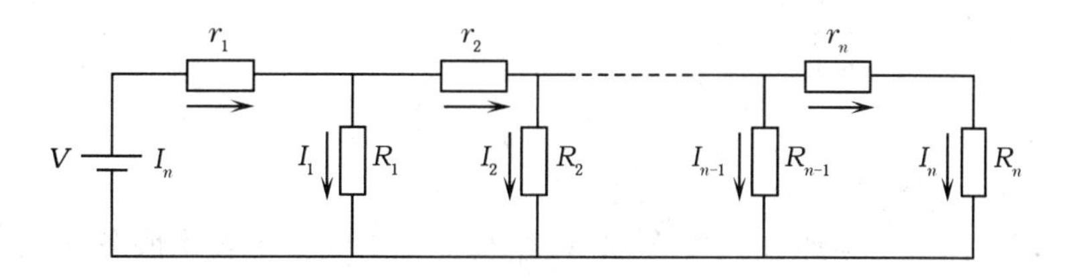

图 1—1

$$\begin{cases} r_1 i_1 + R_1 I_1 = V, \\ r_2 i_2 + R_2 I_2 = R_1 I_1, \\ \cdots\cdots \\ r_n i_n + R_n I_n = R_{n-1} I_{n-1}, \end{cases} \qquad \begin{cases} I_1 + i_2 = i_1, \\ I_2 + i_3 = i_2, \\ \cdots\cdots \\ I_{n-1} + i_n = i_{n-1}, \\ I_n = i_n, \end{cases}$$

消去上式中的 $i_1, i_2, \cdots, i_n$，便得到关于 $I_1, I_2, \cdots, I_n$ 的非齐次线性方程组

$$\begin{cases} (R_1 + r_1) I_1 + r_1 I_2 + \cdots + r_1 I_n = V, \\ -R_1 I_1 + (R_2 + r_2) I_2 + \cdots + r_2 I_n = 0, \\ \cdots\cdots \\ -R_{n-1} I_{n-1} + (R_n + r_n) I_n = 0, \end{cases}$$

若给出 $R_i, r_i (i=1,2,\cdots,n)$ 的值，则可解此方程组.

3. 日常生活中的应用案例

例 1.5.22 大学生在饮食方面存在很多问题，多数大学生不重视吃早餐，日常饮食也没有规律. 为了身体的健康必须需要注意日常饮食中的营养. 大学生每天的配餐中需要摄入一定量的蛋白质、脂肪和碳水化合物，表 1—1 给出了这三种食物所含的营养以及大学生的正常所需营养(它们的质量以适当的单位计量).

表 1—1

营养	单位食物所含的营养			所需营养
	食物 1	食物 2	食物 3	
蛋白质	36	51	13	33
脂肪	0	7	1.1	3
碳水化合物	52	34	74	45

试根据这个问题建立一个线性方程组，并通过求解方程组来确定每天需要摄入的上述三种食物的量.

解 设 x_1, x_2, x_3 分别为三种食物的摄入量，则由表 1—1 中的数据可以列出下列方程组

$$\begin{cases} 36x_1 + 51x_2 + 13x_3 = 33, \\ 7x_2 + 1.1x_3 = 3, \\ 52x_1 + 34x_2 + 74x_3 = 45. \end{cases}$$

用 Matlab 可以求得：

x=

0.27722318361443

0.39192086163701

0.23323088049177

例 1.5.23 一个土建师、一个电气师、一个机械师组成一个技术服务社.假设在一段时间内,某个人收入1元人民币需要支付给其他两人的服务费用以及每个人的实际收入如表1—2所示,问:这段时间内,每人的总收入是多少?(总收入=实际收入+支付服务费.)

表 1—2

服务者	被服务者			实际收入
	土建师	电气师	机械师	
土建师	0	0.2	0.3	500
电气师	0.1	0	0.4	700
机械师	0.3	0.4	0	600

解 设土建师、电气师、机械师的总收入分别为 x_1, x_2, x_3 元,根据题意,建立方程组为

$$\begin{cases} x_1 - 0.2x_2 - 0.3x_3 = 500, \\ x_2 - 0.1x_1 - 0.4x_3 = 700, \\ x_3 - 0.3x_1 - 0.4x_2 = 600. \end{cases}$$

用 Matlab 可以求得:

x=

1.0e+003 *

1.25648414985591

1.44812680115274

1.55619596541787

例 1.5.24 医院营养师为病人配制的一份菜肴由蔬菜、鱼和肉松组成,这份菜肴需含1200cal 热量、30g 蛋白质和 300mg 维生素 C,已知三种食物每 100g 中有关营养的含量如表1—3 所示,试求所配菜肴中每种食物的数量.

表 1—3

	蔬菜	鱼	肉松
热量(cal)	60	300	600
蛋白质(g)	3	9	6
维生素 C(mg)	90	60	30

解 设所配菜肴中蔬菜、鱼和肉松的数量分别为 x_1, x_2, x_3 百克,根据题意,建立方程组

$$\begin{cases} 60x_1 + 300x_2 + 600x_3 = 1200, \\ 3x_1 + 9x_2 + 6x_3 = 30, \\ 90x_1 + 60x_2 + 30x_3 = 300. \end{cases}$$

用 Matlab 可以求得：

```
x=
   1.52173913043478
   2.39130434782609
   0.65217391304348
```

第 2 章　矩阵与线性方程组

§2.1　矩　阵

2.1.1　矩阵的概念

在数学上，矩阵是指纵横排列的数据表格，最早来自方程组的系数所构成的方阵. 这一概念由 19 世纪的英国数学家凯莱(Cayley)首先提出. 矩阵在生产实践中也有许多应用，比如，假设某种物资有 3 个产地 A_1, A_2, A_3，有 4 个销售点 B_1, B_2, B_3, B_4，那么一个调运方案就可以用矩阵

$$\begin{pmatrix} a_{11} & a_{12} & a_{13} & a_{14} \\ a_{21} & a_{22} & a_{23} & a_{24} \\ a_{31} & a_{32} & a_{33} & a_{34} \\ a_{41} & a_{42} & a_{43} & a_{44} \end{pmatrix}$$

来表示，其中，a_{ij} 表示由产地 A_i 运到销售点 B_j 的数量. 对于我们来说，矩阵的学习不可缺少.

在我们给出矩阵的严格数学定义之前先给出数域的概念.

定义 2.1.1　对于一个至少含有 0，1 的复数集合的子集合 F，如果其中任意两个数的和、差、积、商(除数不为 0)仍在 F 中，那么称 F 为一个数域.

由定义易知，所有的有理数形成一个数域，称为有理数域，用 Q 表示；所有的实数形成实数域，用 R 表示；所有的复数形成复数域，用 C 表示. 所有的奇数不能构成数域，所有的偶数也不能构成数域.

例 2.1.1　证明集合 $F=\{a+b\sqrt{2} \mid a,b\in Q\}$ 构成一个数域.

证明　首先注意，若 $a+b\sqrt{2}=c+d\sqrt{2}$，则必有 $a=c, b=d$. 特别地，当 $a+b\sqrt{2}=0$ 时必有 $a=b=0$.

因为 $Q\subset F$，所以 F 中有无穷多个元素，若有 $\alpha=a+b\sqrt{2}, \beta=c+d\sqrt{2}\in F$，则

$$\alpha\pm\beta=(a+b\sqrt{2})\pm(c+d\sqrt{2})=(a\pm c)+(b\pm d)\sqrt{2},$$

$$\alpha\beta=(a+b\sqrt{2})(c+d\sqrt{2})=(ac+2bd)+(ad+bc)\sqrt{2}.$$

因为当 a,b,c,d 为有理数时，$a\pm c, b\pm d, ac+2bd, ad+bc$ 也为有理数，所以 $\alpha\pm\beta, \alpha\beta\in F$. 设 $\beta=c+d\sqrt{2}\neq 0$，则 c,d 不全为 0，并且 $c^2-2d^2\neq 0$. 于是

$$\frac{\alpha}{\beta}=\frac{a+b\sqrt{2}}{c+d\sqrt{2}}=\frac{(a+b\sqrt{2})(c-d\sqrt{2})}{(c+d\sqrt{2})(c-d\sqrt{2})}=\frac{ac-2bd}{c^2-2d^2}+\frac{bc-ad}{c^2-2d^2}\sqrt{2},$$

由于$\frac{ac-2bd}{c^2-2d^2}$,$\frac{bc-ad}{c^2-2d^2}$为有理数,所以$\frac{\alpha}{\beta}\in F$,依定义,$F$为数域.

这样,我们以前学过的有理数集、实数集、复数集就都统一到数域这个一般的概念里面了.在本章中,讨论的问题总是限定在某一数域,比如复数域、实数域,甚至像上述例2.1.1提到的在其他数域中进行.有时为了方便,甚至就在一般的数域F上讨论.

定义2.1.2　矩阵是指由数域F中的$m\times n$个数排成m行n列的表,即

$$\begin{pmatrix} a_{11} & a_{12} & \cdots & a_{1n} \\ a_{21} & a_{22} & \cdots & a_{2n} \\ \vdots & \vdots & \vdots & \vdots \\ a_{m1} & a_{m2} & \cdots & a_{mn} \end{pmatrix}. \tag{2.1.1}$$

我们称它为一个数域F上的$m\times n$矩阵.通常用大写英文字母表示矩阵,上述矩阵可以简记为A或$A=(a_{ij})_{mn}$,A_{mn}或$A_{m\times n}$.其中$a_{ij}(i=1,2,\cdots,m;j=1,2,\cdots,n)$称为矩阵第$i$行第$j$列上的元素.当所有的$a_{ij}$都是实数时,我们就称矩阵(2.1.1)为实矩阵;当所有的a_{ij}都是复数时,我们就称矩阵(2.1.1)为复矩阵.

在本章中,如果没有特别说明,都假定所讨论的矩阵是复数域C上的矩阵.

如果两个矩阵的行和列的个数分别相等,且在相同位置上的元素都相等,那么称这两个矩阵相等,即$A=(a_{ij})_{st}=B=(b_{ij})_{mn}$.当且仅当$s=m,t=n$且$a_{ij}=b_{ij}(i=1,2,\cdots,s;j=1,2,\cdots,t)$时,称$A,B$是同型的矩阵.

特别地,如果$m=1$,那么矩阵(2.1.1)为$1\times n$矩阵,可以看成一个行向量,即

$$A=(a_{11},a_{12},\cdots,a_{1n}).$$

当$n=1$时,矩阵(2.1.1)为$m\times 1$矩阵,可以看成一个列向量,即

$$A=\begin{pmatrix} a_{11} \\ a_{21} \\ \vdots \\ a_{m1} \end{pmatrix}.$$

当$m=n$时,我们称它为$n\times n$矩阵或n阶方阵,称$a_{ii}(i=1,2,\cdots,n)$为方阵主对角线元素,所以主对角线元素的和称为方阵的迹(trace),记作

$$tr(A)=a_{11}+a_{22}+\cdots+a_{nn}=\sum_{i=1}^{n}a_{ii}.$$

定义2.1.3　设$A=(a_{ij})_{mn}$,称$-A=(-a_{ij})_{mn}$是A的负矩阵.

2.1.2　几种特殊的矩阵

如果n阶方阵A满足$a_{ij}=0(i\neq j;i,j=1,2,\cdots,n)$(即除主对角线元素之外的元素都是零),则称其为$n$阶**对角矩阵**,记作

$$A=\begin{pmatrix} a_{11} & & & \\ & a_{22} & & \\ & & \ddots & \\ & & & a_{nn} \end{pmatrix},$$

可以将其简记为$A=diag(a_{11},a_{22},\cdots,a_{nn})$.

在对角矩阵中,若 $a_{11}=a_{22}=\cdots=a_{nn}=a$,则称其为**数量矩阵**,即方阵

$$A=\begin{pmatrix} a & 0 & \cdots & 0 \\ 0 & a & \cdots & 0 \\ \vdots & \vdots & & \vdots \\ 0 & 0 & \cdots & a \end{pmatrix}$$

为数量矩阵.

进一步地讲,如果对角矩阵中的对角线元素 $a_{ii}=1(i=1,2,\cdots,n)$,那么它就称为**单位矩阵**,记作 E_n 或 E;当 $m=n=1$ 时,矩阵 (a_{11}) 就是 C 上的一个数,即 $(a_{11})=a_{11}$;当矩阵中所有元素都是零时,我们称它为**零矩阵**,仍记为 0.

主对角线下(上)方的元全为零的方阵称为上(下)**三角形矩阵**,即方阵

$$\begin{pmatrix} a_{11} & a_{12} & \cdots & a_{1n} \\ 0 & a_{22} & \cdots & a_{2n} \\ \vdots & \vdots & & \vdots \\ 0 & 0 & \cdots & a_{nn} \end{pmatrix} \text{和} \begin{pmatrix} a_{11} & 0 & \cdots & 0 \\ a_{21} & a_{22} & \cdots & 0 \\ \vdots & \vdots & & \vdots \\ a_{n1} & a_{n2} & \cdots & a_{nn} \end{pmatrix}$$

分别称为上三角形矩阵和下三角形矩阵.

如果矩阵 A 满足以下条件:

(1)如果 A 有零行(元素全为零的行),那么零行位于最下方;

(2)非零行的**非零首元**(自左至右第一个不为零的元)的列标随行的递增而递增,则称 A 为行阶梯形矩阵.这时称 A 中非零行的行数为 A 的阶梯数,即如下形状的矩阵称为**行阶梯形矩阵**:

$$\begin{pmatrix} *_1 & \cdots & \cdots & \cdots & \cdots & \cdots & \cdots & \cdots \\ & *_2 & \cdots & \cdots & \cdots & \cdots & \cdots & \cdots \\ & & \cdots & \cdots & \cdots & \cdots & \cdots & \cdots \\ & & & *_i & \cdots & \cdots & \cdots & \cdots \\ & & & & \cdots & \cdots & \cdots & \cdots \\ & & & & & *_r & \cdots & \cdots \\ & & & & & & & \end{pmatrix}$$

其中,空白处的元全为零,$*_i(1\leqslant i\leqslant r)$表示该行中第一个不为零的元(非零首元),每行的非零首元必在前一行非零首元的右下方.

比如,$\begin{pmatrix} 0 & 0 & 1 & -2 \\ 0 & 0 & 0 & 3 \end{pmatrix}$与$\begin{pmatrix} 3 & 0 & 0 \\ 0 & 1 & 0 \\ 0 & 0 & 2 \end{pmatrix}$都是行阶梯形矩阵,而$\begin{pmatrix} 2 & 1 & 3 & 5 & 7 \\ 0 & 3 & 0 & 0 & 1 \\ 0 & 1 & 2 & 2 & 0 \\ 0 & 0 & 0 & 0 & 0 \end{pmatrix}$不是行阶梯形矩阵.

如果行阶梯形矩阵 A 还满足条件:

(1)各非零首元全为 1,

(2)非零首元所在列的其余元全为 0,

则称 A 为行简化阶梯形矩阵(行最简形矩阵).

如$\begin{pmatrix}1&0&-7&0&5\\0&1&4&0&2\\0&0&0&1&-3\\0&0&0&0&0\end{pmatrix}$就是行简化阶梯形矩阵.

习题 2.1

1. 图 2—1 表示了 B 省的 3 个城市 B_1,B_2,B_3 与 C 省的 3 个城市 C_1,C_2,C_3 的交通连接图,称为一个交通网络. 每条线上的数字表示此通路上不同的运路(公路,铁路,水路,航空)数目. 若以 a_{ij} $(i,j=1,2,3)$ 表示从 B_i 到 C_j 的运路数,试写出矩阵 $A=(a_{ij})$.

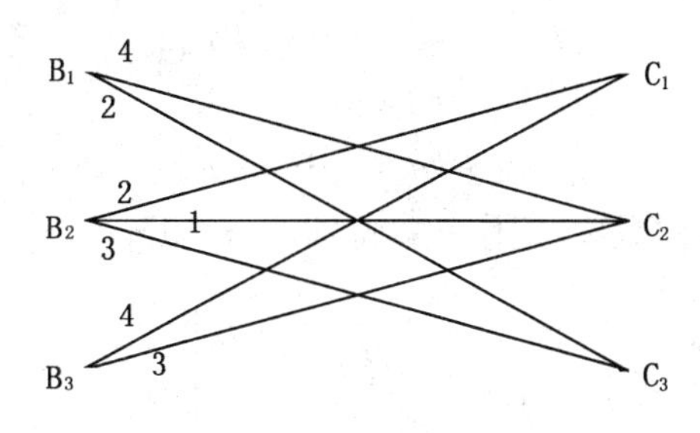

图 2—1

2. 当$\begin{pmatrix}x&2y\\z&-8\end{pmatrix}=\begin{pmatrix}2u&u\\1&2x\end{pmatrix}$时,$x,y,z,u$ 各取何值?

3. 写出既是上三角形矩阵又是下三角形矩阵的 n 阶矩阵的一般形式.

4. 下列矩阵哪些是行阶梯形矩阵,哪些不是?

(1)$\begin{pmatrix}3&2&1&4\\0&0&0&1\\0&0&0&0\end{pmatrix}$;(2)$\begin{pmatrix}3&2&1&4\\0&1&5&6\\0&2&4&5\end{pmatrix}$;(3)$\begin{pmatrix}3&2&1&4\\0&1&0&6\\0&0&1&0\end{pmatrix}$; (4)$\begin{pmatrix}3&2&1&4\\0&0&0&0\\0&0&1&0\end{pmatrix}$.

§2.2　矩阵的运算

2.2.1　矩阵的加法与数乘

定义 2.2.1　设 $A=(a_{ij}),B=(b_{kl})$是两个 $m\times n$ 矩阵,则

$$A+B=\begin{pmatrix}a_{11}&a_{12}&\cdots&a_{1n}\\a_{21}&a_{22}&\cdots&a_{2n}\\\vdots&\vdots&&\vdots\\a_{m1}&a_{m2}&\cdots&a_{mn}\end{pmatrix}+\begin{pmatrix}b_{11}&b_{12}&\cdots&b_{1n}\\b_{21}&b_{22}&\cdots&b_{2n}\\\vdots&\vdots&&\vdots\\b_{m1}&b_{m2}&\cdots&b_{mn}\end{pmatrix}$$

$$=\begin{pmatrix}a_{11}+b_{11}&a_{12}+b_{12}&\cdots&a_{1n}+b_{1n}\\a_{21}+b_{21}&a_{22}+b_{22}&\cdots&a_{2n}+b_{2n}\\\vdots&\vdots&&\vdots\\a_{m1}+b_{m1}&a_{m2}+b_{m2}&\cdots&a_{mn}+b_{mn}\end{pmatrix}.$$

注意：两个矩阵可以相加的条件是这两个矩阵的行数和列数分别相等.

有了矩阵的加法，很容易定义矩阵的减法，即矩阵

$$A-B=A+(-B).$$

同样，我们很容易得到矩阵加法的性质. 设 A,B,C 是三个 $m\times n$ 矩阵，那么其满足：

(1)交换律：$A+B=B+A$；

(2)结合律：$A+(B+C)=(A+B)+C$；

(3)$A+0=A$；

(4)$A+(-A)=0$.

定义 2.2.2 设 A 是一个 $m\times n$ 的矩阵，k 是复数域 C 中的一个数，矩阵

$$\begin{pmatrix} ka_{11} & ka_{12} & \cdots & ka_{1n} \\ ka_{21} & ka_{22} & \cdots & ka_{2n} \\ \vdots & \vdots & & \vdots \\ ka_{m1} & ka_{m2} & \cdots & ka_{mn} \end{pmatrix}$$

称为 A 与 k 的数量乘积，简称**数乘**，记作 kA. 特别地，称矩阵

$$kE=\begin{pmatrix} k & & & \\ & k & & \\ & & \ddots & \\ & & & k \end{pmatrix}$$

为**数量矩阵**.

由定义可知，一个数乘以一个矩阵，就是将矩阵的每个元素都乘以这个数，在这里要注意与行列式数乘的区别. 此外，很容易验证矩阵的数乘有以下性质. 设 A 是一个 $m\times n$ 的矩阵且 k,l 是 C 中的两个数，那么其满足：

(1)结合律：$k(lA)=(kl)A$；

(2)分配律：$(k+l)A=kA+lA, k(A+B)=kA+kB$；

(3)$1A=A$；

(4)$kA=0\Leftrightarrow k=0$ 或 $A=0$.

2.2.2 矩阵的乘法

定义 2.2.3 设矩阵 $A=(a_{ij})_{sn}, B=(b_{kl})_{nm}$ 是两个矩阵，则矩阵

$$C=(c_{ij})_{sm}=\begin{pmatrix} c_{11} & c_{12} & \cdots & c_{1m} \\ c_{21} & c_{22} & \cdots & c_{2m} \\ \vdots & \vdots & & \vdots \\ c_{s1} & c_{s2} & \cdots & c_{sm} \end{pmatrix}$$

称为矩阵 A 与 B 的乘积，记作 $C=AB$. 其中

$$c_{ij}=a_{i1}b_{1j}+a_{i2}b_{2j}+\cdots+a_{in}b_{nj}=\sum_{k=1}^{n}a_{ik}b_{kj}\ (i=1,2,\cdots,s;j=1,2,\cdots,m).$$

注意：(1)要保证矩阵乘法有意义，必须使第一个矩阵的列数和第二个矩阵的行数相等，且乘积 C 的行数是第一个矩阵的行数，列数是第二个矩阵的列数.

(2)矩阵的乘法并不一定满足交换律，即 $AB=BA$ 不一定成立.

例 2.2.1　已知 $A=(1\ 4\ 3)$，$B=\begin{pmatrix}2\\3\\1\end{pmatrix}$，则 $AB=(1\ 4\ 3)\begin{pmatrix}2\\3\\1\end{pmatrix}=17$，但是

$$BA=\begin{pmatrix}2\\3\\1\end{pmatrix}(1\quad 4\quad 3)=\begin{pmatrix}2 & 8 & 6\\3 & 12 & 9\\1 & 4 & 3\end{pmatrix}.$$

例 2.2.2　如果 $AB=BA$，我们就称矩阵 A，B 可交换，证明一切对角矩阵

$$A=\begin{pmatrix}a_{11} & 0 & \cdots & 0\\0 & a_{22} & \cdots & 0\\\vdots & \vdots & & \vdots\\0 & 0 & \cdots & a_{nn}\end{pmatrix}$$

可交换的矩阵只能是对角矩阵，其中 $a_{ii}\neq a_{jj}\ (i\neq j;i,j=1,2,\cdots,n)$.

证明　设矩阵 $B=\begin{pmatrix}b_{11} & b_{21} & \cdots & b_{n1}\\b_{12} & b_{22} & \cdots & b_{n2}\\\vdots & \vdots & & \vdots\\b_{1n} & b_{2n} & \cdots & b_{nn}\end{pmatrix}$ 可以和 A 交换，那么有

$$\begin{pmatrix}b_{11} & b_{21} & \cdots & b_{n1}\\b_{12} & b_{22} & \cdots & b_{n2}\\\vdots & \vdots & & \vdots\\b_{1n} & b_{2n} & \cdots & b_{nn}\end{pmatrix}\begin{pmatrix}a_{11} & 0 & \cdots & 0\\0 & a_{22} & \cdots & 0\\\vdots & \vdots & & \vdots\\0 & 0 & \cdots & a_{nn}\end{pmatrix}$$

$$=\begin{pmatrix}a_{11} & 0 & \cdots & 0\\0 & a_{22} & \cdots & 0\\\vdots & \vdots & & \vdots\\0 & 0 & \cdots & a_{nn}\end{pmatrix}\begin{pmatrix}b_{11} & b_{21} & \cdots & b_{n1}\\b_{12} & b_{22} & \cdots & b_{n2}\\\vdots & \vdots & & \vdots\\b_{1n} & b_{2n} & \cdots & b_{nn}\end{pmatrix},$$

即有

$$\begin{pmatrix}a_{11}b_{11} & a_{22}b_{21} & \cdots & a_{nn}b_{n1}\\a_{11}b_{12} & a_{22}b_{22} & \cdots & a_{nn}b_{n2}\\\vdots & \vdots & & \vdots\\a_{11}b_{1n} & a_{22}b_{2n} & \cdots & a_{nn}b_{nn}\end{pmatrix}=\begin{pmatrix}a_{11}b_{11} & a_{11}b_{21} & \cdots & a_{11}b_{n1}\\a_{22}b_{12} & a_{22}b_{22} & \cdots & a_{22}b_{n2}\\\vdots & \vdots & & \vdots\\a_{nn}b_{1n} & a_{nn}b_{2n} & \cdots & a_{nn}b_{nn}\end{pmatrix}.$$

依次比较等式两边第一行，第二行，……，第 n 行相应位置的元素，可以得到

$$b_{21}=b_{31}=\cdots=b_{n1}=0,$$
$$b_{12}=b_{32}=\cdots=b_{n2}=0,$$
$$\cdots\cdots$$
$$b_{1n}=b_{2n}=\cdots=b_{n-1,n}=0.$$

故结论成立.

例 2.2.3　若 $\begin{pmatrix}2 & 1 & a\\-1 & b & 2\end{pmatrix}\begin{pmatrix}1 & 2\\2 & 1\\3 & -1\end{pmatrix}=\begin{pmatrix}c_{11} & 5\\-1 & c_{22}\end{pmatrix}=C$，则 $C=$________.

解 由 $4+1-a=5$，得 $a=0$，$c_{11}=4$. 而 $-1+2b+6=-1$，得 $b=-3$，$c_{22}=-7$，所以矩阵 $C=\begin{pmatrix}4 & 5\\ -1 & -7\end{pmatrix}$.

例 2.2.4 若 $A=\begin{pmatrix}2 & 1 & 1\\ 2 & 1 & 2\\ 1 & 2 & 1\end{pmatrix}$，$B=\begin{pmatrix}1 & 1 & -1\\ 1 & -1 & 0\\ 1 & 0 & 1\end{pmatrix}$，计算 $AB-BA$.

解 $AB=\begin{pmatrix}4 & 1 & 1\\ 5 & 1 & 0\\ 4 & -1 & 0\end{pmatrix}$，$BA=\begin{pmatrix}3 & 0 & 2\\ 0 & 0 & -1\\ 3 & 3 & 2\end{pmatrix}$，$AB-BA=\begin{pmatrix}1 & 1 & -1\\ 5 & 1 & 1\\ 1 & -4 & -2\end{pmatrix}$.

2.2.3 方阵的幂

在给出矩阵乘法定义后，下面我们可以归纳定义方阵的幂：

设 A 是一个 m 阶方阵，用 A^s 表示 s 个 A 相乘，即 $A^s=\underbrace{AA\cdots A}_{s}$. 令 $A^1=A$，对于 $n>1$，归纳定义 $A^n=A^{n-1}A$. 特别地，定义 $A^0=E$.

设 A,B,C 分别是 $n\times m,m\times p,p\times q$ 矩阵，关于矩阵的乘法，有以下性质：

(1)结合律：$A(BC)=(AB)C=ABC$；

(2)分配律：$(A+B)C=AC+BC$，$A(B+C)=AB+AC$；

(3)$k(AB)=(kA)B=A(kB)$，$k\in C$；

(4)若 A 是一个 n 阶方阵，$f(x)$，$g(x)$ 为复系数的多项式，则矩阵 A 的多项式 $f(A)$ 和 $g(A)$ 的乘法满足交换律，即 $f(A)g(A)=g(A)f(A)$.

这里需要说明方阵多项式的概念. 设 $f(x)=a_mx^m+a_{m-1}x^{m-1}+\cdots+a_1x+a_0$ 为 m 次的复系数多项式，A 为 n 阶方阵，称

$$f(A)=a_mA^m+a_{m-1}A^{m-1}+\cdots+a_1A+a_0E$$

为方阵 A 的多项式.

下面证明性质(1)和(4)，其余的请读者自行证明.

证明 (1)记 $A=(a_{ij})_{sn}$，$B=(b_{jk})_{nm}$，$C=(c_{kl})_{mt}$，令 $U=BC=(u_{jl})_{nt}$，$V=AB=(v_{ik})_{sm}$，则

$$u_{jl}=\sum_{k=1}^{m}b_{jk}c_{kl}(j=1,2,\cdots,n;l=1,2,\cdots,t),$$

$$v_{ik}=\sum_{j=1}^{n}a_{ij}b_{jk}(i=1,2,\cdots,n;k=1,2,\cdots,t),$$

且 $A(BC)=(AB)C$ 都是 $s\times t$ 矩阵. 由矩阵乘法定义可知 $A(BC)=AU$ 的 (i,l) 位置上的元素为

$$\sum_{j=1}^{n}a_{ij}u_{jl}=\sum_{j=1}^{n}a_{ij}\Big(\sum_{k=1}^{m}b_{jk}c_{kl}\Big)=\sum_{j=1}^{n}\sum_{k=1}^{m}a_{ij}b_{jk}c_{kl},$$

$(AB)C=VC$ 的 (i,l) 位置上的元素为

$$\sum_{k=1}^{m}v_{ik}c_{kl}=\sum_{k=1}^{m}\Big(\sum_{j=1}^{n}a_{ij}b_{jk}\Big)c_{kl}=\sum_{k=1}^{m}\sum_{j=1}^{n}a_{ij}b_{jk}c_{kl},$$

而

$$\sum_{j=1}^{n}\sum_{k=1}^{m}a_{ij}b_{jk}c_{kl}=\sum_{k=1}^{m}\sum_{j=1}^{n}a_{ij}b_{jk}c_{kl},$$

即得 $A(BC)=AU$ 的 (i,l) 位置上的元素和 $(AB)C=VC$ 的 (i,l) 位置上的元素相等，那么结论(1)成立.

(2)设 $f(x)=a_px^p+a_{p-1}x^{p-1}+\cdots+a_1x+a_0$，$g(x)=b_qx^q+b_{q-1}x^{q-1}+\cdots+b_1x+b_0$ 分别是 p,q 次复系数多项式，则

$$f(A)=a_pA^p+a_{p-1}A^{p-1}+\cdots+a_1A+a_0E=\sum_{j=0}^{p}a_jA^j,$$

$$g(A)=b_qA^q+b_{q-1}A^{q-1}+\cdots+b_1A+b_0E=\sum_{k=0}^{q}b_kA^k,$$

那么 $f(A)g(A)$ 是关于 A 的一个 $p+q$ 阶多项式，且

$$f(A)g(A)=\Big(\sum_{j=0}^{p}a_jA^j\Big)\Big(\sum_{k=0}^{q}b_kA^k\Big)=\sum_{j=0}^{p}\sum_{k=0}^{q}a_jb_kA^{j+k}=\sum_{i=0}^{p+q}\Big(\sum_{j+k=i}a_jb_k\Big)A^i.$$

同理可得

$$g(A)f(A)=\sum_{i=0}^{p+q}\Big(\sum_{j+k=i}a_jb_k\Big)A^i.$$

所以 $f(A)g(A)=g(A)f(A)$.

例 2.2.5　计算 $A_n=\begin{pmatrix}1&-1&-1&-1\\-1&1&-1&-1\\-1&-1&1&-1\\-1&-1&-1&1\end{pmatrix}^n$.

解　$A_2=\begin{pmatrix}4&0&0&0\\0&4&0&0\\0&0&4&0\\0&0&0&4\end{pmatrix}=4E$，这样

$$A_3=4A_1,A_4=2^4E,\cdots,A_n=\begin{cases}2^nE,n=2k\\2^{n-1}A_1,n=2k+1\end{cases}\quad(k=1,2,\cdots).$$

例 2.2.6　求 $A_n=\begin{pmatrix}\lambda&1&0\\0&\lambda&1\\0&0&\lambda\end{pmatrix}^n$.

解　$A_2=\begin{pmatrix}\lambda^2&2\lambda&1\\0&\lambda^2&2\lambda\\0&0&\lambda^2\end{pmatrix}$，$A_3=\begin{pmatrix}\lambda^3&3\lambda^2&(1+2)\lambda\\0&\lambda^3&3\lambda^2\\0&0&\lambda^3\end{pmatrix}$，

由归纳法知

$$A_n=\begin{pmatrix}\lambda^n&n\lambda^{n-1}&\frac{n(n-1)}{2}\lambda^{n-2}\\0&\lambda^n&n\lambda^{n-1}\\0&0&\lambda^n\end{pmatrix}.$$

例 2.2.7　设 $f(x)=x^2-2x-3$，而 $A=\begin{pmatrix}2&-1\\1&-1\end{pmatrix}$，求 $f(A)$.

解法 1 $A^2=\begin{pmatrix}3&-1\\1&0\end{pmatrix}$，$2A=\begin{pmatrix}4&-2\\2&-2\end{pmatrix}$，

$$f(A)=\begin{pmatrix}3&-1\\1&0\end{pmatrix}-\begin{pmatrix}4&-2\\2&-2\end{pmatrix}-\begin{pmatrix}3&0\\0&3\end{pmatrix}=\begin{pmatrix}-4&1\\-1&-1\end{pmatrix}.$$

解法 2 $f(x)=(x-3)(x+1)$，故 $f(A)=\begin{pmatrix}-1&-1\\-1&-4\end{pmatrix}\begin{pmatrix}3&-1\\1&0\end{pmatrix}=\begin{pmatrix}-4&1\\-1&-1\end{pmatrix}$.

2.2.4 矩阵的转置

定义 2.2.4 将矩阵 A 的行列互换得到的矩阵称为 A 的转置矩阵，记作 A^T. 即设 $A=(a_{ij})_{mn}$，则

$$A^T=\begin{pmatrix}a_{11}&a_{21}&\cdots&a_{m1}\\a_{12}&a_{22}&\cdots&a_{m2}\\\vdots&\vdots&&\vdots\\a_{1n}&a_{2n}&\cdots&a_{mn}\end{pmatrix}=(a_{ji})_{nm}.$$

当 $A=A^T$ 时，我们称 A 为对称矩阵，显然有 $(A^T)^T=A$；若 $A=-A^T$，则称 A 为反对称矩阵.

矩阵的转置有下列性质：

(1) $(A+B)^T=A^T+B^T$；

(2) $(kA)^T=kA^T$；

(3) $(AB)^T=B^TA^T$.

性质(1)、(2)易证，下面证明性质(3).

证明 设 $A=(a_{ij})_{sn}$，$B=(b_{jk})_{nm}$，则 $(AB)^T$ 和 B^TA^T 都是 $s\times m$ 矩阵. 其次 $(AB)^T$ 的 (i,j) 元素就是 AB 的 (j,i) 元素，故等于

$$a_{j1}b_{1i}+a_{j2}b_{2i}+\cdots+a_{jn}b_{ni}.$$

B^TA^T 的 (i,j) 元素等于 B^T 的第 i 行元素与 A^T 的第 j 列对应元素乘积的和，故等于 B 的第 i 列元素与 A 的第 j 行对应元素乘积的和，即

$$b_{1i}a_{j1}+b_{2i}a_{j2}+\cdots+b_{ni}a_{jn}.$$

两式显然相等，故

$$(AB)^T=B^TA^T.$$

例 2.2.8 设 α 为 3 维列向量，若 $\alpha\alpha^T=\begin{pmatrix}1&-1&1\\-1&1&-1\\1&-1&1\end{pmatrix}$，则 $\alpha^T\alpha=$________.

解 设 $\alpha^T=(x,y,z)$，则

$$\alpha\alpha^T=\begin{pmatrix}x^2&xy&xz\\xy&y^2&yz\\xz&yz&z^2\end{pmatrix},$$

故

$$x^2=y^2=z^2=1,$$

而

$$\alpha^T\alpha = x^2+y^2+z^2=3.$$

2.2.5　共轭矩阵

定义 2.2.5　设 $A=(a_{ij})_{mn}$ 是复数域 C 上的矩阵，用 $\overline{a_{ij}}$ 表示 a_{ij} 的共轭复数，称 $\overline{A}=(\overline{a_{ij}})_{mn}$ 是 A 的共轭矩阵，其中

$$\overline{A}=\begin{pmatrix} \overline{a_{11}} & \overline{a_{12}} & \cdots & \overline{a_{1n}} \\ \overline{a_{21}} & \overline{a_{22}} & \cdots & \overline{a_{2n}} \\ \vdots & \vdots & & \vdots \\ \overline{a_{m1}} & \overline{a_{m2}} & \cdots & \overline{a_{mn}} \end{pmatrix}.$$

由定义可知，$(\overline{A})^T=\overline{A^T}$，当且仅当 $\overline{A}=A$ 时复矩阵 A 是实矩阵. 共轭矩阵有下列性质：

(1) $\overline{A+B}=\overline{A}+\overline{B}$；

(2) $\overline{kA}=\overline{k}\,\overline{A}$；

(3) $\overline{AB}=\overline{A}\,\overline{B}$；

(4) $|\overline{A}|=\overline{|A|}$.

习题 2.2

1. 已知矩阵 $A=\begin{pmatrix}1 & 3\\ 2 & -1\end{pmatrix}$，$B=\begin{pmatrix}3 & 0\\ 1 & 2\end{pmatrix}$，$C=\begin{pmatrix}3 & 8 & 1\\ 2 & 0 & 4\end{pmatrix}$，求 $AB-BA$，BC，CB，A^2+B^2，C^TA.

2. 已知两个线性变换 $\begin{cases}x_1=y_1+y_2+y_3,\\ x_2=y_1+y_2-y_3,\\ x_3=y_1-y_2+y_3\end{cases}$ 及 $\begin{cases}y_1=z_1+2z_2+3z_3,\\ y_2=-z_1-2z_2+4z_3,\\ y_3=5z_2+z_3,\end{cases}$ 把它们分别表示为矩阵形式，并求从 z_1,z_2,z_3 到 x_1,x_2,x_3 的线性变换.

3. 设 $A=\begin{pmatrix}3 & 1 & 0\\ -1 & 2 & 1\\ 3 & 4 & 2\end{pmatrix}$，$B=\begin{pmatrix}1 & 0 & 2\\ -1 & 1 & 1\\ 2 & 1 & 1\end{pmatrix}$，且矩阵 X 满足方程 $3A-2X=B$，求 X.

4. 设 A 为 $m\times n$ 实矩阵，若 $A^TA=0$，则 $A=0$.

5. 设 $A=\begin{pmatrix}1 & 0\\ \lambda & 1\end{pmatrix}$，求 $A^2,A^3,\cdots,A^n$（n 为正整数）.

6. 已知 $\alpha=(1,2,3)^T$，$\beta=\left(1,\frac{1}{2},\frac{1}{3}\right)^T$，设 $A=\alpha\beta^t$，求 A^n.

7. 设 $A=\begin{pmatrix}-11 & 4\\ -30 & 11\end{pmatrix}$，求 $(A+E)(E-A+A^2-A^3+A^4-A^5+A^6)$.

§2.3　矩阵的初等变换

2.3.1　初等变换

矩阵的初等变换是一种十分重要的变换，在解线性方程组、求逆矩阵及矩阵理论的探讨中都起着重要作用. 为引进矩阵的初等变换，我们把中学解二元、三元一次线性方程组用的

加减消元法和代入消元法一般化和规范化,即通过对方程组作一系列变换,消去一些方程中的若干个未知量(称为消元),把方程组化成易于求解的同解方程组.

例 2.3.1 求解线性方程组

$$\begin{cases}\frac{1}{2}x_1+\frac{1}{3}x_2+x_3+\frac{1}{2}x_4=\frac{1}{2},\\ x_1+\frac{2}{3}x_2+3x_3=0,\\ 2x_1+\frac{4}{3}x_2+5x_3+2x_4=2.\end{cases}\tag{2.3.1}$$

解 第一步,在(2.3.1)式中交换第一个方程与第二个方程的位置得

$$\begin{cases}x_1+\frac{2}{3}x_2+3x_3=0,\\ \frac{1}{2}x_1+\frac{1}{3}x_2+x_3+\frac{1}{2}x_4=\frac{1}{2},\\ 2x_1+\frac{4}{3}x_2+5x_3+2x_4=2.\end{cases}\tag{2.3.2}$$

第二步,在(2.3.2)式中,保留第一个方程,消去第二个方程和第三个方程中的 x_1,即把第一个方程分别乘$\left(-\frac{1}{2}\right)$和(−2)加到第二个方程和第三个方程得到

$$\begin{cases}x_1+\frac{2}{3}x_2+3x_3=0,\\ -\frac{1}{2}x_3+\frac{1}{2}x_4=\frac{1}{2},\\ -x_3+2x_4=2.\end{cases}\tag{2.3.3}$$

第三步,为避免分数运算,把(2.3.3)中第二个方程两边同乘(−2)得

$$\begin{cases}x_1+\frac{2}{3}x_2+3x_3=0,\\ x_3-x_4=-1,\\ -x_3+2x_4=2.\end{cases}\tag{2.3.4}$$

第四步,在(2.3.4)中,将第二个方程加到第三个方程得

$$\begin{cases}x_1+\frac{2}{3}x_2+3x_3=0,\\ x_3-x_4=-1,\\ x_4=1.\end{cases}$$

最后得到

$$\begin{cases}x_1=-\frac{2}{3}x_2,\\ x_3=0,\\ x_4=1.\end{cases}\tag{2.3.5}$$

未知量 x_2 称为自由未知量,它可取任意值,表明原方程组有无穷多解.

像(2.3.5)形式的方程组称为阶梯形方程组,在解方程组(2.3.1)的过程中我们对方程组实施了以下三种变换:

(1)互换两个方程的位置;

(2)用一个非零数乘某一个方程;

(3)把一个方程的倍数加到另一个方程上去.

我们把这三种变换叫做线性方程组的初等变换,可验证线性方程组的初等变换是同解变换.

因此,经过初等变换,把原方程组变成阶梯形方程组,然后去解阶梯形方程组,求得的解就是原方程组的解.

从例 2.3.1 我们看到在将方程组(2.3.1)变为阶梯形方程组(2.3.5)的过程中,起变化作用的是方程组中未知量的系数和常数项.我们仍以 A 表示系数矩阵,$\overline{A}$ 表示系数与常数项构成的增广矩阵,则上面消元法的过程可表示如下:

$$\overline{A}=(A|b)=\begin{pmatrix}\frac{1}{2}&\frac{1}{3}&1&\frac{1}{2}&\frac{1}{2}\\1&\frac{2}{3}&3&0&0\\2&\frac{4}{3}&5&2&2\end{pmatrix}\xrightarrow{1,2\text{行互换}}\begin{pmatrix}1&\frac{2}{3}&3&0&0\\\frac{1}{2}&\frac{1}{3}&1&\frac{1}{2}&\frac{1}{2}\\2&\frac{4}{3}&5&2&2\end{pmatrix}$$

$$\xrightarrow[\text{第一行乘}(-2)\text{加到第三行}]{\text{第一行乘}\left(-\frac{1}{2}\right)\text{加到第二行}}\begin{pmatrix}1&\frac{2}{3}&3&0&0\\0&0&-\frac{1}{2}&\frac{1}{2}&\frac{1}{2}\\0&0&-1&2&2\end{pmatrix}\xrightarrow{\text{第二行乘}(-2)}\begin{pmatrix}1&\frac{2}{3}&3&0&0\\0&0&1&-1&-1\\0&0&-1&2&2\end{pmatrix}$$

$$\xrightarrow{\text{第二行加到第三行}}\begin{pmatrix}1&\frac{2}{3}&3&0&0\\0&0&1&-1&-1\\0&0&0&1&1\end{pmatrix}.$$

上面的最后一个矩阵就是行阶梯形矩阵,它所对应的方程组就是阶梯形方程组(2.3.5).类似方程组的变换,把对应矩阵的行所做的下面三种变换称为矩阵的行初等变换:

(1)交换矩阵的某两行;

(2)用一个非零的数乘以矩阵的某一行;

(3)把矩阵的某一行所有元素的 k 倍加到另一行的对应元素上.

把上述变换中的"行"换成"列",即得矩阵的初等列变换的定义.矩阵的行初等变换和列初等变换,统称为矩阵的初等变换.

定义 2.3.1　如果矩阵 A 经过有限次初等变换变成矩阵 B,就称矩阵 A 与 B 等价,记作 $A\sim B$.

矩阵的等价关系具有下列性质:

(1)反身性:$A\sim A$;

(2)对称性:若 $A\sim B$,则 $B\sim A$;

(3)传递性:若 $A\sim B$,$B\sim C$,则 $A\sim C$.

数学上把具有上述三条性质的关系称为等价,例如,两个线性方程组同解,就称这两个线性方程组等价.

2.3.2 初等矩阵

矩阵的初等变换是矩阵的一种最基本的运算，它有着广泛的应用. 下面我们进一步介绍一些有关知识.

定义 2.3.2 对(n 阶)单位矩阵施行一次初等变换所得到的方阵称为(n 阶)初等矩阵.

对于每一种初等变换，都有一种与之对应的初等矩阵，因此全部初等矩阵有

$$(1)E \xrightarrow[(\text{或 } c_{ij})]{r_{ij}} \begin{pmatrix} 1 & & & & & & \\ & \ddots & & & & & \\ & & 0 & \cdots & \cdots & \cdots & 1 & & \\ & & & 1 & & & & & \\ & & \vdots & & \ddots & & \vdots & & \\ & & & & & 1 & & & \\ & & 1 & \cdots & \cdots & \cdots & 0 & & \\ & & & & & & & \ddots & \\ & & & & & & & & 1 \end{pmatrix} \begin{matrix} \\ \text{第 } i \text{ 行} \\ \\ \\ \\ \\ \text{第 } j \text{ 行} \\ \\ \end{matrix}$$

（上方标注：第 i 列，第 j 列），将后面的矩阵记为 P_{ij}；

$$(2)E \xrightarrow[(\text{或 } kc_i)]{kr_i} \begin{pmatrix} 1 & & & & \\ & \ddots & & & \\ & & k & & \\ & & & \ddots & \\ & & & & 1 \end{pmatrix} \text{第 } i \text{ 行}$$

（上方标注：第 i 列），将后面的矩阵记为 $D_i(k)$；

$$(3)E \xrightarrow[(\text{或 } c_j+kc_i)]{r_i+kr_j} \begin{pmatrix} 1 & & & & & \\ & \ddots & & & & \\ & & 1 & \cdots & k & & \\ & & & \ddots & \vdots & & \\ & & & & 1 & & \\ & & & & & \ddots & \\ & & & & & & 1 \end{pmatrix} \begin{matrix} \\ \\ \text{第 } i \text{ 行} \\ \\ \text{第 } j \text{ 行} \\ \\ \\ \end{matrix}$$

（上方标注：第 i 列，第 j 列），将后面的矩阵记为 $T_{ij}(k)$.

例 2.3.2 写出四阶初等矩阵 $D_1\left(\frac{1}{4}\right)$，$T_{12}(-1)$，$T_{32}\left(-\frac{4}{5}\right)$ 和 P_{12}.

解 $D_1\left(\frac{1}{4}\right)=\begin{pmatrix} \frac{1}{4} & 0 & 0 & 0 \\ 0 & 1 & 0 & 0 \\ 0 & 0 & 1 & 0 \\ 0 & 0 & 0 & 1 \end{pmatrix}$； $T_{12}(-1)=\begin{pmatrix} 1 & -1 & 0 & 0 \\ 0 & 1 & 0 & 0 \\ 0 & 0 & 1 & 0 \\ 0 & 0 & 0 & 1 \end{pmatrix}$；

$$T_{32}\left(-\frac{4}{5}\right)=\begin{pmatrix}1&0&0&0\\0&1&0&0\\0&-\frac{4}{5}&1&0\\0&0&0&1\end{pmatrix};\qquad P_{12}=\begin{pmatrix}0&1&0&0\\1&0&0&0\\0&0&1&0\\0&0&0&1\end{pmatrix}.$$

矩阵的初等变换与初等矩阵具有如下关系.

定理 2.3.1　对矩阵 A_{mn} 施行一次行(列)初等变换,相当于对 A 左(右)乘一个相应的 m 阶(n 阶)初等矩阵,即若

$$A=\begin{pmatrix}\cdots&\cdots&\cdots&\cdots\\a_{i1}&a_{i2}&\cdots&a_{in}\\\cdots&\cdots&\cdots&\cdots\\a_{j1}&a_{j2}&\cdots&a_{jn}\\\cdots&\cdots&\cdots&\cdots\end{pmatrix},$$

则

$$\begin{pmatrix}\cdots&\cdots&\cdots&\cdots\\a_{j1}&a_{j2}&\cdots&a_{jn}\\\cdots&\cdots&\cdots&\cdots\\a_{i1}&a_{i2}&\cdots&a_{in}\\\cdots&\cdots&\cdots&\cdots\end{pmatrix}=P_{ij}A\ ;\qquad \begin{pmatrix}\cdots&a_{1j}&\cdots&a_{1i}&\cdots\\\cdots&a_{2j}&\cdots&a_{2i}&\cdots\\\cdots&\cdots&\cdots&\cdots&\cdots\\\cdots&a_{mj}&\cdots&a_{mi}&\cdots\end{pmatrix}=AP_{ij};$$

$$\begin{pmatrix}\cdots&\cdots&\cdots&\cdots\\ka_{i1}&ka_{i2}&\cdots&ka_{in}\\\cdots&\cdots&\cdots&\cdots\end{pmatrix}=D_i(k)A;\qquad \begin{pmatrix}\cdots&ka_{1i}&\cdots\\\cdots&ka_{2i}&\cdots\\\cdots&\cdots&\cdots\\\cdots&ka_{mi}&\cdots\end{pmatrix}=AD_i(k);$$

$$\begin{pmatrix}\cdots&\cdots&\cdots\\a_{i1}+ka_{j1}&\cdots&a_{in}+ka_{jn}\\\cdots&\cdots&\cdots\\a_{j1}&\cdots&a_{jn}\\\cdots&\cdots&\cdots\end{pmatrix}=T_{ij}(k)A;\ \begin{pmatrix}\cdots&a_{1i}&\cdots&a_{1j}+ka_{1i}&\cdots\\\cdots&\cdots&\cdots&\cdots&\cdots\\\cdots&a_{mi}&\cdots&a_{mj}+ka_{mi}&\cdots\end{pmatrix}=AT_{ij}(k).$$

证明　请读者自己验证.

推论 2.3.1　若 $m\times n$ 矩阵 A 经过一系列初等变换化为 B,则存在 m 阶初等矩阵 P_1, $P_2,\cdots,P_s$ 和 n 阶初等矩阵 $Q_1,Q_2,\cdots,Q_t$,使得

$$P_1P_2\cdots P_sAQ_1Q_2\cdots Q_t=B.$$

例 2.3.3　在矩阵 $A=\begin{pmatrix}1&1&2&2\\0&2&1&5\\2&0&3&-1\end{pmatrix}$ 的左端乘一个 3 阶初等矩阵 $P_{23}=\begin{pmatrix}1&0&0\\0&0&1\\0&1&0\end{pmatrix}$,

即

$$\begin{pmatrix}1&0&0\\0&0&1\\0&1&0\end{pmatrix}\begin{pmatrix}1&1&2&2\\0&2&1&5\\2&0&3&-1\end{pmatrix}=\begin{pmatrix}1&1&2&2\\2&0&3&-1\\0&2&1&5\end{pmatrix},$$

这相当于对 A 施行了一次第一种行初等变换.

若在 A 的右端乘一个 4 阶初等矩阵 $D_2(5)$，即

$$\begin{pmatrix}1&1&2&2\\0&2&1&5\\2&0&3&-1\end{pmatrix}\begin{pmatrix}1&0&0&0\\0&5&0&0\\0&0&1&0\\0&0&0&1\end{pmatrix}=\begin{pmatrix}1&5&2&2\\0&10&1&5\\2&0&3&-1\end{pmatrix},$$

这相当于对 A 施行了一次第二种列初等变换.

应该注意，对矩阵 A 进行初等变换时，所得矩阵和原矩阵之间用"→"连接，不可用"＝"连接.

在例 2.3.1 中，我们把矩阵 $\overline{A}$ 化成了行阶梯形矩阵

$$B=\begin{pmatrix}1&\frac{2}{3}&3&0&0\\0&0&1&-1&-1\\0&0&0&1&1\end{pmatrix},$$

再进一步，可以把 B 化成行最简形矩阵

$$B\xrightarrow{r_2+r_3}\begin{pmatrix}1&\frac{2}{3}&3&0&0\\0&0&1&0&0\\0&0&0&1&1\end{pmatrix}\xrightarrow{r_1+(-3)r_2}\begin{pmatrix}1&\frac{2}{3}&3&0&0\\0&0&1&0&0\\0&0&0&1&1\end{pmatrix}=A_1.$$

由行最简形矩阵 A_1，即可写出方程组(2.3.1)的解 $\begin{cases}x_1=-\dfrac{2}{3}x_2,\\x_3=0,\\x_4=1.\end{cases}$

反之，由方程组(2.3.1)的解，也可写出行最简形矩阵 A_1. 由此可知，一个矩阵经过初等行变换得到的行最简形矩阵是唯一确定的(行阶梯形矩阵不唯一，但行阶梯形矩阵中非零行的行数是唯一确定的).

用归纳法不难证明，对于任何矩阵 $A_{m\times n}$，总可以经过有限次初等行变换把它变为行阶梯形矩阵和行最简形矩阵，若对行最简形矩阵再施以初等列变换，可变成一种形式更简单的矩阵，称为标准形. 例如：

$$A_1=\begin{pmatrix}1&\frac{2}{3}&0&0&0\\0&0&1&0&0\\0&0&0&1&1\end{pmatrix}\xrightarrow{c_2-\frac{2}{3}c_1}\begin{pmatrix}1&0&0&0&0\\0&0&1&0&0\\0&0&0&1&1\end{pmatrix}\xrightarrow{c_2\leftrightarrow c_3}\begin{pmatrix}1&0&0&0&0\\0&1&0&0&0\\0&0&0&1&1\end{pmatrix}$$

$$\xrightarrow{c_3\leftrightarrow c_4}\begin{pmatrix}1&0&0&0&0\\0&1&0&0&0\\0&0&1&0&1\end{pmatrix}\xrightarrow{c_5-c_3}\begin{pmatrix}1&0&0&0&0\\0&1&0&0&0\\0&0&1&0&0\end{pmatrix}=F.$$

矩阵 F 称为矩阵 $\overline{A}$ 的标准形，其特点是左上角是一个单位矩阵，其余元全为 0.

对于 $m\times n$ 矩阵 A，总可以经过初等变换(行变换和列变换)把它化为标准形

$$F=\begin{pmatrix}E_r&0\\0&0\end{pmatrix}_{m\times n},$$

此标准形由 m,n,r 三个数完全确定，其中，r 就是行阶梯形矩阵中非零行的行数. 所有与 A 等价的矩阵组成一个集合，称为一个等价类，标准形 F 就是这个等价类中形状最简单的矩阵.

例 2.3.4　用初等行变换将矩阵

$$A=\begin{pmatrix}1 & 3 & 1 & 2 & 4\\ 3 & 4 & 2 & -3 & 6\\ -1 & -5 & 4 & 1 & 11\\ 2 & 7 & 1 & -6 & -5\end{pmatrix}$$

化为行阶梯形矩阵与行最简形矩阵.

解

$$A\xrightarrow[\substack{r_3+r_1\\ r_4-2r_1}]{r_2-3r_1}\begin{pmatrix}1 & 3 & 1 & 2 & 4\\ 0 & -5 & -1 & -9 & -6\\ 0 & -2 & 5 & 3 & 15\\ 0 & 1 & -1 & -10 & -13\end{pmatrix}\xrightarrow{r_4\leftrightarrow r_2}\begin{pmatrix}1 & 3 & 1 & 2 & 4\\ 0 & 1 & -1 & -10 & -13\\ 0 & -2 & 5 & 3 & 15\\ 0 & -5 & -1 & -9 & -6\end{pmatrix}$$

$$\xrightarrow{\substack{r_3+2r_2\\ r_4+5r_2}}\begin{pmatrix}1 & 3 & 1 & 2 & 4\\ 0 & 1 & -1 & -10 & -13\\ 0 & 0 & 3 & -17 & -11\\ 0 & 0 & -6 & -59 & -71\end{pmatrix}\xrightarrow{r_4+2r_3}\begin{pmatrix}1 & 3 & 1 & 2 & 4\\ 0 & 1 & -1 & -10 & -13\\ 0 & 0 & 3 & -17 & -11\\ 0 & 0 & 0 & -93 & -93\end{pmatrix}=A_1,$$

A_1 已是阶梯形矩阵，再施行初等行变换即化为行最简形矩阵

$$A_1\xrightarrow{-\frac{1}{93}r_4}\begin{pmatrix}1 & 3 & 1 & 2 & 4\\ 0 & 1 & -1 & -10 & -13\\ 0 & 0 & 3 & -17 & -11\\ 0 & 0 & 0 & 1 & 1\end{pmatrix}\xrightarrow[\substack{r_2+10r_4\\ r_1-2r_4}]{r_3+17r_4}\begin{pmatrix}1 & 3 & 1 & 0 & 2\\ 0 & 1 & -1 & 0 & -3\\ 0 & 0 & 3 & 0 & 6\\ 0 & 0 & 0 & 1 & 1\end{pmatrix}$$

$$\xrightarrow{\frac{1}{3}r_3}\begin{pmatrix}1 & 3 & 1 & 0 & 2\\ 0 & 1 & -1 & 0 & -3\\ 0 & 0 & 1 & 0 & 2\\ 0 & 0 & 0 & 1 & 1\end{pmatrix}\xrightarrow[r_2+r_3]{r_1-r_3}\begin{pmatrix}1 & 3 & 0 & 0 & 0\\ 0 & 1 & 0 & 0 & -1\\ 0 & 0 & 1 & 0 & 2\\ 0 & 0 & 0 & 1 & 1\end{pmatrix}\xrightarrow{r_1-3r_2}\begin{pmatrix}1 & 0 & 0 & 0 & 3\\ 0 & 1 & 0 & 0 & -1\\ 0 & 0 & 1 & 0 & 2\\ 0 & 0 & 0 & 1 & 1\end{pmatrix}.$$

由此例看到，把行阶梯形矩阵化成行最简形矩阵，可以从最后一个非零行开始，把这一行非零首元所在的列的其余元全为 0，然后依次做上一行，直至结束.

习题 2.3

1. 设 A 是三阶方阵，将 A 的第 1 列与第 2 列交换得到 B，再把 B 的第 2 列加到第 3 列得到 C，以满足 $AQ=C$ 的矩阵 Q 为(　　).

(A) $\begin{pmatrix}0 & 1 & 0\\ 1 & 0 & 0\\ 1 & 0 & 1\end{pmatrix}$；　(B) $\begin{pmatrix}0 & 1 & 0\\ 1 & 0 & 1\\ 0 & 0 & 1\end{pmatrix}$；　(C) $\begin{pmatrix}0 & 1 & 0\\ 1 & 0 & 0\\ 0 & 1 & 1\end{pmatrix}$；　(D) $\begin{pmatrix}0 & 1 & 1\\ 1 & 0 & 0\\ 0 & 0 & 1\end{pmatrix}$.

2. 把下列矩阵化为行最简形矩阵.

(1) $\begin{pmatrix}1 & 0 & 2 & -1\\ 2 & 0 & 3 & 1\\ 3 & 0 & 4 & 3\end{pmatrix}$；　(2) $\begin{pmatrix}0 & 2 & -3 & 1\\ 0 & 3 & -4 & 3\\ 0 & 4 & -7 & -1\end{pmatrix}$；

(3) $\begin{pmatrix} 1 & -1 & 3 & -4 & 3 \\ 3 & -3 & 5 & -4 & 1 \\ 2 & -2 & 3 & -2 & 0 \\ 3 & -3 & 4 & -2 & -1 \end{pmatrix}$；　　(4) $\begin{pmatrix} 2 & 3 & 1 & -3 & -7 \\ 1 & 2 & 0 & -2 & -4 \\ 3 & -2 & 8 & 3 & 0 \\ 2 & -3 & 7 & 4 & 3 \end{pmatrix}$.

3. 设 $A=\begin{pmatrix} a_{11} & a_{12} & a_{13} \\ a_{21} & a_{22} & a_{23} \\ a_{31} & a_{32} & a_{33} \end{pmatrix}$，$B=\begin{pmatrix} a_{11}-3a_{31} & a_{12}-3a_{32} & a_{13}-3a_{33} \\ a_{21} & a_{22} & a_{23} \\ a_{31} & a_{32} & a_{33} \end{pmatrix}$，问：$B$ 是 A 经过哪种类型的初等变换得到的？并写出相应的初等矩阵.

§2.4　矩阵的秩

2.4.1　矩阵秩的概念

定义 2.4.1　在矩阵 $A=(a_{ij})_{mn}$ 中任取 k 行 k 列 $(1\leqslant k\leqslant \min\{m,n\})$，位于这 k 行 k 列交叉处的 k^2 个元，按照它们在矩阵 A 中的相对位置所组成的 k 阶行列式称为矩阵 A 的 k 阶子式.

$m\times n$ 矩阵 A 的 k 阶子式共有 $C_m^k C_n^k$ 个.

例如，给出矩阵

$$A=\begin{pmatrix} 2 & 3 & -5 & 7 \\ 0 & 5 & 2 & 1 \\ 0 & 0 & 3 & -2 \\ 0 & 0 & 0 & 0 \\ 0 & 0 & 0 & 0 \end{pmatrix},$$

取 A 的第 1,2,3 行与 A 的第 1,2,4 列，得到 A 的一个三阶子式

$$\begin{vmatrix} 2 & 3 & 7 \\ 0 & 5 & 1 \\ 0 & 0 & -2 \end{vmatrix}=-20,$$

取 A 的第 1,2,3,4 行与第 1,2,3,4 列，得到 A 的一个四阶子式

$$\begin{vmatrix} 2 & 3 & -5 & 7 \\ 0 & 5 & 2 & 1 \\ 0 & 0 & 3 & -2 \\ 0 & 0 & 0 & 0 \end{vmatrix}=0.$$

因 A 共有五行，其中有两个零行，所以任取四行必有一行为零，于是 A 的任一个四阶子式都是零.

定义 2.4.2　设矩阵 A 中有一个不等于零的 r 阶子式 D，而所有的 $r+1$ 阶子式全为零，那么称 D 为矩阵 A 的最高阶非零子式，数 r 称为矩阵 A 的秩，记作 $R(A)$，并规定零矩阵的秩等于 0.

由行列式的性质可知，在 A 中当所有的 $r+1$ 阶子式全为零时，所有的高于 $r+1$ 阶子式也全为零，因此 A 的秩 $R(A)$ 就是 A 中不等于零的子式的最高阶数，对于任意矩阵 A，$R(A)$ 是唯一的，但最高阶非零子式一般不是唯一的.

显然，A 的转置矩阵 A^T 的秩 $R(A^T)=R(A)$.

例 2.4.1　求下列矩阵的秩.

(1) $A=\begin{pmatrix}3&1&0&2\\1&-1&2&-1\\1&3&-4&4\end{pmatrix}$；　　(2) $B=\begin{pmatrix}1&1&2\\2&3&2\\1&2&1\end{pmatrix}$；

(3) $C=\begin{pmatrix}2&-1&0&3&-2\\0&3&1&-2&5\\0&0&0&4&-3\\0&0&0&0&0\end{pmatrix}$.

解　(1)在 A 中，容易看出一个 2 阶子式 $\begin{vmatrix}3&1\\1&-1\end{vmatrix}\neq0$，$A$ 的 3 阶子式有 4 个，分别计算得

$$\begin{vmatrix}3&1&0\\1&-1&2\\1&3&-4\end{vmatrix}=0,\begin{vmatrix}3&1&2\\1&-1&-1\\1&3&4\end{vmatrix}=0,\begin{vmatrix}3&0&2\\1&2&-1\\1&-4&4\end{vmatrix}=0,\begin{vmatrix}1&0&2\\-1&2&-1\\3&-4&4\end{vmatrix}=0,$$

因此 $R(A)=2$.

(2)因为 B 唯一的最高三阶子式 $|B|=\begin{vmatrix}1&1&2\\2&3&2\\1&2&1\end{vmatrix}=1\neq0$，所以 $R(B)=3$.

(3) C 是一个行阶梯形矩阵，其非零行有 3 行，即知 C 的所有 4 阶子式全为零，而以 3 个非零行的第一个非零元为对角元的 3 阶子式 $\begin{vmatrix}2&-1&3\\0&3&-2\\0&0&4\end{vmatrix}$ 是一个上三角形行列式，它显然不等于零，因此 $R(C)=3$.

2.4.2　利用初等变换求矩阵的秩

定理 2.4.1　初等变换不改变矩阵的秩.

证明　由于对矩阵作初等列变换就相当于对其转置矩阵作初等行变换，因而我们只需证明，每作一次初等行变换都不改变矩阵的秩即可.

对于初等行变换中的第一和第二种变换，由于变换后矩阵中的每一个子式均能在原来的矩阵中找到相应的子式，它们之间只是行的次序不同，或只是某一行扩大了 k 倍，因此相应的子式或同为零，或同为非零，所以矩阵的秩不变. 下面仅证第三种初等变换不改变矩阵的秩.

设

$$A=\begin{pmatrix}a_{11}&a_{12}&\cdots&a_{1n}\\a_{21}&a_{22}&\cdots&a_{2n}\\\vdots&\vdots&&\vdots\\a_{m1}&a_{m2}&\cdots&a_{mn}\end{pmatrix},$$

对 A 作第三种初等行变换

$$A \xrightarrow{r_i+kr_j} B=\begin{pmatrix} a_{11} & a_{12} & \cdots & a_{1n} \\ \vdots & \vdots & & \vdots \\ a_{i1}+ka_{j1} & a_{i2}+ka_{j2} & \cdots & a_{in}+ka_{jn} \\ \vdots & \vdots & & \vdots \\ a_{j1} & a_{j2} & \cdots & a_{jn} \\ \vdots & \vdots & & \vdots \\ a_{m1} & a_{m2} & \cdots & a_{mn} \end{pmatrix},$$

设$R(B)=r$,即B中有r阶子式$D_r\neq0$. 若D_r不包含B的第i行的元,则在A中能找到与D_r完全相同的r阶子式,因此$R(A)\geqslant r$;若D_r包含第i行的元,不妨设

$$0\neq D_r=\begin{vmatrix} a_{i1}+ka_{j1} & a_{i2}+ka_{j2} & \cdots & a_{it_r}+ka_{jt_r} \\ \vdots & \vdots & & \vdots \\ a_{i_rt_1} & a_{i_rt_2} & \cdots & a_{i_rt_r} \end{vmatrix},$$

则行列式的性质

$$0\neq D_r=\begin{vmatrix} a_{i1} & a_{i2} & \cdots & a_{it_r} \\ \vdots & \vdots & & \vdots \\ a_{i_rt_1} & a_{i_rt_2} & \cdots & a_{i_rt_r} \end{vmatrix}+k\begin{vmatrix} a_{j1} & a_{j2} & \cdots & a_{jt_r} \\ \vdots & \vdots & & \vdots \\ a_{i_rt_1} & a_{i_rt_2} & \cdots & a_{i_rt_r} \end{vmatrix}.$$

若D_r不包含第j行的元,则上面的两个行列式中至少有一个行列式非零;若D_r包含第j行的元,则右端第一个行列式非零. 以上两种情况的非零行列式均为A中的r阶子式,所以$R(A)\geqslant r$.

由上面的分析可知,若矩阵A经过第三种初等行变换得到矩阵B,则$R(B)\leqslant R(A)$. 而我们又能从B出发经初等行变换得到A(即只需要把B的第j行的$(-k)$倍加到第i行),因此根据上面的结论又有$R(A)\leqslant R(B)$,故$R(A)=R(B)$.

由此定理知,要求矩阵的秩,只需把矩阵用初等行变换变成行阶梯形矩阵,行阶梯形矩阵的非零行的行数即是该矩阵的秩.

例 2.4.2 设$A=\begin{pmatrix} 2 & -1 & 1 & -2 \\ -1 & 1 & 2 & 1 \\ 1 & -1 & -2 & -1 \end{pmatrix}$,$b=\begin{pmatrix} 1 \\ 0 \\ -\frac{1}{2} \end{pmatrix}$,求矩阵$A$及矩阵$B=(A\quad b)$的秩.

解 对B作初等行变换化为行阶梯形矩阵,设B的行阶梯形矩阵为$\overline{B}=(\overline{A}\ \vdots\ \overline{b})$,则$\overline{A}$就是$A$的行阶梯形矩阵,故从$\overline{B}=(\overline{A}\ \vdots\ \overline{b})$中同时可看出$R(A)$及$R(B)$.

$$B=(A\ \vdots\ b)\xrightarrow{r_1+r_2}\left(\begin{array}{cccc:c} 1 & 0 & 3 & -1 & 1 \\ -1 & 1 & 2 & 1 & 0 \\ 1 & -1 & -2 & -1 & -\frac{1}{2} \end{array}\right)\xrightarrow{r_3+r_2}\left(\begin{array}{cccc:c} 1 & 0 & 3 & -1 & 1 \\ -1 & 1 & 2 & 1 & 0 \\ 0 & 0 & 0 & 0 & -\frac{1}{2} \end{array}\right)$$

$$\xrightarrow{r_1+r_2}\left(\begin{array}{cccc:c} 1 & 0 & 3 & -1 & 1 \\ 0 & 1 & 5 & 0 & 1 \\ 0 & 0 & 0 & 0 & -\frac{1}{2} \end{array}\right),$$

因此 $R(A)=2, R(B)=3$.

习题 2.4

1. 求下列矩阵的秩，并求一个最高阶非零子式.

(1) $\begin{pmatrix} 3 & 2 & -1 & -1 \\ 2 & 1 & 3 & -3 \\ 7 & 0 & 5 & -8 \end{pmatrix}$；　　(2) $\begin{pmatrix} 3 & 2 & -1 & -3 & -2 \\ 2 & -1 & 5 & 1 & -3 \\ 7 & 0 & 9 & -1 & -8 \end{pmatrix}$；

(3) $\begin{pmatrix} 2 & -4 & 3 & -3 & 5 \\ 1 & -2 & 1 & 5 & 3 \\ 1 & -2 & 4 & -34 & 0 \end{pmatrix}$.

2. 确定 x 与 y 的值，使矩阵 $A=\begin{pmatrix} 1 & 1 & 1 & 1 & 1 \\ 3 & 2 & 1 & -3 & x \\ 0 & 1 & 2 & 6 & 3 \\ 5 & 4 & 3 & -1 & y \end{pmatrix}$ 的秩为 2.

3. 讨论 λ 的取值范围，确定矩阵 $A=\begin{pmatrix} 1 & \lambda & -1 & 2 \\ 2 & -1 & \lambda & 5 \\ 1 & 10 & -6 & 1 \end{pmatrix}$ 的秩.

§2.5　可逆矩阵

2.5.1　可逆矩阵的定义

在上一节中我们定义了矩阵的加法、减法和乘法运算，自然会想到，在矩阵中有没有作为乘法逆运算的除法呢？这就是本节所要讨论的问题，即逆矩阵. 在应用上，可逆矩阵占有重要地位.

首先介绍可逆矩阵的概念.

定义 2.5.1　设 A 是数域 F 上的一个 n 阶方阵. 若存在数域 F 上的一个 n 阶方阵 B，使得

$$AB=BA=E_n,$$

则称 A 是数域 F 上的一个可逆矩阵，B 叫做 A 的逆矩阵.

例 2.5.1　E_n 可逆，且 E_n 的逆是它自己，$\mathbf{0}_n$ 不可逆.

事实上，$E_nE_n=E_n$，$\mathbf{0}_nA=A\mathbf{0}_n\neq E_n$.

例 2.5.2　方阵 $\begin{pmatrix} 3 & -2 \\ -3 & 2 \end{pmatrix}$ 不可逆.

事实上，对任意的 $\begin{pmatrix} a & b \\ c & d \end{pmatrix}$，都有 $\begin{pmatrix} 3 & -2 \\ -3 & 2 \end{pmatrix}\begin{pmatrix} a & b \\ c & d \end{pmatrix}\neq E_2$.

例 2.5.3　初等矩阵都可逆，且

$$P_{ij}^{-1}=P_{ij},\ D_i(k)^{-1}=D_i\left(\frac{1}{k}\right),\ T_{ij}(k)^{-1}=T_{ij}(-k),$$

即初等矩阵的逆仍是初等矩阵.

证明 因为

$$P_{ij}P_{ij}=E_n, D_i(k)D_i\left(\frac{1}{k}\right)=D_i\left(\frac{1}{k}\right)D_i(k)=E_n, T_{ij}(k)T_{ij}(-k)=T_{ij}(-k)T_{ij}(k)=E_n,$$

所以由定义 2.5.1 结论成立.

2.5.2 可逆矩阵的判定

那么除了定义 2.5.1,还有什么方法可以判别矩阵的可逆性呢?

引理 2.5.1 初等变换不改变矩阵的可逆性.

证明 设对 n 阶方阵 A 施行一系列初等变换得到 B,则由 §2.3 推论 2.3.1,存在 n 阶初等矩阵 $P_1,P_2,\cdots,P_s$ 和 $Q_1,Q_2,\cdots,Q_t$,使得

$$P_1P_2\cdots P_sAQ_1Q_2\cdots Q_t=B.$$

若 A 可逆,则 B 是 $s+t+1$ 个可逆矩阵之积,所以 B 可逆. 若 B 可逆,则

$$A=P_s^{-1}\cdots P_1^{-1}BQ_t^{-1}\cdots Q_1^{-1},$$

即 A 也是 $s+t+1$ 个可逆矩阵之积,所以 A 可逆. 因此 A 与 B 有相同的可逆性.

定理 2.5.1 一个秩为 r 的 $m\times n$ 矩阵 A 总可以通过行初等变换和第一种列初等变换化为

$$D=\begin{pmatrix} 1 & * & * & \cdots & * & * & \cdots & * \\ 0 & 1 & * & \cdots & * & * & \cdots & * \\ \vdots & \vdots & \vdots & & \vdots & \vdots & & \vdots \\ 0 & 0 & 0 & \cdots & 1 & * & \cdots & * \\ 0 & 0 & 0 & \cdots & 0 & 0 & \cdots & 0 \\ \vdots & \vdots & \vdots & & \vdots & \vdots & & \vdots \\ 0 & 0 & 0 & \cdots & 0 & 0 & \cdots & 0 \end{pmatrix}, \tag{2.5.1}$$

进而化为

$$\begin{pmatrix} 1 & 0 & 0 & \cdots & 0 & * & \cdots & * \\ 0 & 1 & 0 & \cdots & 0 & * & \cdots & * \\ \vdots & \vdots & \vdots & & \vdots & \vdots & & \vdots \\ 0 & 0 & 0 & \cdots & 1 & * & \cdots & * \\ 0 & 0 & 0 & \cdots & 0 & 0 & \cdots & 0 \\ \vdots & \vdots & \vdots & & \vdots & \vdots & & \vdots \\ 0 & 0 & 0 & \cdots & 0 & 0 & \cdots & 0 \end{pmatrix}, \tag{2.5.2}$$

其中,后 $m-r$ 行的元素全为零,* 表示矩阵的元素,但不同位置的 * 表示的元素未必相同.

证明 若 $r=0$,则 $A=0_{mn}$,此时 A 已有(2.5.1)的形式.

若 $r>0$,设 $a_{ij}\neq 0$,则必要时交换矩阵 A 的行和列使 a_{ij} 位于 A 的左上角,用 $\frac{1}{a_{ij}}$ 乘第 1 行,然后把第 1 行的适当倍数加到其余各行,矩阵 A 可化为

$$B=\begin{pmatrix} 1 & * & \cdots & * \\ 0 & * & \cdots & * \\ \vdots & \vdots & & \vdots \\ 0 & * & \cdots & * \end{pmatrix}.$$

若 B 的后 $m-1$ 行均为零，则 B 已有(2.5.1)的形式. 否则，若有必要可交换矩阵 B 的行和列将 B 的某个非零元换到第 2 行第 2 列交叉的位置，然后用与上面同样的方法把 B 化为

$$\begin{pmatrix} 1 & * & * & \cdots & * \\ 0 & 1 & * & \cdots & * \\ 0 & 0 & * & \cdots & * \\ \vdots & \vdots & \vdots & & \vdots \\ 0 & 0 & * & \cdots & * \end{pmatrix}.$$

如此继续下去，又考虑到初等变换不改变矩阵的秩，最后可以化为形如(2.5.1)的矩阵.

把(2.5.1)中第 r 行的适当倍数加到第 1，第 2，…，第 $r-1$ 行，再把第 $r-1$ 行的适当倍数加到第 1，第 2，…，第 $r-2$ 行，…，形式(2.5.1)就化为形式(2.5.2).

定理 2.5.2　一个秩为 r 的 $m\times n$ 矩阵 A 总可以通过行初等变换和第一种、第三种列初等变换化为

$$D=\begin{pmatrix} 1 & 0 & \cdots & 0 & 0 & \cdots & 0 \\ 0 & 1 & \cdots & 0 & 0 & \cdots & 0 \\ \vdots & \vdots & & \vdots & \vdots & & \vdots \\ 0 & 0 & \cdots & 1 & 0 & \cdots & 0 \\ 0 & 0 & \cdots & 0 & 0 & \cdots & 0 \\ \vdots & \vdots & & \vdots & \vdots & & \vdots \\ 0 & 0 & \cdots & 0 & 0 & \cdots & 0 \end{pmatrix},$$

其中，后 $m-r$ 行、后 $n-r$ 列的元素均为零.

证明　由定理 2.5.1，A 可经过行初等变换和第一种列初等变换化为

$$B=\begin{pmatrix} 1 & 0 & 0 & \cdots & 0 & * & \cdots & * \\ 0 & 1 & 0 & \cdots & 0 & * & \cdots & * \\ \vdots & \vdots & \vdots & & \vdots & \vdots & & \vdots \\ 0 & 0 & 0 & \cdots & 1 & * & \cdots & * \\ 0 & 0 & 0 & \cdots & 0 & 0 & \cdots & 0 \\ \vdots & \vdots & \vdots & & \vdots & \vdots & & \vdots \\ 0 & 0 & 0 & \cdots & 0 & 0 & \cdots & 0 \end{pmatrix},$$

其中，后 $m-r$ 行的元素均为零.

接着把第 j 列适当的倍数加到第 $r+1$ 列，第 $r+2$ 列，…，第 n 列，$j=1,2,\cdots,r$，则以上矩阵 B 就化为 D 的形式了.

定理 2.5.3　n 阶方阵 A 可逆当且仅当秩 $A=n$.

证明　由 § 2.4 定理 2.4.1 容易得证.

定理 2.5.4　n 阶方阵 A 可逆当且仅当 $\det A\neq 0$.

证明　这是因为 $\det A\neq 0$ 当且仅当秩 $A=n$.

2.5.3　可逆矩阵的求法

1. 伴随矩阵法

定义 2.5.2　设 $n(n>0)$ 阶矩阵

$$A=\begin{pmatrix} a_{11} & a_{12} & \cdots & a_{1n} \\ a_{21} & a_{22} & \cdots & a_{2n} \\ \vdots & \vdots & & \vdots \\ a_{n1} & a_{n2} & \cdots & a_{nn} \end{pmatrix},$$

A_{ij} 是行列式 $\det A$ 中元素 a_{ij} 的代数余子式. 令

$$A^*=\begin{pmatrix} A_{11} & A_{21} & \cdots & A_{n1} \\ A_{12} & A_{22} & \cdots & A_{n2} \\ \vdots & \vdots & & \vdots \\ A_{1n} & A_{2n} & \cdots & A_{nn} \end{pmatrix},$$

称 A^* 为 A 的伴随矩阵.

定理 2.5.5 若 n 阶方阵 A 可逆，则 $A^{-1}=\dfrac{A^*}{\det A}$.

证明 若 A 可逆，则 $\det A\neq 0$，

$$AA^*=A^*A=\begin{pmatrix} \det A & 0 & \cdots & 0 \\ 0 & \det A & \cdots & 0 \\ \vdots & \vdots & & \vdots \\ 0 & 0 & \cdots & \det A \end{pmatrix}=(\det A)I_n,$$

即 $A\dfrac{A^*}{\det A}=\dfrac{A^*}{\det A}A=I_n$，所以 $A^{-1}=\dfrac{A^*}{\det A}$.

例 2.5.4 求 $\begin{pmatrix} 5 & 2 \\ 3 & 1 \end{pmatrix}$ 的逆矩阵.

解 因为 $A_{11}=1, A_{12}=-3, A_{21}=-2, A_{22}=5, \det A=\begin{vmatrix} 5 & 2 \\ 3 & 1 \end{vmatrix}=-1$，所以

$$A^{-1}=\frac{A^*}{\det A}=-\begin{pmatrix} A_{11} & A_{21} \\ A_{12} & A_{22} \end{pmatrix}=-\begin{pmatrix} 1 & -2 \\ -3 & 5 \end{pmatrix}=\begin{pmatrix} -1 & 2 \\ 3 & -5 \end{pmatrix}.$$

例 2.5.5 利用定理 2.5.5 可给出 Cramer 规则的另一种推导法.

证明 线性方程组

$$\begin{cases} a_{11}x_1+a_{12}x_2+\cdots+a_{1n}x_n=b_1, \\ a_{21}x_1+a_{22}x_2+\cdots+a_{2n}x_n=b_2, \\ \qquad\cdots\cdots \\ a_{n1}x_1+a_{n2}x_2+\cdots+a_{nn}x_n=b_n \end{cases}$$

的矩阵表示为 $AX=B$. 如果 $\det A\neq 0$，那么 A 可逆. 在 $AX=B$ 的两端都乘以 A^{-1} 得

$$A^{-1}(AX)=A^{-1}B,$$

所以 $X=\dfrac{1}{\det A}A^*B$. 因此

$$x_i=\frac{1}{\det A}(A_{1i},A_{2i},\cdots,A_{ni})\begin{pmatrix} b_1 \\ b_2 \\ \vdots \\ b_n \end{pmatrix}=\frac{1}{\det A}(b_1A_{1i}+b_2A_{2i}+\cdots+b_nA_{ni}),\ i=1,2,\cdots,n.$$

这正是 Cramer 规则给出的方程组的解.

例 2.5.6　设 $a_{11}a_{22}-a_{12}a_{21}=\Delta\neq 0$,则 $\begin{pmatrix} a_{11} & a_{12} \\ a_{21} & a_{22} \end{pmatrix}^{-1}=$________.

解　设 $A=\begin{pmatrix} a_{11} & a_{12} \\ a_{21} & a_{22} \end{pmatrix}$,则 $A_{11}=a_{22}$,$A_{12}=-a_{21}$,$A_{21}=-a_{12}$ 及 $A_{22}=a_{11}$,故

$$\begin{pmatrix} a_{11} & a_{12} \\ a_{21} & a_{22} \end{pmatrix}^{-1}=\frac{1}{\Delta}\begin{pmatrix} a_{22} & -a_{12} \\ -a_{21} & a_{11} \end{pmatrix}.$$

用定理 2.5.5 给出的公式求逆矩阵计算量大,不太方便,其主要意义在理论方面,求逆矩阵常常用初等变换法.

2. 初等变换法

首先我们还可得到一条可逆矩阵的性质:

性质 2.5.1　若 n 阶方阵 A 可逆,则仅通过行(或列)初等变换可将 A 化为单位矩阵.

证明　若 A 可逆,则存在初等矩阵 $P_1,P_2,\cdots,P_s$,使得 $A=P_1P_2\cdots P_s$. 所以

$$P_s^{-1}P_{s-1}^{-1}\cdots P_1^{-1}A=I,$$

而 $P_1^{-1},P_2^{-1},\cdots,P_s^{-1}$ 是初等矩阵,由 §2.3 定理 2.3.1,上式说明对 A 施行 s 次行初等变换可化为 I.

列的情形类似可证.

这样,当 A 可逆时,由性质 2.5.1,存在初等矩阵 $P_1,P_2,\cdots,P_s$,使得

$$P_1^{-1}P_2^{-1}\cdots P_s^{-1}A=I,$$

所以

$$P_1^{-1}P_2^{-1}\cdots P_s^{-1}I=(P_1^{-1}P_2^{-1}\cdots P_s^{-1}A)A^{-1}=IA^{-1}=A^{-1}.$$

考虑以上两式及 §2.3 定理 2.3.1 可知,对 A 施行 s 次行初等变换将 A 化为 I 的同时,对 I 施行相同的 s 次行初等变换,则 I 就化为 A^{-1}.

因此可得

$$(A \,\vdots\, I)\xrightarrow{\text{若干次行初等变换}}(I \,\vdots\, A^{-1}).$$

例 2.5.7　求矩阵 $A=\begin{pmatrix} 1 & 2 & -1 \\ 3 & 1 & 0 \\ -1 & 0 & -2 \end{pmatrix}$ 的逆矩阵.

解　因为

$$(A \,\vdots\, I)=\left(\begin{array}{ccc:ccc} 1 & 2 & -1 & 1 & 0 & 0 \\ 3 & 1 & 0 & 0 & 1 & 0 \\ -1 & 0 & -2 & 0 & 0 & 1 \end{array}\right)\xrightarrow[r_3+r_1]{r_2-3r_1}\left(\begin{array}{ccc:ccc} 1 & 2 & -1 & 1 & 0 & 0 \\ 0 & -5 & 3 & -3 & 1 & 0 \\ 0 & 2 & -3 & 1 & 0 & 1 \end{array}\right)$$

$$\xrightarrow[r_1-r_3]{r_2+3r_3}\left(\begin{array}{ccc:ccc} 1 & 0 & 2 & 0 & 0 & -1 \\ 0 & 1 & -6 & 0 & 1 & 3 \\ 0 & 2 & -3 & 1 & 0 & 1 \end{array}\right)\xrightarrow{r_3-2r_2}\left(\begin{array}{ccc:ccc} 1 & 0 & 2 & 0 & 0 & -1 \\ 0 & 1 & -6 & 0 & 1 & 3 \\ 0 & 0 & 9 & 1 & -2 & -5 \end{array}\right)$$

$$\xrightarrow[r_2+\frac{2}{3}r_3]{r_1-\frac{2}{9}r_3}\left(\begin{array}{ccc:ccc}1&0&0&-\frac{2}{9}&\frac{4}{9}&\frac{1}{9}\\0&1&0&\frac{2}{3}&-\frac{1}{3}&-\frac{1}{3}\\0&0&9&1&-2&-5\end{array}\right)\xrightarrow{\frac{1}{9}r_3}\left(\begin{array}{ccc:ccc}1&0&0&-\frac{2}{9}&\frac{4}{9}&\frac{1}{9}\\0&1&0&\frac{2}{3}&-\frac{1}{3}&-\frac{1}{3}\\0&0&1&\frac{1}{9}&-\frac{2}{9}&-\frac{5}{9}\end{array}\right),$$

所以

$$A^{-1}=\begin{pmatrix}-\frac{2}{9}&\frac{4}{9}&\frac{1}{9}\\\frac{2}{3}&-\frac{1}{3}&-\frac{1}{3}\\\frac{1}{9}&-\frac{2}{9}&-\frac{5}{9}\end{pmatrix}.$$

例 2.5.8 设 $A=\begin{pmatrix}3&0&0\\1&4&0\\0&0&3\end{pmatrix}$,则 $(A-2E)^{-1}=$________.

解 $A-2E=\begin{pmatrix}1&0&0\\1&2&0\\0&0&1\end{pmatrix}$,故

$$(A-2E)^{-1}=\begin{pmatrix}1&0&0\\-\frac{1}{2}&\frac{1}{2}&0\\0&0&1\end{pmatrix}.$$

本题求 $(A-2E)^{-1}$ 最简单的方法是用待定系数法. 设 $(A-2E)^{-1}=\begin{pmatrix}1&0&0\\a&b&0\\0&0&1\end{pmatrix}$,得 $a+b=0$ 及 $2b=1$.

例 2.5.9 若 $A^2+A+E=\mathbf{0}$,则 $(A+2E)^{-1}=$________.

解 由 $A^2+A+E=(A+2E)(A-E)+3E=\mathbf{0}$,得 $(A+2E)\dfrac{E-A}{3}=E$,即 $(A+2E)^{-1}=\dfrac{E-A}{3}$.

例 2.5.10 设 $B=\begin{pmatrix}2&0&2\\0&4&0\\2&0&2\end{pmatrix}$ 及 $AB=2A+B$,则 $(A-E)^{-1}=$________.

解 由 $AB=2A+B$ 得 $(A-E)B=2A-2E+2E$,故

$$(A-E)\frac{B-2E}{2}=E,$$

$$(A-E)^{-1}=\begin{pmatrix}0&0&1\\0&1&0\\1&0&0\end{pmatrix}.$$

例 2.5.11　设 $A=\begin{pmatrix}1&0&0&0\\-2&3&0&0\\0&-4&5&0\\0&0&-6&7\end{pmatrix}$，$B=(E+A)^{-1}(E-A)$，则 $(E+B)^{-1}=$ ________.

解　已知的等式两边左乘 $E+A$ 及移项，$B+AB+A=E$，$B+E+A(B+E)=2E$，$(B+E)^{-1}=\dfrac{E+A}{2}$，即

$$(B+E)^{-1}=\begin{pmatrix}1&0&0&0\\-1&2&0&0\\0&-2&0&0\\0&0&-3&4\end{pmatrix}.$$

习题 2.5

1. 设 $A=\begin{pmatrix}1&-1&1\\2&1&-3\end{pmatrix}$，$B=\begin{pmatrix}3&2\\1&2\\2&2\end{pmatrix}$，问：$BA$ 是否可逆？为什么？

2. 求下列矩阵的逆矩阵.

(1) $\begin{pmatrix}3&1\\2&1\end{pmatrix}$；　(2) $\begin{pmatrix}\cos\theta&-\sin\theta\\\sin\theta&\cos\theta\end{pmatrix}$；　(3) $\begin{pmatrix}1&2&-1\\3&-2&1\\1&-1&-1\end{pmatrix}$；

(4) $\begin{pmatrix}1&0&0&0\\1&2&0&0\\2&1&3&0\\1&2&1&4\end{pmatrix}$；　(5) $A_n=\begin{pmatrix}a_1&&&\\&a_2&&\\&&\ddots&\\&&&a_n\end{pmatrix}$ $(a_i\neq0,i=1,2,\cdots,n)$.

3. 设 A 为 5 阶矩阵，且 $|A|=\dfrac{1}{2}$，求 $|A^*|$，$\left|\left(\dfrac{1}{3}A\right)^{-1}-2A^*\right|$.

4. 设 $A^{-1}=\begin{pmatrix}1&2&1\\a&1&1\\2&3&2\end{pmatrix}$，且 $|A|=-1$，求 A.

§2.6　线性方程组的高斯消元法

2.6.1　高斯消元法

在 Cramer 法则中，我们讨论了方程的个数与未知量的个数相等的方程组，而实际问题中归结出的方程组，方程的个数与未知量的个数不一定总相等，含 n 个未知量的线性方程组的一般形式为

$$\begin{cases}a_{11}x_1+a_{12}x_2+\cdots+a_{1n}x_n=b_1,\\a_{21}x_1+a_{22}x_2+\cdots+a_{2n}x_n=b_2,\\\cdots\cdots\\a_{m1}x_1+a_{m2}x_2+\cdots+a_{mn}x_n=b_m,\end{cases}$$

其中，$x_1,x_2,\cdots,x_n$ 为未知量，a_{ij} 表示第 i 个方程中未知量 x_j 的系数，b_i 称为常数项，a_{ij},b_i $(i=1,2,\cdots,m;j=1,2,\cdots,n)$都是已知数，$m$ 为方程的个数，m 可以小于 n，也可以等于或大于 n. 若 $b_1,b_2,\cdots,b_m$ 全为零，则称方程组为齐次线性方程组，否则称为非齐次线性方程组.

上述线性方程组用矩阵写出来就是 $Ax=b$，其中，A 为系数矩阵，b 为常数项列矩阵，x 为未知量列矩阵，$\overline{A}=(A|b)$为增广矩阵.

对于一般的线性方程组，需要解决下面的问题：

(1)方程组是否有解？

(2)如果有解，它有多少解？如何求出它的所有解？

在§2.3 例 2.3.1 中，我们介绍的线性方程组的解法，通常称为高斯(Gauss)消元法. 高斯消元法是对方程组作初等变换，将其化成同解的阶梯形方程组，用矩阵的语言来说就是对方程组的增广矩阵作行初等变换化成行阶梯形矩阵，再解以行阶梯形矩阵为增广矩阵的线性方程组，或者把行阶梯形矩阵进一步通过行变换化成行最简形矩阵，然后写出对应的解.

例 2.6.1 解线性方程组

$$\begin{cases}2x_1+2x_2+3x_3=1,\\x_1-x_2=2,\\-x_1+2x_2+x_3=-2.\end{cases}$$

解 $$\overline{A}=\left(\begin{array}{ccc:c}2&2&3&1\\1&-1&0&2\\-1&2&1&-2\end{array}\right)\xrightarrow{\text{初等行变换}}\left(\begin{array}{ccc:c}1&0&0&-1\\0&1&0&-3\\0&0&1&3\end{array}\right)=\overline{A}_1,$$

解以行最简形矩阵 $\overline{A}_1$ 为增广矩阵的线性方程组，可得方程组的唯一解

$$\begin{cases}x_1=-1,\\x_2=-3,\\x_3=3.\end{cases}$$

例 2.6.2 解线性方程组

$$\begin{cases}2x_1-x_2+3x_3=1,\\4x_1-2x_2+5x_3=4,\\2x_1-x_2+4x_3=-1,\\6x_1-3x_2+5x_3=11.\end{cases}$$

解 $$\overline{A}=\left(\begin{array}{ccc:c}2&-1&3&1\\4&-2&5&4\\2&-1&4&-1\\6&-3&5&11\end{array}\right)\xrightarrow{\text{初等行变换}}\left(\begin{array}{ccc:c}1&-\frac{1}{2}&0&\frac{7}{2}\\0&0&1&-2\\0&0&0&0\\0&0&0&0\end{array}\right)=\overline{A}_1,$$

由于矩阵 $\overline{A}_1$ 有两个零行，它们不能为方程组的解提供任何信息，因而考虑以 $\overline{A}_1$ 的非零行为增广矩阵的线性方程组

$$\begin{cases} x_1-\dfrac{1}{2}x_2=\dfrac{7}{2}, \\ x_3=-2. \end{cases}$$

不难看出，每给定变量 x_2 的一个值，可唯一求出 x_1,x_3 的一组值，由于 x_2 可任意赋值，因而方程组有无穷多解. 另外，只要 x_2 的值确定，则 x_1,x_3 的值就唯一确定，因此，可以用 x_2 表达所有的解：

$$\begin{cases} x_1=\dfrac{1}{2}x_2+\dfrac{7}{2}, \\ x_2=x_2, \\ x_3=-2, \end{cases}$$

其中，x_2 为自由未知量.

例 2.6.3 解线性方程组

$$\begin{cases} 2x_1-x_2+3x_3=1, \\ 4x_1-2x_2+5x_3=4, \\ 6x_1-3x_2+8x_3=4. \end{cases}$$

解 $$\overline{A}=\left(\begin{array}{ccc:c} 2 & -1 & 3 & 1 \\ 4 & -2 & 5 & 4 \\ 6 & -3 & 8 & 4 \end{array}\right) \xrightarrow{\text{初等行变换}} \left(\begin{array}{ccc:c} 2 & -1 & 3 & 1 \\ 0 & 0 & 1 & -2 \\ 0 & 0 & 0 & 1 \end{array}\right)=\overline{A}_1,$$

以 $\overline{A}_1$ 为增广矩阵的线性方程组的最后一个方程为

$$0=1,$$

这是一个矛盾方程，即不论未知量以什么值代入，都不能满足这个方程，因此原方程组无解.

综上所述，线性方程组的解可能会出现三种情况：有唯一解、无解和有无穷多解.

2.6.2 线性方程组有解的判定定理

一般地，给出线性方程组 $Ax=b$，用行初等变换把其增广矩阵化为行阶梯形矩阵.

$$\overline{A}\xrightarrow{\text{初等行变换}}\begin{pmatrix} a'_{11} & a'_{12} & \cdots & a'_{1r} & \cdots & a'_{1n} & d_1 \\ 0 & a'_{22} & \cdots & a'_{2r} & \cdots & a'_{2n} & d_2 \\ \vdots & \vdots & & \vdots & & \vdots & \vdots \\ 0 & 0 & \cdots & a'_{rr} & \cdots & a'_{rn} & d_r \\ 0 & 0 & \cdots & 0 & \cdots & 0 & d_{r+1} \\ 0 & 0 & \cdots & 0 & \cdots & 0 & 0 \\ \vdots & \vdots & & \vdots & & \vdots & \vdots \\ 0 & 0 & \cdots & 0 & \cdots & 0 & 0 \end{pmatrix},$$

其中，$a'_{ii}\neq 0\,(i=1,2,\cdots,r)$，与之对应的阶梯形方程组为

$$\begin{cases} a'_{11}x_1+a'_{12}x_2+\cdots+a'_{1r}x_r+\cdots+a'_{1n}x_n=d_1, \\ \qquad a'_{22}x_2+\cdots+a'_{2r}x_r+\cdots+a'_{2n}x_n=d_2, \\ \qquad\qquad \cdots\cdots \\ \qquad\qquad a'_{rr}x_r+\cdots+a'_{rn}x_n=d_r, \\ \qquad\qquad\qquad 0=d_{r+1}, \\ \qquad\qquad\qquad 0=0, \\ \qquad\qquad \cdots\cdots \\ \qquad\qquad\qquad 0=0, \end{cases} \tag{2.6.1}$$

方程组(2.6.1)和原方程组 $Ax=b$ 同解.

对于方程组(2.6.1)的解,分几种情况进行讨论.

第一种情况:若 $d_{r+1}=0$ 且 $r=n$ 时,去掉“0=0”的多余方程,方程(2.6.1)具有形式

$$\begin{cases} a'_{11}x_1+a'_{12}x_2+\cdots+a'_{1n}x_n=d_1, \\ \qquad a'_{22}x_2+\cdots+a'_{2n}x_n=d_2, \\ \qquad\qquad \cdots\cdots \\ \qquad\qquad a'_{nn}x_n=d_n. \end{cases}, \tag{2.6.2}$$

由 Cramer 法则,方程组(2.6.2)有唯一解,亦即原方程组 $Ax=b$ 有唯一解.

欲求此唯一解,可继续用初等行变换把阶梯形方程组(2.6.2)的增广矩阵化为行最简形矩阵

$$\left(\begin{array}{cccc:c} a'_{11} & a'_{12} & \cdots & a'_{1n} & d_1 \\ 0 & a'_{22} & \cdots & a'_{2n} & d_2 \\ \vdots & \vdots & & \vdots & \vdots \\ 0 & 0 & \cdots & a'_{nn} & d_n \end{array}\right) \to \left(\begin{array}{ccccc:c} 1 & 0 & 0 & \cdots & 0 & k_1 \\ 0 & 1 & 0 & \cdots & 0 & k_2 \\ \vdots & \vdots & \vdots & & \vdots & \vdots \\ 0 & 0 & 0 & \cdots & 1 & k_n \end{array}\right),$$

则 $Ax=b$ 的唯一解为 $x=(k_1,k_2,\cdots,k_n)^T$.

在此种情况下,从变化后的增广矩阵的行最简形矩阵可以看出系数矩阵和增广矩阵都有 n 个非零行,矩阵 A 与 $\overline{A}$ 有相同的秩 n.

以上分析说明:当 $R(\overline{A})=R(A)=n$ 时,方程组 $Ax=b$ 有唯一解,反之亦然.

第二种情况:若 $d_{r+1}=0$,且 $r<n$,由方程组(2.6.1),去掉“0=0”形式的多余方程,对应的阶梯形方程组为

$$\begin{cases} a'_{11}x_1+a'_{12}x_2+\cdots+a'_{1r}x_r+\cdots+a'_{1n}x_n=d_1, \\ \qquad a'_{22}x_2+\cdots+a'_{2r}x_r+\cdots+a'_{2n}x_n=d_2, \\ \qquad \cdots\cdots \\ \qquad\qquad a'_{rr}x_r+\cdots+a'_{rn}x_n=d_r. \end{cases} \tag{2.6.3}$$

显然,这里我们去掉了 $m-r$ 个多余方程,将方程组(2.6.3)的增广矩阵用初等行变换进一步化为行最简形矩阵之后,可以得到

$$\begin{cases} x_1=k_1-k_{1,r+1}x_{r+1}-\cdots-k_{1n}x_n, \\ x_2=k_2-k_{2,r+1}x_{r+1}-\cdots-k_{2n}x_n, \\ \quad \cdots\cdots \\ x_r=k_r-k_{2,r+1}x_{r+1}-\cdots-k_{rn}x_n, \end{cases} \tag{2.6.4}$$

其中，$x_{r+1}, x_{r+2}, \cdots, x_n$ 是自由未知量，共有 $n-r$ 个，这 $n-r$ 个自由未知量取不同值时，就得到方程组 $Ax=b$ 不同的解. 若令

$$x_{r+1}=c_1, \quad x_{r+2}=c_2, \cdots, x_n=c_{n-r},$$

其中，$c_1, c_2, \cdots, c_{n-r}$ 为任意常数，则方程组 $Ax=b$ 有无穷多解，并称(2.6.4)为原方程组 $Ax=b$ 的一般解.

在此种情况下，对于方程组(2.6.1)，显然有 $R(A)=R(\overline{A})=r<n$，所以，我们得出结论：当 $R(A)=R(\overline{A})=r<n$ 时，方程组 $Ax=b$ 有无穷多解，反之亦然.

第三种情况：若 $d_{r+1}\neq 0$，方程组(2.6.1)中出现矛盾等式 $0=d_{r+1}$，此时方程组(2.6.1)无解，即原方程组无解.

对于方程组(2.6.1)，这时显然有 $R(\overline{A})=r+1, R(A)=r$，所以可得出结论：若 $R(\overline{A})\neq R(A)$，则方程组无解，反之亦然.

综上所述，我们可以得到下面线性方程组有解的判定定理：

定理 2.6.1（线性方程组有解的判定定理） 线性方程组 $Ax=b$ 有解的充要条件是

(1) $R(\overline{A})=R(A)$，当 $R(\overline{A})=R(A)<n$ 时，方程组有无穷多解；

(2) 当 $R(\overline{A})=R(A)=n$ 时，方程组有唯一解；

(3) 当 $R(\overline{A})\neq R(A)$ 时，方程组无解.

推论 2.6.1 齐次线性方程组 $Ax=0$ 一定有零解，它有非零解的充要条件是 $R(A)<n$. 如果 $R(A)=n$，则它只有零解.

此推论的前半部分及后半部分的必要性都是很明显的，而后半部分的充分性也显而易见，若 $R(A)=r<n$，则 A 的行阶梯形矩阵值只含有 r 个非零行，从而知其有 $n-r$ 个自由未知量，任取一个自由未知量为 1，其余自由未知量为 0，即可得方程组的一个非零解.

推论 2.6.2 若齐次线性方程组 $Ax=0$ 中方程的个数小于未知量的个数，即 $m<n$，则它必有非零解；若 $m=n$，则它有非零解的充要条件是 $|A|=0$.

推论 2.6.2 的前半部分由推论 2.6.1 很明显地可以看出，对后半部分来说，若方程组 $Ax=0$ 有非零解，由推论 2.6.1，必有 $R(A)<n$，所以 $|A|=0$，反之亦然.

例 2.6.4 求解齐次线性方程组

$$\begin{cases} x_1-2x_2+5x_3-2x_4=0, \\ -x_1+2x_2-3x_3+4x_4=0, \\ x_1-2x_2+9x_3+2x_4=0, \\ -x_1+2x_2+x_3+8x_4=0. \end{cases}$$

解 对系数矩阵 A 施行初等行变换变为行最简形矩阵：

$$A=\begin{pmatrix} 1 & -2 & 5 & -2 \\ -1 & 2 & -3 & 4 \\ 1 & -2 & 9 & 2 \\ -1 & 2 & 1 & 8 \end{pmatrix} \xrightarrow{r_4+r_1} \begin{pmatrix} 1 & -2 & 5 & -2 \\ 0 & 0 & 2 & 2 \\ 0 & 0 & 4 & 4 \\ 0 & 0 & 6 & 6 \end{pmatrix} \xrightarrow[r_4-3r_2]{r_3-2r_2} \begin{pmatrix} 1 & -2 & 5 & -2 \\ 0 & 0 & 2 & 2 \\ 0 & 0 & 0 & 0 \\ 0 & 0 & 0 & 0 \end{pmatrix}$$

$$\xrightarrow{r_2\times\frac{1}{2}} \begin{pmatrix} 1 & -2 & 5 & -2 \\ 0 & 0 & 1 & 1 \\ 0 & 0 & 0 & 0 \\ 0 & 0 & 0 & 0 \end{pmatrix} \xrightarrow{r_1-5r_2} \begin{pmatrix} 1 & -2 & 0 & -7 \\ 0 & 0 & 1 & 1 \\ 0 & 0 & 0 & 0 \\ 0 & 0 & 0 & 0 \end{pmatrix},$$

即得与原方程组同解的方程组

$$\begin{cases} x_1-2x_2-7x_4=0, \\ x_3+x_4=0, \end{cases}$$

由此即得

$$\begin{cases} x_1=2x_2-7x_4, \\ x_2=x_2, \\ x_3=-x_4, \\ x_4=x_4. \end{cases} \quad (x_2,x_4 \text{ 可取任意值})$$

令 $x_2=c_1,x_4=c_2$,把上面的解写成通常的参数形式:

$$\begin{cases} x_1=2c_1-7c_2, \\ x_2=c_1, \\ x_3=-c_2, \\ x_4=c_2, \end{cases}$$

或写成列矩阵形式

$$\begin{pmatrix} x_1 \\ x_2 \\ x_3 \\ x_4 \end{pmatrix}=\begin{pmatrix} 2c_1-7c_2 \\ c_1+0c_2 \\ 0c_1-c_2 \\ 0c_1+c_2 \end{pmatrix}=c_1\begin{pmatrix} 2 \\ 1 \\ 0 \\ 0 \end{pmatrix}+c_2\begin{pmatrix} -7 \\ 0 \\ -1 \\ 1 \end{pmatrix}.$$

例 2.6.5 求解非齐次线性方程组

$$\begin{cases} x_1-2x_2+2x_3-x_4=1, \\ 2x_1-4x_2+8x_3=2, \\ -2x_1+4x_2-2x_3+3x_4=3, \\ 3x_1-6x_2-6x_4=4. \end{cases}$$

解 对增广矩阵 $\overline{A}$ 进行初等行变换

$$\overline{A}=\left(\begin{array}{cccc:c} 1 & -2 & 2 & -1 & 1 \\ 2 & -4 & 8 & 0 & 2 \\ -2 & 4 & -2 & 3 & 3 \\ 3 & -6 & 0 & -6 & 4 \end{array}\right) \xrightarrow[r_4-3r_1]{\substack{r_2-2r_1 \\ r_3+2r_1}} \left(\begin{array}{cccc:c} 1 & -2 & 2 & -1 & 1 \\ 0 & 0 & 4 & 2 & 0 \\ 0 & 0 & 2 & 1 & 5 \\ 0 & 0 & -6 & -3 & 1 \end{array}\right)$$

$$\xrightarrow{r_2\times\frac{1}{2}} \left(\begin{array}{cccc:c} 1 & -2 & 2 & -1 & 1 \\ 0 & 0 & 2 & 1 & 0 \\ 0 & 0 & 2 & 1 & 5 \\ 0 & 0 & -6 & -3 & 1 \end{array}\right) \xrightarrow[r_4+3r_2]{r_3-r_2} \left(\begin{array}{cccc:c} 1 & -2 & 2 & -1 & 1 \\ 0 & 0 & 2 & 1 & 0 \\ 0 & 0 & 0 & 0 & 5 \\ 0 & 0 & 0 & 0 & 1 \end{array}\right)$$

$$\xrightarrow[r_4-r_3]{r_3\times\frac{1}{5}} \left(\begin{array}{cccc:c} 1 & -2 & 2 & -1 & 1 \\ 0 & 0 & 2 & 1 & 0 \\ 0 & 0 & 0 & 0 & 1 \\ 0 & 0 & 0 & 0 & 0 \end{array}\right),$$

可见 $R(A)=2,R(\overline{A})=3$,故方程组无解. 从阶梯形矩阵可知,本例的线性方程组之所以无解,是因为行阶梯形矩阵的第 3 行表示矛盾方程.

例 2.6.6　设有线性方程组

$$\begin{cases}(1+\lambda)x_1+x_2+x_3=0,\\ x_1+(1+\lambda)x_2+x_3=3,\\ x_1+x_2+(1+\lambda)x_3=\lambda.\end{cases}$$

问:λ 取何值时,方程组有唯一解？无解？有无穷多解？并在有无穷多解时求其一般解.

解　对增广矩阵 $\overline{A}=(A\mid b)$ 作初等行变换变为行阶梯形矩阵,有

$$\overline{A}=\left(\begin{array}{ccc:c}1+\lambda & 1 & 1 & 0\\ 1 & 1+\lambda & 1 & 3\\ 1 & 1 & 1+\lambda & \lambda\end{array}\right)\xrightarrow{r_1\leftrightarrow r_3}\left(\begin{array}{ccc:c}1 & 1 & 1+\lambda & \lambda\\ 1 & 1+\lambda & 1 & 3\\ 1+\lambda & 1 & 1 & 0\end{array}\right)$$

$$\xrightarrow[r_3-(1+\lambda)r_1]{r_2-r_1}\left(\begin{array}{ccc:c}1 & 1 & 1+\lambda & \lambda\\ 0 & \lambda & -\lambda & 3-\lambda\\ 0 & -\lambda & -\lambda(2+\lambda) & -\lambda(1+\lambda)\end{array}\right)$$

$$\xrightarrow{r_3+r_2}\left(\begin{array}{ccc:c}1 & 1 & 1+\lambda & \lambda\\ 0 & \lambda & -\lambda & 3-\lambda\\ 0 & 0 & -\lambda(3+\lambda) & (1-\lambda)(3+\lambda)\end{array}\right).$$

(1)当 $\lambda\neq0$ 且 $\lambda\neq-3$ 时,$R(A)=R(\overline{A})=3$,方程组有唯一解;

(2)当 $\lambda=0$ 时,$R(A)=1$,$R(\overline{A})=2$,方程组无解;

(3)当 $\lambda=-3$ 时,$R(A)=R(\overline{A})=2$,方程组有无穷多解.

当 $\lambda=-3$ 时,

$$\overline{A}\xrightarrow{\text{初等行变换}}\left(\begin{array}{ccc:c}1 & 1 & -2 & -3\\ 0 & -3 & 3 & 6\\ 0 & 0 & 0 & 0\end{array}\right)\xrightarrow{r_2\times\left(-\frac{1}{3}\right)}\left(\begin{array}{ccc:c}1 & 1 & -2 & -3\\ 0 & 1 & -1 & -2\\ 0 & 0 & 0 & 0\end{array}\right)$$

$$\xrightarrow{r_1-r_2}\left(\begin{array}{ccc:c}1 & 0 & -1 & -1\\ 0 & 1 & -1 & -2\\ 0 & 0 & 0 & 0\end{array}\right),$$

由此便得一般解

$$\begin{cases}x_1=x_3-1,\\ x_2=x_3-2,\text{(}x_3\text{ 为自由未知量)}\\ x_3=x_3.\end{cases}$$

如果给未知量 x_3 某一个数值 c,一定可以求出方程组的一组解

$$\begin{cases}x_1=c-1,\\ x_2=c-2,\\ x_3=c.\end{cases}$$

显然,当 c 取不同数值时,就得到 x_1,x_2 不同的值,这说明方程组有无穷多组解.这无穷多组解可用上面的方程组给出,其中,c 为任意常数,把它写成列矩阵形式即为

$$\begin{pmatrix}x_1\\ x_2\\ x_3\end{pmatrix}=c\begin{pmatrix}1\\ 1\\ 1\end{pmatrix}+\begin{pmatrix}-1\\ -2\\ 0\end{pmatrix}\quad(c\in R),$$

它表示方程组的任意解,也叫线性方程组的通解.

上式中,矩阵 $\widetilde{A}$ 是一个含参数的矩阵,由于 $\lambda+1,\lambda+3$ 等因子可以等于 0,故不宜作诸如 $r_2-\frac{1}{\lambda+1}r_1,r_2\times(\lambda+1),r_3\times\frac{1}{\lambda+3}$ 的变换.如果做了这样的变换,则需对 $\lambda+1=0$ 或 $\lambda+3=0$ 的情况另作讨论.

习题 2.6

1. 利用高斯消元法解下列方程组.

(1) $\begin{cases}x_1+x_2+2x_3-x_4=0,\\2x_1+x_2+x_3-x_4=0,\\2x_1+2x_2+x_3+2x_4=0;\end{cases}$ (2) $\begin{cases}x_1-x_2+2x_3=1,\\-2x_1-x_2-2x_3=3,\\4x_1+3x_2+3x_3=-1;\end{cases}$

(3) $\begin{cases}3x_1-2x_2-x_4=7,\\2x_2+2x_3+x_4=5,\\x_1-2x_2-3x_3-2x_4=-1,\\x_2+2x_3+x_4=6.\end{cases}$

2. 当 k 取何值时,下列方程组有唯一解?无解?有无穷解?

$$\begin{cases}kx+y+z=1,\\x+ky+z=k,\\x+y+kz=k^2.\end{cases}$$

§2.7 案例解析

2.7.1 经典例题方法与技巧案例

例 2.7.1 设 A,B 为同阶可逆矩阵,则(　　).

(A)存在可逆矩阵 P、Q,使 $PAQ=B$;

(B)存在可逆矩阵 P,使 $P'AP=B$;

(C)存在可逆矩阵 P,使 $P^{-1}AP=B$;

(D)存在可逆矩阵 C,使 $BC=CA$.

解 由于 A 可逆,故 A 等价于 E(单位矩阵),同样 B 等价于 E,因此 A,B 等价,故选(A).

例 2.7.2 设 A、B、$A+B$、$A^{-1}+B^{-1}$ 均为 n 阶可逆矩阵,则 $(A^{-1}+B^{-1})^{-1}=$(　　).

(A)$A^{-1}+B^{-1}$;　(B)$A+B$;　(C)$A(A+B)^{-1}B$;　(D)$(A+B)^{-1}$.

解 因为

$(A^{-1}+B^{-1})(A(A+B)^{-1}B)=E(A+B)^{-1}B+B^{-1}A(A+B)^{-1}B$ (将 E 写为 $B^{-1}B$)

$=B^{-1}(B+A)(A+B)^{-1}B=B^{-1}B=E,$

所以选(C).

例 2.7.3 设 $A=\begin{pmatrix}a_{11}&a_{12}&a_{13}\\a_{21}&a_{22}&a_{23}\\a_{31}&a_{32}&a_{33}\end{pmatrix}$, $B=\begin{pmatrix}a_{21}&a_{22}&a_{23}\\a_{11}&a_{12}&a_{13}\\a_{31}+a_{11}&a_{32}+a_{12}&a_{33}+a_{13}\end{pmatrix}$,

$P_1=\begin{pmatrix}0&1&0\\1&0&0\\0&0&1\end{pmatrix}$，$P_2=\begin{pmatrix}1&0&0\\0&1&0\\1&0&1\end{pmatrix}$，则必有（　　）.

(A)$AP_1P_2=B$；　　(B)$P_1P_2A=B$；　　(C)$AP_2P_1=B$；　　(D)$P_2P_1A=B$.

解　首先，用初等矩阵右乘 A 表示对 A 作行变换，故可排除(A)、(C). 而 P_2A 表示将 A 的第一行加到第三行，$P_1(P_2A)$ 表示再将 1、2 两行互换. 所以选(B).

例 2.7.4　设 n 阶矩阵 A、B、C 满足关系 $ABC=E$（n 阶单位矩阵），则必有（　　）.

(A)$BCA=E$；　　(B)$CBA=E$；　　(C)$ACB=E$；　　(D)$BAC=E$.

解　$A(BC)=E$，说明 $BC=A^{-1}$，故 $BCA=E$.

本题如要举反例排除(B)、(C)、(D)三个选项也不难，关键是确定 C，使 $C=(AB)^{-1}$，且 AC 和 BC 均不可交换，为此，设

$$A=\begin{pmatrix}-1&1\\0&1\end{pmatrix},B=\begin{pmatrix}1&-1\\1&1\end{pmatrix},$$

可求得

$$C=\begin{pmatrix}\frac{1}{2}&0\\-\frac{1}{2}&1\end{pmatrix},$$

读者可以自行验证.

例 2.7.5　求一切与 $A=\begin{pmatrix}1&0&0\\0&1&2\\3&1&2\end{pmatrix}$ 可交换的矩阵.

解法 1（直接算）　设与 A 可交换的矩阵为 $B=(b_{ij})$，于是

$$\begin{pmatrix}1&0&0\\0&1&2\\3&1&2\end{pmatrix}\begin{pmatrix}b_{11}&b_{12}&b_{13}\\b_{21}&b_{22}&b_{23}\\b_{31}&b_{32}&b_{33}\end{pmatrix}=\begin{pmatrix}b_{11}&b_{12}&b_{13}\\b_{21}+2b_{31}&b_{22}+2b_{32}&b_{23}+2b_{33}\\3b_{11}+b_{21}+2b_{31}&3b_{12}+b_{22}+2b_{32}&3b_{13}+b_{23}+2b_{33}\end{pmatrix};$$

而

$$\begin{pmatrix}b_{11}&b_{12}&b_{13}\\b_{21}&b_{22}&b_{23}\\b_{31}&b_{32}&b_{33}\end{pmatrix}\begin{pmatrix}1&0&0\\0&1&2\\3&1&2\end{pmatrix}=\begin{pmatrix}b_{11}+3b_{13}&b_{12}+b_{13}&2b_{12}+2b_{13}\\b_{21}+3b_{23}&b_{22}+b_{23}&2b_{22}+2b_{23}\\b_{31}+3b_{33}&b_{32}+b_{33}&2b_{32}+2b_{33}\end{pmatrix},$$

比较各元素得

$b_{12}=b_{13}=0$；$2b_{31}=3b_{23}$；$2b_{32}=b_{23}$；$2b_{33}=2b_{22}+b_{23}$；

$3b_{11}+b_{21}+2b_{31}=b_{31}+3b_{33}$；$3b_{12}+b_{22}+2b_{32}=b_{32}+b_{33}$；

$3b_{13}+b_{23}+2b_{33}=2b_{32}+2b_{33}$；

即

$$b_{31}=\frac{3}{2}b_{23},b_{32}=\frac{1}{2}b_{23},b_{33}=b_{32}+\frac{1}{2}b_{23},b_{11}=b_{22}-\frac{1}{3}b_{21},$$

所求 B 为

$$B=\begin{pmatrix} b_{22}-\frac{1}{3}b_{21} & 0 & 0 \\ b_{21} & b_{22} & b_{23} \\ \frac{3}{2}b_{23} & \frac{1}{2}b_{23} & b_{22}+\frac{1}{2}b_{23} \end{pmatrix},$$

其中,b_{21},b_{22},b_{23}是任意数.

解法 2 由

$$A=\begin{pmatrix} 1 & 0 & 0 \\ 0 & 1 & 0 \\ 0 & 0 & 1 \end{pmatrix}+\begin{pmatrix} 0 & 0 & 0 \\ 0 & 0 & 2 \\ 3 & 1 & 1 \end{pmatrix},$$

因 E 可与任何矩阵交换,那么可与 A 交换的矩阵 B 就是可与 $\begin{pmatrix} 0 & 0 & 0 \\ 0 & 0 & 2 \\ 3 & 1 & 1 \end{pmatrix}$ 交换的矩阵,故

$$\begin{pmatrix} 0 & 0 & 0 \\ 0 & 0 & 2 \\ 3 & 1 & 1 \end{pmatrix}\begin{pmatrix} b_{11} & b_{12} & b_{13} \\ b_{21} & b_{22} & b_{23} \\ b_{31} & b_{32} & b_{33} \end{pmatrix}=\begin{pmatrix} 0 & 0 & 0 \\ 2b_{31} & 2b_{32} & 2b_{33} \\ 3b_{11}+b_{21}+b_{31} & 3b_{12}+b_{22}+b_{32} & 3b_{13}+b_{23}+b_{33} \end{pmatrix},$$

而

$$\begin{pmatrix} b_{11} & b_{12} & b_{13} \\ b_{21} & b_{22} & b_{23} \\ b_{31} & b_{32} & b_{33} \end{pmatrix}\begin{pmatrix} 0 & 0 & 0 \\ 0 & 0 & 2 \\ 3 & 1 & 1 \end{pmatrix}=\begin{pmatrix} 3b_{13} & b_{13} & 2b_{12}+b_{13} \\ 3b_{23} & b_{23} & 2b_{22}+b_{23} \\ 3b_{33} & b_{33} & 2b_{32}+b_{33} \end{pmatrix}.$$

即得

$$b_{12}=b_{13}=0, b_{31}=\frac{3}{2}b_{23}, b_{32}=\frac{1}{2}b_{23}, b_{33}=b_{22}+\frac{1}{2}b_{23}, b_{11}=b_{22}-\frac{1}{3}b_{21},$$

与解 1 的结果完全相同.

例 2.7.6 设 $AB+E=A^2+B$,$A=\begin{pmatrix} 1 & 0 & 1 \\ 0 & 2 & 0 \\ -1 & 0 & 1 \end{pmatrix}$,求 B.

解 $(A-E)B=A^2-E=(A-E)(A+E)$,故

$$B=A+E=\begin{pmatrix} 2 & 0 & 1 \\ 0 & 3 & 0 \\ -1 & 0 & 2 \end{pmatrix}.$$

例 2.7.7 设 A 是 n 阶可逆矩阵,将 A 的第 i 行和第 j 行对换后得矩阵 B,求 AB^{-1}.

解 由于 $|A|=-|B|\neq 0$,故 B 也可逆.设 E_{ij} 是由单位矩阵 E 交换 i、j 两行所得的初等矩阵,则 $B=E_{ij}A$,$B^{-1}=A^{-1}E_{ij}^{-1}$.由此所求 $AB^{-1}=AA^{-1}E_{ij}=E_{ij}$.

例 2.7.8 设 $B=\begin{pmatrix} 1 & 2 & -3 & -2 \\ 0 & 1 & 2 & -3 \\ 0 & 0 & 1 & 2 \\ 0 & 0 & 0 & 1 \end{pmatrix}$,$C=\begin{pmatrix} 1 & 2 & 0 & 1 \\ 0 & 1 & 2 & 0 \\ 0 & 0 & 1 & 2 \\ 0 & 0 & 0 & 1 \end{pmatrix}$,$(2E-C^{-1}B)A^T=C^{-1}$,求 A.

解　$A^T=(2E-C^{-1}B)^{-1}C^{-1}=[C(2E-C^{-1}B)]^{-1}=(2C-B)^{-1}=\begin{pmatrix}1&2&3&4\\0&1&2&3\\0&0&1&2\\0&0&0&1\end{pmatrix}^{-1}$,

$A=\begin{pmatrix}1&0&0&0\\2&1&0&0\\3&2&1&0\\4&3&2&1\end{pmatrix}^{-1}$,求这个矩阵的逆,可用三种方法来求.

(1)用初等行变换法.

$$\left(\begin{array}{cccc:cccc}1&0&0&0&1&0&0&0\\2&1&0&0&0&1&0&0\\3&2&1&0&0&0&1&0\\4&3&2&1&0&0&0&1\end{array}\right)\to\left(\begin{array}{cccc:cccc}1&0&0&0&1&0&0&0\\1&1&0&0&-1&1&0&0\\1&1&1&0&0&-1&1&0\\1&1&1&1&0&0&-1&1\end{array}\right)$$

$$\to\left(\begin{array}{cccc:cccc}1&0&0&0&1&0&0&0\\0&1&0&0&-2&1&0&0\\0&0&1&0&1&-2&1&0\\0&0&0&1&0&1&-2&1\end{array}\right),$$

所以

$$A=\begin{pmatrix}1&0&0&0\\-2&1&0&0\\1&-2&1&0\\0&1&-2&1\end{pmatrix}.$$

(2)用分块矩阵的方法.

设 $A^{-1}=D=\begin{pmatrix}D_{11}&D_{12}\\D_{21}&D_{22}\end{pmatrix}$, 其中,$D_{11}=\begin{pmatrix}1&0\\2&1\end{pmatrix}$, $D_{12}=O$, $D_{22}=\begin{pmatrix}1&0\\2&1\end{pmatrix}$,$D_{21}=\begin{pmatrix}3&2\\4&3\end{pmatrix}$,

$A=D^{-1}=\begin{pmatrix}A_{11}&A_{12}\\A_{21}&A_{22}\end{pmatrix}$, 则

$$DA=\begin{pmatrix}D_{11}A_{11}&D_{11}A_{12}\\D_{11}A_{11}+D_{22}A_{21}&D_{21}A_{12}+D_{22}A_{22}\end{pmatrix}=\begin{pmatrix}E&O\\O&E\end{pmatrix},$$

E 是二阶单位矩阵,则 $A_{12}=0$,$A_{11}=A_{22}=\begin{pmatrix}1&0\\-2&1\end{pmatrix}$,$A_{21}=-D_{22}^{-1}D_{21}A_{11}=\begin{pmatrix}1&-2\\0&1\end{pmatrix}$,

$$A=\begin{pmatrix}1&0&0&0\\-2&1&0&0\\1&-2&1&0\\0&1&-2&1\end{pmatrix}.$$

(3)用解线性方程组或求逆变换的方法.

令

$$\begin{cases}x_1=y_1,\\2x_1+x_2=y_2,\\3x_1+2x_2+x_3=y_3,\\4x_1+3x_2+2x_3+x_4=y_4,\end{cases}$$

即 $A^{-1}X=Y$,则 $X=AY$.

解得

$$\begin{cases}x_1=y_1,\\x_2=-2y_1+y_2,\\x_3=-3y_1-2(-2y_1+y_2)+y_3=y_1-2y_2+y_3,\\x_4=-4y_1-3(-2y_1+y_2)-2(y_1-2y_2+y_3)+y_4=y_2-2y_3+y_4,\end{cases}$$

$$X=\begin{pmatrix}1&0&0&0\\-2&1&0&0\\1&-2&1&0\\0&1&-2&1\end{pmatrix}Y,A=\begin{pmatrix}1&0&0&0\\-2&1&0&0\\1&-2&1&0\\0&1&-2&1\end{pmatrix}.$$

例 2.7.9 设 A 是三阶方阵,$|A|=\dfrac{1}{2}$,求 $|(3A)^{-1}-2A^*|$.

解 由 $AA^*=|A|E=\dfrac{1}{2}E$ 得 $2A^*=A^{-1}$,$(3A)^{-1}=\dfrac{1}{3}A^{-1}$,故

$$(3A)^{-1}-2A^*=-\frac{2}{3}A^{-1},\quad |(3A)^{-1}-2A^*|=\frac{16}{27}.$$

例 2.7.10 设 $A=\begin{pmatrix}0&1&0\\-1&1&1\\-1&0&-1\end{pmatrix}$,$B=\begin{pmatrix}1&-1\\2&0\\5&-3\end{pmatrix}$,而 $X=AX+B$,求 X.

解 $(E-A)X=B$,$X=(E-A)^{-1}B$.

$$(E-A)^{-1}=\frac{1}{3}\begin{pmatrix}0&2&1\\-3&2&1\\0&-1&1\end{pmatrix},\quad X=\frac{1}{3}\begin{pmatrix}0&2&1\\-3&2&1\\0&-1&1\end{pmatrix}\begin{pmatrix}1&-1\\2&0\\5&-3\end{pmatrix}=\begin{pmatrix}3&1\\2&0\\1&-1\end{pmatrix}.$$

例 2.7.11 设 $A=\begin{pmatrix}1&1&-1\\-1&1&1\\1&-1&1\end{pmatrix}$,$A^*X=A^{-1}+2X$,求 X.

解 由 $A^*X=A^{-1}+2X$ 得 $(|A|E-2A)X=E$, $X=(|A|E-2A)^{-1}$;

$$|A|=4,\quad 4E-2A=2\begin{pmatrix}1&-1&1\\1&1&-1\\-1&1&1\end{pmatrix},\quad X=(4E-2A)^{-1}=\frac{1}{4}\begin{pmatrix}1&1&0\\0&1&1\\1&0&1\end{pmatrix}.$$

例 2.7.12 设 $A=(a_{ij})_{3\times3}$ 是实矩阵,满足①$a_{ij}=A_{ij}\ (i,j=1,2,3)$;②$a_{11}\neq0$,计算 $|A|$.

解 由 $a_{ij}=A_{ij}$ 知 $A^*=A^T$,把“1”换为 $A^*=A^T$,由 $AA^*=|A|E$ 得 $AA^T=|A|E$;两端取行列式得

$$|A|^2=|A|^3\Rightarrow|A|=0\text{ 或 }|A|=1.$$

但$|A|=a_{11}^2+a_{12}^2+a_{13}^2\neq 0$,故$|A|=1$.

例 2.7.13　已知$A^{-1}=\begin{pmatrix}1&1&1\\1&2&1\\1&1&3\end{pmatrix}$,求$(A^*)^{-1}$.

解　$AA^*=|A|E$,故$(A^*)^{-1}=\dfrac{A}{|A|}$,而

$$A=(A^{-1})^{-1}=\begin{pmatrix}\frac{5}{2}&-1&-\frac{1}{2}\\-1&1&0\\-\frac{1}{2}&0&\frac{1}{2}\end{pmatrix},|A|=\frac{1}{2},$$

故

$$(A^*)^{-1}=\begin{pmatrix}5&-2&-1\\-2&2&0\\-1&0&1\end{pmatrix}.$$

例 2.7.14　设A是n阶非奇异矩阵,α是n维列向量,b是常数,分块矩阵P与Q分别为

$$P=\begin{pmatrix}E&0\\-\alpha^TA^*&|A|\end{pmatrix},\qquad Q=\begin{pmatrix}A&\alpha\\\alpha^T&b\end{pmatrix},$$

(1)求PQ;

(2)证明:Q可逆的充要条件是$\alpha^TA^{-1}\alpha\neq b$.

解　(1)$PQ=\begin{pmatrix}A&\alpha\\-\alpha^TA^*A+|A|\alpha^T&-\alpha^TA^*\alpha+b|A|\end{pmatrix}$,而$A^*A=|A|E$,故

$$-\alpha^TA^*A+|A|\alpha^T=\mathbf{0};$$

又$-\alpha^TA^*\alpha=-\alpha^TA^{-1}\alpha|A|$,由此

$$PQ=\begin{pmatrix}A&\alpha\\0&|A|(b-\alpha^TA^{-1}\alpha)\end{pmatrix}.$$

(2)$|PQ|=|A|^2(b-\alpha^TA^{-1}\alpha)$,而$|P|=|A|\neq 0$,故$Q$可逆,即$|Q|\neq 0$的充要条件是$b-\alpha^TA^{-1}\alpha\neq 0$,即$\alpha^TA^{-1}\alpha\neq b$.

例 2.7.15　设$A=E-\xi\xi^T$,ξ是n维非零列向量,证明:

(1)$A^2=A$的充要条件是$\xi^T\xi=1$;

(2)当$\xi^T\xi=1$时,A不可逆.

证明　(1)$A^2=(E-\xi\xi^T)^2=E-2\xi\xi^T+\xi\xi^T\xi\xi^T$,故$A^2=A$的充要条件是

$$\xi\xi^T-\xi\xi^T\xi\xi^T=0,$$

即$(1-\xi^T\xi)(\xi\xi^T)=0$,由ξ非零得$1-\xi^T\xi=0$.

(2)当$\xi^T\xi=1$时,$A^2=A$,如果A可逆,得$A^{-1}A^2=E$,$A=E$,则$\xi\xi^T=0$与$\xi^T\xi=1$矛盾.

例 2.7.16　设A是n阶实对称矩阵,证明:如果$A^2=\mathbf{0}$,那么$A=\mathbf{0}$.

证明　设

$$A=\begin{pmatrix} a_{11} & a_{12} & \cdots & a_{1n} \\ a_{12} & a_{22} & \cdots & a_{2n} \\ \vdots & \vdots & & \vdots \\ a_{1n} & a_{n2} & \cdots & a_{nn} \end{pmatrix},$$

则若 $A^2=\mathbf{0}$,便有

$$a_{i1}^2+a_{i2}^2+\cdots+a_{ii}^2+a_{ii+1}^2+\cdots+a_{in}^2=0 \quad (i=1,2,\cdots,n),$$

故

$$a_{i1}=a_{i2}=\cdots=a_{ii}=a_{ii+1}=\cdots=a_{in}=0,$$

即 $A=\mathbf{0}$.

例 2.7.17 设 A,B 是 n 阶对称矩阵,证明:AB 对称的充分必要条件是 A,B 可交换.

证明 由 $(AB)'=B'A'=BA=AB$,即若 $(AB)'=AB$,有 $AB=BA$;反之,若 $AB=BA$,则 $(AB)'=B'A'=BA=AB$,即 AB 也对称.

例 2.7.18 设 A 是 n 阶矩阵,$AA^T=E$,$|A|<0$,求 $|A+E|$.

解 $|A+E|=|A|\,|E+A^T|=|A|\,|A+E|$,故 $|A+E|=0$.

例 2.7.19 设 n 阶矩阵 $A^k=\mathbf{0}$(k 是正整数),证明 $A-E$ 可逆,并求 $(A-E)^{-1}$.

证明 $E=E-A^k=(E-A)(E+A+A^2+\cdots+A^{k-1})$,由 $A-E$ 可逆,得

$$(A-E)^{-1}=-(E+A+\cdots+A^{k-1}).$$

例 2.7.20 已知 $A=\frac{1}{2}(B+E)$,证明 $A^2=A$ 的充要条件是 $B^2=E$.

证明 由 $A^2=\frac{1}{4}(B^2+2B+E)$,得

若 $A^2=A$,则 $\frac{1}{4}B^2+\frac{1}{2}B+\frac{E}{4}=\frac{1}{2}B+\frac{1}{2}E$,故 $B^2=E$;

若 $B^2=E$,则 $A^2=\frac{1}{4}(2B+2E)=\frac{1}{2}(B+E)=A$.

例 2.7.21 已知 $AP=PB$,其中,$B=\begin{pmatrix} 1 & 0 & 0 \\ 0 & 0 & 0 \\ 0 & 0 & -1 \end{pmatrix}$,$P=\begin{pmatrix} 1 & 0 & 0 \\ 2 & -1 & 0 \\ 2 & 1 & 1 \end{pmatrix}$,求 A 及 A^5.

解 $P^{-1}=\begin{pmatrix} 1 & 0 & 0 \\ 2 & -1 & 0 \\ -4 & 1 & 1 \end{pmatrix}$,$A=PBP^{-1}$,故

$$A=\begin{pmatrix} 1 & 0 & 0 \\ 2 & -1 & 0 \\ 2 & 1 & 1 \end{pmatrix}\begin{pmatrix} 1 & 0 & 0 \\ 0 & 0 & 0 \\ 0 & 0 & -1 \end{pmatrix}\begin{pmatrix} 1 & 0 & 0 \\ 2 & -1 & 0 \\ -4 & 1 & 1 \end{pmatrix}=\begin{pmatrix} 1 & 0 & 0 \\ 2 & 0 & 0 \\ 2 & 0 & -1 \end{pmatrix}\begin{pmatrix} 1 & 0 & 0 \\ 2 & -1 & 0 \\ -4 & 1 & 1 \end{pmatrix}$$

$$=\begin{pmatrix} 1 & 0 & 0 \\ 2 & 0 & 0 \\ 6 & -1 & -1 \end{pmatrix}.$$

又 $B^5=B$,故 $A^5=PB^5P^{-1}=A$.

例 2.7.22 求 λ 的值,使下列方程组有非零解,并求通解.

(1) $\begin{pmatrix} 1 & -2 & 2 \\ -2 & -2 & 4 \\ 2 & 4 & -2 \end{pmatrix}\begin{pmatrix} x_1 \\ x_2 \\ x_3 \end{pmatrix}=\lambda\begin{pmatrix} x_1 \\ x_2 \\ x_3 \end{pmatrix}$；

(2) $\begin{pmatrix} 1 & -1 & 3 & -2 \\ -1 & 1 & -2 & 3 \\ 3 & -2 & 1 & -1 \\ -2 & 3 & -1 & 1 \end{pmatrix}\begin{pmatrix} x_1 \\ x_2 \\ x_3 \\ x_4 \end{pmatrix}=\lambda\begin{pmatrix} x_1 \\ x_2 \\ x_3 \\ x_4 \end{pmatrix}$.

解　(1)我们来看系数行列式

$$\begin{vmatrix} \lambda-1 & 2 & -2 \\ 2 & \lambda+2 & -4 \\ -2 & -4 & \lambda+2 \end{vmatrix}=\begin{vmatrix} \lambda-1 & 2 & -2 \\ 2 & \lambda+2 & -4 \\ 0 & \lambda-2 & \lambda-2 \end{vmatrix}=(\lambda-2)\begin{vmatrix} \lambda-1 & 4 & -2 \\ 2 & \lambda+6 & -4 \\ 0 & 0 & 1 \end{vmatrix}$$

$=(\lambda-2)(\lambda^2+5\lambda-14)$,

因此，当$\lambda=2$或-7时，方程组有非零解. 以$\lambda=2$代入，此时只有一个独立方程

$$x_1+2x_2-2x_3=0,$$

有基础解系为$(2,1,2)^T$，$(2,-2,-1)^T$，通解为$x=c_1(2,1,2)^T+c_2(2,-2,-1)^T$；以$\lambda=-7$代入，得基础解系为$(1,2,-2)^T$，通解为$x=c(1,2,-2)^T$.

(2) $$\begin{vmatrix} \lambda-1 & 1 & -3 & 2 \\ 1 & \lambda-1 & 2 & -3 \\ -3 & 2 & \lambda-1 & 1 \\ 2 & -3 & 1 & \lambda-1 \end{vmatrix}=\begin{vmatrix} \lambda-1 & 1 & -3 & 2 \\ \lambda & \lambda & -1 & -1 \\ -1 & -1 & \lambda & \lambda \\ 2 & -3 & 1 & \lambda \end{vmatrix};$$

$$(\lambda^2-1)\begin{vmatrix} \lambda-1 & 1 & -3 & 2 \\ \lambda & \lambda & -1 & -1 \\ 1 & 1 & 0 & 0 \\ 2 & -3 & 1 & \lambda-1 \end{vmatrix}=(\lambda^2-1)\begin{vmatrix} \lambda-1 & 2-\lambda & -3 & 2 \\ \lambda & 0 & -1 & -1 \\ 1 & 0 & 0 & 0 \\ 2 & -5 & 1 & \lambda-1 \end{vmatrix}$$

$$=(\lambda^2-1)\begin{vmatrix} 2-\lambda & -3 & 2 \\ 0 & -1 & -1 \\ -5 & 1 & \lambda-1 \end{vmatrix}=(\lambda^2-1)\begin{vmatrix} 2-\lambda & -5 & 2 \\ 0 & 0 & -1 \\ -5 & 2-\lambda & \lambda-1 \end{vmatrix}$$

$=(\lambda^2-1)(7-\lambda)(-3-\lambda)$；

因此，当$\lambda=\pm1$，$\lambda=-3$和$\lambda=7$时有非零解. 当$\lambda=1$时，系数矩阵的秩为3，有3个独立方程

$$\begin{cases} x_2-3x_3+2x_4=0, \\ x_1+2x_3-3x_4=0, \\ -3x_1+2x_2+x_4=0. \end{cases}$$

令$x_4=1$，得基础解系$(1,1,1,1)^T$，此时通解为$x=c_1(1,1,1,1)^T$.

当$\lambda=-1$时，也有3个独立方程

$$\begin{cases} -2x_1+x_2-3x_3+2x_4=0, \\ x_1-2x_2+2x_3-3x_4=0, \\ -3x_1+2x_2-2x_3+x_4=0, \end{cases}$$

得通解为 $x=c_2\,(-1,-1,1,1)^T$.

当 $\lambda=-3$ 时，也有 3 个独立方程

$$\begin{cases}-4x_1+x_2-3x_3+2x_4=0,\\ x_1-4x_2+2x_3-3x_4=0,\\ -3x_1+2x_2-4x_3+x_4=0,\end{cases}$$

得通解为 $x=c_3\,(1,-1,-1,1)^T$.

当 $\lambda=7$ 时，通解为 $x=c_4\,(1,-1,1,-1)^T$.

例 2.7.23 设 $A=\begin{pmatrix}1&\alpha&\beta\\0&1&\alpha\\0&0&1\end{pmatrix}$，试求 A^2，A^3，并进而求 A^n.

解 直接计算

$$A^2=\begin{pmatrix}1&2\alpha&\alpha^2+2\beta\\0&1&2\alpha\\0&0&1\end{pmatrix},A^3=\begin{pmatrix}1&3\alpha&3\alpha^2+3\beta\\0&1&3\alpha\\0&0&1\end{pmatrix},$$

这样可以猜测

$$A^n=\begin{pmatrix}1&n\alpha&\dfrac{n(n-1)}{2}\alpha^2+n\beta\\0&1&n\alpha\\0&0&1\end{pmatrix}.$$

用数学归纳法证明：

(1)当 $n=1,2$ 时，已知成立；

(2)设 $n=k$ 时成立，那么当 $n=k+1$ 时有

$$A^{k+1}=A^kA=\begin{pmatrix}1&k\alpha&\dfrac{k(k-1)}{2}\alpha^2+k\beta\\0&1&k\alpha\\0&0&1\end{pmatrix}\begin{pmatrix}1&\alpha&\beta\\0&1&\alpha\\0&0&1\end{pmatrix}$$

$$=\begin{pmatrix}1&(k+1)\alpha&\dfrac{(k+1)k}{2}\alpha^2+(k+1)\beta\\0&1&(k+1)\alpha\\0&0&1\end{pmatrix},$$

所以上述猜测正确.

例 2.7.24 设 $a_1,a_2,\cdots,a_n$ 为 n 个两两不同的实数，$V=\begin{pmatrix}1&1&1&1\\a_1&a_2&\cdots&a_n\\\vdots&\vdots&&\vdots\\a_1^{i-1}&a_2^{i-1}&\cdots&a_n^{i-1}\end{pmatrix}$，这里 $i<n$. 设 $\alpha=(x_1,x_2,\cdots,x_n)^T$ 为线性方程组 $VX=0$ 的一个非零解，试证 α 至少有 $i+1$ 个非零分量.

证明 由题设知

$$\begin{cases} x_1+x_2+\cdots+x_n=0, \\ a_1x_1+a_2x_2+\cdots+a_nx_n=0, \\ \quad\cdots\cdots \\ a_1^{i-1}x_1+a_2^{i-1}x_2+\cdots+a_n^{i-1}x_n=0. \end{cases}$$

若 α 的非零分量的个数$\leqslant i$，不妨设$(x_1,x_2,\cdots,x_i)\neq 0$，$x_{i+1}=x_{i+2}=\cdots=x_n=0$，则

$$\begin{cases} x_1+x_2+\cdots+x_i=0, \\ a_1x_1+a_2x_2+\cdots+a_ix_i=0, \\ \cdots\cdots \\ a_1^{i-1}x_1+a_2^{i-1}x_2+\cdots+a_i^{i-1}x_i=0. \end{cases}$$

于是方程组

$$\begin{cases} x_1+x_2+\cdots+x_i=0, \\ a_1x_1+a_2x_2+\cdots+a_ix_i=0, \\ \cdots\cdots \\ a_1^{i-1}x_1+a_2^{i-1}x_2+\cdots+a_i^{i-1}x_i=0 \end{cases}$$

有非零解，因此它的系数行列式

$$\begin{vmatrix} 1 & 1 & \cdots & 1 \\ a_1 & a_2 & \cdots & a_i \\ \vdots & \vdots & & \vdots \\ a_1^{i-1} & a_2^{i-1} & \cdots & a_i^{i-1} \end{vmatrix}=(a_2-a_1)\cdots(a_i-a_1)(a_3-a_2)\cdots(a_i-a_2)\cdots(a_i-a_{i-1})=0,$$

与 $a_1,a_2,\cdots,a_n$ 互不相同矛盾，故 α 至少有 $i+1$ 个非零分量.

点评：用反证法. 由 x 的非零分量个数$\leqslant i$ 的假设，得到一个含 i 个方程、i 个未知量的齐次线性方程组，而这个方程组有非零解，故它的系数行列式等于零；但该系数行列式为 i 阶范德蒙德行列式，其为零的充要条件是 $a_1,a_2,\cdots,a_i$ 中至少有两个相等，从而推出矛盾.

例 2.7.25　设 $A=\begin{pmatrix} a_{11} & a_{12} & \cdots & a_{1n} \\ a_{21} & a_{22} & \cdots & a_{2n} \\ \vdots & \vdots & & \vdots \\ a_{n1} & a_{n2} & \cdots & a_{nn} \end{pmatrix}$为一实数域上的矩阵，证明：

(1)如果$|a_{ii}|>\sum\limits_{i\neq j}|a_{ij}|$，$i=1,2,\cdots,n$，则$|A|\neq 0$；

(2)如果 $a_{ii}>\sum\limits_{i\neq j}|a_{ij}|$，$i=1,2,\cdots,n$，则$|A|>0$.

证明　(1)对任意的非零向量$(b_1,b_2,\cdots,b_n)$，设 $k=\max(|b_1|,|b_2|,\cdots,|b_n|)$，显然 $k>0$，不妨设 $k=|b_i|$（i 是 $1,2,\cdots,n$ 中的某一个），由条件(1)得

$$|a_{ii}b_i|>\sum_{j\neq i}|a_{ij}||b_j|=\sum_{j\neq i}|a_{ij}b_j|\geqslant\left|\sum_{j\neq i}a_{ij}b_j\right|,$$

因此$\sum\limits_{j=1}^{n}a_{ij}b_j=a_{ii}b_i+\sum\limits_{j\neq i}a_{ij}b_j\neq 0$，$A\begin{pmatrix} x_1 \\ x_2 \\ \vdots \\ x_n \end{pmatrix}=0$ 只有唯一零解，故$|A|\neq 0$.

(2) 设 $0\leqslant t\leqslant 1$，令

$$f(t)=\begin{vmatrix} a_{11} & a_{12} & a_{13} & \cdots & a_{1,n-1} & a_{1n} \\ a_{21}t & a_{22} & a_{23} & \cdots & a_{2,n-1} & a_{2n} \\ a_{31}t & a_{32}t & a_{33} & \cdots & a_{3,n-1} & a_{3n} \\ \vdots & \vdots & \vdots & & \vdots & \vdots \\ a_{n1}t & a_{n2}t & a_{n3}t & \cdots & a_{n,n-1}t & a_{nn} \end{vmatrix}.$$

利用本题(1)得 $f(t)\neq 0$. 显然 $f(1)=|A|$, $f(0)=a_{11}a_{22}\cdots a_{nn}>0$,若 $f(1)<0$,而$f(t)$ 是 t 的连续函数,则必存在点 $t_1\in(0,1)$,使 $f(t_1)=0$,这与上述结论矛盾,所以

$$f(1)=|A|>0.$$

例 2.7.26 设 $a_1,a_2,\cdots,a_n$ 为 n 个互不相等的数,证明方程组

$$\begin{cases} a_1^{n-1}x_1+a_1^{n-2}x_2+\cdots+a_1x_{n-1}+x_n=-a_1^n, \\ a_2^{n-1}x_1+a_2^{n-2}x_2+\cdots+a_2x_{n-1}+x_n=-a_2^n, \\ \cdots\cdots \\ a_n^{n-1}x_1+a_n^{n-2}x_2+\cdots+a_nx_{n-1}+x_n=-a_n^n \end{cases}$$

有唯一解,并求解.

证明 方程组的系数行列式为

$$D=\begin{vmatrix} a_1^{n-1} & a_1^{n-2} & \cdots & a_1 & 1 \\ a_2^{n-1} & a_2^{n-2} & \cdots & a_2 & 1 \\ \vdots & \vdots & & \vdots & \vdots \\ a_n^{n-1} & a_n^{n-2} & \cdots & a_n & 1 \end{vmatrix}=(-1)^{\frac{n(n-1)}{2}}\begin{vmatrix} 1 & 1 & \cdots & 1 \\ a_1 & a_2 & \cdots & a_n \\ \vdots & \vdots & & \vdots \\ a_1^{n-1} & a_2^{n-1} & \cdots & a_n^{n-1} \end{vmatrix}$$

$$=(-1)^{\frac{n(n-1)}{2}}\prod_{1\leqslant i<j\leqslant n}(a_i-a_j).$$

因为 $a_1,a_2,\cdots,a_n$ 为 n 个互不相等的数,所以 $D\neq 0$,所以方程组有唯一解. 令 $x_1,x_2,\cdots,x_n$ 为其解,考虑多项式

$$f(y)=y^n+x_1y^{n-1}+x_2y^{n-2}+\cdots+x_{n-1}y+x_n.$$

因为 $x_1,x_2,\cdots,x_n$ 为所给方程组的解,所以 $f(a_i)=0$. 这就是说,$a_1,a_2,\cdots,a_n$ 是$f(y)$的根,由于 $f(y)$为n 次方程,故最多有 n 个不同的根,即 $a_1,a_2,\cdots,a_n$ 是其全部根. 由根与系数的关系可得方程组的解为

$$\begin{cases} x_1=-(a_1+a_2+\cdots+a_n), \\ x_2=a_1a_2+a_1a_3+\cdots+a_1a_n+\cdots+a_{n-1}a_n, \\ \qquad\cdots\cdots \\ x_n=(-1)^na_1a_2\cdots a_n. \end{cases}$$

点评:证明一个含 n 个未知量、n 个方程的线性方程组有唯一解,通常是用克拉默法则,只需证明其系数行列式不为零. 为了求其解,先设方程组的解为 $x_1,x_2,\cdots,x_n$,然后以其为系数构造一个 n 次多项式,借助多项式根与系数的关系,从而求得原方程组的解.

2.7.2 应用案例解析及软件求解

20 世纪以来,由于科学技术的飞速发展,数学的应用范围急剧扩大,它不仅更广泛深入地应用于自然科学和工程技术中,而且已经渗透到诸如生命科学、经济与社会科学领域. 数学建模是联系数学和实际问题的桥梁,是数学在各个领域广泛应用的具体体现.

当一个数学结构作为某种形式语言(即包括常用符号、函数符号、谓词符号等符号集合)解释时,这个数学结构就称为数学模型. 换言之,数学模型可以描述为:对于现实世界的一个特定的对象,为了一个特定的目的,根据特有的内在规律,做出一些必要的简化,运用适当的数学工具得到一个数学结构. 也就是说,数学模型是通过抽象、简化的过程,使用数学语言对实际现象的一个近似的刻画,以便于人们更深刻地认识所研究的对象.

数学模型不是一个新的事物,自从有了数学,也就有了数学模型. 即要用数学去解决实际问题,就一定要用数学的语言、方法去近似地刻画这个实际问题,这就是数学模型. 实际中,能够直接使用数学解决的实际问题是有限的,然而,应用数学知识解决实际问题的第一步就是通过实际问题本身,从形式上杂乱无章的现象中抽象出恰当的数学关系,也就是构建这个实际问题的数学模型,其过程就是数学建模的过程.

本书每章都安排一节与本章内容相关的一些应用模型问题及数学软件求解,以期学生了解部分代数知识与空间解析几何在实际中的应用,并能利用数学软件去解决实际问题. 有关建模的过程,有兴趣的读者可参阅相关的建模书籍.

1. 航线连接问题

此问题是建立各城市之间航班连接的网络图. 设图上有 n 个顶点 $V_1, V_2, \cdots, V_n$,在每两个顶点之间以线段相连接,这些线段可以是有向的,用箭头表示,也可以是双向的(即无向的),因而可画出双箭头. 如果图上线段都是双向的,也可不画箭头. 这样就形成了一个交通网络图. 这样的图可以用 $n\times n$ 矩阵表示,行和列分别表示这些顶点的编号,行号表示出发节点,列号表示到达节点. 任何一条有向线段,在矩阵中用一个数值为 1 的元表示. 如果是双向的线段,在矩阵中,这两个双向的位置(称为共轭位置)就用数值为 1 的元表示.

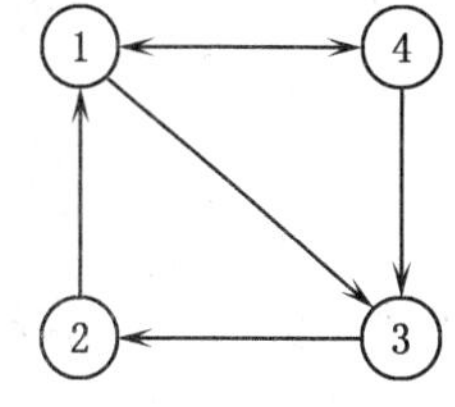

图 2—2

例 2.7.27　图 2—2 为 1,2,3,4 四个城市之间的空运航线,用有向线段的网络图表示. 该图用矩阵表示出来就是

$$A_1=\begin{pmatrix}0&0&1&1\\1&0&0&0\\0&1&0&0\\1&0&1&0\end{pmatrix}.$$

其中第一行为由第一个城市出发的航班,分别可以到达第三、第四两个城市. 因此在第三、第四两列处的元为 1,其余为零. 以此类推,可以写出其他各行的元. 这样的矩阵称为邻接矩阵. 注意图中 1,4 两城市之间有双航线,因此矩阵 A_1 中的 a_{14} 和 a_{41} 两个共轭位置的元均为 1.

此矩阵用 Matlab 语句表示为

$$A1=[0,0,1,1;1,0,0,0;0,1,0,0;1,0,1,0].$$

如果我们要分析经过一次转机(也就是坐两个航班)能到达的城市,可以由邻接矩阵的平方 $A_2=A_1^2$ 来求得. 实际上就是把第一个航班的到站点再作为起点,求下一个航班的终点. 即

$$A_2=A_1^2=A_1A_1=\begin{pmatrix}0&0&1&1\\1&0&0&0\\0&1&0&0\\1&0&1&0\end{pmatrix}\begin{pmatrix}0&0&1&1\\1&0&0&0\\0&1&0&0\\1&0&1&0\end{pmatrix}=\begin{pmatrix}1&1&1&0\\0&0&1&1\\1&0&0&0\\0&1&1&1\end{pmatrix};$$

经过一次转机能够到达的航路矩阵为

$$A=A_1+A_2=A_1+A_1^2=\begin{pmatrix}0&0&1&1\\1&0&0&0\\0&1&0&0\\1&0&1&0\end{pmatrix}+\begin{pmatrix}1&1&1&0\\0&0&1&1\\1&0&0&0\\0&1&1&1\end{pmatrix}=\begin{pmatrix}1&1&2&1\\1&0&1&1\\1&1&0&0\\1&1&2&1\end{pmatrix}.$$

在航路矩阵 A 中出现两个数值为 2 的元，意味着有两条不同的航路可以从城市 1 到达城市 3，以及从城市 4 到达城市 3.

同理，经过两次转机（三个航班）的可达矩阵及航路矩阵是

$$A_3=A_1^3=\begin{pmatrix}0&0&1&1\\1&0&0&0\\0&1&0&0\\1&0&1&0\end{pmatrix}\begin{pmatrix}0&0&1&1\\1&0&0&0\\0&1&0&0\\1&0&1&0\end{pmatrix}\begin{pmatrix}0&0&1&1\\1&0&0&0\\0&1&0&0\\1&0&1&0\end{pmatrix}$$

$$=\begin{pmatrix}1&1&1&0\\0&0&1&1\\1&0&0&0\\0&1&1&1\end{pmatrix}\begin{pmatrix}0&0&1&1\\1&0&0&0\\0&1&0&0\\1&0&1&0\end{pmatrix}=\begin{pmatrix}1&1&1&1\\1&1&1&0\\0&0&1&1\\2&1&1&0\end{pmatrix},$$

$$A=A_1+A_2+A_3=A_1+A_1^2+A_1^3=\begin{pmatrix}2&2&3&2\\2&1&2&1\\1&1&1&1\\3&2&3&1\end{pmatrix}.$$

以此类推，可以求多次转机时的航路矩阵.

用 Matlab 计算程序如下：

```
A1=[0,0,1,1;1,0,0,0;0,1,0,0;1,0,1,0]
A2=A1*A1
A3=A1*A1*A1
A=A1+A2+A3
```

2. 矩阵在通信网络中的应用

在通信网络中利用矩阵运算可带来很大便利.

设有四人（分别用 1,2,3,4 表示）各携一台话机组成通信网络，设矩阵 $A=(a_{ij})_{4\times4}$ 按下列规则定义：

（1）如果 i 能将信息送到 j $(i\neq j)$，定义 $a_{ij}=1$；

（2）如果 i 不能将信息送到 j 或 $i=j$，定义 $a_{ij}=0$ $(i,j=1,2,3,4)$.

已知 $A=\begin{pmatrix}0&1&1&0\\1&0&1&0\\0&1&0&0\\1&0&1&0\end{pmatrix}$，由 A 的定义可知，第一行元 $a_{12}=1,a_{13}=1,a_{14}=0$ 分别表示第

一个人能将信息传到第二个人、第三个人，而不能传到第四个人，其余类推. 由 A 易算得

$$A^2=\begin{pmatrix}0&1&1&0\\1&0&1&0\\0&1&0&0\\1&0&1&0\end{pmatrix}\begin{pmatrix}0&1&1&0\\1&0&1&0\\0&1&0&0\\1&0&1&0\end{pmatrix}=\begin{pmatrix}1&1&1&0\\0&2&1&0\\1&0&1&0\\0&2&1&0\end{pmatrix}. \tag{2.7.1}$$

记 $A^2=(a_{ij}^{(2)})_{4\times4}$，依据矩阵乘法的定义，有 $a_{ij}^{(2)}=a_{i1}a_{1j}+a_{i2}a_{2j}+a_{i3}a_{3j}+a_{i4}a_{4j}$. 由于 $a_{ik}a_{kj}=1$，当且仅当 $a_{ik}=a_{kj}=1$，即 i 可传递信息到 k，k 能传递信息到 j；否则 $a_{ik}a_{kj}=0$. 因此 $a_{ij}^{(2)}$ 表示 i 经一个人中转信息的通路数目. 此时，$a_{22}^{(2)}=2$ 表示第二个人经一人中转回到自己的通路有两条，$a_{21}^{(2)}=0$ 表示第二个人经一人中转把信息传到第一个人的通路不存在.

又设

$$G_2=A+A^2=\begin{pmatrix}1&2&2&0\\1&2&2&0\\1&1&1&0\\1&2&2&0\end{pmatrix}=(g_{ij}^{(2)})_{4\times4}, \tag{2.7.2}$$

$g_{ij}^{(2)}$ 表示 i 能直接或经一个人中转传送信息到 j 的通路总数，更一般地，矩阵多项式

$$G_k=A+A^2+\cdots+A_k=(g_{ij}^{(k)})_{4\times4} \tag{2.7.3}$$

的元 $g_{ij}^{(k)}$ 表示 i 能直接或至多中转 $k-1$ 次传送信息到 j 的通路总数.

本例的矩阵运算主要是矩阵加法和乘法，(2.7.1)，(2.7.2)，(2.7.3)式用 Matlab 计算程序如下：

```
A=[0 1 1 0;1 0 1 0;0 1 0 0;1 0 1 0];
    A2=A*A
    G2=A+A^2
    sum=zeros(size(A));
    k=input('k=')
 for i=1:k
        sum=sum+A^I;
        end
        sum
```

3. 模糊矩阵及其应用

我们通常将所讨论的对象限制在一定范围内，并称所讨论的对象的全体为论域，论域常用大写字母 U 表示. 一般(经典)集合的特征函数是论域 U 到集合 $\{0,1\}$ 的一个映射，它主要研究确定性问题. 然而，对于一些不确定性问题，比如“年轻人”、“老年人”、“高个子”、“矮个子”等，经典集合就无法处理这些问题. 1965 年，美国著名的控制论专家 Zadeh 教授把上面的映射扩展到闭区间 $[0,1]$ 上的映射，这样对于一些不确定的模糊性问题，通过由论域 U 到 $[0,1]$ 的映射所确定的隶属函数就能有效地解决.

设 U 是论域，则映射

$$\mu_{\underset{\sim}{A}}:U\to[0,1],\quad (u\to\mu_{\underset{\sim}{A}}(u),\ \forall u\in U)$$

确定了 U 上的一个模糊子集 $\underset{\sim}{A}$，并称映射 $\mu_{\underset{\sim}{A}}$ 为 $\underset{\sim}{A}$ 的隶属函数，函数值 $\mu_{\underset{\sim}{A}}(u)$ 为元素 u 对于

模糊子集$\underset{\sim}{A}$的隶属度.

显然,模糊子集完全由隶属函数刻画,当$\mu_{\underset{\sim}{A}}$取值在区间[0,1]的两个端点时,便退化为U上的一个经典集合.由此可见,模糊子集是经典集合的一般化,而经典集合是模糊集合的特殊情形.

如果A为U中的经典集合,$\mu_A(u)$是U的特征函数,则它也是A的隶属函数.若$\mu_A(u)=1$,则u完全属于A,即$u\in A$;若$\mu_A(u)=0$,则u完全不属于A,即$u\notin A$.在经典集合中,或者$u\in A$,或者$u\notin A$是完全确定的.但是,若$\underset{\sim}{A}$是模糊集合,$\mu_{\underset{\sim}{A}}(u)$只能表示$u$属于$\underset{\sim}{A}$的程度.如$\mu_{\underset{\sim}{A}}(u_1)=0.7$,$\mu_{\underset{\sim}{A}}(u_2)=0.5$,只能说$u_1$比$u_2$相对地更属于$\underset{\sim}{A}$. $\mu_{\underset{\sim}{A}}(u)$的值越接近1,$u$就越属于$\underset{\sim}{A}$;反之,$\mu_{\underset{\sim}{A}}(u)$的值越接近0,$u$就越不属于$\underset{\sim}{A}$.

目前,模糊数学理论的研究已经渗透到自然科学和社会科学的许多领域,其应用已遍及理工农医的各个方面,有兴趣的读者可参考模糊数学的相关文献,这里只简介模糊矩阵的一个应用问题.

设$X=\{x_1,x_2,\cdots,x_m\}$,$Y=\{y_1,y_2,\cdots,y_n\}$,R是由X到Y的模糊关系,记

$$\mu_R(x_i,x_j)=r_{ij}.$$

若记$R=(r_{ij})_{m\times n}$,$r_{ij}\in[0,1]$,则R就是一个模糊矩阵.

假设$X=\{x_1,x_2,\cdots,x_m\}$是m个工作人员的集合,$Y=\{y_1,y_2,\cdots,y_n\}$是n个工作的集合.若员工x_i能胜任工作y_j,表示x_i与y_j存在R关系;否则,x_i与y_j没有R关系.这是一个"普通"的关系.其实,某个员工对某项工作的胜任与否是有程度上的差别的.若用$r_{ij}\in[0,1]$表示第i个员工能胜任第j项工作的程度(通过隶属函数来刻画),就可获得X到Y的模糊关系R,且$\mu_R(x_i,y_j)=r_{ij}$,模糊矩阵$R=(r_{ij})_{m\times n}$.

如

$$R=\begin{pmatrix}0.3&0.8&0.4&0.7&0.4\\0.9&0.3&0.1&0.5&0.7\\0.7&0.4&0&0.6&0.7\\0&0.7&0.2&0.2&0.6\end{pmatrix}=\begin{pmatrix}r_{11}&r_{12}&r_{13}&r_{14}&r_{15}\\r_{21}&r_{22}&r_{23}&r_{24}&r_{25}\\r_{31}&r_{32}&r_{33}&r_{34}&r_{35}\\r_{41}&r_{42}&r_{43}&r_{44}&r_{45}\end{pmatrix}$$

就是一个模糊矩阵,它表示第$i(i=1,2,3,4)$个员工能胜任第$j(j=1,2,3,4,5)$项工作的程度.如$r_{32}=0.4$表示第3个员工能胜任第2项工作的程度为0.4,$r_{33}=0$表示第3个员工能胜任第3项工作的程度为0,即不能胜任.

模糊矩阵也有相应的运算,比如模糊矩阵的合成运算类似于一般矩阵的乘法,只是将"."和"+"分别换成了"∧"(取小运算)和"∨"(取大运算).

比如设一家庭子女的长相与父母相似的关系为模糊关系R,即

R	父	母
子	0.8	0.1
女	0.2	0.6

写成模糊矩阵$R=\begin{pmatrix}0.8&0.1\\0.2&0.6\end{pmatrix}$,而父亲与其父母及母亲与其父母的长相相似关系是模

糊关系 S,即

S	父′	母′	父″	母″
父	0.7	0.2	0.0	0.0
母	0.0	0.0	0.4	0.8

写成矩阵 $S=\begin{pmatrix}0.7 & 0.2 & 0.0 & 0.0\\ 0.0 & 0.0 & 0.4 & 0.8\end{pmatrix}$,而子女与爷爷、奶奶及姥爷、姥姥的长相相似关系便是模糊关系 R 与 S 的合成(即是矩阵 R 与 S 的乘积):

$$R\cdot S=\begin{pmatrix}0.8 & 0.1\\ 0.2 & 0.6\end{pmatrix}\begin{pmatrix}0.7 & 0.2 & 0 & 0\\ 0 & 0 & 0.4 & 0.8\end{pmatrix}$$

$$=\begin{pmatrix}(0.8\wedge0.7)\vee(0.1\wedge0) & (0.8\wedge0.2)\vee(0.1\wedge0) & (0.8\wedge0)\vee(0.1\wedge0.4) & (0.8\wedge0)\vee(0.1\wedge0.8)\\ (0.2\wedge0.7)\vee(0.6\wedge0) & (0.2\wedge0.2)\vee(0.6\wedge0) & (0.2\wedge0)\vee(0.6\wedge0.4) & (0.2\wedge0)\vee(0.6\wedge0.8)\end{pmatrix}$$

$$=\begin{pmatrix}0.7\vee0 & 0.2\vee0 & 0\vee0.1 & 0\vee0.1\\ 0.2\vee0 & 0.2\vee0 & 0\vee0.4 & 0\vee0.6\end{pmatrix}$$

$$=\begin{pmatrix}0.7 & 0.2 & 0.1 & 0.1\\ 0.2 & 0.2 & 0.4 & 0.6\end{pmatrix},$$

此关系为

$R\cdot S$	父′	母′	父″	母″
子	0.7	0.2	0.1	0.1
女	0.2	0.2	0.4	0.6

由此可见,儿子的长相像其父亲的父亲(相似程度为 0.7),而女儿的长相像其母亲的母亲(相似程度为 0.6).

用 Matlab 计算程序如下:

```
r=[0.8 0.1;0.2 0.6];
s=[0.7 0.2 0 0;0 0 0.4 0.8];
d=zeros(2,4)
c=zeros(1,2)
        for j=1:4
          sj=s(:,j);
          for i=1:2
            ri=r(i,:);
            for m=1:2
              a=sj(m)
              b=ri(m)
              if a>=b
                  c(m)=b;
              else if a<b
```

```
            c(m)=a;
         end
  end
       q=c(1)
       v=c(2)
         if q>=v
         d(i,j)=q;
       else if q<v
         d(i,j)=v
       end
    end
    end
```

第 3 章　几何向量与坐标

"向量与坐标"是学习解析几何的基础，十分重要. 本章介绍了向量代数的基本知识和标架与坐标的概念，系统地介绍了向量及其线性运算（向量的加法与数乘）与乘法运算（向量的数量积、向量积、混合积与双重向量积），并证明了这些运算的规律. 这样就把空间的几何结构向量化、代数化了，从而也就把代数的方法引入几何中来. 我们又通过标架与坐标的介绍引入了仿射坐标系与直角坐标系，建立了空间向量的坐标（分量）与空间点的坐标，给出了向量的各种运算的坐标表示，从而使向量的运算转化为数的运算，这样就把几何问题的讨论推进到可以计算的数量层面. 今后我们还会看到，空间的曲面与曲线都可以用方程来表示，并通过方程来研究这些图形的性质. 这些都是解析几何的根本思想方法.

§3.1　向量及其线性运算

3.1.1　向量的概念及其表示

向量不同于数量，它是既有大小又有方向的另一类量。我们把向量定义为"既有大小又有方向的量"，这个定义虽然直观易懂，对初学者来说，非常容易接受，但是定义中的"大小"与"方向"等概念比较模糊，需要解释，在数学中不便于应用。为此我们提出了用有向线段来表示向量，并明确指出有向线段的方向与长度分别表示向量的方向与大小。今后谈到向量，都理解为有向线段，应用起来就方便了，这样就弥补了定义的不足.

用有向线段来表示向量，实际上是向量的另一种定义，因此我们也可以直接把向量定义为有向线段，例如，向量的定义可写为："有向线段叫做向量. 有向线段的方向与长度分别叫做向量的方向与大小."

向量由它的起点和终点完全决定，所以我们还可以把向量看成一对"有序点偶"，也就是说，向量还可以定义为"有序点偶"，在这样的定义下，有时比把向量看成有向线段还要便于应用. 不过，我们以下讨论的向量，只把它理解为有向线段.

向量的模可以比较大小，而其方向却无大小之分，所以"大于"或"小于"的概念，对向量来说是无意义的. 向量是由大小与方向两个要素构成，因此两向量相等必须是模相等且方向相同. 这就是说，如果向量 $\boldsymbol{a}=\boldsymbol{b}$，就意味着 $|\boldsymbol{a}|=|\boldsymbol{b}|$，且 $\boldsymbol{a}$ 与 $\boldsymbol{b}$ 的方向相同. 向量的大小相等，在这里与其始点无关，这种向量叫做自由向量，在本教材中讨论的都是自由向量.

有一些向量，由于它的模或方向具有某些特定的条件，因而就得到一些特殊的向量. 对于这些向量的概念也必须掌握，例如

定义 3.1.1　模等于 1 的向量叫做单位向量. 特别地，与向量 $\boldsymbol{a}$ 同方向的单位向量叫做向量 $\boldsymbol{a}$ 的单位向量，并约定记作 $\boldsymbol{a}^0$.

定义 3.1.2 模等于 0 的向量叫做零向量，记作 $\mathbf{0}$，零向量的方向不定，根据需要，可以随意确定.

定义 3.1.3 模相等而方向相反的两向量叫做互为反向量，向量 $\boldsymbol{a}$ 的反向量记作 $-\boldsymbol{a}$.

再如共线向量与共面向量的概念，也必须弄清楚.

3.1.2 向量的线性运算

1. 向量的加(减)法

向量我们理解为有向线段，它的加法是用几何作图来定义的，因此遇到两向量和的问题时，往往通过作图来处理. 例如，在证明加法的交换律与结合律时，就是如此. 今后在处理一些问题时，凡出现两向量和的情况，往往通过作图就能找到解决问题的途径. 例如，证明下面的不等式

$$||\boldsymbol{a}|-|\boldsymbol{b}||\leqslant|\boldsymbol{a}+\boldsymbol{b}|\leqslant|\boldsymbol{a}|+|\boldsymbol{b}|, \tag{3.1.1}$$

其中，向量 $\boldsymbol{a}$ 与 $\boldsymbol{b}$ 为任意两向量.

我们用作图法证明如下：

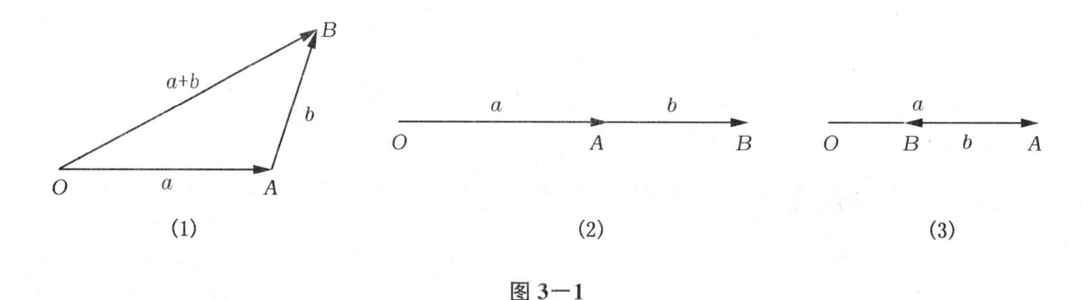

图 3—1

当 $\boldsymbol{a}\not\parallel\boldsymbol{b}$ 时，作 $\overrightarrow{OA}=\boldsymbol{a}$，$\overrightarrow{AB}=\boldsymbol{b}$，那么由两向量加法的定义知，$\overrightarrow{OB}=\boldsymbol{a}+\boldsymbol{b}$[见图 3—1(1)]，因为三角形两边之和大于第三边，两边之差小于第三边，所以有

$$||\boldsymbol{a}|-|\boldsymbol{b}||\leqslant|\boldsymbol{a}+\boldsymbol{b}|\leqslant|\boldsymbol{a}|+|\boldsymbol{b}|. \tag{3.1.2}$$

当 $\boldsymbol{a}/\!/\boldsymbol{b}$ 且 $\boldsymbol{a}$ 与 $\boldsymbol{b}$ 同向时，通过作图(见图 3—1(2))易知

$$||\boldsymbol{a}|-|\boldsymbol{b}||\leqslant|\boldsymbol{a}+\boldsymbol{b}|\leqslant|\boldsymbol{a}|+|\boldsymbol{b}|. \tag{3.1.3}$$

当 $\boldsymbol{a}/\!/\boldsymbol{b}$ 且 $\boldsymbol{a}$ 与 $\boldsymbol{b}$ 反向时，通过作图(见图 3—1(3))又有

$$||\boldsymbol{a}|-|\boldsymbol{b}||\leqslant|\boldsymbol{a}+\boldsymbol{b}|\leqslant|\boldsymbol{a}|+|\boldsymbol{b}|. \tag{3.1.4}$$

图中是 $|\boldsymbol{a}|>|\boldsymbol{b}|$ 的情况。至于 $|\boldsymbol{b}|>|\boldsymbol{a}|$，情况类似，综合以上 3 式，于是(3.1.1)式成立.

向量的减法，在这里被看作向量加法的逆运算. 利用反向量可以把向量的减法运算转化为加法运算，如 $\boldsymbol{a}-\boldsymbol{b}=\boldsymbol{a}+(-\boldsymbol{b})$，$\boldsymbol{a}-(-\boldsymbol{b})=\boldsymbol{a}+\boldsymbol{b}$，因此向量的减法也就被包含在向量的加法中了.

对于向量的加法与减法，图 3—2 是十分重要的，从图中容易看出 $\overrightarrow{OA}+\overrightarrow{OB}=\overrightarrow{OC}$，$\overrightarrow{OA}-\overrightarrow{OB}=\overrightarrow{BA}$，也就是说，平行四边形 $OACB$ 的两对角线向量 $\overrightarrow{OC}$ 与 $\overrightarrow{BA}$ 分别是两向量 $\overrightarrow{OA}$ 与 $\overrightarrow{OB}$ 的和与差.

两向量 $\overrightarrow{OA}$ 与 $\overrightarrow{OB}$ 的和 $\overrightarrow{OA}+\overrightarrow{OB}=\overrightarrow{OC}$ 与差 $\overrightarrow{OA}-\overrightarrow{OB}=\overrightarrow{BA}$ 有两种特殊情况：

(1) 当 $\overrightarrow{OA}\perp\overrightarrow{OB}$ 时，平行四边形 $OACB$ 变成矩形，从而有 $|\overrightarrow{OC}|=|\overrightarrow{BA}|$.

(2) 当 $|\overrightarrow{OA}|=|\overrightarrow{OB}|$ 时，平行四边形 $OACB$ 变成菱形，从而 $\overrightarrow{OC}$ 的方向与 $\angle AOB$ 的平分

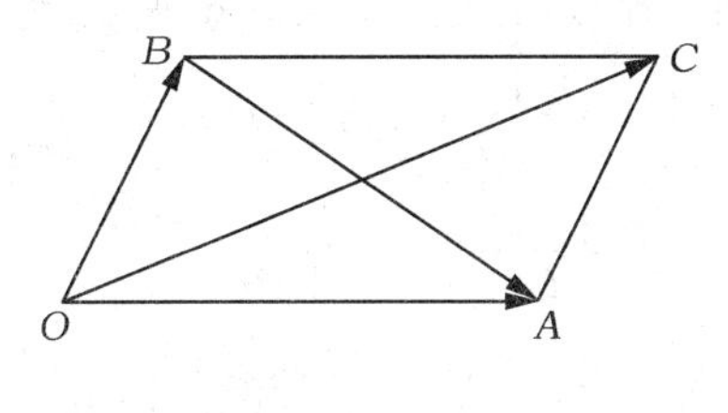

图 3—2

线一致，而$\overrightarrow{BA}$与$\angle AOB$ 的邻补角的平分线共线.

2. 向量的数乘与向量的线性运算

实数与向量的乘法简称为数乘. 它与向量的加法统称为向量的线性运算，利用向量的线性运算可以解决除长度、角度、面积等度量问题外的一些几何问题，例如，有关三点共线与四点共面的问题，直线的共点问题以及线段的定比分点等仿射性质的几何问题. 下面举例说明它的应用.

例 3.1.1　用向量法证明三角形三中线共点.

证明　设 M、N、P 分别为三角形 ABC 的三边 BC、CA、AB 上的中点，O 为$\triangle ABC$ 所在平面外的一点（见图 3—3）.

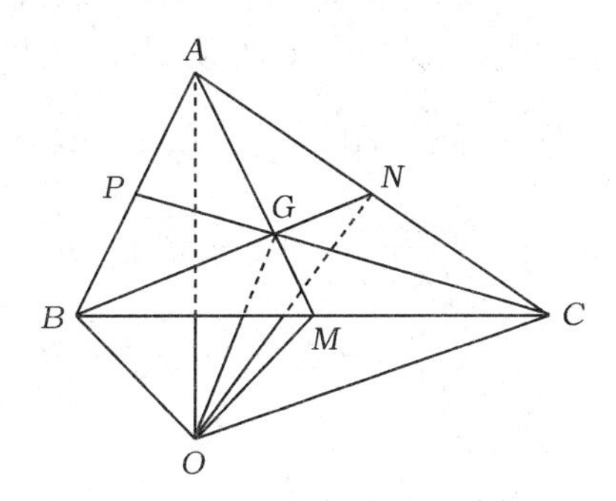

图 3—3

设两中线 AM 与 BN 交于点 G，且$\overrightarrow{AG}=\lambda\overrightarrow{GM}$，那么有

$$\overrightarrow{OG}=\frac{\overrightarrow{OA}+\lambda\overrightarrow{OM}}{1+\lambda}=\frac{\overrightarrow{OA}+\frac{\lambda}{2}(\overrightarrow{OB}+\overrightarrow{OC})}{1+\lambda},$$

即

$$\overrightarrow{OG}=\frac{1}{1+\lambda}\overrightarrow{OA}+\frac{\lambda}{2(1+\lambda)}\overrightarrow{OB}+\frac{\lambda}{2(1+\lambda)}\overrightarrow{OC},\tag{3.1.5}$$

再设$\overrightarrow{BG}=\mu\overrightarrow{GN}$，那么又有

$$\overrightarrow{OG}=\frac{\overrightarrow{OB}+\mu\overrightarrow{ON}}{1+\mu}=\frac{\overrightarrow{OB}+\frac{\mu}{2}(\overrightarrow{OA}+\overrightarrow{OC})}{1+\mu},$$

即

$$\overrightarrow{OG}=\frac{1}{1+\mu}\overrightarrow{OB}+\frac{\mu}{2(1+\mu)}\overrightarrow{OA}+\frac{\mu}{2(1+\mu)}\overrightarrow{OC}.\tag{3.1.6}$$

因为$\overrightarrow{OA},\overrightarrow{OB},\overrightarrow{OC}$三向量不共面，比较(3.1.5)、(3.1.6)两式得

$$\begin{cases}\dfrac{1}{1+\lambda}=\dfrac{\mu}{2(1+\mu)},\\ \dfrac{\lambda}{2(1+\lambda)}=\dfrac{1}{1+\mu},\\ \dfrac{\lambda}{2(1+\lambda)}=\dfrac{\mu}{2(1+\mu)},\end{cases}$$

由上解得$\lambda=\mu=2$，从而得$\overrightarrow{OG}=\frac{1}{3}(\overrightarrow{OA}+\overrightarrow{OB}+\overrightarrow{OC})$，且$\overrightarrow{AG}=2\overrightarrow{GM},\overrightarrow{BG}=2\overrightarrow{GN}$，所以交点$G$分别分两中线$AM,BN$自顶点起成$2:1$.

同理可证第三条中线CP与AM的交点G'，也有$\overrightarrow{OG'}=\frac{1}{3}(\overrightarrow{OA}+\overrightarrow{OB}+\overrightarrow{OC})$，且$\overrightarrow{CG'}=\overrightarrow{2G'P},\overrightarrow{AG'}=2\overrightarrow{G'M}$. 因此$G'$即为$G$，这就证明了三角形的三中线共点，并且还得到了这点分三中线自顶点起成$2:1$的结论.

三角形的三中线交点叫做三角形的重心.

这题的证明用到了三角形重心坐标的结论，事实上这是一个十分重要的定比分点的公式.

这题的证明也可以在平面上不用定比分点公式来完成，我们只要证第三条中线CP通过点G，也就是证$C、G、P$三点共线，或证$\overrightarrow{CG}/\!/\overrightarrow{CP}$. 从图3-3我们知道，

$$\begin{aligned}\overrightarrow{CG}&=\overrightarrow{AG}-\overrightarrow{AC}=\frac{\lambda}{1+\lambda}\overrightarrow{AM}-\overrightarrow{AC}\\&=\frac{\lambda}{2(\lambda+1)}(\overrightarrow{AB}+\overrightarrow{AC})-\overrightarrow{AC}\\&=\frac{\lambda}{2(\lambda+1)}\overrightarrow{AB}-\frac{\lambda+2}{2(\lambda+1)}\overrightarrow{AC},\end{aligned}$$

又

$$\begin{aligned}\overrightarrow{CG}&=\overrightarrow{CB}+\overrightarrow{BG}=(\overrightarrow{AB}-\overrightarrow{AC})+\frac{\mu}{1+\mu}\overrightarrow{BN}\\&=\overrightarrow{AB}-\overrightarrow{AC}+\frac{\mu}{1+\mu}(\overrightarrow{AN}-\overrightarrow{AB})\\&=\overrightarrow{AB}-\overrightarrow{AC}+\frac{\mu}{1+\mu}\left(\frac{1}{2}\overrightarrow{AC}-\overrightarrow{AB}\right)\\&=\left(1-\frac{\mu}{1+\mu}\right)\overrightarrow{AB}+\left(\frac{\mu}{2(\mu+1)}-1\right)\overrightarrow{AC},\end{aligned}$$

因为$\overrightarrow{AB}\not\parallel\overrightarrow{AC}$，所以比较上面两式得

$$\begin{cases}\dfrac{\lambda}{2(\lambda+1)}=1-\dfrac{\mu}{\mu+1},\\ -\dfrac{\lambda+2}{2(\lambda+1)}=\dfrac{\mu}{2(\mu+1)}-1,\end{cases}$$

于是解得$\lambda=\mu=2$.

所以$\overrightarrow{CG}=\frac{1}{3}\overrightarrow{AB}-\frac{2}{3}\overrightarrow{AC}$，而$\overrightarrow{CP}=\overrightarrow{AP}-\overrightarrow{AC}=\frac{1}{2}\overrightarrow{AB}-\overrightarrow{AC}$，从而有$\overrightarrow{CG}=\frac{2}{3}\overrightarrow{CP}$且$\overrightarrow{CG}/\!/\overrightarrow{CP}$，因此三点$C、G、P$共线，也就是第三条中线$CP$通过另两条中线$AM、BN$的交点

G,也就是三中线共点.

例 3.1.2　下列情形中向量的终点各构成什么图形?

(1)把空间中一切单位向量归结到共同的始点;

(2)把平行于某一平面的一切单位向量归结到共同的始点;

(3)把平行于某一直线的一切向量归结到共同的始点;

(4)把平行于某一直线的一切单位向量归结到共同的始点.

解　(1)单位球面;(2)单位圆;(3)一条直线;(4)两个点.

例 3.1.3　要使下列各式都成立,向量 $\boldsymbol{a},\boldsymbol{b}$ 应满足什么条件?

(1)$|\boldsymbol{a}+\boldsymbol{b}|=|\boldsymbol{a}-\boldsymbol{b}|$;　(2)$|\boldsymbol{a}+\boldsymbol{b}|=|\boldsymbol{a}|+|\boldsymbol{b}|$;　(3)$|\boldsymbol{a}+\boldsymbol{b}|=|\boldsymbol{a}|-|\boldsymbol{b}|$;

(4)$|\boldsymbol{a}-\boldsymbol{b}|=|\boldsymbol{a}|+|\boldsymbol{b}|$;　(5)$|\boldsymbol{a}-\boldsymbol{b}|=|\boldsymbol{a}|-|\boldsymbol{b}|$.

解　(1)$\boldsymbol{a}\perp\boldsymbol{b}$;(2)$\boldsymbol{a},\boldsymbol{b}$ 同向;(3)$\boldsymbol{a},\boldsymbol{b}$ 反向且 $|\boldsymbol{a}|\geqslant|\boldsymbol{b}|$;(4)$\boldsymbol{a},\boldsymbol{b}$ 反向;

(5)$\boldsymbol{a},\boldsymbol{b}$ 同向且 $|\boldsymbol{a}|\geqslant|\boldsymbol{b}|$.

例 3.1.4　试解下列各题:

(1)化简 $(x-y)(\boldsymbol{a}+\boldsymbol{b})-(x+y)(\boldsymbol{a}-\boldsymbol{b})$;

(2)已知 $\boldsymbol{a}=\boldsymbol{e}_1+2\boldsymbol{e}_2-\boldsymbol{e}_3$;$\boldsymbol{b}=3\boldsymbol{e}_1-2\boldsymbol{e}_2+2\boldsymbol{e}_3$,求 $\boldsymbol{a}+\boldsymbol{b}$, $\boldsymbol{a}-\boldsymbol{b}$ 和 $3\boldsymbol{a}-2\boldsymbol{b}$;

(3)从向量方程组 $\begin{cases}3\boldsymbol{x}+4\boldsymbol{y}=\boldsymbol{a}\\2\boldsymbol{x}-3\boldsymbol{y}=\boldsymbol{b}\end{cases}$,解出向量 $\boldsymbol{x},\boldsymbol{y}$.

解　(1)$(x-y)(\boldsymbol{a}+\boldsymbol{b})-(x+y)(\boldsymbol{a}-\boldsymbol{b})=[x-y-(x+y)]\boldsymbol{a}+[x-y+(x+y)]\boldsymbol{b}$

$=-2y\boldsymbol{a}+2x\boldsymbol{b}$;

(2)$\boldsymbol{a}+\boldsymbol{b}=\boldsymbol{e}_1+2\boldsymbol{e}_2-\boldsymbol{e}_3+(3\boldsymbol{e}_1-2\boldsymbol{e}_2+2\boldsymbol{e}_3)=4\boldsymbol{e}_1+\boldsymbol{e}_3$,

$\boldsymbol{a}-\boldsymbol{b}=(\boldsymbol{e}_1+2\boldsymbol{e}_2-\boldsymbol{e}_3)-(3\boldsymbol{e}_1-2\boldsymbol{e}_2+2\boldsymbol{e}_3)=-2\boldsymbol{e}_1+4\boldsymbol{e}_2-3\boldsymbol{e}_3$,

$3\boldsymbol{a}-2\boldsymbol{b}=3(\boldsymbol{e}_1+2\boldsymbol{e}_2-\boldsymbol{e}_3)-2(3\boldsymbol{e}_1-2\boldsymbol{e}_2+2\boldsymbol{e}_3)=-3\boldsymbol{e}_1+10\boldsymbol{e}_2-7\boldsymbol{e}_3$;

(3)$\begin{cases}3\boldsymbol{x}+4\boldsymbol{y}=\boldsymbol{a} & ①\\2\boldsymbol{x}-3\boldsymbol{y}=\boldsymbol{b} & ②\end{cases}$

①×2−②×3 得 $17\boldsymbol{y}=2\boldsymbol{a}-3\boldsymbol{b}$,$\boldsymbol{y}=\dfrac{2}{17}\boldsymbol{a}-\dfrac{3}{17}\boldsymbol{b}$;

①×3+②×4 得 $17\boldsymbol{x}=3\boldsymbol{a}+4\boldsymbol{b}$,$\boldsymbol{x}=\dfrac{3}{17}\boldsymbol{a}+\dfrac{4}{17}\boldsymbol{b}$.

为了更好地利用向量来解决空间三点共线和四点共面的问题,我们必须首先了解两向量共线与三向量共面的问题.

定理 3.1.1　如果向量 $\boldsymbol{a}\neq\boldsymbol{0}$,两向量 $\boldsymbol{a}$ 与 $\boldsymbol{b}$ 共线⇔其中一个向量可以用另一个向量线性表示,即 $\boldsymbol{b}=\lambda\boldsymbol{a}\ (\boldsymbol{a}\neq\boldsymbol{0})$.

证明　如果 $\boldsymbol{b}=\lambda\boldsymbol{a}$ 成立,那么由向量数乘的定义立刻知 $\boldsymbol{a}$ 与 $\boldsymbol{b}$ 共线.

反过来,如果非零向量 $\boldsymbol{a}$ 与 $\boldsymbol{b}$ 共线,那么一定存在实数 λ,使得 $\boldsymbol{b}=\lambda\boldsymbol{a}$. 显然如果 $\boldsymbol{b}=\boldsymbol{0}$,那么 $\boldsymbol{b}=0\cdot\boldsymbol{a}$,即 $\lambda=0$.

定理 3.1.1 的另一个充要条件是向量 $\boldsymbol{a}$ 与 $\boldsymbol{b}$ 线性相关,即 $\lambda\boldsymbol{a}+\mu\boldsymbol{b}=\boldsymbol{0}$($\lambda,\mu$ 不全为 0).

定理 3.1.2　三向量 $\boldsymbol{a},\boldsymbol{b}$ 与 $\boldsymbol{c}$ 共面⇔其中一个向量可以用另两个向量线性表示,即

$$\boldsymbol{c}=\lambda\boldsymbol{a}+\mu\boldsymbol{b}\ (\boldsymbol{a}\nparallel\boldsymbol{b}).$$

证明　首先 $\boldsymbol{a}\nparallel\boldsymbol{b}$,所以 $\boldsymbol{a}\neq\boldsymbol{0},\boldsymbol{b}\neq\boldsymbol{0}$.

设 $\boldsymbol{a}$、$\boldsymbol{b}$ 与 $\boldsymbol{c}$ 共面，如果 $\boldsymbol{a}$、$\boldsymbol{b}$(或 $\boldsymbol{c}$)共线，那么有 $\boldsymbol{c}=\lambda\boldsymbol{a}+\mu\boldsymbol{b}$，其中 $\lambda=0$(或 $\mu=\boldsymbol{0}$)；

如果 $\boldsymbol{a}$、$\boldsymbol{b}$、$\boldsymbol{c}$ 都不共线，把它们归结到共同的始点组成一个平行四边形，根据向量加法的平行四边形法则得 $\boldsymbol{c}=\lambda\boldsymbol{a}+\mu\boldsymbol{b}$.

反过来，设 $\boldsymbol{c}=\lambda\boldsymbol{a}+\mu\boldsymbol{b}$，如果 λ、μ 有一个为零，例如 $\lambda=0$，那么 $\boldsymbol{c}=\mu\boldsymbol{b}$ 与 $\boldsymbol{b}$ 共线，因此它与 $\boldsymbol{a}$、$\boldsymbol{b}$ 共面. 如果 $\lambda\mu\neq0$，那么 $\lambda a/\!/a$，$\mu b/\!/b$，从两向量相加的平行四边形法则可知，$\boldsymbol{c}$ 与 $\lambda\boldsymbol{a}$、$\mu\boldsymbol{b}$ 共面，因此 $\boldsymbol{a}$、$\boldsymbol{b}$ 与 $\boldsymbol{c}$ 共面.

定理 3.1.2 的另一个充要条件是三向量 $\boldsymbol{a}$、$\boldsymbol{b}$ 与 $\boldsymbol{c}$ 线性相关，即 $\lambda\boldsymbol{a}+\mu\boldsymbol{b}+\nu\boldsymbol{c}=\boldsymbol{0}$($\lambda$、$\mu$、$\nu$ 不全为 0).

这样空间三点 A、B、C 共线的问题可以归结为两向量 $\overrightarrow{AB}$ 与 $\overrightarrow{AC}$ 共线的问题，而四点 A、B、C、D 共面的问题可归结为三向量 $\overrightarrow{AB}$、$\overrightarrow{AC}$、$\overrightarrow{AD}$ 的共面问题. 由此我们可以很容易地解决下面一组问题.

(1)设 A、B 为不同的两点，那么点 M 在直线 AB 上的充要条件是：存在实数 λ、μ，使得

$$\overrightarrow{OM}=\lambda\overrightarrow{OA}+\mu\overrightarrow{OB}，且\ \lambda+\mu=1，$$

其中，点 O 是任意取定的一点.

(2)三点 A、B、C 共线的充要条件是：存在不全为零的实数 λ、μ、ν，使得

$$\lambda\overrightarrow{OA}+\mu\overrightarrow{OB}+\nu\overrightarrow{OC}=\boldsymbol{0}，且\ \lambda+\mu+\nu=0，$$

其中，点 O 是任意取定的一点.

(3)设 A、B、C 为不在一直线上的三点，那么点 M 在三点 A、B、C 决定的平面上的充要条件是：存在实数 λ、μ、ν，使得

$$\overrightarrow{OM}=\lambda\overrightarrow{OA}+\mu\overrightarrow{OB}+\nu\overrightarrow{OC}，且\ \lambda+\mu+\nu=1，$$

其中，点 O 是任意取定的一点.

(4)四点 A、B、C、D 共面的充要条件是：存在不全为零的实数 λ、μ、ν、ω，使得

$$\lambda\overrightarrow{OA}+\mu\overrightarrow{OB}+\nu\overrightarrow{OC}+\omega\overrightarrow{OD}=\boldsymbol{0}，且\ \lambda+\mu+\nu+\omega=0，$$

其中，点 O 是任意取定的一点.

如果把条件加强，那么由上面的(1)、(3)，可分别改为

(5)设 A、B 为不同的两点，那么点 M 在线段 AB 上(即线段 AB 的内点或端点)的充要条件是：存在非负实数 λ、μ，使得

$$\overrightarrow{OM}=\lambda\overrightarrow{OA}+\mu\overrightarrow{OB}，且\ \lambda+\mu=1，$$

其中，点 O 是任意取定的一点.

(6)点 M 在 $\triangle ABC$ 内(包括三条边)的充要条件是：存在非负实数 λ、μ、ν，使得

$$\overrightarrow{OM}=\lambda\overrightarrow{OA}+\mu\overrightarrow{OB}+\nu\overrightarrow{OC}，且\ \lambda+\mu+\nu=1，$$

其中，点 O 是任意取定的一点.

我们就(5)、(6)给出证明.

(5)的证明：如图 3-4 所示，

显然有 $0\leqslant|\overrightarrow{AM}|\leqslant|\overrightarrow{AB}|$，所以 M 在线段 AB 上的充要条件是

$$\overrightarrow{AM}=k\overrightarrow{AB}，$$

其中，$0\leqslant k\leqslant1$，由上式得 $\overrightarrow{OM}-\overrightarrow{OA}=k(\overrightarrow{OB}-\overrightarrow{OA})$，即 $\overrightarrow{OM}=(1-k)\overrightarrow{OA}+k\overrightarrow{OB}$.

设 $\lambda=1-k$，$\mu=k$，那么 $\overrightarrow{OM}=\lambda\overrightarrow{OA}+\mu\overrightarrow{OB}$，且 $\lambda=1-k\geqslant0$，$\mu=k\geqslant0$，$\lambda+\mu=(1-k)+k=1$.

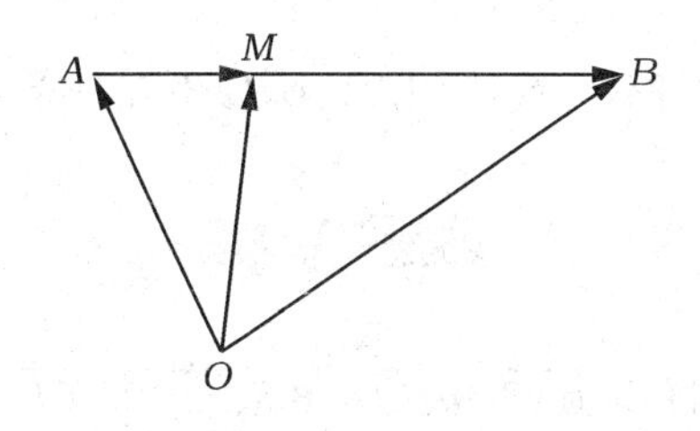

图 3—4

(6)的证明:设 AM 交$\triangle ABC$的边 BC 于点 P(见图 3—5),那么有 $0\leqslant|\overrightarrow{AM}|\leqslant|\overrightarrow{AP}|$,所以点 M 在$\triangle ABC$内的充要条件为

$$\overrightarrow{AM}=k\overrightarrow{AP},$$

其中,$0\leqslant k\leqslant 1$,并且点 P 为线段 BC 上的点,因此有$\overrightarrow{OM}-\overrightarrow{OA}=k(\overrightarrow{OP}-\overrightarrow{OA})$.

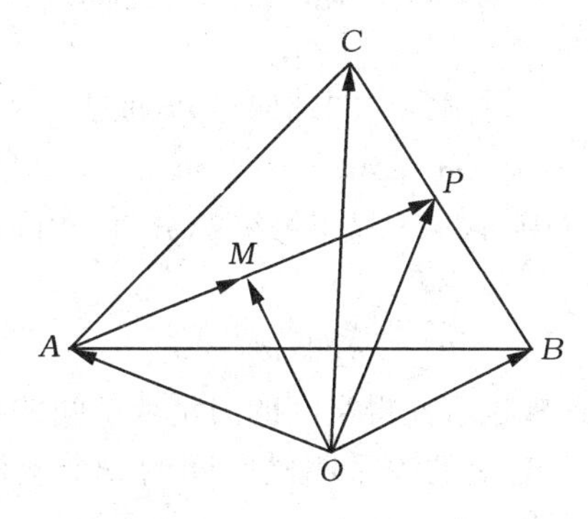

图 3—5

根据上题又有$\overrightarrow{OP}=l\overrightarrow{OB}+m\overrightarrow{OC}$,其中,$l$、$m$ 为非负实数,且 $l+m=1$,所以有

$$\overrightarrow{OM}=(1-k)\overrightarrow{OA}+k(l\overrightarrow{OB}+m\overrightarrow{OC}),$$

即$\overrightarrow{OM}=(1-k)\overrightarrow{OA}+kl\overrightarrow{OB}+km\overrightarrow{OC}$.

设 $\lambda=1-k$,$\mu=kl$,$\nu=km$,那么$\overrightarrow{OM}=\lambda\overrightarrow{OA}+\mu\overrightarrow{OB}+\nu\overrightarrow{OC}$.

又由于 $0\leqslant k\leqslant 1$,$l+m=1$,所以又有 $\lambda=1-k\geqslant 0$,$\mu=kl\geqslant 0$,$\nu=km\geqslant 0$,$\lambda+\mu+\nu=1-k+k(l+m)=1$.

例 3.1.5 设$\overrightarrow{AB}=\boldsymbol{a}+5\boldsymbol{b}$,$\overrightarrow{BC}=-2\boldsymbol{a}+8\boldsymbol{b}$,$\overrightarrow{CD}=3(\boldsymbol{a}-\boldsymbol{b})$,证明 A、B、D 三点共线.

证明 因为

$$\overrightarrow{BD}=\overrightarrow{BC}+\overrightarrow{CD}=-2\boldsymbol{a}+8\boldsymbol{b}+3(\boldsymbol{a}-\boldsymbol{b})=\boldsymbol{a}+5\boldsymbol{b},$$

所以

$$\overrightarrow{AB}=\overrightarrow{BD},$$

而$\overrightarrow{AB}$与$\overrightarrow{BD}$有一个公共点,从而 A、B、D 三点共线.

例 3.1.6 在四边形 $ABCD$ 中,$\overrightarrow{AB}=\boldsymbol{a}+2\boldsymbol{b}$,$\overrightarrow{BC}=-4\boldsymbol{a}-\boldsymbol{b}$,$\overrightarrow{CD}=-5\boldsymbol{a}-3\boldsymbol{b}$,证明$ABCD$为梯形.

证明 因为$\overrightarrow{AD}=\overrightarrow{AB}+\overrightarrow{BC}+\overrightarrow{CD}=(\boldsymbol{a}+2\boldsymbol{b})+(-4\boldsymbol{a}-\boldsymbol{b})+(-5\boldsymbol{a}-3\boldsymbol{b})$

$$=-8\boldsymbol{a}-2\boldsymbol{b}=2\overrightarrow{BC},$$

所以$\overrightarrow{AD} /\!/ \overrightarrow{BC}$.

因为$\overrightarrow{AB}$的方向与$\overrightarrow{BC}$的方向不一致,所以A、B、C不在一条直线上,从而$ABCD$为梯形.

习题 3.1

1. 已知平行四边形$ABCD$的对角线为$\overrightarrow{AC}=\boldsymbol{\alpha}$,$\overrightarrow{BD}=\boldsymbol{\beta}$,求$\overrightarrow{AB}$,$\overrightarrow{BC}$,$\overrightarrow{CD}$,$\overrightarrow{DA}$.

2. 把$\triangle ABC$的BC边三等分,并把分点D_1,D_2分别与顶点A连接,试以$\overrightarrow{AB}=\boldsymbol{\alpha}$,$\overrightarrow{BC}=\boldsymbol{\beta}$表示向量$\overrightarrow{D_1A}$,$\overrightarrow{D_2A}$.

3. 判断下列等式何时成立.

(1)$\dfrac{\boldsymbol{\alpha}}{|\boldsymbol{\alpha}|}=\dfrac{\boldsymbol{\beta}}{|\boldsymbol{\beta}|}$;　　　　(2)$\boldsymbol{\alpha}+\boldsymbol{\beta}=\lambda(\boldsymbol{\alpha}-\boldsymbol{\beta})$.

§3.2　标架与坐标

当空间取定了标架$\{O;\boldsymbol{e}_1,\boldsymbol{e}_2,\boldsymbol{e}_3\}$后,空间的向量$\boldsymbol{m}$通过

$$\boldsymbol{m}=x\boldsymbol{e}_1+y\boldsymbol{e}_2+z\boldsymbol{e}_3$$

就得到了它的坐标$\{x,y,z\}$,其中,x、y、z都叫做坐标分量.空间的任意点P,通过它的位置向量(即向径)

$$\overrightarrow{OP}=x\boldsymbol{e}_1+y\boldsymbol{e}_2+z\boldsymbol{e}_3$$

也可得到它的坐标(x,y,z),这样也就使得空间的向量或空间的点与有序三数组(x,y,z)建立了一一对应的关系,这种一一对应的关系叫做空间的一个坐标系,这个坐标系是由标架$\{O;\boldsymbol{e}_1,\boldsymbol{e}_2,\boldsymbol{e}_3\}$决定,所以坐标系也记作$\{O;\boldsymbol{e}_1,\boldsymbol{e}_2,\boldsymbol{e}_3\}$.如果沿$\boldsymbol{e}_1$、$\boldsymbol{e}_2$、$\boldsymbol{e}_3$的方向依次作轴$Ox$、$Oy$、$Oz$,那么坐标系也可记作$O-xyz$,$Ox$、$Oy$、$Oz$都叫做坐标轴,分别简称为$x$轴、$y$轴、$z$轴,其中$O$叫做坐标原点,$\boldsymbol{e}_1$、$\boldsymbol{e}_2$、$\boldsymbol{e}_3$叫做坐标向量.

坐标系与标架是不同的两个概念.标架是一个参考系,坐标系是一种对应关系.也就是空间的向量或点与有序三数组的一一对应关系,这里的对应关系由标架所决定;反过来,坐标系又决定了标架,所以标架与坐标系虽然为两个不同的概念,但是它们有着紧密的联系,不可分割.在下一章我们将看到空间的另两种坐标系,即球坐标系与柱坐标系,这是另外两种空间的点与有序三数组的一种对应关系.

空间建立了坐标系后,空间的向量就有了坐标.向量也就可以用它的坐标(即有序三数组)来表示,这是向量的代数表示.前面提到的用有向线段来表示向量,是向量的几何表示.

向量有了坐标,向量的运算就可转化为数的运算,这给向量的应用带来了极大的方便.

例 3.2.1　用向量法证明四面体对边中点的连线交于一点且互相平分.

证明　设四面体为$ABCD$,取标架$\{A;\overrightarrow{AB},\overrightarrow{AC},\overrightarrow{AD}\}$建立仿射坐标系,那么四面体的四个顶点坐标依次为$A(0,0,0)$,$B(1,0,0)$,$C(0,1,0)$,$D(0,0,1)$(见图3-6).

根据定比分点公式,各棱中点的坐标依次为

$$E\left(\frac{1}{2},0,0\right),F\left(0,\frac{1}{2},\frac{1}{2}\right),G\left(\frac{1}{2},\frac{1}{2},0\right),H\left(0,0,\frac{1}{2}\right),M\left(\frac{1}{2},0,\frac{1}{2}\right),N\left(0,\frac{1}{2},0\right).$$

所以EF的中点坐标为$\left(\frac{1}{4},\frac{1}{4},\frac{1}{4}\right)$,$GH$的中点坐标也为$\left(\frac{1}{4},\frac{1}{4},\frac{1}{4}\right)$,$MN$的中点坐标

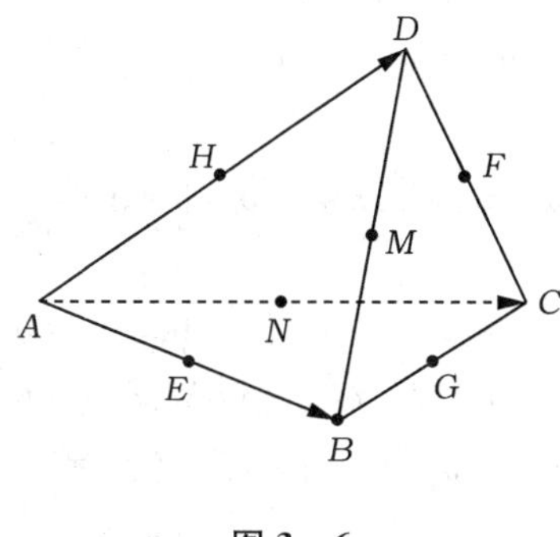

图 3－6

也为$\left(\frac{1}{4},\frac{1}{4},\frac{1}{4}\right)$，三个中点坐标相同，所以四面体对边中点的连线交于一点且互相平分.

习题 3.2

1. 给定仿射坐标系.

(1)已知点 $A(2,0,-1)$，向量$\overrightarrow{AB}=\{1,3,4\}$，求点 B 的坐标；

(2)求点$(7,-3,1)$关于点$(4,0,-1)$的对称点的坐标。

2. 给定直角坐标系. 设点 M 的坐标为(x,y,z)，求它分别对于 xOy 面，x 轴和原点的对称点的坐标.

3. 设平行四边形 $ABCD$ 的对角线相交于点 M，又$\overrightarrow{DP}=\frac{1}{5}\overrightarrow{DB}$，$\overrightarrow{CQ}=\frac{1}{6}\overrightarrow{CA}$. 在仿射坐标系$\{A;\overrightarrow{AB},\overrightarrow{AD}\}$下，求点 M,P,Q 的坐标及向量$\overrightarrow{PQ}$的坐标.

§3.3　向量的乘法运算

3.3.1　两个向量的乘积

两个向量相乘有数量积与向量积，也就是内积与外积，也称点积与叉积. 它们分别定义为：

(1)数量积：$\boldsymbol{a}\cdot\boldsymbol{b}=|\boldsymbol{a}|\cdot|\boldsymbol{b}|\cos\angle(\boldsymbol{a},\boldsymbol{b})$.

(2)向量积：$\boldsymbol{a}\times\boldsymbol{b}$ 是一个向量，它的模与方向分别为$|\boldsymbol{a}\times\boldsymbol{b}|=|\boldsymbol{a}|\cdot|\boldsymbol{b}|\sin\angle(\boldsymbol{a},\boldsymbol{b})$，$\boldsymbol{a}\times\boldsymbol{b}$ 的方向既与 $\boldsymbol{a}$ 垂直，又与 $\boldsymbol{b}$ 垂直，且$\{\boldsymbol{a},\boldsymbol{b},\boldsymbol{a}\times\boldsymbol{b}\}$成右旋.

除了教材上指出的这两种运算规律外，我们从定义还可以看出：

(3)$\boldsymbol{a}\cdot\boldsymbol{b}=0\not\Rightarrow\boldsymbol{a}=0$ 或 $\boldsymbol{b}=0$；

$\boldsymbol{a}\times\boldsymbol{b}=0\not\Rightarrow\boldsymbol{a}=0$ 或 $\boldsymbol{b}=0$.

这是因为当 $\boldsymbol{a}\cdot\boldsymbol{b}=0$ 即$|\boldsymbol{a}|\cdot|\boldsymbol{b}|\cos\angle(\boldsymbol{a},\boldsymbol{b})=0$ 时，可能是 $\cos\angle(\boldsymbol{a},\boldsymbol{b})=0$，而不是$|\boldsymbol{a}|=0$ 或$|\boldsymbol{b}|=0$，事实上

$$\boldsymbol{a}\cdot\boldsymbol{b}=0\Leftrightarrow\boldsymbol{a}\perp\boldsymbol{b}.$$

只要两向量垂直，它们的数量积就为零；同样 $\boldsymbol{a}\times\boldsymbol{b}=\boldsymbol{0}$ 时可能是 $\sin\angle(\boldsymbol{a},\boldsymbol{b})=0$，所以也不能推出 $\boldsymbol{a}=\boldsymbol{0}$ 或 $\boldsymbol{b}=\boldsymbol{0}$，而是

$$\boldsymbol{a}\times\boldsymbol{b}=\boldsymbol{0}\Leftrightarrow\boldsymbol{a}/\!/\boldsymbol{b}.$$

所以只要两向量共线,两向量的向量积就为零向量.

(4)消去律不成立.

当 $\boldsymbol{a}\neq\boldsymbol{0},\boldsymbol{b}\neq 0,\boldsymbol{c}\neq\boldsymbol{0}$ 时,$\boldsymbol{a}\cdot\boldsymbol{b}=\boldsymbol{a}\cdot\boldsymbol{c}\not\Rightarrow\boldsymbol{b}=\boldsymbol{c},\boldsymbol{a}\times\boldsymbol{b}=\boldsymbol{a}\times\boldsymbol{c}\not\Rightarrow\boldsymbol{b}=\boldsymbol{c}$.

这是因为

$$\boldsymbol{a}\cdot\boldsymbol{b}=\boldsymbol{a}\cdot\boldsymbol{c}\Leftrightarrow\boldsymbol{a}\cdot(\boldsymbol{b}-\boldsymbol{c})=\boldsymbol{0}\Leftrightarrow\boldsymbol{a}\perp(\boldsymbol{b}-\boldsymbol{c}),$$

$$\boldsymbol{a}\times\boldsymbol{b}=\boldsymbol{a}\times\boldsymbol{c}\Leftrightarrow\boldsymbol{a}\times(\boldsymbol{b}-\boldsymbol{c})=\boldsymbol{0}\Leftrightarrow\boldsymbol{a}/\!/(\boldsymbol{b}-\boldsymbol{c});$$

因此,由 $\boldsymbol{a}\cdot\boldsymbol{b}=\boldsymbol{a}\cdot\boldsymbol{c}$ 只能得出$\boldsymbol{a}\perp(\boldsymbol{b}-\boldsymbol{c})$,不一定有 $\boldsymbol{b}=\boldsymbol{c}$;由 $\boldsymbol{a}\times\boldsymbol{b}=\boldsymbol{a}\times\boldsymbol{c}$ 只能得出 $\boldsymbol{a}/\!/(\boldsymbol{b}-\boldsymbol{c})$,不一定有 $\boldsymbol{b}=\boldsymbol{c}$.

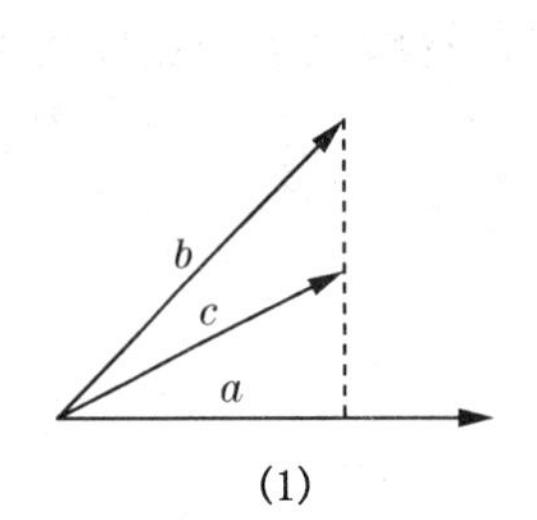

(1)

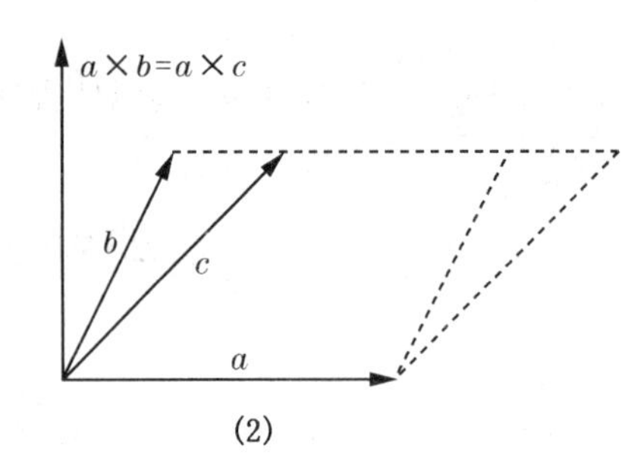

(2)

图 3—7

从图 3—7(1)和(2)也很容易明白. 由图 3—7(1)知

$$\boldsymbol{a}\cdot\boldsymbol{b}=|\boldsymbol{a}|\text{射影}_{a}\boldsymbol{b}=|\boldsymbol{a}|\text{射影}_{a}\boldsymbol{c}=\boldsymbol{a}\cdot\boldsymbol{c},$$

但 $\boldsymbol{b}\neq\boldsymbol{c}$.

由图 3—7(2),根据向量积的定义知 $\boldsymbol{a}\times\boldsymbol{b}=\boldsymbol{a}\times\boldsymbol{c}$,但 $\boldsymbol{b}\neq\boldsymbol{c}$.

两向量的数量积与向量积的运算性质和数的乘法比较如表 3—1 所示。

表 3—1

数的乘法	向量的数量积	向量的向量积
$ab=ba$	$\boldsymbol{a}\cdot\boldsymbol{b}=\boldsymbol{b}\cdot\boldsymbol{a}$	$\boldsymbol{a}\times\boldsymbol{b}=-(\boldsymbol{b}\times\boldsymbol{a})$
$\lambda(ab)=(\lambda a)b=a(\lambda b)$	$\lambda(\boldsymbol{a}\cdot\boldsymbol{b})=(\lambda\boldsymbol{a})\cdot\boldsymbol{b}=\boldsymbol{a}\cdot(\lambda\boldsymbol{b})$	$\lambda(\boldsymbol{a}\times\boldsymbol{b})=(\lambda\boldsymbol{a})\times\boldsymbol{b}=\boldsymbol{a}\times(\lambda\boldsymbol{b})$
$(a+b)c=ac+bc$	$(\boldsymbol{a}+\boldsymbol{b})\cdot\boldsymbol{c}=\boldsymbol{a}\cdot\boldsymbol{c}+\boldsymbol{b}\cdot\boldsymbol{c}\boldsymbol{a}$	$(\boldsymbol{a}+\boldsymbol{b})\times\boldsymbol{c}=\boldsymbol{a}\times\boldsymbol{c}+\boldsymbol{b}\times\boldsymbol{c}$
$aa=a^2$	$\boldsymbol{a}\cdot\boldsymbol{a}=\|\boldsymbol{a}\|^2=\boldsymbol{a}^2$	$\boldsymbol{a}\times\boldsymbol{a}=\boldsymbol{0}$
$ab=0\Rightarrow a=0$ 或 $b=0$	$\boldsymbol{a}\cdot\boldsymbol{b}=\boldsymbol{0}\not\Rightarrow\boldsymbol{a}=\boldsymbol{0}$ 或 $\boldsymbol{b}=\boldsymbol{0}$	$\boldsymbol{a}\times\boldsymbol{b}=\boldsymbol{0}\not\Rightarrow\boldsymbol{a}=\boldsymbol{0}$ 或 $\boldsymbol{b}=\boldsymbol{0}$
$ab=ac\Rightarrow b=c$	$\boldsymbol{a}\cdot\boldsymbol{b}=\boldsymbol{a}\cdot\boldsymbol{c}\not\Rightarrow\boldsymbol{b}=\boldsymbol{c}$	$\boldsymbol{a}\times\boldsymbol{b}=\boldsymbol{a}\times\boldsymbol{c}\not\Rightarrow\boldsymbol{b}=\boldsymbol{c}$

两向量的数量积的一些几何意义必须注意,如

$$|\boldsymbol{a}|=\sqrt{\boldsymbol{a}\cdot\boldsymbol{a}};\ \cos\angle(\boldsymbol{a},\boldsymbol{b})=\frac{\boldsymbol{a}\cdot\boldsymbol{b}}{|\boldsymbol{a}|\cdot|\boldsymbol{b}|};\boldsymbol{a}\cdot\boldsymbol{b}=0\Leftrightarrow\boldsymbol{a}\perp\boldsymbol{b}.$$

这样利用数量积就可以解决几何中的长度和角度问题,从而对于面积问题也能处理,这就解决了几何中的度量问题.

对向量积来说,有 $S_{\triangle ABC}=\frac{1}{2}|\overrightarrow{AB}\times\overrightarrow{AC}|$,$\boldsymbol{a}\times\boldsymbol{b}=\boldsymbol{0}\Leftrightarrow\boldsymbol{a}/\!/\boldsymbol{b}$. 因此,有关面积的问题常应用

向量积来处理,它往往要比数量积方便.

为了应用与计算的方便,我们引进了数量积与向量积的坐标表示. 取仿射坐标系 $\{O;\boldsymbol{e}_1,\boldsymbol{e}_2,\boldsymbol{e}_3\}$,并设两向量 $\boldsymbol{a},\boldsymbol{b}$ 的坐标分别为 $\boldsymbol{a}=\{X_1,Y_1,Z_1\}$,$\boldsymbol{b}=\{X_2,Y_2,Z_2\}$,那么它们的数量积为

$$\begin{aligned}\boldsymbol{a}\cdot\boldsymbol{b}&=(X_1\boldsymbol{e}_1+Y_1\boldsymbol{e}_2+Z_1\boldsymbol{e}_3)(X_2\boldsymbol{e}_1+Y_2\boldsymbol{e}_2+Z_2\boldsymbol{e}_3)\\&=X_1X_2\boldsymbol{e}_1\cdot\boldsymbol{e}_1+X_1Y_2\boldsymbol{e}_1\cdot\boldsymbol{e}_2+X_1Z_2\boldsymbol{e}_1\cdot\boldsymbol{e}_3+Y_1X_2\boldsymbol{e}_2\cdot\boldsymbol{e}_1\\&\quad+Y_1Y_2\boldsymbol{e}_2\cdot\boldsymbol{e}_2+Y_1Z_2\boldsymbol{e}_2\cdot\boldsymbol{e}_3+Z_1X_2\boldsymbol{e}_3\cdot\boldsymbol{e}_1+Z_1Y_2\boldsymbol{e}_3\cdot\boldsymbol{e}_2+Z_1Z_2\boldsymbol{e}_3\cdot\boldsymbol{e}_3\\&=X_1X_2\boldsymbol{e}_1^2+Y_1Y_2\boldsymbol{e}_2^2+Z_1Z_2\boldsymbol{e}_3^2+(X_1Y_2+Y_1X_2)\boldsymbol{e}_1\cdot\boldsymbol{e}_2\\&\quad+(X_1Z_2+Z_1X_2)\boldsymbol{e}_1\cdot\boldsymbol{e}_3+(Y_1Z_2+Z_1Y_2)\boldsymbol{e}_2\cdot\boldsymbol{e}_3,\end{aligned}$$

向量积为

$$\begin{aligned}\boldsymbol{a}\times\boldsymbol{b}&=(X_1\boldsymbol{e}_1+Y_1\boldsymbol{e}_2+Z_1\boldsymbol{e}_3)\times(X_2\boldsymbol{e}_1+Y_2\boldsymbol{e}_2+Z_2\boldsymbol{e}_3)\\&=X_1X_2\boldsymbol{e}_1\times\boldsymbol{e}_1+X_1Y_2\boldsymbol{e}_1\times\boldsymbol{e}_2+X_1Z_2\boldsymbol{e}_1\times\boldsymbol{e}_3+Y_1X_2\boldsymbol{e}_2\times\boldsymbol{e}_1\\&\quad+Y_1Y_2\boldsymbol{e}_2\times\boldsymbol{e}_2+Y_1Z_2\boldsymbol{e}_2\times\boldsymbol{e}_3+Z_1X_2\boldsymbol{e}_3\times\boldsymbol{e}_1+Z_1Y_2\boldsymbol{e}_3\times\boldsymbol{e}_2+Z_1Z_2\boldsymbol{e}_3\times\boldsymbol{e}_3\\&=(X_1Y_2+X_2Y_1)\boldsymbol{e}_1\times\boldsymbol{e}_2+(Y_1Z_2+Y_2Z_1)\boldsymbol{e}_2\times\boldsymbol{e}_3+(Z_1X_2+Z_2X_1)\boldsymbol{e}_3\times\boldsymbol{e}_1\end{aligned}$$

由此可见,只要知道了坐标向量 $\boldsymbol{e}_1,\boldsymbol{e}_2,\boldsymbol{e}_3$ 间的数量积与向量积,就可求出 $\boldsymbol{a}\cdot\boldsymbol{b}$ 与 $\boldsymbol{a}\times\boldsymbol{b}$,但是如果我们取的是直角坐标系 $\{O;\boldsymbol{i},\boldsymbol{j},\boldsymbol{k}\}$,即令 $\boldsymbol{e}_1=\boldsymbol{i},\boldsymbol{e}_2=\boldsymbol{j},\boldsymbol{e}_3=\boldsymbol{k}$,那么由于

$$\boldsymbol{i}\cdot\boldsymbol{i}=\boldsymbol{j}\cdot\boldsymbol{j}=\boldsymbol{k}\cdot\boldsymbol{k}=1,\boldsymbol{i}\cdot\boldsymbol{j}=\boldsymbol{j}\cdot\boldsymbol{k}=\boldsymbol{k}\cdot\boldsymbol{i}=0;$$

$$\boldsymbol{i}\times\boldsymbol{j}=\boldsymbol{k},\boldsymbol{j}\times\boldsymbol{k}=\boldsymbol{i},\boldsymbol{k}\times\boldsymbol{i}=\boldsymbol{j};$$

此时的数量积与向量积的坐标表示就变得非常简单:

$$\boldsymbol{a}\cdot\boldsymbol{b}=X_1X_2+Y_1Y_2+Z_1Z_2,$$

$$\begin{aligned}\boldsymbol{a}\times\boldsymbol{b}&=(Y_1Z_2-Y_2Z_1)\boldsymbol{i}+(Z_1X_2-Z_2X_1)\boldsymbol{j}+(X_1Y_2-X_2Y_1)\boldsymbol{k}\\&=\begin{vmatrix}\boldsymbol{i}&\boldsymbol{j}&\boldsymbol{k}\\X_1&Y_1&Z_1\\X_2&Y_2&Z_2\end{vmatrix}.\end{aligned}$$

因此,我们在计算数量积与向量积时总是采用直角坐标系. 由上面的公式很容易导出向量 $\boldsymbol{a}=\{X,Y,Z\}$ 的方向余弦公式

$$\cos\alpha=\frac{X}{\sqrt{X^2+Y^2+Z^2}},\cos\beta=\frac{Y}{\sqrt{X^2+Y^2+Z^2}},\cos\gamma=\frac{Z}{\sqrt{X^2+Y^2+Z^2}},$$

特别地,单位向量的坐标就是它的方向余弦 $\boldsymbol{a}^0=\{\cos\alpha,\cos\beta,\cos\gamma\}$.

例 3.3.1 已知 $\boldsymbol{a},\boldsymbol{b},\boldsymbol{c}$ 两两垂直,且 $|\boldsymbol{a}|=1,|\boldsymbol{b}|=2,|\boldsymbol{c}|=3$,求 $\boldsymbol{r}=\boldsymbol{a}+\boldsymbol{b}+\boldsymbol{c}$ 的长和它与 a,b,c 的夹角.

解 $|\boldsymbol{r}|=|\boldsymbol{a}+\boldsymbol{b}+\boldsymbol{c}|=\sqrt{(\boldsymbol{a}+\boldsymbol{b}+\boldsymbol{c})^2}=\sqrt{\boldsymbol{a}^2+\boldsymbol{b}^2+\boldsymbol{c}^2+2\boldsymbol{a}\cdot\boldsymbol{b}+2\boldsymbol{b}\cdot\boldsymbol{c}+2\boldsymbol{a}\cdot\boldsymbol{c}}$.

因为 $|\boldsymbol{a}|=1,|\boldsymbol{b}|=2,|\boldsymbol{c}|=3$,且 $\boldsymbol{a},\boldsymbol{b},\boldsymbol{c}$ 两两垂直,所以 $|\boldsymbol{r}|=\sqrt{1+4+9}=\sqrt{14}$.

而

$$\begin{aligned}\cos\angle(\boldsymbol{r},\boldsymbol{a})&=\frac{\boldsymbol{r}\cdot\boldsymbol{a}}{|\boldsymbol{r}|\cdot|\boldsymbol{a}|}=\frac{(\boldsymbol{a}+\boldsymbol{b}+\boldsymbol{c})\cdot\boldsymbol{a}}{|\boldsymbol{r}|\cdot|\boldsymbol{a}|}\\&=\frac{\boldsymbol{a}^2+\boldsymbol{b}\cdot\boldsymbol{a}+\boldsymbol{c}\cdot\boldsymbol{a}}{|\boldsymbol{r}|\cdot|\boldsymbol{a}|}=\frac{\sqrt{14}}{14}.\end{aligned}$$

所以$\angle(\boldsymbol{r},\boldsymbol{a})=\arccos\dfrac{\sqrt{14}}{14}$. 同理可得$\angle(\boldsymbol{r},\boldsymbol{b})=\arccos\dfrac{2\sqrt{14}}{14}$, $\angle(\boldsymbol{r},\boldsymbol{c})=\arccos\dfrac{3\sqrt{14}}{14}$.

下面再举一例,说明向量的数量积与向量积在平面三角形中的应用.

例 3.3.2 用向量法证明

(1)三角形的余弦定理 $a^2=b^2+c^2-2bc\cos A$;

(2)三角形的余弦定理$\dfrac{a}{\sin A}=\dfrac{b}{\sin B}=\dfrac{c}{\sin C}$.

证明 (1)如图 3—8 所示,因为$\overrightarrow{BC}=\overrightarrow{AC}-\overrightarrow{AB}$,所以

$$\begin{aligned}\overrightarrow{BC}&=(\overrightarrow{AC}-\overrightarrow{AB})^2=\overrightarrow{AC}^2+\overrightarrow{AB}^2-2\,\overrightarrow{AC}\cdot\overrightarrow{AB}\\&=\overrightarrow{AC}^2+\overrightarrow{AB}^2-2|\overrightarrow{AC}|\cdot|\overrightarrow{AB}|\cdot\cos\angle(\overrightarrow{AC},\overrightarrow{AB}),\end{aligned}$$

由此得 $a^2=b^2+c^2-2bc\cos A$.

(2)如图 3—8 所示,

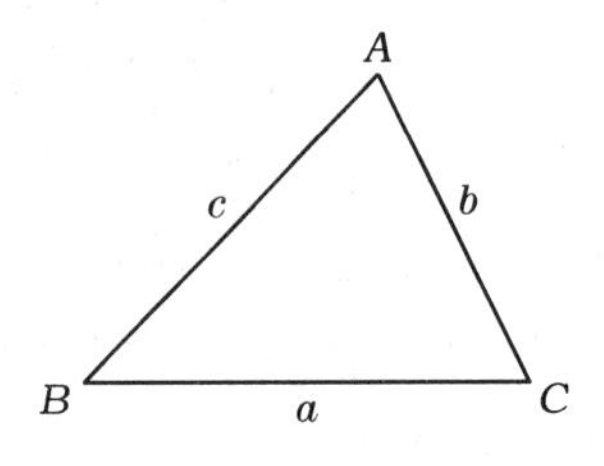

图 3—8

由向量积定义的几何性质,$\triangle ABC$ 的面积为

$$S_{\triangle ABC}=\frac{1}{2}|\overrightarrow{AB}\times\overrightarrow{AC}|=\frac{1}{2}|\overrightarrow{BC}\times\overrightarrow{BA}|=\frac{1}{2}|\overrightarrow{CA}\times\overrightarrow{CB}|,$$

从而有

$$|\overrightarrow{AB}|\cdot|\overrightarrow{AC}|\sin\angle(\overrightarrow{AB},\overrightarrow{AC})=|\overrightarrow{BC}|\cdot|\overrightarrow{BA}|\sin\angle(\overrightarrow{BC},\overrightarrow{BA})=|\overrightarrow{CA}||\overrightarrow{CB}|\sin\angle(\overrightarrow{CA},\overrightarrow{CB}),$$

即 $cb\sin A=ac\sin B=ba\sin C$,同除 abc 得

$$\frac{a}{\sin A}=\frac{b}{\sin B}=\frac{c}{\sin C}.$$

例 3.3.3 计算下列各题:

(1)已知等边三角形 ABC 的边长为 1,且$\overrightarrow{BC}=\boldsymbol{a}$,$\overrightarrow{CA}=\boldsymbol{b}$,$\overrightarrow{AB}=\boldsymbol{c}$,求 $\boldsymbol{a}\cdot\boldsymbol{b}+\boldsymbol{b}\cdot\boldsymbol{c}+\boldsymbol{c}\cdot\boldsymbol{a}$;

(2)已知 $\boldsymbol{a},\boldsymbol{b},\boldsymbol{c}$ 两两垂直,且$|\boldsymbol{a}|=1$,$|\boldsymbol{b}|=2$,$|\boldsymbol{c}|=3$,求 $\boldsymbol{r}=\boldsymbol{a}+\boldsymbol{b}+\boldsymbol{c}$ 的长和它与 $\boldsymbol{a},\boldsymbol{b},\boldsymbol{c}$ 的夹角;

(3)已知 $\boldsymbol{a}+3\boldsymbol{b}$ 与 $7\boldsymbol{a}-5\boldsymbol{b}$ 垂直,且 $\boldsymbol{a}-4\boldsymbol{b}$ 与 $7\boldsymbol{a}-2\boldsymbol{b}$ 垂直,求 $\boldsymbol{a},\boldsymbol{b}$ 的夹角;

(4)已知$|\boldsymbol{a}|=2$,$|\boldsymbol{b}|=5$,$\angle(\boldsymbol{a},\boldsymbol{b})=\dfrac{2}{3}\pi$,$\boldsymbol{p}=3\boldsymbol{a}-\boldsymbol{b}$,$\boldsymbol{q}=\lambda\boldsymbol{a}+17\boldsymbol{b}$,问:系数 λ 取何值时 $\boldsymbol{p}$ 与 $\boldsymbol{q}$ 垂直.

解 (1)因为$|\boldsymbol{a}|=|\boldsymbol{b}|=|\boldsymbol{c}|=1$,且 $\boldsymbol{a}+\boldsymbol{b}+\boldsymbol{c}=0$,所以

$$0=(\boldsymbol{a}+\boldsymbol{b}+\boldsymbol{c})^2=\boldsymbol{a}^2+\boldsymbol{b}^2+\boldsymbol{c}^2+2(\boldsymbol{a}\cdot\boldsymbol{b}+\boldsymbol{b}\cdot\boldsymbol{c}+\boldsymbol{c}\cdot\boldsymbol{a}),$$

$$\boldsymbol{a}\cdot\boldsymbol{b}+\boldsymbol{b}\cdot\boldsymbol{c}+\boldsymbol{c}\cdot\boldsymbol{a}=-\frac{3}{2}.$$

(2)$|\boldsymbol{r}|^2=(\boldsymbol{a}+\boldsymbol{b}+\boldsymbol{c})^2=\boldsymbol{a}^2+\boldsymbol{b}^2+\boldsymbol{c}^2+2(\boldsymbol{a}\cdot\boldsymbol{b}+\boldsymbol{b}\cdot\boldsymbol{c}+\boldsymbol{c}\cdot\boldsymbol{a})=1+4+9=14$，所以$|\boldsymbol{r}|=\sqrt{14}$.

$$\cos\angle(\boldsymbol{a},\boldsymbol{r})=\frac{\boldsymbol{a}\cdot(\boldsymbol{a}+\boldsymbol{b}+\boldsymbol{c})}{|\boldsymbol{a}|\cdot|\boldsymbol{r}|}=\frac{1}{\sqrt{14}}=\frac{\sqrt{14}}{14},$$

$$\cos\angle(\boldsymbol{b},\boldsymbol{r})=\frac{\boldsymbol{a}\cdot(\boldsymbol{a}+\boldsymbol{b}+\boldsymbol{c})}{|\boldsymbol{b}|\cdot|\boldsymbol{r}|}=\frac{2}{\sqrt{14}}=\frac{\sqrt{14}}{7},$$

$$\cos\angle(\boldsymbol{c},\boldsymbol{r})=\frac{\boldsymbol{c}\cdot(\boldsymbol{a}+\boldsymbol{b}+\boldsymbol{c})}{|\boldsymbol{c}|\cdot|\boldsymbol{r}|}=\frac{3}{\sqrt{14}}=\frac{3\sqrt{14}}{14},$$

所以$\boldsymbol{r}$与$\boldsymbol{a},\boldsymbol{b},\boldsymbol{c}$的夹角分别是$\arccos\frac{\sqrt{14}}{14}$，$\arccos\frac{\sqrt{14}}{7}$，$\arccos\frac{3\sqrt{14}}{14}$.

(3)因为$\boldsymbol{a}+3\boldsymbol{b}$与$7\boldsymbol{a}-5\boldsymbol{b}$垂直，$\boldsymbol{a}-4\boldsymbol{b}$与$7\boldsymbol{a}-2\boldsymbol{b}$垂直，所以

$$(\boldsymbol{a}+3\boldsymbol{b})(7\boldsymbol{a}-5\boldsymbol{b})=0,(\boldsymbol{a}-4\boldsymbol{b})(7\boldsymbol{a}-2\boldsymbol{b})=0,$$

即

$$\begin{cases}7\boldsymbol{a}^2+16\boldsymbol{a}\cdot\boldsymbol{b}-15\boldsymbol{b}^2=0, & ①\\ 7\boldsymbol{a}^2-30\boldsymbol{a}\cdot\boldsymbol{b}+8\boldsymbol{b}^2=0, & ②\end{cases}$$

①－②得$46\boldsymbol{a}\cdot\boldsymbol{b}=23\boldsymbol{b}^2$，所以$\boldsymbol{a}\cdot\boldsymbol{b}=\frac{\boldsymbol{b}^2}{2}$，代入①得$7\boldsymbol{a}^2-7\boldsymbol{b}^2=0$，所以$\boldsymbol{a}^2=\boldsymbol{b}^2$，即$|\boldsymbol{a}|=|\boldsymbol{b}|$，

而$\cos\angle(\boldsymbol{a},\boldsymbol{b})=\frac{\boldsymbol{a}\cdot\boldsymbol{b}}{|\boldsymbol{a}|\cdot|\boldsymbol{b}|}=\frac{\frac{\boldsymbol{b}^2}{2}}{\boldsymbol{b}^2}=\frac{1}{2}$，所以$\angle(\boldsymbol{a},\boldsymbol{b})=60°$.

(4)因为$\boldsymbol{a}\cdot\boldsymbol{b}=|\boldsymbol{a}|\cdot|\boldsymbol{b}|\cos\angle(\boldsymbol{a},\boldsymbol{b})=2\cdot5\cdot\cos\frac{2}{3}\pi=-5$，所以

$$\begin{aligned}\boldsymbol{p}\cdot\boldsymbol{q}&=(3\boldsymbol{a}-\boldsymbol{b})(\lambda\boldsymbol{a}+17\boldsymbol{b})=3\lambda\boldsymbol{a}^2+(51-\lambda)\boldsymbol{ab}-17\boldsymbol{b}^2\\&=12\lambda-5(51-\lambda)-17\times25\\&=17\lambda-680,\end{aligned}$$

当$\lambda=40$时，$\boldsymbol{p}\cdot\boldsymbol{q}=0$，即$\boldsymbol{p}\perp\boldsymbol{q}$.

3.3.2　三个向量的乘积

三个向量$\boldsymbol{a},\boldsymbol{b},\boldsymbol{c}$相乘，有混合积$(\boldsymbol{a}\times\boldsymbol{b})\cdot\boldsymbol{c}$与双重向量积$(\boldsymbol{a}\times\boldsymbol{b})\times\boldsymbol{c}$，混合积$(\boldsymbol{a}\times\boldsymbol{b})\cdot\boldsymbol{c}$常简记为$(\boldsymbol{abc})$或$(\boldsymbol{a},\boldsymbol{b},\boldsymbol{c})$，混合积有下面的一些运算性质：

(1)轮换混合积的三因子，其值不变，而对调两因子，要改变符号，即

$$(\boldsymbol{abc})=(\boldsymbol{bac})=(\boldsymbol{cab})=-(\boldsymbol{bac})=-(\boldsymbol{cba})=-(\boldsymbol{acb}).$$

(2)混合积中的“点乘”与“叉乘”对调，其值不变，即$(\boldsymbol{a}\times\boldsymbol{b})\cdot\boldsymbol{c}=\boldsymbol{a}\cdot(\boldsymbol{b}\times\boldsymbol{c})$.

混合积有一个十分重要的几何意义，这就是当$\boldsymbol{a},\boldsymbol{b},\boldsymbol{c}$不共面时，$(\boldsymbol{abc})$的绝对值等于以$\boldsymbol{a},\boldsymbol{b},\boldsymbol{c}$为棱的平行六面体的体积，因此以$P_1,P_2,P_3,P_4$为顶点的四面体的体积为

$$V=\frac{1}{6}|(\overrightarrow{P_1P_2},\overrightarrow{P_1P_3},\overrightarrow{P_1P_4})|.$$

对于三个非零向量$\boldsymbol{a},\boldsymbol{b},\boldsymbol{c}$，我们有

$(\boldsymbol{abc})>0\Leftrightarrow\{\boldsymbol{a},\boldsymbol{b},\boldsymbol{c}\}$是右旋向量组；$(\boldsymbol{abc})<0\Leftrightarrow\{\boldsymbol{a},\boldsymbol{b},\boldsymbol{c}\}$是右旋向量组；

$(\boldsymbol{abc})=0\Leftrightarrow\boldsymbol{a},\boldsymbol{b},\boldsymbol{c}$共面.

因此，又有P_1,P_2,P_3,P_4四点共面$\Leftrightarrow(\overrightarrow{P_1P_2},\overrightarrow{P_1P_3},\overrightarrow{P_1P_4})=0$.

关于双重向量积，它有一个运算公式

$$(\boldsymbol{a}\times\boldsymbol{b})\times\boldsymbol{c}=(\boldsymbol{a}\cdot\boldsymbol{c})\boldsymbol{b}-(\boldsymbol{b}\cdot\boldsymbol{c})\boldsymbol{a},$$

必须注意，在一般情况下$(\boldsymbol{a}\times\boldsymbol{b})\times\boldsymbol{c}\neq\boldsymbol{a}\times(\boldsymbol{b}\times\boldsymbol{c})$，也就是向量积的结合律是不成立的.

双重向量积的运算公式，可以把三个以上的向量相乘的问题归结为三个向量的相乘，因此三个以上的向量相乘就不必讨论了.

例 3.3.4 证明：(1)向量 $\boldsymbol{a}$ 垂直于$(\boldsymbol{ab})\boldsymbol{c}-(\boldsymbol{ac})\boldsymbol{b}$；

(2)在平面上如果 $\boldsymbol{m}_1 \nparallel \boldsymbol{m}_2$，且 $\boldsymbol{a}\cdot\boldsymbol{m}_i=\boldsymbol{b}\cdot\boldsymbol{m}_i(i=1,2)$，那么就有 $\boldsymbol{a}=\boldsymbol{b}$；

(3)$\overrightarrow{AB}\cdot\overrightarrow{CD}+\overrightarrow{BC}\cdot\overrightarrow{AD}+\overrightarrow{CA}\cdot\overrightarrow{BD}=0$.

证明 (1)因为 $\boldsymbol{a}\cdot[(\boldsymbol{ab})\boldsymbol{c}-(\boldsymbol{ac})\boldsymbol{b}]=(\boldsymbol{ab})(\boldsymbol{ac})-(\boldsymbol{ac})(\boldsymbol{ab})=0$；

(2)因为 $\boldsymbol{a}\cdot\boldsymbol{m}_i=\boldsymbol{b}\cdot\boldsymbol{m}_i(i=1,2)$，所以$(\boldsymbol{a}-\boldsymbol{b})\cdot\boldsymbol{m}_i=0(i=1,2)$；因为 $\boldsymbol{m}_1\nparallel\boldsymbol{m}_2$，且 $\boldsymbol{m}_1$ 与 $\boldsymbol{m}_2$ 在同一平面上，而 $\boldsymbol{a},\boldsymbol{b}$ 又都是平面上的，所以 $\boldsymbol{a}-\boldsymbol{b}=\boldsymbol{0}$，即 $\boldsymbol{a}=\boldsymbol{b}$.

(3)
$$\begin{aligned}&\overrightarrow{AB}\cdot\overrightarrow{CD}+\overrightarrow{BC}\cdot\overrightarrow{AD}+\overrightarrow{CA}\cdot\overrightarrow{BD}\\&=\overrightarrow{AB}\cdot(\overrightarrow{CA}+\overrightarrow{AD})+\overrightarrow{BC}\cdot\overrightarrow{AD}+\overrightarrow{CA}\cdot\overrightarrow{BD}\\&=\overrightarrow{CA}\cdot(\overrightarrow{AB}+\overrightarrow{BD})+\overrightarrow{AD}\cdot(\overrightarrow{AB}+\overrightarrow{BC})\\&=\overrightarrow{CA}\cdot\overrightarrow{AD}+\overrightarrow{AD}\cdot\overrightarrow{AC}=\overrightarrow{AD}\cdot(\overrightarrow{CA}+\overrightarrow{AC})=0.\end{aligned}$$

例 3.3.5 已知向量 $\boldsymbol{a},\boldsymbol{b}$ 互相垂直，向量 $\boldsymbol{c}$ 与 $\boldsymbol{a},\boldsymbol{b}$ 的夹角都为$60°$，且$|\boldsymbol{a}|=1,|\boldsymbol{b}|=2,|\boldsymbol{c}|=3$，

计算：(1)$(\boldsymbol{a}+\boldsymbol{b})^2$； (2)$(\boldsymbol{a}+\boldsymbol{b})(\boldsymbol{a}-\boldsymbol{b})$； (3)$(3\boldsymbol{a}-2\boldsymbol{b})(\boldsymbol{b}-3\boldsymbol{c})$； (4)$(\boldsymbol{a}+2\boldsymbol{b}-\boldsymbol{c})^2$.

解 因为 $\cos\angle(\boldsymbol{c},\boldsymbol{a})=\cos 60°=\dfrac{1}{2},\cos\angle(\boldsymbol{c},\boldsymbol{b})=\dfrac{1}{2}$，所以

$$\boldsymbol{a}\cdot\boldsymbol{b}=|\boldsymbol{a}|\cdot|\boldsymbol{b}|\cdot\cos 90°=0,\quad \boldsymbol{a}\cdot\boldsymbol{c}=|\boldsymbol{a}|\cdot|\boldsymbol{c}|\cdot\cos\angle(\boldsymbol{a},\boldsymbol{c})=\frac{3}{2},$$

$$\boldsymbol{b}\cdot\boldsymbol{c}=|\boldsymbol{b}|\cdot|\boldsymbol{c}|\cdot\cos\angle(\boldsymbol{b},\boldsymbol{c})=3.$$

(1)$(\boldsymbol{a}+\boldsymbol{b})^2=\boldsymbol{a}^2+2\boldsymbol{a}\cdot\boldsymbol{b}+\boldsymbol{b}^2=5$；

(2)$(\boldsymbol{a}+\boldsymbol{b})(\boldsymbol{a}-\boldsymbol{b})=\boldsymbol{a}^2-\boldsymbol{b}^2=-3$；

(3)$(3\boldsymbol{a}-2\boldsymbol{b})(\boldsymbol{b}-3\boldsymbol{c})=3\boldsymbol{ab}-9\boldsymbol{ac}-2\boldsymbol{b}^2+6\boldsymbol{bc}=-\dfrac{27}{2}-8+18=-\dfrac{7}{2}$；

(4)$(\boldsymbol{a}+2\boldsymbol{b}-\boldsymbol{c})^2=\boldsymbol{a}^2+4\boldsymbol{b}^2+\boldsymbol{c}^2+4\boldsymbol{ab}-2\boldsymbol{ac}-4\boldsymbol{bc}=11$.

习题 3.3

1. 如果向量 $\boldsymbol{x}$ 垂直于向量 $\boldsymbol{\alpha}=\{2,3,-1\}$ 与 $\boldsymbol{\beta}=\{1,-2,3\}$，且与 $\boldsymbol{\gamma}=\{2,-1,1\}$ 的数量积等于-6，求向量 $\boldsymbol{x}$.

2. 设 $\boldsymbol{\alpha}=3\boldsymbol{i}-\boldsymbol{j}-2\boldsymbol{k},\boldsymbol{\beta}=\boldsymbol{i}+2\boldsymbol{j}-\boldsymbol{k}$，求：

(1)$\boldsymbol{\alpha}\cdot\boldsymbol{\beta}$ 及 $\boldsymbol{\alpha}\times\boldsymbol{\beta}$； (2)$(-2\boldsymbol{\alpha})\cdot 3\boldsymbol{\beta}$ 及 $\boldsymbol{\alpha}\times 2\boldsymbol{\beta}$； (3)$\boldsymbol{\alpha}$ 与 $\boldsymbol{\beta}$ 夹角的余弦.

3. 已知点 $M_1(1,-1,2),M_2(3,3,1)$ 和 $M_3(3,1,3)$，求出与$\overrightarrow{M_1M_2},\overrightarrow{M_2M_3}$同时垂直的单位向量.

4. 已知向量 $\boldsymbol{\alpha}=\{1,-2,3\},\boldsymbol{\beta}=\{2,1,0\},\boldsymbol{\gamma}=\{-6,-2,6\}$.

(1)$\boldsymbol{\alpha},\boldsymbol{\beta},\boldsymbol{\gamma}$ 是否共面？ (2)$\boldsymbol{\alpha}+\boldsymbol{\beta}$ 与 $\boldsymbol{\gamma}$ 是否平行？ (3)求$(\boldsymbol{\alpha},\boldsymbol{\beta},\boldsymbol{\gamma})$.

§3.4　案例解析

3.4.1　经典例题方法与技巧案例

例 3.4.1　设在平面上给了一个四边形 $ABCD$，点 K,L,M,N 分别是边 AB,BC,CD,DA 的中点，求证：$\overrightarrow{KL}=\overrightarrow{NM}$. 当 $ABCD$ 是空间四边形时，这等式是否也成立？

证明　如图 3－9 所示，

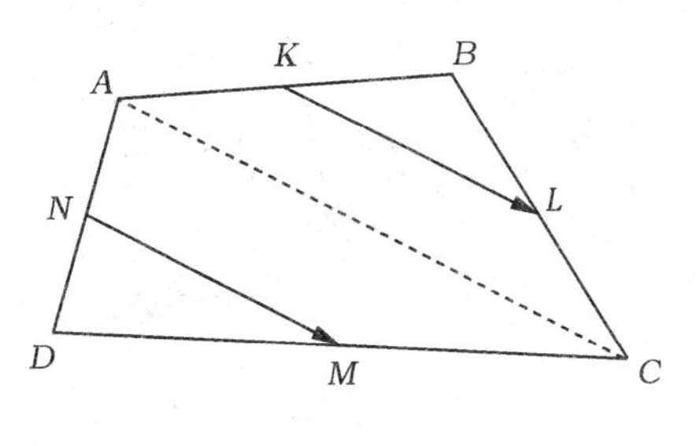

图 3－9

连接 AC. 因为 K,L 分别是边 AB,BC 的中点，所以

$$\overrightarrow{KL}/\!/\overrightarrow{AC}，且\overrightarrow{KL}=\frac{1}{2}\overrightarrow{AC},$$

同理可证$\overrightarrow{NM}=\frac{1}{2}\overrightarrow{AC}$，所以$\overrightarrow{KL}=\overrightarrow{NM}$.

当 $ABCD$ 是空间四边形时，等式同样成立，证明同上.

例 3.4.2　已知四边形 $ABCD$ 中，$\overrightarrow{AB}=\boldsymbol{a}-2\boldsymbol{c}$，$\overrightarrow{CD}=5\boldsymbol{a}+6\boldsymbol{b}-8\boldsymbol{c}$，对角线 AC,BD 的中点分别为 E,F，求$\overrightarrow{EF}$.

解　如图 3－10 所示，

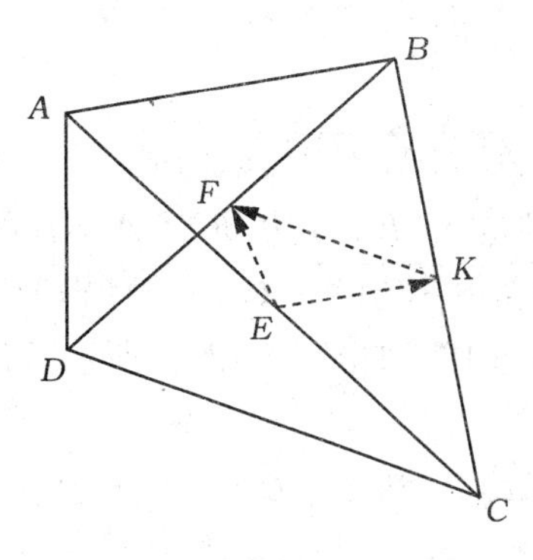

图 3－10

取 BC 中点 K，连接 EK,FK，则

$$\overrightarrow{EK}=\frac{1}{2}\overrightarrow{AB},\overrightarrow{KF}=\frac{1}{2}\overrightarrow{CD},$$

所以$\overrightarrow{EF}=\overrightarrow{EK}+\overrightarrow{KF}=\frac{1}{2}\overrightarrow{AB}+\frac{1}{2}\overrightarrow{CD}$

$=\frac{1}{2}(\boldsymbol{a}-2\boldsymbol{c})+\frac{1}{2}(5\boldsymbol{a}+6\boldsymbol{b}-8\boldsymbol{c})$

$=3\boldsymbol{a}+3\boldsymbol{b}-5\boldsymbol{c}$.

例 3.4.3 设 L、M、N 分别是$\triangle ABC$ 三边 BC、CA、AB 的中点，证明：三中线向量$\overrightarrow{AL}$，$\overrightarrow{BM}$，$\overrightarrow{CN}$可以构成一个三角形.

证明 如图 3－11 所示，L、M、N 分别是$\triangle ABC$ 三边 BC、CA、AB 的中点.

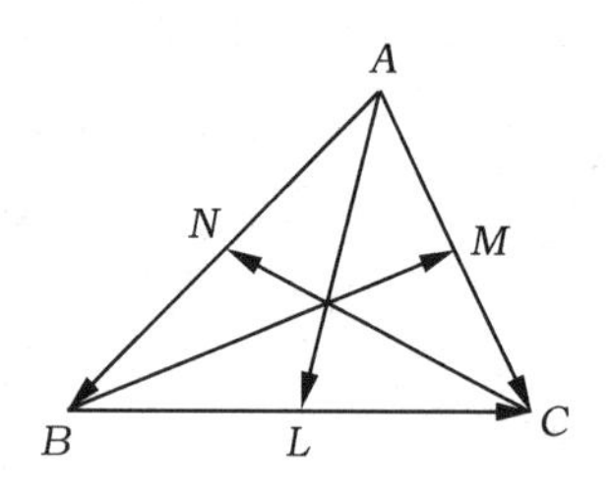

图 3－11

因为 L 是 BC 的中点，所以

$$\overrightarrow{BL}=\overrightarrow{LC},$$

而$\overrightarrow{BL}=\overrightarrow{AL}-\overrightarrow{AB}$，$\overrightarrow{LC}=\overrightarrow{LA}+\overrightarrow{AC}=-\overrightarrow{AL}+\overrightarrow{AC}$，所以$\overrightarrow{AL}-\overrightarrow{AB}=-\overrightarrow{AL}+\overrightarrow{AC}$，即$\overrightarrow{AL}=\frac{1}{2}(\overrightarrow{AB}+\overrightarrow{AC})$.

同样有$\overrightarrow{BM}=\frac{1}{2}(\overrightarrow{BA}+\overrightarrow{BC})$，$\overrightarrow{CN}=\frac{1}{2}(\overrightarrow{CB}+\overrightarrow{CA})$，所以

$$\begin{aligned}\overrightarrow{AL}+\overrightarrow{BM}+\overrightarrow{CN}&=\frac{1}{2}(\overrightarrow{AB}+\overrightarrow{AC})+\frac{1}{2}(\overrightarrow{BA}+\overrightarrow{BC})+\frac{1}{2}(\overrightarrow{CB}+\overrightarrow{CA})\\&=\frac{1}{2}(\overrightarrow{AB}+\overrightarrow{BA})+\frac{1}{2}(\overrightarrow{AC}+\overrightarrow{CA})+\frac{1}{2}(\overrightarrow{BC}+\overrightarrow{CB})\\&=0,\end{aligned}$$

而$\overrightarrow{AL}$又不与$\overrightarrow{BM}$，$\overrightarrow{CN}$平行，所以$\overrightarrow{AL}$，$\overrightarrow{BM}$，$\overrightarrow{CN}$可以构成一个三角形.

例 3.4.4 设 L、M、N 分别是$\triangle ABC$ 三边 BC、CA、AB 的中点，O 是任意一点，证明：

$$\overrightarrow{OA}+\overrightarrow{OB}+\overrightarrow{OC}=\overrightarrow{OL}+\overrightarrow{OM}+\overrightarrow{ON}.$$

证明 (1)如果 O 在$\triangle ABC$ 内部[如图 3－12(1)所示]，则 O 把$\triangle ABC$ 分成三个三角形$\triangle OAB$、$\triangle OAC$、$\triangle OBC$.

又因为 L、M、N 分别是$\triangle ABC$ 三边 BC、CA、AB 的中点，所以

$$\overrightarrow{OL}=\frac{1}{2}(\overrightarrow{OB}+\overrightarrow{OC}),\overrightarrow{OM}=\frac{1}{2}(\overrightarrow{OC}+\overrightarrow{OA}),\overrightarrow{ON}=\frac{1}{2}(\overrightarrow{OA}+\overrightarrow{OB}),$$

$$\begin{aligned}\overrightarrow{OL}+\overrightarrow{OM}+\overrightarrow{ON}&=\frac{1}{2}(\overrightarrow{OB}+\overrightarrow{OC})+\frac{1}{2}(\overrightarrow{OC}+\overrightarrow{OA})+\frac{1}{2}(\overrightarrow{OA}+\overrightarrow{OB})\\&=\overrightarrow{OA}+\overrightarrow{OB}+\overrightarrow{OC};\end{aligned}$$

(2)如果 O 在$\triangle ABC$ 外部[如图 3－12(2)所示]，同样有$\triangle OAB$、$\triangle OAC$、$\triangle OBC$，所以

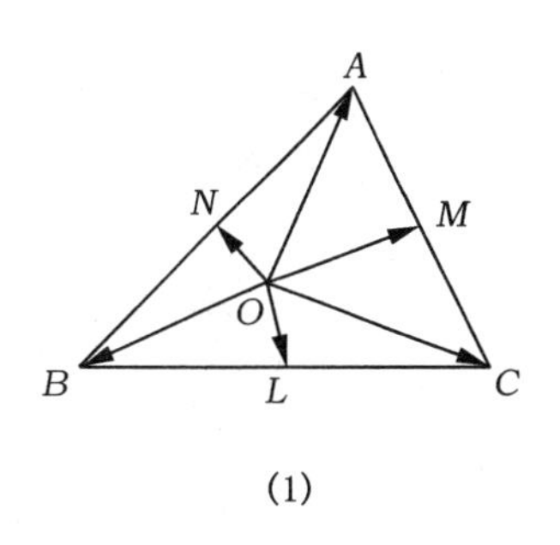

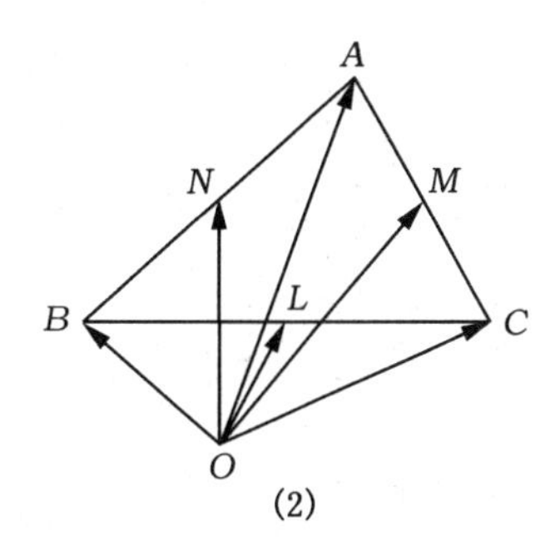

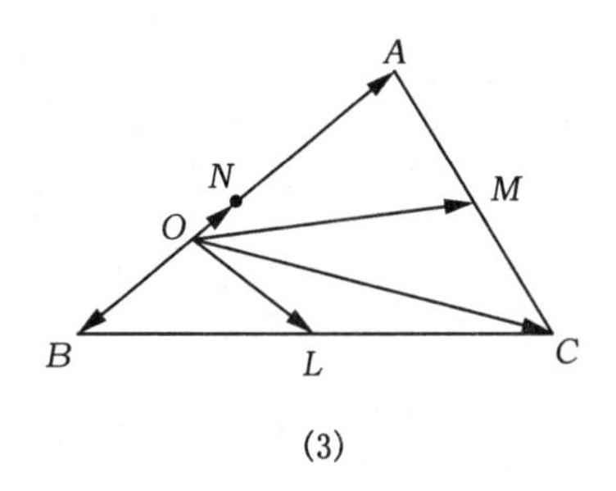

图 3—12

$$\overrightarrow{OL}=\frac{1}{2}(\overrightarrow{OB}+\overrightarrow{OC}),\overrightarrow{OM}=\frac{1}{2}(\overrightarrow{OC}+\overrightarrow{OA}),\overrightarrow{ON}=\frac{1}{2}(\overrightarrow{OA}+\overrightarrow{OB}),$$

$$\overrightarrow{OL}+\overrightarrow{OM}+\overrightarrow{ON}=\overrightarrow{OA}+\overrightarrow{OB}+\overrightarrow{OC}.$$

(3)如果 O 在$\triangle ABC$ 某个边上，不妨设在 AB 边上或延长线上[如图 3—12(3)所示]，则

$$\overrightarrow{OL}=\frac{1}{2}(\overrightarrow{OB}+\overrightarrow{OC}),\overrightarrow{OM}=\frac{1}{2}(\overrightarrow{OC}+\overrightarrow{OA}),$$

$$\overrightarrow{ON}=\overrightarrow{OA}+\overrightarrow{AN}=\overrightarrow{OA}+\frac{1}{2}\overrightarrow{AB}=\overrightarrow{OA}+\frac{1}{2}(\overrightarrow{OB}-\overrightarrow{OA})=\frac{1}{2}(\overrightarrow{OA}+\overrightarrow{OB}),$$

所以$\overrightarrow{OL}+\overrightarrow{OM}+\overrightarrow{ON}=\overrightarrow{OA}+\overrightarrow{OB}+\overrightarrow{OC}$. 综上所述，可知命题成立.

例 3.4.5　设 M 是平行四边形 $ABCD$ 的中心，O 是任意一点，证明：

$$\overrightarrow{OA}+\overrightarrow{OB}+\overrightarrow{OC}+\overrightarrow{OD}=4\,\overrightarrow{OM}.$$

证明　如图 3—13 所示，因为 M 是平行四边形 $ABCD$ 的中心，

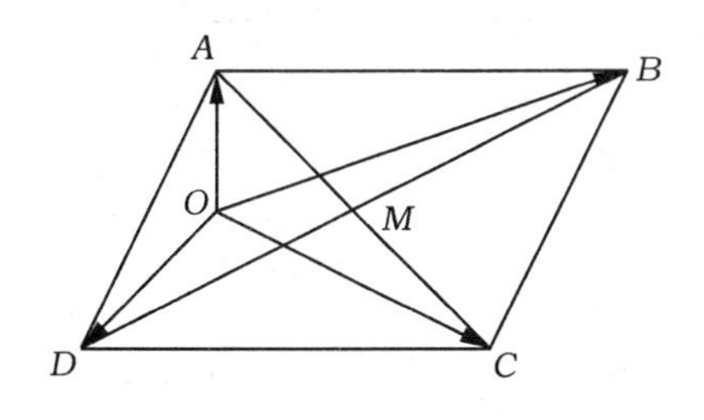

图 3—13

所以$\overrightarrow{MA}+\overrightarrow{MB}+\overrightarrow{MC}+\overrightarrow{MD}=0$，因为

$$\overrightarrow{OA}=\overrightarrow{OM}+\overrightarrow{MA},\overrightarrow{OB}=\overrightarrow{OM}+\overrightarrow{MB},$$

$$\overrightarrow{OC}=\overrightarrow{OM}+\overrightarrow{MC},\overrightarrow{OD}=\overrightarrow{OM}+\overrightarrow{MD},$$

所以$\overrightarrow{OA}+\overrightarrow{OB}+\overrightarrow{OC}+\overrightarrow{OD}=4\,\overrightarrow{OM}+\overrightarrow{MA}+\overrightarrow{MB}+\overrightarrow{MC}+\overrightarrow{MD}=4\,\overrightarrow{OM}$.

如果 O 在四边形的边上或外部，同样证明.

例 3.4.6　在平行六面体 $ABCD-EFGH$(如图 3—14 所示)中，证明：$\overrightarrow{AC}+\overrightarrow{AF}+\overrightarrow{AH}=2\,\overrightarrow{AG}$.

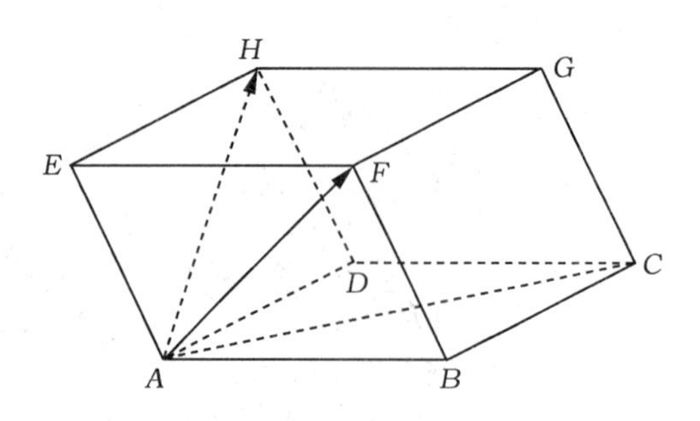

图 3-14

证明 因为$\overrightarrow{AC}+\overrightarrow{CG}=\overrightarrow{AG}$，$\overrightarrow{AF}+\overrightarrow{FG}=\overrightarrow{AG}$，

而且

$$\overrightarrow{FG}+\overrightarrow{CG}=\overrightarrow{BC}+\overrightarrow{CG}=\overrightarrow{BG},$$

因为四边形 $ABGH$ 为平行四边形，所以

$$\overrightarrow{BG}=\overrightarrow{AH},$$

所以

$$\begin{aligned}\overrightarrow{AC}+\overrightarrow{AF}+\overrightarrow{AH}&=\overrightarrow{AC}+\overrightarrow{AF}+\overrightarrow{BG}=\overrightarrow{AC}+\overrightarrow{AF}+\overrightarrow{BC}+\overrightarrow{CG}\\&=(\overrightarrow{AC}+\overrightarrow{CG})+(\overrightarrow{AF}+\overrightarrow{FG})=2\overrightarrow{AG}.\end{aligned}$$

例 3.4.7 用向量法证明梯形两腰中点连线平行于上、下两底边且等于它们长度和的一半.

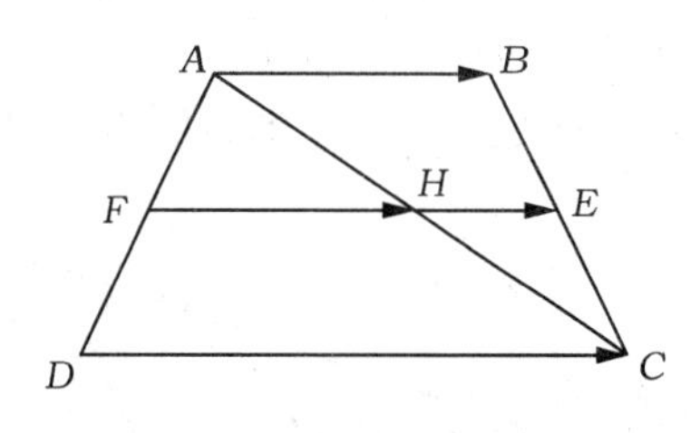

图 3-15

证明 如图 3-15 所示，$\overrightarrow{AB}/\!/\overrightarrow{CD}$，$E$、$F$ 分别是 BC、AD 的中点，连接 EF 交 AC 于 H，则 H 是 AC 的中点，

$$\overrightarrow{FH}=\frac{1}{2}\overrightarrow{DC},\overrightarrow{HE}=\frac{1}{2}\overrightarrow{AB},$$

而

$$\overrightarrow{FE}=\overrightarrow{FH}+\overrightarrow{HE}=\frac{1}{2}\overrightarrow{DC}+\frac{1}{2}\overrightarrow{AB}=\frac{1}{2}(\overrightarrow{AB}+\overrightarrow{DC}),$$

因为$\overrightarrow{AB}/\!/\overrightarrow{CD}$，而$\overrightarrow{AB}$与$\overrightarrow{DC}$的方向一致，所以

$$|\overrightarrow{FE}|=\frac{1}{2}(|\overrightarrow{AB}|+|\overrightarrow{DC}|).$$

例 3.4.8 用向量法证明平行四边形对角线互相平分.

证明 如图 3-16 所示，平行四边形 $ABCD$ 的对角线 AC 与 BD 交于 O 点. 因为四边形 $ABCD$ 是平行四边形，所以$\overrightarrow{AB}=\overrightarrow{DC}$，而

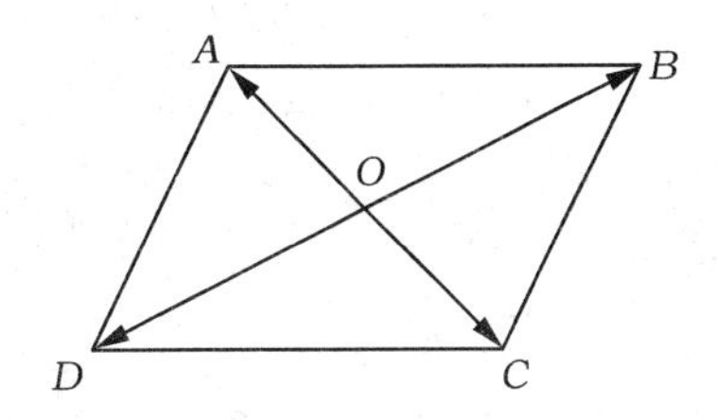

图 3—16

$$\overrightarrow{AB}=\overrightarrow{AO}+\overrightarrow{OB}=\overrightarrow{OB}-\overrightarrow{OA},\overrightarrow{DC}=\overrightarrow{OC}-\overrightarrow{OD},$$

所以

$$\overrightarrow{OB}-\overrightarrow{OA}=\overrightarrow{OC}-\overrightarrow{OD},$$

即

$$\overrightarrow{OA}+\overrightarrow{OC}=\overrightarrow{OB}+\overrightarrow{OD}.$$

因为$\overrightarrow{OA}//\overrightarrow{OC}//\overrightarrow{AC}$,$\overrightarrow{OB}//\overrightarrow{OD}//\overrightarrow{BD}$,但$\overrightarrow{AC}\not\parallel\overrightarrow{BD}$,所以

$$\overrightarrow{OA}+\overrightarrow{OC}=\overrightarrow{OB}+\overrightarrow{OD}=\mathbf{0},$$

从而命题成立.

注意:同样可以从$\overrightarrow{AD}=\overrightarrow{BC}$出发得到$\overrightarrow{OA}+\overrightarrow{OC}=\overrightarrow{OB}+\overrightarrow{OD}$.

例 3.4.9　设点 O 是平面上正多边形 $A_1A_2\cdots A_n$ 的中心,证明:

$$\overrightarrow{OA_1}+\overrightarrow{OA_2}+\cdots+\overrightarrow{OA_n}=\mathbf{0}.$$

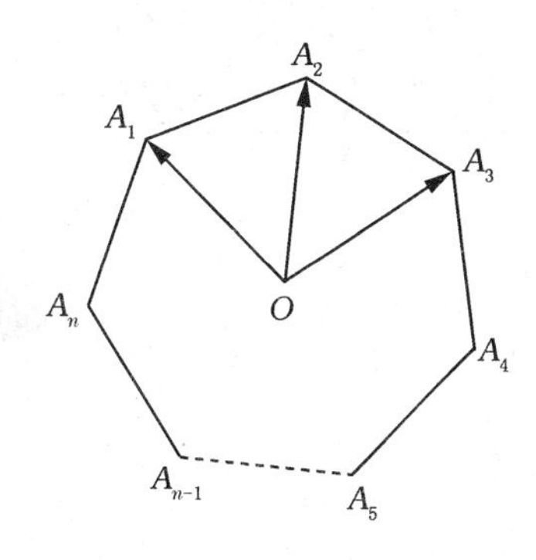

图 3—17

证明　如图 3—17 所示,O 为正多边形 $A_1A_2\cdots A_n$ 的中心.

因为多边形 $A_1A_2\cdots A_n$ 为正多边形,且 O 为正多边形 $A_1A_2\cdots A_n$ 的中心,所以

$$\angle A_1OA_2=\angle A_3OA_2,$$

所以$\overrightarrow{OA_1}+\overrightarrow{OA_3}$的方向一定与$\overrightarrow{OA_2}$的方向在一条直线上,不妨设$\overrightarrow{OA_1}+\overrightarrow{OA_3}=\lambda\overrightarrow{OA_2}$,因为 $|\overrightarrow{OA_1}+\overrightarrow{OA_3}|<|\overrightarrow{OA_1}|+|\overrightarrow{OA_3}|$,所以 $|\lambda|<2$.

同样可知,

$$\overrightarrow{OA_2}+\overrightarrow{OA_4}=\lambda\overrightarrow{OA_3},$$
$$\overrightarrow{OA_3}+\overrightarrow{OA_5}=\lambda\overrightarrow{OA_4},$$

……

$$\overrightarrow{OA_{n-1}}+\overrightarrow{OA_1}=\lambda\overrightarrow{OA_n},$$
$$\overrightarrow{OA_n}+\overrightarrow{OA_2}=\lambda\overrightarrow{OA_1},$$

所以将上面所有的式子相加可得

$$2(\overrightarrow{OA_1}+\overrightarrow{OA_2}+\cdots+\overrightarrow{OA_n})=\lambda(\overrightarrow{OA_1}+\overrightarrow{OA_2}+\cdots+\overrightarrow{OA_n}),$$

因为$|\lambda|<2$,所以$\overrightarrow{OA_1}+\overrightarrow{OA_2}+\cdots+\overrightarrow{OA_n}=\mathbf{0}$.

例 3.4.10 在上题的条件下,设 P 是任意点,证明:

$$\overrightarrow{PA_1}+\overrightarrow{PA_2}+\overrightarrow{PA_3}+\cdots+\overrightarrow{PA_n}=n\overrightarrow{PO}.$$

证明 因为

$$\overrightarrow{PA_1}=\overrightarrow{PO}+\overrightarrow{OA_1},\overrightarrow{PA_2}=\overrightarrow{PO}+\overrightarrow{OA_2},\cdots,\overrightarrow{PA_k}=\overrightarrow{PO}+\overrightarrow{OA_k},\overrightarrow{PA_n}=\overrightarrow{PO}+\overrightarrow{OA_n},$$

所以

$$\overrightarrow{PA_1}+\overrightarrow{PA_2}+\overrightarrow{PA_3}+\cdots+\overrightarrow{PA_n}=n\overrightarrow{PO}+\overrightarrow{OA_1}+\overrightarrow{OA_2}+\cdots+\overrightarrow{OA_n},$$

由上题可知

$$\overrightarrow{PA_1}+\overrightarrow{PA_2}+\overrightarrow{PA_3}+\cdots+\overrightarrow{PA_n}=n\overrightarrow{PO}.$$

例 3.4.11 在平行四边形 $ABCD$ 中,

(1)设对角线$\overrightarrow{AC}=\boldsymbol{a}$,$\overrightarrow{BD}=\boldsymbol{b}$,求$\overrightarrow{AB}$,$\overrightarrow{BC}$,$\overrightarrow{CD}$,$\overrightarrow{DA}$;

(2)设边 BC 和 CD 的中点为 M 和 N,且$\overrightarrow{AM}=\boldsymbol{p}$,$\overrightarrow{AN}=\boldsymbol{q}$,求$\overrightarrow{BC}$,$\overrightarrow{CD}$.

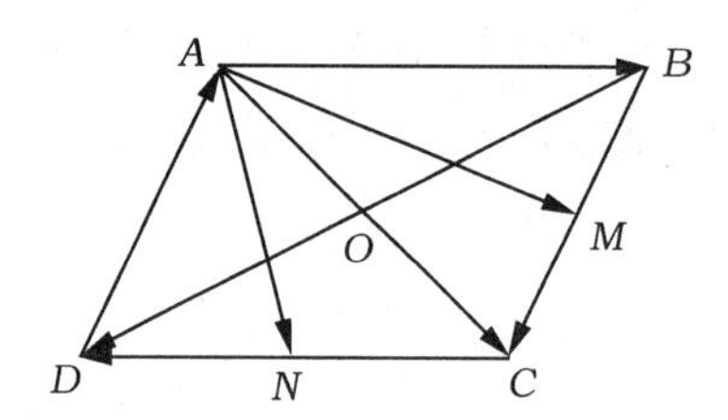

图 3—18

解 如图 3—18 所示,O 为 AC 与 BD 的交点.

(1)因为 $\overrightarrow{AO}=\frac{1}{2}\overrightarrow{AC}=\frac{1}{2}\boldsymbol{a}$,$\overrightarrow{OB}=-\frac{1}{2}\overrightarrow{BD}=-\frac{1}{2}\boldsymbol{b}$,

所以

$$\overrightarrow{AB}=\overrightarrow{OB}-\overrightarrow{OA}=-\frac{1}{2}\boldsymbol{b}+\frac{1}{2}\boldsymbol{a},$$

$$\overrightarrow{BC}=\overrightarrow{OC}-\overrightarrow{OB}=\frac{1}{2}\boldsymbol{a}+\frac{1}{2}\boldsymbol{b},$$

$$\overrightarrow{CD}=-\overrightarrow{AB}=\frac{1}{2}\boldsymbol{b}-\frac{1}{2}\boldsymbol{a},$$

$$\overrightarrow{DA}=-\overrightarrow{BC}=-\frac{1}{2}\boldsymbol{a}-\frac{1}{2}\boldsymbol{b}.$$

(2)设$\overrightarrow{BC}=\boldsymbol{x}$,$\overrightarrow{CD}=\boldsymbol{y}$,则

$$\overrightarrow{AM}=\overrightarrow{AB}+\overrightarrow{BM}=\overrightarrow{DC}+\frac{1}{2}\overrightarrow{BC}=\frac{1}{2}\boldsymbol{x}-\boldsymbol{y},$$

$$\overrightarrow{AN}=\overrightarrow{AD}+\overrightarrow{DN}=\overrightarrow{BC}+\frac{1}{2}\overrightarrow{DC}=\boldsymbol{x}-\frac{1}{2}\boldsymbol{y},$$

即

$$\begin{cases} \frac{1}{2}\boldsymbol{x}-\boldsymbol{y}=\boldsymbol{p}, \\ \boldsymbol{x}-\frac{1}{2}\boldsymbol{y}=\boldsymbol{q}, \end{cases}$$

解得

$$\boldsymbol{x}=\frac{4}{3}\boldsymbol{q}-\frac{2}{3}\boldsymbol{p}, \boldsymbol{y}=-\frac{4}{3}\boldsymbol{p}+\frac{2}{3}\boldsymbol{q},$$

所以

$$\overrightarrow{BC}=\frac{4}{3}\boldsymbol{q}-\frac{2}{3}\boldsymbol{p}, \overrightarrow{CD}=-\frac{4}{3}\boldsymbol{p}+\frac{2}{3}\boldsymbol{q}.$$

例 3.4.12　设一直线上有三点 A、B、P 满足 $\overrightarrow{AP}=\lambda\overrightarrow{PB}(\lambda\neq-1)$，$O$ 是空间任意一点，求证：

$$\overrightarrow{OP}=\frac{\overrightarrow{OA}+\lambda\overrightarrow{OB}}{1+\lambda}.$$

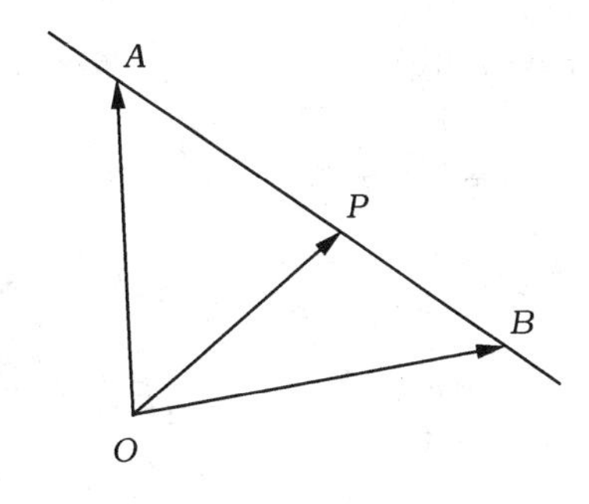

图 3—19

证明　如图 3—19 所示，因为

$$\overrightarrow{AP}=\overrightarrow{OP}-\overrightarrow{OA}, \overrightarrow{PB}=\overrightarrow{OB}-\overrightarrow{OP},$$

所以

$$\overrightarrow{OP}-\overrightarrow{OA}=\lambda(\overrightarrow{OB}-\overrightarrow{OP}),$$

即

$$(1+\lambda)\overrightarrow{OP}=\overrightarrow{OA}+\lambda\overrightarrow{OB},$$

于是

$$\overrightarrow{OP}=\frac{\overrightarrow{OA}+\lambda\overrightarrow{OB}}{1+\lambda}.$$

例 3.4.13　在△ABC 中，设 $\overrightarrow{AB}=\boldsymbol{e}_1$，$\overrightarrow{AC}=\boldsymbol{e}_2$.

(1)设 D、E 是边 BC 的三等分点，将向量 $\overrightarrow{AD}$，$\overrightarrow{AE}$ 分解为 $\boldsymbol{e}_1$，$\boldsymbol{e}_2$ 的线性组合；

(2)设 AT 是角 A 的平分线(它与 BC 交于 T 点)，将 $\overrightarrow{AT}$ 分解为 $\boldsymbol{e}_1$，$\boldsymbol{e}_2$ 的线性组合.

解　(1)如图 3—20(1)所示，因为 $\overrightarrow{BD}=\frac{1}{2}\overrightarrow{DC}$，$\overrightarrow{BE}=2\overrightarrow{EC}$，所以由上题可知

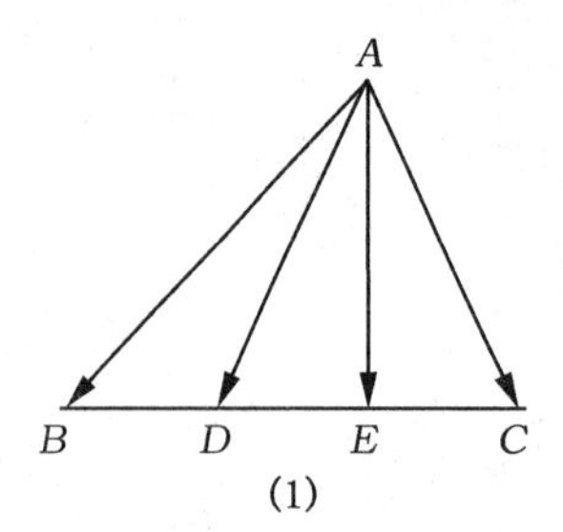

(1)

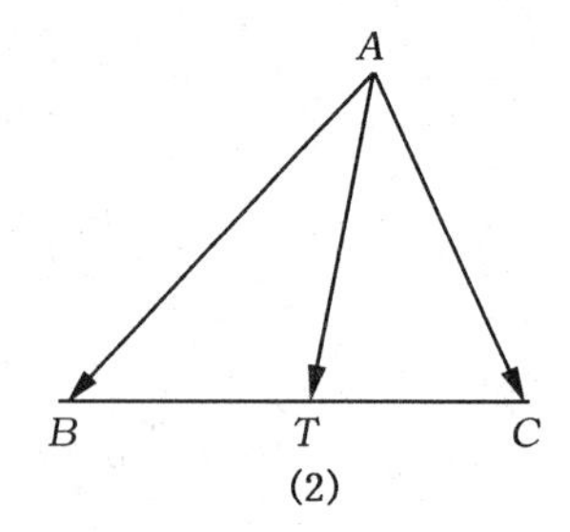

(2)

图 3—20

$$\overrightarrow{AD}=\frac{\overrightarrow{AB}+\frac{1}{2}\overrightarrow{AC}}{1+\frac{1}{2}}=\frac{2\overrightarrow{AB}+\overrightarrow{AC}}{3}=\frac{2}{3}\boldsymbol{e}_1+\frac{1}{3}\boldsymbol{e}_2,$$

$$\overrightarrow{AE}=\frac{\overrightarrow{AB}+2\overrightarrow{AC}}{3}=\frac{1}{3}\boldsymbol{e}_1+\frac{2}{3}\boldsymbol{e}_2.$$

(2)如图 3—20(2)所示,AT 为$\angle BAC$ 的平分线.由角平分线的性质可知

$$\frac{\overrightarrow{BT}}{\overrightarrow{TC}}=\frac{|\overrightarrow{AB}|}{|\overrightarrow{AC}|}=\frac{|\boldsymbol{e}_1|}{|\boldsymbol{e}_2|},$$

所以$\dfrac{\overrightarrow{BT}}{\overrightarrow{BT}+\overrightarrow{TC}}=\dfrac{|\boldsymbol{e}_1|}{|\boldsymbol{e}_1|+|\boldsymbol{e}_2|}$,即$\dfrac{\overrightarrow{BT}}{\overrightarrow{BC}}=\dfrac{|\boldsymbol{e}_1|}{|\boldsymbol{e}_1|+|\boldsymbol{e}_2|}$.于是

$$\overrightarrow{BT}=\frac{|\boldsymbol{e}_1|}{|\boldsymbol{e}_1|+|\boldsymbol{e}_2|}\overrightarrow{BC}=\frac{|\boldsymbol{e}_1|}{|\boldsymbol{e}_1|+|\boldsymbol{e}_2|}(\overrightarrow{AC}-\overrightarrow{AB})=\frac{|\boldsymbol{e}_1|}{|\boldsymbol{e}_1|+|\boldsymbol{e}_2|}(\boldsymbol{e}_2-\boldsymbol{e}_1),$$

所以

$$\overrightarrow{AT}=\overrightarrow{BT}-\overrightarrow{BA}=\frac{|\boldsymbol{e}_1|}{|\boldsymbol{e}_1|+|\boldsymbol{e}_2|}(\boldsymbol{e}_2-\boldsymbol{e}_1)+\boldsymbol{e}_1=\frac{|\boldsymbol{e}_1|\boldsymbol{e}_2+|\boldsymbol{e}_2|\boldsymbol{e}_1}{|\boldsymbol{e}_1|+|\boldsymbol{e}_2|}.$$

例 3.4.14 在四面体 $OABC$ 中,设点 G 是$\triangle ABC$ 的重心(三中线之交点),求向量$\overrightarrow{OG}$对于向量$\overrightarrow{OA},\overrightarrow{OB},\overrightarrow{OC}$的分解式.

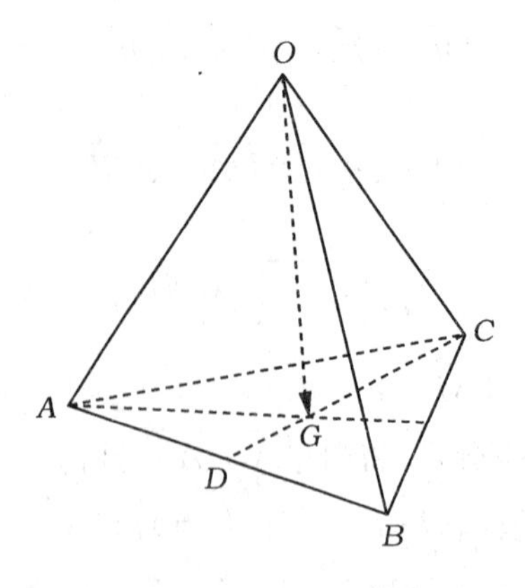

图 3—21

解　如图 3－21 所示，连接 CG 交 AB 于 D，由条件可知 D 为 AB 的中点，且 $\overrightarrow{CG}=\frac{2}{3}\overrightarrow{CD}$.

$$\begin{aligned}\overrightarrow{CD}&=\frac{1}{2}(\overrightarrow{CA}+\overrightarrow{CB})=\frac{1}{2}(\overrightarrow{OA}-\overrightarrow{OC}+\overrightarrow{OB}-\overrightarrow{OC})\\&=\frac{1}{2}\overrightarrow{OA}+\frac{1}{2}\overrightarrow{OB}-\overrightarrow{OC},\end{aligned}$$

所以

$$\begin{aligned}\overrightarrow{OG}&=\overrightarrow{OC}+\overrightarrow{CG}=\overrightarrow{OC}+\frac{2}{3}\overrightarrow{CD}\\&=\overrightarrow{OC}+\frac{1}{3}\overrightarrow{OA}+\frac{1}{3}\overrightarrow{OB}-\frac{2}{3}\overrightarrow{OC}\\&=\frac{1}{3}(\overrightarrow{OA}+\overrightarrow{OB}+\overrightarrow{OC}).\end{aligned}$$

例 3.4.15　用向量法证明以下各题：

(1)三角形三中线共点；

(2)P 是$\triangle ABC$ 重心的充要条件是$\overrightarrow{PA}+\overrightarrow{PB}+\overrightarrow{PC}=\mathbf{0}$.

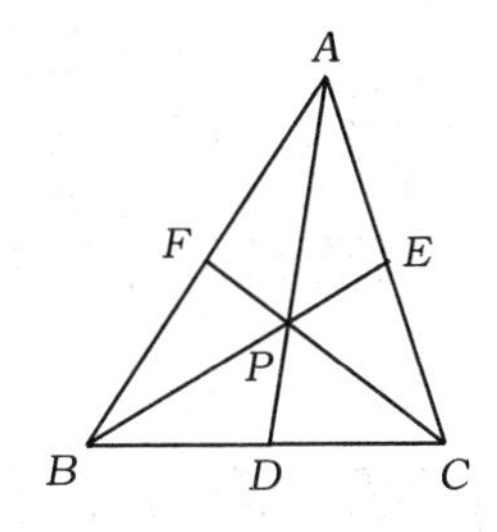

图 3—22

证明　(1)如图 3－22 所示，D、E、F 分别是 BC、CA、AB 上的中点，设 AD 交 BE 于 P，连接 CF，PC. 我们只要证 C、P、F 三点共线即可.

设$\overrightarrow{AP}=\lambda\overrightarrow{PD}$，$\overrightarrow{BP}=\mu\overrightarrow{PE}$，则

$$\begin{aligned}\overrightarrow{CP}&=\overrightarrow{AP}-\overrightarrow{AC}=\frac{\lambda}{1+\lambda}\overrightarrow{AD}-\overrightarrow{AC}\\&=\frac{\lambda}{1+\lambda}\cdot\frac{1}{2}(\overrightarrow{AB}+\overrightarrow{AC})-\overrightarrow{AC}\\&=\frac{\lambda}{2(1+\lambda)}\overrightarrow{AB}-\frac{\lambda+2}{2(1+\lambda)}\overrightarrow{AC},\end{aligned}$$

另一方面，

$$\begin{aligned}\overrightarrow{CP}&=\overrightarrow{BP}-\overrightarrow{BC}=\frac{\mu}{1+\mu}\overrightarrow{BE}-\overrightarrow{BC}=\frac{\mu}{1+\mu}(\overrightarrow{AE}-\overrightarrow{AB})-\overrightarrow{BC}\\&=\frac{\mu}{1+\mu}\left(\frac{1}{2}\overrightarrow{AC}-\overrightarrow{AB}\right)-(\overrightarrow{AC}-\overrightarrow{AB})=\left(\frac{\mu}{2(1+\mu)}-1\right)\overrightarrow{AC}+\frac{1}{1+\mu}\overrightarrow{AB},\end{aligned}$$

所以

$$\frac{\lambda}{2(1+\lambda)}\overrightarrow{AB}-\frac{\lambda+2}{2(1+\lambda)}\overrightarrow{AC}=\frac{1}{1+\mu}\overrightarrow{AB}+\left(\frac{\mu}{2(1+\mu)}-1\right)\overrightarrow{AC},$$

即

$$\left[\frac{\lambda}{2(1+\lambda)}-\frac{1}{1+\mu}\right]\overrightarrow{AB}-\left[\frac{\lambda+2}{2(1+\lambda)}+\frac{\mu}{2(1+\mu)}-1\right]\overrightarrow{AC}=0.$$

因为$\overrightarrow{AB}\not\parallel\overrightarrow{AC}$，所以$\overrightarrow{AB}$，$\overrightarrow{AC}$线性无关，所以

$$\begin{cases}\dfrac{\lambda}{2(1+\lambda)}-\dfrac{1}{1+\mu}=0,\\ \dfrac{\lambda+2}{2(1+\lambda)}+\dfrac{\mu}{2(1+\mu)}-1=0,\end{cases}$$

解得 $\lambda=2$，$\mu=2$. 所以

$$\overrightarrow{CP}=\frac{1}{3}\overrightarrow{AB}-\frac{2}{3}\overrightarrow{AC}=\frac{1}{3}(\overrightarrow{AB}-2\overrightarrow{AC}),$$

$$\overrightarrow{CF}=\overrightarrow{AF}-\overrightarrow{AC}=\frac{1}{2}\overrightarrow{AB}-\overrightarrow{AC}=\frac{1}{2}(\overrightarrow{AB}-2\overrightarrow{AC})=\frac{3}{2}\overrightarrow{CP},$$

从而 C、P、F 三点共线.

(2)如图 3－22 所示.

(必要条件)设 P 为$\triangle ABC$ 的重心，由(1)知

$$\overrightarrow{PA}=-\frac{2}{3}\overrightarrow{AD}=-\frac{1}{3}(\overrightarrow{AB}+\overrightarrow{AC}),$$

$$\overrightarrow{PB}=-\frac{1}{3}(\overrightarrow{BA}+\overrightarrow{BC}),$$

$$\overrightarrow{PC}=-\frac{1}{3}(\overrightarrow{CA}+\overrightarrow{CB}),$$

所以

$$\overrightarrow{PA}+\overrightarrow{PB}+\overrightarrow{PC}=-\frac{1}{3}(\overrightarrow{AB}+\overrightarrow{AC}+\overrightarrow{BA}+\overrightarrow{BC}+\overrightarrow{CA}+\overrightarrow{CB})=\mathbf{0}.$$

(充分条件)P 为$\triangle ABC$ 内一点且满足条件$\overrightarrow{PA}+\overrightarrow{PB}+\overrightarrow{PC}=0$，取 BC、CA、AB 的中点分别为 D、E、F，连接 PD、PE、PF.

因为 $\overrightarrow{PD}=\frac{1}{2}(\overrightarrow{PB}+\overrightarrow{PC})=-\frac{1}{2}\overrightarrow{PA}$，所以 A、P、D 三点共线.

同理可证 B、P、E 三点共线，C、P、F 三点共线，所以 P 为$\triangle ABC$ 的重心.

例 3.4.16 已知向量 $\boldsymbol{a}$，$\boldsymbol{b}$ 不共线，问：$\boldsymbol{c}=2\boldsymbol{a}-\boldsymbol{b}$ 与 $\boldsymbol{d}=3\boldsymbol{a}-2\boldsymbol{b}$ 是否线性相关？

解 因为$\begin{vmatrix}2 & 3\\ -1 & -2\end{vmatrix}=-1\neq0$，所以 $\boldsymbol{c}$，$\boldsymbol{d}$ 不共线，从而 $\boldsymbol{c}$，$\boldsymbol{d}$ 线性无关.

例 3.4.17 证明三个向量 $\boldsymbol{a}=-\boldsymbol{e}_1+3\boldsymbol{e}_2+2\boldsymbol{e}_3$，$\boldsymbol{b}=4\boldsymbol{e}_1-6\boldsymbol{e}_2+2\boldsymbol{e}_3$，$\boldsymbol{c}=-3\boldsymbol{e}_1+12\boldsymbol{e}_2+11\boldsymbol{e}_3$ 共面，其中，$\boldsymbol{a}$ 能否用 $\boldsymbol{b}$，$\boldsymbol{c}$ 线性表示？如能表示，写出线性表示关系式.

证明 因为$\begin{vmatrix}-1 & 3 & 2\\ 4 & -6 & 2\\ -3 & 12 & 11\end{vmatrix}=0$，所以 $\boldsymbol{a}$，$\boldsymbol{b}$，$\boldsymbol{c}$ 线性相关，从而 $\boldsymbol{a}$，$\boldsymbol{b}$，$\boldsymbol{c}$ 共面.

$$\boldsymbol{a}=\frac{\boldsymbol{c}}{5}-\frac{\boldsymbol{b}}{10}.$$

例 3.4.18 证明三个向量 $\lambda\boldsymbol{a}-\mu\boldsymbol{b}$，$\mu\boldsymbol{b}-\nu\boldsymbol{c}$，$\nu\boldsymbol{c}-\lambda\boldsymbol{a}$ 共面.

证明 因为$(\lambda\boldsymbol{a}-\mu\boldsymbol{b})+(\mu\boldsymbol{b}-\nu\boldsymbol{c})+(\nu\boldsymbol{c}-\lambda\boldsymbol{a})=\mathbf{0}$，所以 $\lambda\boldsymbol{a}-\mu\boldsymbol{b}$，$\mu\boldsymbol{b}-\nu\boldsymbol{c}$，$\nu\boldsymbol{c}-\lambda\boldsymbol{a}$ 共面.

例 3.4.19　设$\overrightarrow{OP_i}=r_i(i=1,2,3,4)$，试证 P_1,P_2,P_3,P_4 四点共面的充要条件是存在不全为零的实数 $\lambda_i(i=1,2,3,4)$使

$$\lambda_1\boldsymbol{r}_1+\lambda_2\boldsymbol{r}_2+\lambda_3\boldsymbol{r}_3+\lambda_4\boldsymbol{r}_4=\boldsymbol{0}\text{，且}\sum_{i=1}^{4}\lambda_i=0.$$

证明　(必要性)因为 P_1,P_2,P_3,P_4 四点共面，所以$\overrightarrow{P_1P_2},\overrightarrow{P_1P_3},\overrightarrow{P_1P_4}$线性相关，从而存在不全为零的实数 m,n,p，使得

$$m\overrightarrow{P_1P_2}+n\overrightarrow{P_1P_3}+p\overrightarrow{P_1P_4}=\boldsymbol{0},$$

即

$$m(\overrightarrow{OP_2}-\overrightarrow{OP_1})+n(\overrightarrow{OP_3}-\overrightarrow{OP_1})+p(\overrightarrow{OP_4}-\overrightarrow{OP_1})=\boldsymbol{0},$$

$$m(\boldsymbol{r}_2-\boldsymbol{r}_1)+n(\boldsymbol{r}_3-\boldsymbol{r}_1)+p(\boldsymbol{r}_4-\boldsymbol{r}_1)=\boldsymbol{0},$$

$$-(m+n+p)\boldsymbol{r}_1+m\boldsymbol{r}_2+n\boldsymbol{r}_3+p\boldsymbol{r}_4=\boldsymbol{0}.$$

令 $\lambda_1=-(m+n+p),\lambda_2=m,\lambda_3=n,\lambda_4=p$，则 $\lambda_i(i=1,2,3,4)$不全为零，且满足

$$\lambda_1\boldsymbol{r}_1+\lambda_2\boldsymbol{r}_2+\lambda_3\boldsymbol{r}_3+\lambda_4\boldsymbol{r}_4=\boldsymbol{0}\text{，且}\sum_{i=1}^{4}\lambda_i=0.$$

(充分性)不妨设 $\lambda_1\neq0$，则 $\lambda_1=-(\lambda_2+\lambda_3+\lambda_4)$，$\lambda_2,\lambda_3,\lambda_4$ 不全为零，

$$-(\lambda_2+\lambda_3+\lambda_4)\boldsymbol{r}_1+\lambda_2\boldsymbol{r}_2+\lambda_3\boldsymbol{r}_3+\lambda_4\boldsymbol{r}_4=\boldsymbol{0},$$

即

$$\lambda_2(\boldsymbol{r}_2-\boldsymbol{r}_1)+\lambda_3(\boldsymbol{r}_3-\boldsymbol{r}_1)+\lambda_4(\boldsymbol{r}_4-\boldsymbol{r}_1)=\boldsymbol{0},$$

$$\lambda_2(\overrightarrow{OP_2}-\overrightarrow{OP_1})+\lambda_3(\overrightarrow{OP_3}-\overrightarrow{OP_1})+\lambda_4(\overrightarrow{OP_4}-\overrightarrow{OP_1})=\boldsymbol{0},$$

$$\lambda_2\overrightarrow{P_1P_2}+\lambda_3\overrightarrow{P_1P_3}+\lambda_4\overrightarrow{P_1P_4}=\boldsymbol{0},$$

所以$\overrightarrow{P_1P_2},\overrightarrow{P_1P_3},\overrightarrow{P_1P_4}$线性相关，这表明 P_1,P_2,P_3,P_4 四点共面.

例 3.4.20　如图 3－23 所示，平行四边形 $ABCD$ 的对角线交于 E 点，$DM=\frac{1}{3}DE$，$EN=\frac{1}{3}EC$，且$\overrightarrow{AB}=\boldsymbol{e}_1,\overrightarrow{AD}=\boldsymbol{e}_2,\overrightarrow{CB}=\boldsymbol{e}_1',\overrightarrow{CD}=\boldsymbol{e}_2'$，取标架$\{A;\boldsymbol{e}_1,\boldsymbol{e}_2\}$与标架$\{C;\boldsymbol{e}'_1,\boldsymbol{e}'_2\}$，求 M,N 两点分别关于标架$\{A;\boldsymbol{e}_1,\boldsymbol{e}_2\}$与标架$\{C;\boldsymbol{e}'_1,\boldsymbol{e}'_2\}$的坐标，以及向量$\overrightarrow{MN}$关于标架$\{A;\boldsymbol{e}_1,\boldsymbol{e}_2\}$与标架$\{C;\boldsymbol{e}'_1,\boldsymbol{e}'_2\}$的坐标.

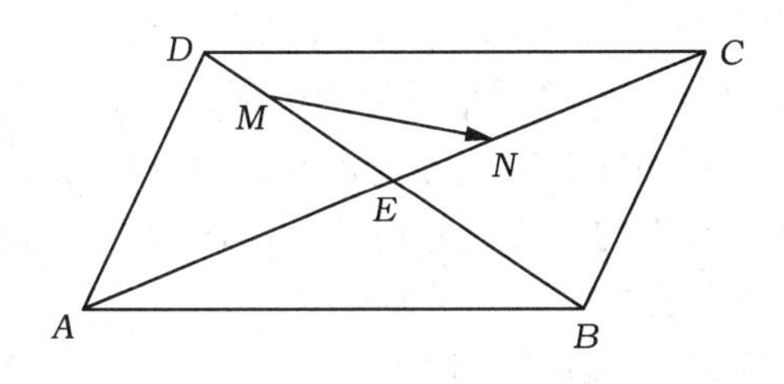

图 3－23

解　(1)关于标架$\{A;\boldsymbol{e}_1,\boldsymbol{e}_2\}$，则 $B(1,0),D(0,1)$.

因为$\frac{\overrightarrow{DM}}{\overrightarrow{MB}}=\frac{1}{5}$，所以 M 点的坐标为 $x=\dfrac{0+\frac{1}{5}}{1+\frac{1}{5}}=\dfrac{1}{6}$，$y=\dfrac{1+\frac{1}{5}\cdot0}{1+\frac{1}{5}}=\dfrac{5}{6}$，即 M 点的坐标为

$\left(\frac{1}{6},\frac{5}{6}\right)$.

$\overrightarrow{AC}=\overrightarrow{AB}+\overrightarrow{AD}=\boldsymbol{e}_1+\boldsymbol{e}_2$，又因为$\overrightarrow{AN}=\frac{2}{3}\overrightarrow{AC}$，所以 N 点的坐标为$\left(\frac{2}{3},\frac{2}{3}\right)$，$\overrightarrow{MN}$关于标架$\{A;\boldsymbol{e}_1,\boldsymbol{e}_2\}$的坐标为$\left\{\frac{1}{2},-\frac{1}{6}\right\}$.

(2)关于标架$\{C;\boldsymbol{e}'_1,\boldsymbol{e}'_2\}$，则 $B(1,0)$，$D(0,1)$，$A(1,1)$，所以 N 点的坐标为$\left(\frac{1}{3},\frac{1}{3}\right)$.

因为$\frac{\overrightarrow{DM}}{\overrightarrow{MB}}=\frac{1}{5}$，所以 M 点的坐标为$\left(\frac{1}{6},\frac{5}{6}\right)$. $\overrightarrow{MN}$关于标架$\{C;\boldsymbol{e}'_1,\boldsymbol{e}'_2\}$的坐标为$\left\{\frac{1}{6},-\frac{1}{2}\right\}$.

例 3.4.21 在平行六面体 $ABCD-EFGH$ 中(见图 3—24)，平行四边形 $CGHD$ 的中心为 P，并设$\overrightarrow{AB}=\boldsymbol{e}_1$，$\overrightarrow{AD}=\boldsymbol{e}_2$，$\overrightarrow{AE}=\boldsymbol{e}_3$，试求向量$\overrightarrow{BP}$，$\overrightarrow{EP}$关于标架$\{A;\boldsymbol{e}_1,\boldsymbol{e}_2,\boldsymbol{e}_3\}$的坐标，以及$\triangle BEP$ 三顶点及其重心关于标架$\{A;\boldsymbol{e}_1,\boldsymbol{e}_2,\boldsymbol{e}_3\}$的坐标.

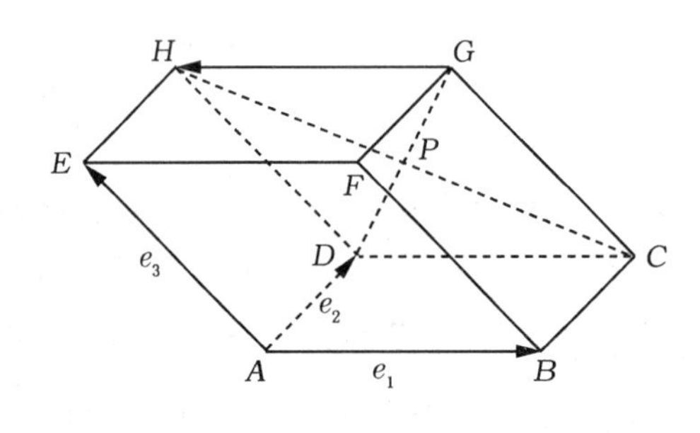

图 3—24

解 根据条件有 $B(1,0,0)$，$D(0,1,0)$，$E(0,0,1)$，$G(1,1,1)$，因为 P 点坐标为$\left(\frac{1}{2},1,\frac{1}{2}\right)$，所以 $\overrightarrow{BP}=\left\{-\frac{1}{2},1,\frac{1}{2}\right\}$，$\overrightarrow{EP}=\left\{\frac{1}{2},1,-\frac{1}{2}\right\}$，$\triangle BEP$ 的重心坐标为$\left(\frac{1}{2},\frac{1}{3},\frac{1}{2}\right)$.

例 3.4.22 在空间直角坐标系$\{O;\boldsymbol{i},\boldsymbol{j},\boldsymbol{k}\}$下，设点 $P(2,-3,-1)$，$M(a,b,c)$，求这两点关于(1)坐标平面对称的坐标；(2)坐标轴对称的坐标；(3)坐标原点对称的坐标.

解 (1)P、M 关于 xOy 平面的对称点分别是$(2,-3,1)$，$(a,b,-c)$；

P、M 关于 xOz 平面的对称点分别是$(2,3,-1)$，$(a,-b,c)$；

P、M 关于 yOz 平面的对称点分别是$(-2,-3,1)$，$(-a,b,c)$；

(2)P、M 关于 x 轴对称的点坐标分别是$(2,3,1)$，$(a,-b,-c)$；

P、M 关于 y 轴对称的点坐标分别是$(-2,-3,1)$，$(-a,b,-c)$；

P、M 关于 z 轴对称的点坐标分别是$(-2,3,-1)$，$(-a,-b,c)$；

(3)P、M 关于原点对称的点坐标分别是$(-2,3,1)$，$(-a,-b,-c)$.

例 3.4.23 设两空间直角坐标系，新坐标原点的向径$\overrightarrow{OO'}=\boldsymbol{m}\{a,b,c\}$，对应的坐标轴的正向相同，求空间任一点 P 分别与旧系和新系的向径 $\boldsymbol{r}\{x,y,z\}$ 和 $\boldsymbol{r}'\{x',y',z'\}$之间的关系，并写出新、旧坐标的关系式(即移轴公式)(见图 3—25).

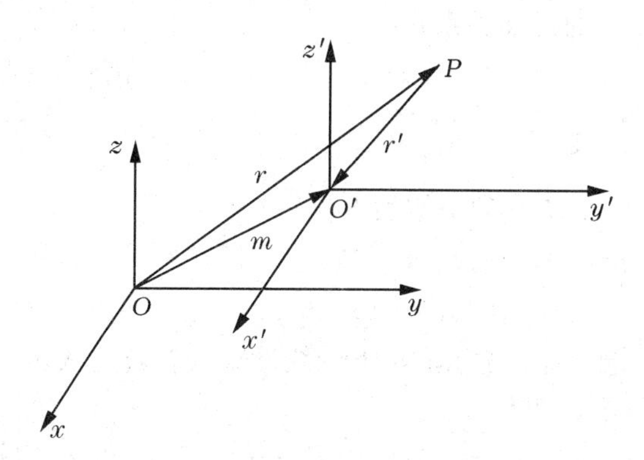

图 3—25

解　如图 3—25 所示，可知 $\boldsymbol{r}=\boldsymbol{r}'+\boldsymbol{m}$，
所以

$$\begin{cases}x=x'+a,\\y=y'+b,\\z=z'+c.\end{cases}$$

例 3.4.24　已知平行四边形 $ABCD$ 中三顶点 A,B,C 的坐标如下：

(1)在标架$\{O;\boldsymbol{e}_1,\boldsymbol{e}_2\}$下，$A(-1,2)$，$B(3,0)$，$C(5,1)$；

(2)在标架$\{O;\boldsymbol{e}_1,\boldsymbol{e}_2,\boldsymbol{e}_3\}$下，$A(0,-2,0)$，$B(2,0,1)$，$C(0,4,2)$，求第四顶点 D 和对角线交点 M 的坐标.

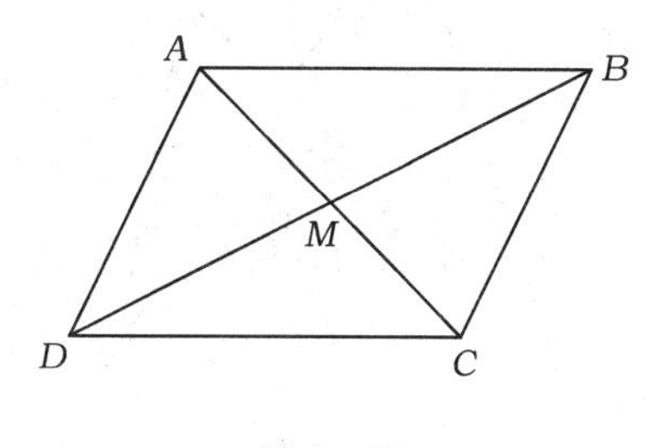

图 3—26

解　如图 3—26 所示，$\overrightarrow{AB}=\overrightarrow{DC}$，$M$ 为 AC 与 BD 的交点.

(1)设 D 点坐标为(x,y)，因为$\overrightarrow{AB}=\overrightarrow{DC}$，所以

$$\{3,0\}-\{-1,2\}=\{5,1\}-\{x,y\},$$

得 $D=(1,3)$. 因为 M 为 AC 的中点，所以 M 的坐标为$\left(2,\frac{3}{2}\right)$.

(2)设 D 点坐标为(x,y,z)，因为$\overrightarrow{AB}=\overrightarrow{DC}$，所以

$$\{2,0,1\}-\{0,-2,0\}=\{0,4,2\}-\{x,y,z\},$$

得 $D=(-2,2,1)$. 因为 M 为 AC 的中点，所以 M 的坐标为$(0,1,1)$.

例 3.4.25　已知 A,B,C 三点坐标如下：

(1)在标架$\{O;\boldsymbol{e}_1,\boldsymbol{e}_2\}$下，$A(0,1)$，$B(2,-2)$，$C(-2,4)$；

(2)在标架$\{O;\boldsymbol{e}_1,\boldsymbol{e}_2,\boldsymbol{e}_3\}$下，$A(0,1,0)$，$B(-1,0,-2)$，$C(-2,3,4)$，判别它们是否共

线？若共线，写出$\overrightarrow{AB}$和$\overrightarrow{AC}$的线性关系式.

解 (1)因为$\overrightarrow{AB}=\{2,-3\}$，$\overrightarrow{AC}=\{-2,3\}$，所以$\overrightarrow{AB}+\overrightarrow{AC}=\mathbf{0}$，因此$\overrightarrow{AB}$与$\overrightarrow{AC}$共线.

(2)因为$\overrightarrow{AB}=\{-1,-1,-2\}$，$\overrightarrow{AC}=\{-2,2,4\}$，$\frac{-1}{-2}\neq\frac{-1}{2}$，所以$\overrightarrow{AB}$与$\overrightarrow{AC}$不共线.

例 3.4.26 已知向量$\boldsymbol{a},\boldsymbol{b},\boldsymbol{c}$的坐标如下：

(1)$\boldsymbol{a}=\{0,-1,2\}$，$\boldsymbol{b}=\{0,2,-4\}$，$\boldsymbol{c}=\{1,2,-1\}$；

(2)$\boldsymbol{a}=\{1,2,3\}$，$\boldsymbol{b}=\{2,-1,0\}$，$\boldsymbol{c}=\{0,5,6\}$，

试判别它们是否共面？能否将$\boldsymbol{c}$表示成$\boldsymbol{a},\boldsymbol{b}$的线性组合？若能表示，写出表达式.

解 (1)因为$\begin{vmatrix}0 & -1 & 2\\ 0 & 2 & -4\\ 1 & 2 & -1\end{vmatrix}=0$，所以向量$\boldsymbol{a},\boldsymbol{b},\boldsymbol{c}$共面，但$\boldsymbol{c}$不能表示成$\boldsymbol{a},\boldsymbol{b}$的线性组合；

(2)因为$\begin{vmatrix}1 & 2 & 3\\ 2 & -1 & 0\\ 0 & 5 & 6\end{vmatrix}=0$，所以向量$\boldsymbol{a},\boldsymbol{b},\boldsymbol{c}$共面，因为$\boldsymbol{a},\boldsymbol{b}$线性无关，所以$\boldsymbol{c}$能表示成$\boldsymbol{a}$，$\boldsymbol{b}$的线性组合$\boldsymbol{c}=2\boldsymbol{a}-\boldsymbol{b}$.

例 3.4.27 证明：四面体每一个顶点与对面重心所连的线段共点，且这点到顶点的距离是它到对面重心距离的三倍.用四面体的顶点坐标把交点坐标表示出来.

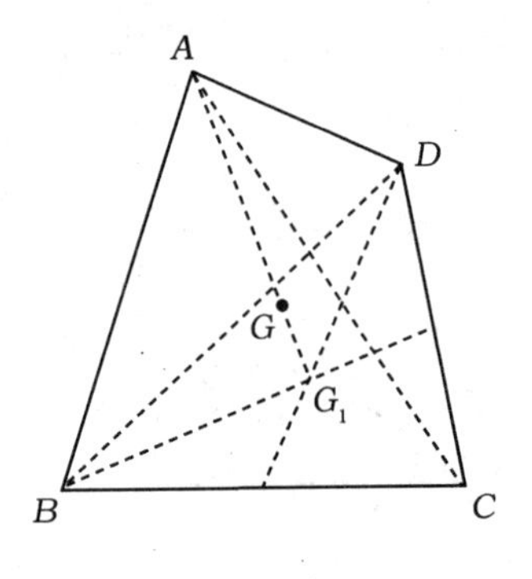

图 3—27

证明 如图 3—27 所示，取仿射坐标系$\{A;\overrightarrow{AB},\overrightarrow{AC},\overrightarrow{AD}\}$，则$A(0,0,0)$，$B(1,0,0)$，$C(0,1,0)$，$D(0,0,1)$.

那么顶点A的对面$\triangle BCD$的重心G_1的坐标为$\left(\frac{1}{3},\frac{1}{3},\frac{1}{3}\right)$，在$AG_1$上取点$G$，使$AG:GG_1=3:1$，则$G$的坐标为$\frac{3}{4}\left(\frac{1}{3},\frac{1}{3},\frac{1}{3}\right)=\left(\frac{1}{4},\frac{1}{4},\frac{1}{4}\right)$.

而我们同样可求得$\triangle ACD$、$\triangle ABD$、$\triangle ABC$的重心坐标分别为

$$G_2\left(0,\frac{1}{3},\frac{1}{3}\right),G_3\left(\frac{1}{3},0,\frac{1}{3}\right),G_4\left(\frac{1}{3},\frac{1}{3},0\right).$$

取BG_2上点G'，使$BG':G'G_2=3:1$，则G'的坐标为

$$\frac{1}{4}(1,0,0)+\frac{3}{4}\left(0,\frac{1}{3},\frac{1}{3}\right)=\left(\frac{1}{4},\frac{1}{4},\frac{1}{4}\right),$$

所以 G' 与 G 重合. 同理可知,CG_3、DG_4 自顶点起分线段 3∶1 的点都是 G 点,从而 AG_1、BG_2、CG_3、DG_4 四线段共点,且该点到顶点的距离是它到对面重心距离的 3 倍,坐标为 $\left(\frac{1}{4},\frac{1}{4},\frac{1}{4}\right)$.

例 3.4.28 已知向量 $\overrightarrow{AB}$ 与单位向量 $\boldsymbol{e}$ 的夹角为 $150°$,且 $|\overrightarrow{AB}|=10$,求射影向量$_{\boldsymbol{e}}\overrightarrow{AB}$ 与射影$_{\boldsymbol{e}}\overrightarrow{AB}$. 又如果 $\boldsymbol{e}'=-\boldsymbol{e}$,求射影向量$_{\boldsymbol{e}'}\overrightarrow{AB}$ 与射影$_{\boldsymbol{e}'}\overrightarrow{AB}$.

解 射影$_{\boldsymbol{e}}\overrightarrow{AB}=|\overrightarrow{AB}|\cos\theta=10\cdot\cos 150°=-5\sqrt{3}$,

射影$_{\boldsymbol{e}'}\overrightarrow{AB}=-$射影$_{\boldsymbol{e}}\overrightarrow{AB}=5\sqrt{3}$.

例 3.4.29 证明:射影$_l(\lambda_1\boldsymbol{a}_1+\lambda_2\boldsymbol{a}_2+\cdots+\lambda_n\boldsymbol{a}_n)=\lambda_1$ 射影$_l\boldsymbol{a}_1+\lambda_2$ 射影$_l\boldsymbol{a}_2+\cdots+\lambda_n$ 射影$_l\boldsymbol{a}_n$.

证明 由定理射影$_l(\boldsymbol{a}+\boldsymbol{b})=$射影$_l\boldsymbol{a}+$射影$_l\boldsymbol{b}$ 和定理射影$_l(\lambda\boldsymbol{a})=\lambda$ 射影$_l\boldsymbol{a}$ 可知 $n=2$ 时命题成立,从而只要用数学归纳法证明

$$射影_l(\boldsymbol{a}_1+\boldsymbol{a}_2+\cdots+\boldsymbol{a}_n)=射影_l\boldsymbol{a}_1+射影_l\boldsymbol{a}_2+\cdots+射影_l\boldsymbol{a}_n.$$

设 $n-1$ 时命题成立,所以

$$\begin{aligned}射影_l(\boldsymbol{a}_1+\boldsymbol{a}_2+\cdots+\boldsymbol{a}_n)&=射影_l[(\boldsymbol{a}_1+\cdots+\boldsymbol{a}_{n-1})+\boldsymbol{a}_n]\\&=射影_l(\boldsymbol{a}_1+\cdots+\boldsymbol{a}_{n-1})+射影_l\boldsymbol{a}_n,\end{aligned}$$

由归纳假设可知射影$_l(\boldsymbol{a}_1+\boldsymbol{a}_2+\cdots+\boldsymbol{a}_{n-1})=$射影$_l\boldsymbol{a}_1+$射影$_l\boldsymbol{a}_2+\cdots+$射影$_l\boldsymbol{a}_{n-1}$,所以

$$射影_l(\boldsymbol{a}_1+\boldsymbol{a}_2+\cdots+\boldsymbol{a}_n)=射影_l\boldsymbol{a}_1+射影_l\boldsymbol{a}_2+\cdots+射影_l\boldsymbol{a}_{n-1}+射影_l\boldsymbol{a}_n,$$

从而命题成立.

例 3.4.30 用向量法证明以下各题:

(1)三角形的余弦定理 $a^2=b^2+c^2-2bc\cos A$;

(2)平行四边形成为菱形的充要条件是对角线互相垂直;

(3)内接于半圆且以直径为一边的三角形为直角三角形;

(4)三角形各边的垂直平分线共点且这点到各顶点等距;

(5)空间四边形对角线互相垂直的充要条件是对边平方和相等.

证明 (1)如图 3-28(1)所示,a,b,c 分别是 $\angle A$、$\angle B$、$\angle C$ 对应的边的长度,即 $|\overrightarrow{AB}|=c$,$|\overrightarrow{BC}|=a$,$|\overrightarrow{CA}|=b$.

因为

$$\begin{aligned}|\overrightarrow{CB}|^2&=(\overrightarrow{CA}+\overrightarrow{AB})^2=|\overrightarrow{CA}|^2+|\overrightarrow{AB}|^2+2\overrightarrow{CA}\cdot\overrightarrow{AB}\\&=|\overrightarrow{CA}|^2+|\overrightarrow{AB}|^2+2|\overrightarrow{CA}|\cdot|\overrightarrow{AB}|\cos\angle(\overrightarrow{CA},\overrightarrow{AB})\\&=b^2+c^2+2bc\cos(\pi-A)=b^2+c^2-2bc\cos A,\end{aligned}$$

所以

$$a^2=b^2+c^2-2bc\cos A.$$

(2)如图 3-28(2)所示,因为

$$\overrightarrow{AC}=\overrightarrow{AB}+\overrightarrow{BC},\overrightarrow{BD}=\overrightarrow{BA}+\overrightarrow{AD}=\overrightarrow{BC}-\overrightarrow{AB},$$

所以

$$\overrightarrow{AC}\cdot\overrightarrow{BD}=(\overrightarrow{AB}+\overrightarrow{BC})\cdot(\overrightarrow{BC}-\overrightarrow{AB})=|\overrightarrow{BC}|^2-|\overrightarrow{AB}|^2,$$

因为平行四边形 $ABCD$ 成为菱形的充要条件是 $|\overrightarrow{AB}|=|\overrightarrow{BC}|$,即 $\overrightarrow{AC}\cdot\overrightarrow{BD}=0$,从而命题成立.

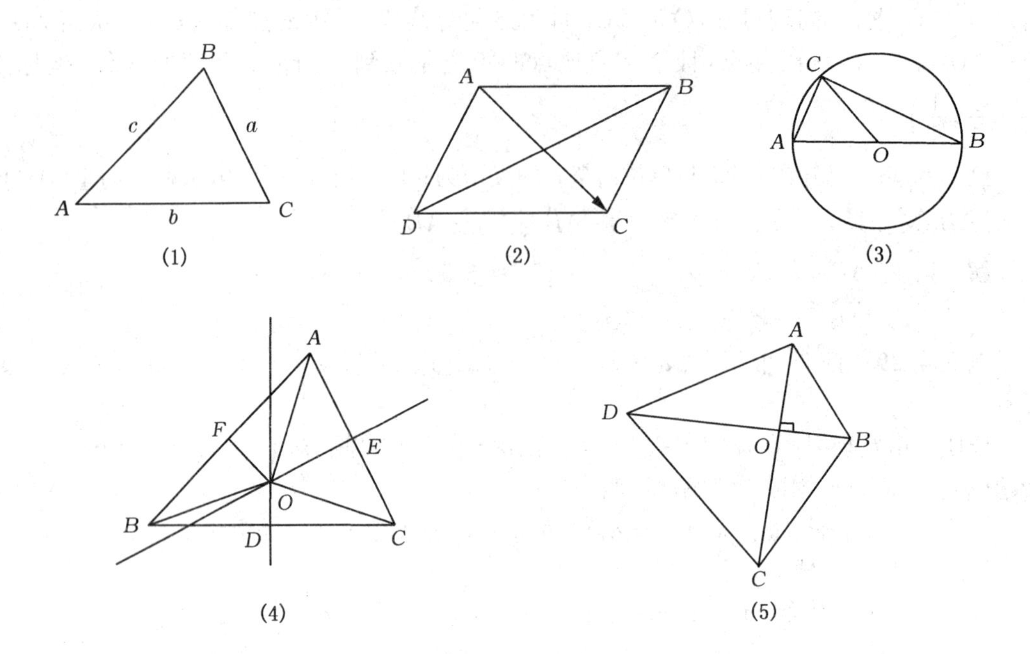

图 3－28

(3)如图 3－28(3)所示，AB 为圆 O 的直径，C 为半圆上的一个点，连接 OC，则

$$|\overrightarrow{OA}|=|\overrightarrow{OC}|=|\overrightarrow{OB}|,\overrightarrow{OA}+\overrightarrow{OB}=\mathbf{0},$$

因为

$$\begin{aligned}\overrightarrow{AC}\cdot\overrightarrow{CB}&=(\overrightarrow{OC}-\overrightarrow{OA})\cdot(\overrightarrow{OB}-\overrightarrow{OC})\\&=\overrightarrow{OC}\cdot\overrightarrow{OB}-\overrightarrow{OA}\cdot\overrightarrow{OB}-|\overrightarrow{OC}|^2+\overrightarrow{OA}\cdot\overrightarrow{OC}\\&=\overrightarrow{OC}\cdot(\overrightarrow{OA}+\overrightarrow{OB})+|\overrightarrow{OB}|^2-|\overrightarrow{OC}|^2=0,\end{aligned}$$

所以$\overrightarrow{AC}\perp\overrightarrow{CB}$，从而$\triangle ACB$ 为直角三角形.

(4)如图 3－28(4)所示，设 BC、AC 的中垂线交于O，垂足分别为 D、E，取 AB 中点 F，连接 OF. 因为 OD、OE 分别是 BC、AC 边上的中垂线，所以

$$\overrightarrow{OE}\cdot\overrightarrow{CA}=0\text{ 且}\overrightarrow{OE}=\frac{1}{2}(\overrightarrow{OA}+\overrightarrow{OC}),\quad \overrightarrow{OD}\cdot\overrightarrow{CB}=0\text{ 且}\overrightarrow{OD}=\frac{1}{2}(\overrightarrow{OC}+\overrightarrow{OB}),$$

所以

$$(\overrightarrow{OA}+\overrightarrow{OC})\cdot\overrightarrow{CA}=0,(\overrightarrow{OC}+\overrightarrow{OB})\cdot\overrightarrow{CB}=0,$$

而

$$\overrightarrow{OF}=\frac{1}{2}(\overrightarrow{OA}+\overrightarrow{OB}),$$

所以

$$\begin{aligned}\overrightarrow{OF}\cdot\overrightarrow{AB}&=\frac{1}{2}(\overrightarrow{OA}+\overrightarrow{OB})\cdot\overrightarrow{AB}=\frac{1}{2}(\overrightarrow{OA}+\overrightarrow{OB})\cdot(\overrightarrow{CB}-\overrightarrow{CA})\\&=\frac{1}{2}(\overrightarrow{OA}\cdot\overrightarrow{CB}-\overrightarrow{OA}\cdot\overrightarrow{CA}+\overrightarrow{OB}\cdot\overrightarrow{CB}-\overrightarrow{OB}\cdot\overrightarrow{CA})\\&=\frac{1}{2}[\overrightarrow{OA}\cdot\overrightarrow{CB}-(\overrightarrow{OA}+\overrightarrow{OC})\cdot\overrightarrow{CA}+\overrightarrow{OC}\cdot\overrightarrow{CA}+(\overrightarrow{OC}+\overrightarrow{OB})\cdot\overrightarrow{CB}-\overrightarrow{OC}\cdot\overrightarrow{CB}-\overrightarrow{OB}\cdot\overrightarrow{CA}]\end{aligned}$$

$$=\frac{1}{2}[(\overrightarrow{OA}-\overrightarrow{OC})\cdot\overrightarrow{CB}+(\overrightarrow{OC}-\overrightarrow{OB})\cdot\overrightarrow{CA}]$$

$$=\frac{1}{2}(\overrightarrow{CA}\cdot\overrightarrow{CB}+\overrightarrow{BC}\cdot\overrightarrow{CA})$$

$$=\frac{1}{2}\overrightarrow{CA}\cdot(\overrightarrow{CB}+\overrightarrow{BC})=0.$$

所以$\overrightarrow{OF}\perp\overrightarrow{AB}$,从而三边的垂直平分线共点.

因为

$$|\overrightarrow{OB}|^2=|\overrightarrow{OD}+\overrightarrow{DB}|^2=|\overrightarrow{OD}|^2+|\overrightarrow{DB}|^2,$$
$$|\overrightarrow{OC}|^2=|\overrightarrow{OD}+\overrightarrow{DC}|^2=|\overrightarrow{OD}|^2+|\overrightarrow{DC}|^2,$$
$$|\overrightarrow{DB}|=|\overrightarrow{DC}|,$$

所以$|\overrightarrow{OB}|=|\overrightarrow{OC}|$.同样有$|\overrightarrow{OA}|=|\overrightarrow{OB}|$,所以$|\overrightarrow{OA}|=|\overrightarrow{OB}|=|\overrightarrow{OC}|$,从而命题得证.

(5)如图3-28(5)所示,$ABCD$为空间四边形,AC、BD为对角线(AC与BD未必相交)

$$\begin{aligned}\overrightarrow{AC}\cdot\overrightarrow{BD}&=(\overrightarrow{AB}+\overrightarrow{BC})\cdot(\overrightarrow{BA}+\overrightarrow{AD})\\&=-|\overrightarrow{AB}|^2+\overrightarrow{BC}\cdot\overrightarrow{BA}+\overrightarrow{AB}\cdot\overrightarrow{AD}+\overrightarrow{BC}\cdot\overrightarrow{AD}\\&=-|\overrightarrow{AB}|^2+\overrightarrow{BC}\cdot(\overrightarrow{BC}+\overrightarrow{CA})+(\overrightarrow{AD}+\overrightarrow{DC})\cdot\overrightarrow{AD}\\&=-|\overrightarrow{AB}|^2+|\overrightarrow{BC}|^2+|\overrightarrow{AD}|^2+\overrightarrow{BC}\cdot\overrightarrow{CA}+\overrightarrow{DC}\cdot\overrightarrow{AD}\\&=-|\overrightarrow{AB}|^2+|\overrightarrow{BC}|^2+|\overrightarrow{AD}|^2-|\overrightarrow{CD}|^2+\overrightarrow{DC}\cdot\overrightarrow{DC}+\overrightarrow{BC}\cdot\overrightarrow{CA}+\overrightarrow{DC}\cdot\overrightarrow{AD}\\&=-|\overrightarrow{AB}|^2+|\overrightarrow{BC}|^2+|\overrightarrow{AD}|^2-|\overrightarrow{CD}|^2+\overrightarrow{DC}\cdot(\overrightarrow{AD}+\overrightarrow{DC})-\overrightarrow{AC}\cdot\overrightarrow{BC}\\&=-|\overrightarrow{AB}|^2+|\overrightarrow{BC}|^2+|\overrightarrow{AD}|^2-|\overrightarrow{CD}|^2+\overrightarrow{AC}\cdot(\overrightarrow{DC}-\overrightarrow{BC})\\&=-|\overrightarrow{AB}|^2+|\overrightarrow{BC}|^2+|\overrightarrow{AD}|^2-|\overrightarrow{CD}|^2-\overrightarrow{AC}\cdot\overrightarrow{BD},\end{aligned}$$

所以

$$\overrightarrow{AC}\cdot\overrightarrow{BD}=\frac{1}{2}(|\overrightarrow{BC}|^2+|\overrightarrow{AD}|^2-|\overrightarrow{AB}|^2-|\overrightarrow{CD}|^2).$$

因为$\overrightarrow{AC}\perp\overrightarrow{BD}$的充要条件是$\overrightarrow{AC}\cdot\overrightarrow{BD}=0$,即

$$|\overrightarrow{BC}|^2+|\overrightarrow{AD}|^2-|\overrightarrow{AB}|^2-|\overrightarrow{CD}|^2=0,$$
$$|\overrightarrow{BC}|^2+|\overrightarrow{AD}|^2=|\overrightarrow{AB}|^2+|\overrightarrow{CD}|^2,$$

从而命题成立.

例3.4.31　已知$\triangle ABC$三顶点$A(0,0,3)$,$B(4,0,0)$,$C(0,8,-3)$,试求:(1)三角形三边长;(2)三角形三内角;(3)三角形三中线长;(4)角A的平分线向量$\overrightarrow{AD}$(终点D在BC边上),并求$\overrightarrow{AD}$的方向余弦和它的单位向量.

解　(1)$\overrightarrow{AB}=\{4,0,-3\}$,$\overrightarrow{AC}=\{0,8,-6\}$,$\overrightarrow{BC}=\{-4,8,-3\}$,所以

$$|\overrightarrow{AB}|=5,|\overrightarrow{AC}|=10,|\overrightarrow{BC}|=\sqrt{89}.$$

(2)$\overrightarrow{AB}\cdot\overrightarrow{AC}=18$,$\overrightarrow{BA}\cdot\overrightarrow{BC}=7$,$\overrightarrow{CA}\cdot\overrightarrow{CB}=82$,所以

$$\cos\angle A=\frac{\overrightarrow{AB}\cdot\overrightarrow{AC}}{|\overrightarrow{AB}|\cdot|\overrightarrow{AC}|}=\frac{18}{5\cdot10}=\frac{9}{25},$$

$$\cos\angle B=\frac{\overrightarrow{BA}\cdot\overrightarrow{BC}}{|\overrightarrow{BA}|\cdot|\overrightarrow{BC}|}=\frac{7}{5\cdot\sqrt{89}}=\frac{7\sqrt{89}}{445},$$

$$\cos\angle C=\frac{\overrightarrow{CA}\cdot\overrightarrow{CB}}{|\overrightarrow{CA}|\cdot|\overrightarrow{CB}|}=\frac{82}{10\cdot\sqrt{89}}=\frac{41\sqrt{89}}{445},$$

所以三内角分别为 $\arccos\frac{9}{25}$，$\arccos\frac{7\sqrt{89}}{445}$，$\arccos\frac{41\sqrt{89}}{445}$.

(3)设 BC、CA、AB 上的中点分别为 D、E、F，则

$$\overrightarrow{AD}=\frac{1}{2}(\overrightarrow{AB}+\overrightarrow{AC})=\left\{2,4,-\frac{9}{2}\right\},$$

$$\overrightarrow{BE}=\frac{1}{2}(\overrightarrow{BA}+\overrightarrow{BC})=\{-4,4,0\},$$

$$\overrightarrow{CF}=\frac{1}{2}(\overrightarrow{CA}+\overrightarrow{CB})=\left\{2,-8,\frac{9}{2}\right\},$$

所以 $|\overrightarrow{AD}|=\frac{\sqrt{161}}{2}$，$|\overrightarrow{BE}|=4\sqrt{2}$，$|\overrightarrow{CF}|=\frac{\sqrt{353}}{2}$.

(4)由角平分线性质可知 $\frac{\overrightarrow{BD}}{\overrightarrow{DC}}=\frac{|\overrightarrow{AB}|}{|\overrightarrow{AC}|}=\frac{1}{2}$，所以 $\frac{\overrightarrow{BD}}{\overrightarrow{BD}+\overrightarrow{DC}}=\frac{1}{1+2}=\frac{1}{3}$，即 $\overrightarrow{BD}=\frac{1}{3}\overrightarrow{BC}$，所以 $\overrightarrow{AD}=\overrightarrow{AB}+\overrightarrow{BD}=\overrightarrow{AB}+\frac{1}{3}\overrightarrow{BC}=\left\{\frac{8}{3},\frac{8}{3},-4\right\}$，$|\overrightarrow{AD}|=\frac{4\sqrt{17}}{3}$.

$$\cos\alpha=\frac{\overrightarrow{AD}\cdot\{1,0,0\}}{|\overrightarrow{AD}|}=\frac{\frac{8}{3}}{\frac{4}{3}\sqrt{17}}=\frac{2\sqrt{17}}{17},$$

$$\cos\beta=\frac{\frac{8}{3}}{\frac{4}{3}\sqrt{17}}=\frac{2\sqrt{17}}{17},$$

$$\cos\gamma=\frac{-4}{\frac{4}{3}\sqrt{17}}=-\frac{3\sqrt{17}}{17},$$

其中，α、β、γ 分别表示与 x 轴、y 轴、z 轴的夹角. $\overrightarrow{AD}$的单位向量为 $\left\{\frac{2}{\sqrt{17}},\frac{2}{\sqrt{17}},-\frac{3}{\sqrt{17}}\right\}$.

例 3.4.32 已知平行四边形以 $\boldsymbol{a}=\{2,1,-1\}$，$\boldsymbol{b}=\{1,-2,1\}$为两边，(1)求它的边长和内角；(2)求它的两对角线的长和夹角.

解 (1)$|\boldsymbol{a}|=\sqrt{4+1+1}=\sqrt{6}$，$|\boldsymbol{b}|=\sqrt{6}$，$\boldsymbol{a}\cdot\boldsymbol{b}=-1$，所以 $\cos\angle(\boldsymbol{a},\boldsymbol{b})=\frac{\boldsymbol{a}\cdot\boldsymbol{b}}{|\boldsymbol{a}|\cdot|\boldsymbol{b}|}=-\frac{1}{6}$，因此$\angle(\boldsymbol{a},\boldsymbol{b})=\pi-\arccos\frac{1}{6}$，另一个内角为 $\arccos\frac{1}{6}$.

(2)$\boldsymbol{c}=\boldsymbol{a}+\boldsymbol{b}=\{3,-1,0\}$，$\boldsymbol{d}=\boldsymbol{a}-\boldsymbol{b}=\{1,3,-2\}$，所以$|\boldsymbol{c}|=\sqrt{10}$，$|\boldsymbol{d}|=\sqrt{14}$，$\boldsymbol{c}\cdot\boldsymbol{d}=0$.
所以对角线的长分别为$\sqrt{10}$、$\sqrt{14}$，且互相垂直.

例 3.4.33 已知$|\boldsymbol{a}|=1$，$|\boldsymbol{b}|=5$，$\boldsymbol{a}\cdot\boldsymbol{b}=3$，试求

(1)$|\boldsymbol{a}\times\boldsymbol{b}|$； (2)$[(\boldsymbol{a}+\boldsymbol{b})\times(\boldsymbol{a}-\boldsymbol{b})]^2$； (3)$[(\boldsymbol{a}-2\boldsymbol{b})\times(\boldsymbol{b}-2\boldsymbol{a})]^2$.

解 $\cos\angle(\boldsymbol{a},\boldsymbol{b})=\frac{\boldsymbol{a}\cdot\boldsymbol{b}}{|\boldsymbol{a}|\cdot|\boldsymbol{b}|}=\frac{3}{5}$，所以 $\sin\angle(\boldsymbol{a},\boldsymbol{b})=\sqrt{1-\cos^2\angle(\boldsymbol{a},\boldsymbol{b})}=\frac{4}{5}$.

(1)$|\boldsymbol{a}\times\boldsymbol{b}|=|\boldsymbol{a}|\cdot|\boldsymbol{b}|\sin\angle(\boldsymbol{a},\boldsymbol{b})=4$.

(2)$(\boldsymbol{a}+\boldsymbol{b})\times(\boldsymbol{a}-\boldsymbol{b})=-\boldsymbol{a}\times\boldsymbol{b}+\boldsymbol{b}\times\boldsymbol{a}=-2\boldsymbol{a}\times\boldsymbol{b}$，所以

$$[(\boldsymbol{a}+\boldsymbol{b})\times(\boldsymbol{a}-\boldsymbol{b})]^2=4\,|\boldsymbol{a}\times\boldsymbol{b}|^2=4\times4^2=64.$$

(3) $(\boldsymbol{a}-2\boldsymbol{b})\times(\boldsymbol{b}-2\boldsymbol{a})=\boldsymbol{a}\times\boldsymbol{b}+4\boldsymbol{b}\times\boldsymbol{a}=-3\boldsymbol{a}\times\boldsymbol{b}$，所以

$$[(\boldsymbol{a}-2\boldsymbol{b})\times(\boldsymbol{b}-2\boldsymbol{a})]^2=9|\boldsymbol{a}\times\boldsymbol{b}|^2=9\times4^2=144.$$

例 3.4.34　证明：(1) $(\boldsymbol{a}\times\boldsymbol{b})^2\leqslant\boldsymbol{a}^2\cdot\boldsymbol{b}^2$，并说明在什么情形下等号成立；

(2)如果 $\boldsymbol{a}+\boldsymbol{b}+\boldsymbol{c}=\boldsymbol{0}$，那么 $\boldsymbol{a}\times\boldsymbol{b}=\boldsymbol{b}\times\boldsymbol{c}=\boldsymbol{c}\times\boldsymbol{a}$，并说明它的几何意义；

(3)如果 $\boldsymbol{a}\times\boldsymbol{b}=\boldsymbol{c}\times\boldsymbol{d},\boldsymbol{a}\times\boldsymbol{c}=\boldsymbol{b}\times\boldsymbol{d}$，那么 $\boldsymbol{a}-\boldsymbol{d}$ 与 $\boldsymbol{b}-\boldsymbol{c}$ 共线；

(4)如果 $\boldsymbol{a}=\boldsymbol{p}\times\boldsymbol{n},\boldsymbol{b}=\boldsymbol{q}\times\boldsymbol{n},\boldsymbol{c}=\boldsymbol{r}\times\boldsymbol{n}$，那么 $\boldsymbol{a},\boldsymbol{b},\boldsymbol{c}$ 共面.

证明　(1)因为 $(\boldsymbol{a}\times\boldsymbol{b})^2=|\boldsymbol{a}|^2\ |\boldsymbol{b}|^2\ \sin^2\angle(\boldsymbol{a},\boldsymbol{b})\leqslant\boldsymbol{a}^2\cdot\boldsymbol{b}^2$，等号成立当且仅当 $\sin\angle(\boldsymbol{a},\boldsymbol{b})=1$，即 $\boldsymbol{a}\perp\boldsymbol{b}$.

(2)因为 $\boldsymbol{a}+\boldsymbol{b}+\boldsymbol{c}=\boldsymbol{0}$，所以 $(\boldsymbol{a}+\boldsymbol{b}+\boldsymbol{c})\times\boldsymbol{b}=\boldsymbol{0}$，即 $\boldsymbol{a}\times\boldsymbol{b}+\boldsymbol{b}\times\boldsymbol{b}+\boldsymbol{c}\times\boldsymbol{b}=\boldsymbol{0}$，所以 $\boldsymbol{a}\times\boldsymbol{b}=\boldsymbol{b}\times\boldsymbol{c}$. 同理可证 $\boldsymbol{b}\times\boldsymbol{c}=\boldsymbol{c}\times\boldsymbol{a}$，所以 $\boldsymbol{a}\times\boldsymbol{b}=\boldsymbol{b}\times\boldsymbol{c}=\boldsymbol{c}\times\boldsymbol{a}$.

几何意义：三角形中以任何两边为向量的向量积在同一直线上，且模长相等.

(3)因为
$$\begin{aligned}(\boldsymbol{a}-\boldsymbol{d})\times(\boldsymbol{b}-\boldsymbol{c})&=\boldsymbol{a}\times\boldsymbol{b}-\boldsymbol{a}\times\boldsymbol{c}-\boldsymbol{d}\times\boldsymbol{b}+\boldsymbol{d}\times\boldsymbol{c}\\&=(\boldsymbol{a}\times\boldsymbol{b}-\boldsymbol{c}\times\boldsymbol{d})-(\boldsymbol{a}\times\boldsymbol{c}-\boldsymbol{b}\times\boldsymbol{d})=\boldsymbol{0},\end{aligned}$$
所以 $\boldsymbol{a}-\boldsymbol{d}$ 与 $\boldsymbol{b}-\boldsymbol{c}$ 共线.

(4)此题应该在原题的基础上加上条件"$\boldsymbol{p},\boldsymbol{q},\boldsymbol{r}$ 共面"，因为 $\boldsymbol{p},\boldsymbol{q},\boldsymbol{r}$ 共面，从而存在不全为零的数 a_1,a_2,a_3 满足 $a_1\boldsymbol{p}+a_2\boldsymbol{q}+a_3\boldsymbol{r}=0$，所以

$$a_1\boldsymbol{a}+a_2\boldsymbol{b}+a_3\boldsymbol{c}=(a_1\boldsymbol{p}+a_2\boldsymbol{q}+a_3\boldsymbol{r})\times\boldsymbol{n}=\boldsymbol{0},$$

即 $\boldsymbol{a},\boldsymbol{b},\boldsymbol{c}$ 共面.

例 3.4.35　如果非零向量 $\boldsymbol{r}_i\,(i=1,2,3)$ 满足 $\boldsymbol{r}_1=\boldsymbol{r}_2\times\boldsymbol{r}_3,\boldsymbol{r}_2=\boldsymbol{r}_3\times\boldsymbol{r}_1,\boldsymbol{r}_3=\boldsymbol{r}_1\times\boldsymbol{r}_2$，那么 $\boldsymbol{r}_1,\boldsymbol{r}_2,\boldsymbol{r}_3$ 是彼此垂直的单位向量，并且按这次序构成右手系.

证明　因为 $\boldsymbol{r}_1=\boldsymbol{r}_2\times\boldsymbol{r}_3$，所以 $\boldsymbol{r}_1\perp\boldsymbol{r}_2,\boldsymbol{r}_1\perp\boldsymbol{r}_3$，同样有 $\boldsymbol{r}_2\perp\boldsymbol{r}_3$. 从而 $|\boldsymbol{r}_1|=|\boldsymbol{r}_2\times\boldsymbol{r}_3|=|\boldsymbol{r}_2|\cdot|\boldsymbol{r}_3|,|\boldsymbol{r}_2|=|\boldsymbol{r}_3\times\boldsymbol{r}_1|=|\boldsymbol{r}_3|\cdot|\boldsymbol{r}_1|,|\boldsymbol{r}_3|=|\boldsymbol{r}_1\times\boldsymbol{r}_2|=|\boldsymbol{r}_1|\cdot|\boldsymbol{r}_2|$，所以

$$|\boldsymbol{r}_1|\cdot|\boldsymbol{r}_2|\cdot|\boldsymbol{r}_3|=(|\boldsymbol{r}_1|\cdot|\boldsymbol{r}_2|\cdot|\boldsymbol{r}_3|)^2,$$

因为 $|\boldsymbol{r}_i|\neq0\,(i=1,2,3)$，所以 $|\boldsymbol{r}_1|\cdot|\boldsymbol{r}_2|\cdot|\boldsymbol{r}_3|=1$，$|\boldsymbol{r}_1|^2=|\boldsymbol{r}_2|^2=|\boldsymbol{r}_3|^2=|\boldsymbol{r}_1|\cdot|\boldsymbol{r}_2|\cdot|\boldsymbol{r}_3|=1$，即 $|\boldsymbol{r}_1|=|\boldsymbol{r}_2|=|\boldsymbol{r}_3|=1$，显然 $\boldsymbol{r}_1,\boldsymbol{r}_2,\boldsymbol{r}_3$ 构成右手系.

例 3.4.36　已知 $\boldsymbol{a}=\{2,-3,1\},\boldsymbol{b}=\{1,-2,3\}$，求与 $\boldsymbol{a},\boldsymbol{b}$ 都垂直，且满足条件之一的向量 $\boldsymbol{c}$，

(1) $\boldsymbol{c}$ 是单位向量；

(2) $\boldsymbol{c}\cdot\boldsymbol{d}=0$，其中，$\boldsymbol{d}=\{2,1,-7\}$.

解　因为 $\boldsymbol{a}\times\boldsymbol{b}=\left\{\begin{vmatrix}-3&1\\-2&3\end{vmatrix},\begin{vmatrix}1&2\\3&1\end{vmatrix},\begin{vmatrix}2&-3\\1&-2\end{vmatrix}\right\}=\{-7,-5,-1\}$，所以满足(1)的

$$\boldsymbol{c}=\left\{-\frac{7}{5\sqrt{3}},-\frac{1}{\sqrt{3}},-\frac{1}{5\sqrt{3}}\right\}\text{或}\ \boldsymbol{c}=\left\{\frac{7}{5\sqrt{3}},\frac{1}{\sqrt{3}},\frac{1}{5\sqrt{3}}\right\};$$

因为 $(\boldsymbol{a}\times\boldsymbol{b})\cdot\boldsymbol{d}=2\times(-7)-5+7=-12$，所以满足(2)的 $\boldsymbol{c}=-\dfrac{5}{6}\boldsymbol{a}\times\boldsymbol{b}=\left\{\dfrac{35}{6},\dfrac{25}{6},\dfrac{5}{6}\right\}$.

例 3.4.37　在直角坐标系内已知三点 $A(5,1,-1),B(0,-4,3),C(1,-3,7)$，试求：(1)三角形 ABC 的面积；(2)三角形 ABC 三条高的长.

解　(1)因为 $\overrightarrow{AB}=\{-5,-5,4\},\overrightarrow{AC}=\{-4,-4,8\}$，所以

$$\overrightarrow{AB}\times\overrightarrow{AC}=\left\{\begin{vmatrix}-5&4\\-4&8\end{vmatrix},\begin{vmatrix}4&-5\\8&-4\end{vmatrix},\begin{vmatrix}-5&-5\\-4&-4\end{vmatrix}\right\}=\{-24,24,0\},$$

$$S_{\triangle ABC}=\frac{1}{2}|\overrightarrow{AB}\times\overrightarrow{AC}|=\frac{1}{2}\sqrt{(-24)^2+(24)^2}=12\sqrt{2}.$$

(2)AB 边上的高 $h_c=\frac{2S_{\triangle ABC}}{|\overrightarrow{AB}|}=\frac{24\sqrt{2}}{\sqrt{66}}=\frac{8\sqrt{33}}{11}$,

BC 边上的高 $h_a=\frac{2S_{\triangle ABC}}{|\overrightarrow{BC}|}=\frac{24\sqrt{2}}{3\sqrt{2}}=8$,

AC 边上的高 $h_b=\frac{2S_{\triangle ABC}}{|\overrightarrow{AC}|}=\frac{24\sqrt{2}}{4\sqrt{6}}=2\sqrt{3}$.

例 3.4.38 已知 $\boldsymbol{a}=\{2,3,1\}$,$\boldsymbol{b}=\{5,6,4\}$,试求:(1)以 $\boldsymbol{a}$,$\boldsymbol{b}$ 为邻边的平行四边形的面积;(2)这一平行四边形的两条高的长.

解 (1)因为 $\boldsymbol{a}\times\boldsymbol{b}=\left\{\begin{vmatrix}3&1\\6&4\end{vmatrix},\begin{vmatrix}1&2\\4&5\end{vmatrix},\begin{vmatrix}2&3\\5&6\end{vmatrix}\right\}=\{6,-3,-3\}$,所以 $|\boldsymbol{a}\times\boldsymbol{b}|=3\sqrt{6}$,即以 $\boldsymbol{a}$,$\boldsymbol{b}$ 为邻边的平行四边形的面积为 $3\sqrt{6}$.

(2)$\boldsymbol{a}$ 边上的高 $\boldsymbol{h}=\frac{3\sqrt{6}}{|\boldsymbol{a}|}=\frac{3\sqrt{6}}{\sqrt{14}}=\frac{3\sqrt{21}}{7}$,$\boldsymbol{b}$ 边上的高 $\boldsymbol{h}=\frac{3\sqrt{6}}{|\boldsymbol{b}|}=\frac{3\sqrt{6}}{\sqrt{77}}=\frac{3\sqrt{462}}{77}$.

3.4.2 应用案例解析及软件求解

1. 向量组的线性相关性在魔方中的应用

德国著名艺术家 Albrecht Dürer(1471～1521)于 1514 年曾铸造一枚铜币. 令人奇怪的是,在这枚铜币的画面上充满了数学符号、数字及几何图形. 这里我们仅研究数学问题.

下面是一个由自然数组成的方块,称之为 Dürer 魔方. 为什么称之为魔方? 这种数字排列有什么性质? 从方块中的数字排列可以看出:

16	3	2	13
5	10	11	8
9	6	7	12
4	15	14	1

每行数字之和为 34,每列数字之和也为 34,对角线上的数字之和是 34. 若用水平线和垂直线把它平均分成四个小方块,每一个小方块的数字之和也是 34;若把四个角上的数字相加,其和还是 34.

Dürer 魔方定义:如果一个 4×4 数字方,它的每一行、每一列、每一对角线及每一小方块上的数字和均相等且为一确定数,称这个数字方为 Dürer 魔方.

现在,我们思考有多少个符合上述定义的魔方? 是否存在构成所有魔方的方法? 这个问题初看给人变幻莫测的感觉,但如果我们借助于向量空间,问题则很容易被解答.

定义"0一方"和"1一方"如下:

$$\boldsymbol{0}=\begin{array}{|cccc|}\hline 0&0&0&0\\0&0&0&0\\0&0&0&0\\0&0&0&0\\\hline\end{array},\quad E=\begin{array}{|cccc|}\hline 1&1&1&1\\1&1&1&1\\1&1&1&1\\1&1&1&1\\\hline\end{array},$$

分别计算得 $R=C=D=S=0$，$R=C=D=S=4$，其中，R 为行和，C 为列和，D 为对角线和，S 为小方块和.

下面通过用 0，1 两个数字组合的方法构成 $R=C=D=S=1$ 的所有魔方，称之为基本魔方 $Q_1,Q_2,Q_3,Q_4,Q_5,Q_6,Q_7,Q_8$.

$$Q_1=\begin{array}{|cccc|}\hline 1&0&0&0\\0&0&1&0\\0&0&0&1\\0&1&0&0\\\hline\end{array},\quad Q_2=\begin{array}{|cccc|}\hline 1&0&0&0\\0&0&0&1\\0&1&0&0\\0&0&1&0\\\hline\end{array},\quad Q_3=\begin{array}{|cccc|}\hline 0&0&0&1\\1&0&0&0\\0&0&1&0\\0&1&0&0\\\hline\end{array},$$

$$Q_4=\begin{array}{|cccc|}\hline 0&0&0&1\\0&1&0&0\\1&0&0&0\\0&0&1&0\\\hline\end{array},\quad Q_5=\begin{array}{|cccc|}\hline 0&0&1&0\\1&0&0&0\\0&1&0&0\\0&0&0&1\\\hline\end{array},\quad Q_6=\begin{array}{|cccc|}\hline 0&1&0&0\\0&0&1&0\\1&0&0&0\\0&0&0&1\\\hline\end{array},$$

$$Q_7=\begin{array}{|cccc|}\hline 0&0&1&0\\0&1&0&0\\0&0&0&1\\1&0&0&0\\\hline\end{array},\quad Q_8=\begin{array}{|cccc|}\hline 0&1&0&0\\0&0&0&1\\0&0&1&0\\1&0&0&0\\\hline\end{array}.$$

假设我们把一个 Dürer 魔方看成一个向量，那么根据向量运算法则，对 Dürer 魔方可施行数乘、加减运算.

记 $D=\{A=(a_{ij})_{4\times4}\mid A$ 是 Dürer 魔方$\}$，易验证：D 对上述定义的数乘运算、加法运算封闭. D 中元素的线性组合构成新的魔方，D 构成向量空间，称为 Dürer 魔方空间.

D 是向量空间，存在基向量. 基向量是线性无关的，并且 D 中任一元素都可以由基向量线性表示.

以下验证，基本魔方 $Q_1,Q_2,Q_3,Q_4,Q_5,Q_6,Q_7,Q_8$ 满足：

$$Q_1+Q_4+Q_5+Q_8-Q_2-Q_3-Q_6-Q_7=0,$$

故 $Q_1,Q_2,Q_3,Q_4,Q_5,Q_6,Q_7,Q_8$ 线性相关. 又可验证 $Q_1,Q_2,Q_3,Q_4,Q_5,Q_6,Q_7$ 线性无关.

令 $\sum\limits_{i=1}^{7}r_iQ_i=\mathbf{0}$，即

$$\begin{array}{|cccc|}\hline r_1+r_2&r_6&r_5+r_7&r_3+r_4\\r_3+r_5&r_4+r_7&r_1+r_6&r_2\\r_4+r_6&r_2+r_5&r_3&r_1+r_7\\r_7&r_1+r_3&r_2+r_4&r_5+r_6\\\hline\end{array}=\begin{array}{|cccc|}\hline 0&0&0&0\\0&0&0&0\\0&0&0&0\\0&0&0&0\\\hline\end{array},$$

等式两边对应比较得 $r_1=r_2=\cdots=r_7=0$，所以 $Q_1,Q_2,Q_3,Q_4,Q_5,Q_6,Q_7$ 线性无关. 因此 Q_1，Q_2,Q_3,Q_4,Q_5,Q_6,Q_7 是 D 的一个基，D 中任一元素都可由 $Q_1,Q_2,Q_3,Q_4,Q_5,Q_6,Q_7$ 线性组合生成. 可以这样认为，$\{Q_1,Q_2,Q_3,Q_4,Q_5,Q_6,Q_7,Q_8\}$ 是 D 的生成集，但不是最小生成集，而 $\{Q_1,Q_2,Q_3,Q_4,Q_5,Q_6,Q_7\}$ 是 D 的最小生成集.

现在我们回到 Albrecht Dürer 铸造的铜币. 用 $Q_1,Q_2,Q_3,Q_4,Q_5,Q_6,Q_7$ 的线性组合表示铜币上的魔方，$D=d_1Q_1+d_2Q_2+\cdots+d_7Q_7$，即解方程组

$$\begin{array}{|cccc|} 16 & 3 & 2 & 13 \\ 5 & 10 & 11 & 8 \\ 9 & 6 & 7 & 12 \\ 4 & 15 & 14 & 1 \end{array} = \begin{array}{|cccc|} d_1+d_2 & d_6 & d_5+d_7 & d_3+d_4 \\ d_3+d_5 & d_4+d_7 & d_1+d_6 & d_2 \\ d_4+d_6 & d_2+d_5 & d_3 & d_1+d_7 \\ d_7 & d_1+d_3 & d_2+d_4 & d_5+d_6 \end{array},$$

得 $D=8Q_1+8Q_2+7Q_3+6Q_4-2Q_5+3Q_6+4Q_7$.

改变对 Dürer 魔方数字和的要求，可以利用线性子空间的定义，构造 D 的子空间或 D 空间的扩展. 1967 年，Botsch 证明了可以构造大量的 D 子空间或 D 的扩展空间. 对于 1 至 16 之间的每一个数 k，都存在 k 维类似 $D_{4\times4}$ 方的向量空间.

2. 情报检索模型

互联网上数字图书馆的发展对情报的存储和检索提出了更高的要求. 现代情报检索技术就构筑在矩阵理论的基础上. 通常，数据库中收集了大量的文件（书籍），我们希望从中搜索那些与特定关键词相匹配的文件，文件的类型可以是杂志中的研究报告、互联网上的网页、图书馆中的书或胶片库中的电影等.

假如数据库中包含 n 个文件，而搜索所用的关键词有 m 个，如果关键词是按字母顺序排列，我们就可以把数据库表示为 $m\times n$ 矩阵 $\boldsymbol{A}$，每个文件用列表示，$\boldsymbol{A}$ 的第 j 列的第一个元是一个数，它表示第一个关键词出现的相对频率，第二个元表示第二个关键词出现的相对频率，以此类推. 用于搜索的关键词清单用 $\boldsymbol{R}^m$ 空间的向量 $\boldsymbol{x}$ 表示，如果关键词清单中第 i 个关键词在搜索行中出现，则 $\boldsymbol{x}$ 的第 i 个元就赋值 1；否则，就赋值 0，搜索的结果 $\boldsymbol{y}=\boldsymbol{A}^T\boldsymbol{x}$.

例 3.4.39 假如数据库包含以下书名：B_1 应用线性代数，B_2 初等线性代数，B_3 初等线性代数及其应用，B_4 线性代数及其应用，B_5 线性代数及应用，B_6 矩阵代数及应用，B_7 矩阵理论.

用于搜索的 6 个关键词组成的集合按以下的拼音字母次序排列：初等，代数，矩阵，理论，线性，应用，即 $\boldsymbol{x}=$(初等，代数，矩阵，理论，线性，应用$)^T$.

因为这些关键词在书名中出现最多占有一次，所以其相对频率数不是 0 就是 1，当第 i 个关键词出现在第 j 本书名上时，元 $A(i,j)$ 就等于 1，否则就等于 0. 这样我们的数据库矩阵就可以用表 3－2 表示：

表 3－2

书 / 关键词	B_1	B_2	B_3	B_4	B_5	B_6	B_7
初等	0	1	1	0	0	0	0
代数	1	1	1	1	1	1	0
矩阵	0	0	0	0	0	1	1
理论	0	0	0	0	0	0	1
线性	1	1	1	1	1	0	0
应用	1	0	1	1	1	1	0

由表 3－2 得矩阵

$$A=\begin{pmatrix}0&1&1&0&0&0&0\\1&1&1&1&1&1&0\\0&0&0&0&0&1&1\\0&0&0&0&0&0&1\\1&1&1&1&1&0&0\\1&0&1&1&1&1&0\end{pmatrix},$$

假如读者输入的关键词是“应用，线性，代数”，则数据库矩阵和搜索向量为 $x=(0,1,0,0,1,1)^T$，搜索的结果是

$$y=A^Tx=\begin{pmatrix}0&1&1&0&0&0&0\\1&1&1&1&1&1&0\\0&0&0&0&0&1&1\\0&0&0&0&0&0&1\\1&1&1&1&1&0&0\\1&0&1&1&1&1&0\end{pmatrix}\begin{pmatrix}0\\1\\0\\0\\1\\1\end{pmatrix}=\begin{pmatrix}3\\2\\3\\3\\3\\2\\0\end{pmatrix}.$$

用 Matlab 计算程序如下：

```
A=[0 1 1 0 0 0 0; 1 1 1 1 1 1 0; 0 0 0 0 0 1 1; 0 0 0 0 0 0 1; 1 1 1 1 1 0 0; 1 0 1 1 1 1 0]
X=[0; 1; 0; 0; 1; 1]
Y=A'*X
```

y 的各个分量表示各书与搜索向量匹配的程度，因为 $y_1=y_3=y_4=y_5=3$，说明四本书 B_1,B_3,B_4,B_5 必然包含所有三个关键词，这四本书被认为具有最高的匹配度，因而在搜索的结果中把这几本书排在最前面.

第4章　轨迹与方程　平面与直线

上一章介绍了向量并建立了坐标系,使得空间的点有了坐标.在此基础上,这一章将进一步建立起作为点的轨迹的曲线与曲面和其方程的联系,也就是曲线与曲面都可以用方程来表示.这样几何问题也就转化为代数问题,我们也就可以用代数的方法来研究几何了.

§4.1　平面曲线的方程

4.1.1　平面曲线的普通方程

在解析几何中,有两个基本问题必须解决:

(1)已知图形(作为点的轨迹的曲线或曲面),求它的方程;

(2)已知方程,画出它的图形(曲线或曲面).

在这一章中主要谈第一个问题,我们将从平面上的曲线如何求它的方程出发,逐步过渡到空间的情况.因为平面上的情况毕竟要比空间简单得多,但它处理问题的方法与空间是相同的,所以当平面上的情况掌握后,空间的问题也就不难解决了.

我们知道,在平面上求曲线的方程,实际上是把"构成曲线的几何条件"转化为"动点的坐标(x,y)所适合的方程",也就是说,把"几何条件"翻译成"代数条件".求曲线方程一般需要下面的五个步骤:

(1)选取适当的坐标系(如题中已给定,这一步可省);

(2)在曲线上任取一点,也就是轨迹上的流动点;

(3)根据曲线上的点所满足的几何条件写出等式;

(4)用点的坐标(x,y)的关系式来表示这个等式,并化简得出方程;

(5)证明所得的方程就是曲线的方程,也就是证明它符合曲线方程的定义.

第(5)步主要是考查在化简方程的过程中,是否每步同解,有没有流失方程的解或出现多余的解.

例4.1.1　有一长度为$2a(a>0)$的线段,它的两端点分别在x轴的正半轴与y轴的正半轴上移动,试求此线段中点的轨迹.

解　由题意可设长度为$2a$的线段P_1P_2的两端点的坐标分别为$P_1(x_1,0)$,$P_2(0,y_2)$,线段P_1P_2的中点M的坐标为(x,y),那么由图4-1知

$$OP_1^2+OP_2^2=P_1P_2^2,$$

而$OP_1^2=x_1^2$,$OP_2^2=y_2^2$,$P_1P_2^2=(2a)^2=4a^2$,所以有

$$x_1^2+y_2^2=4a^2, \tag{4.1.1}$$

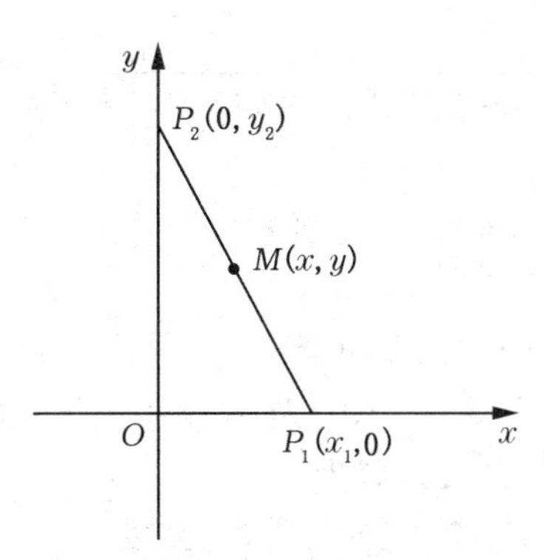

图 4—1

因为 M 为 P_1P_2 的中点，所以有 $x=\frac{x_1}{2}$，$y=\frac{y_2}{2}$，即

$$x_1=2x, y_2=2y, \tag{4.1.2}$$

(4.1.2)代入(4.1.1)，化简得 $x^2+y^2=a^2$.

到这里我们还不能说 $x^2+y^2=a^2$ 就是本题的答案，因为根据题意，P_1、P_2 分别在 x 轴与 y 轴的正半轴上，所以 $x_1\geqslant 0$，$y_2\geqslant 0$，从而 $x\geqslant 0$，$y\geqslant 0$. 也就是说，图形只是第 I 象限的部分，是一条四分之一圆的圆弧. 因此必须附加条件把多余的部分去除掉. 本题的答案应为

$$x^2+y^2=a^2\ (0\leqslant x\leqslant a, 0\leqslant y\leqslant a).$$

4.1.2　平面曲线的参数方程

我们引进了向量函数的概念，利用它导出了曲线的参数方程. 这里特别要注意流动点的位置向量，求曲线的参数方程实际上是求流动点位置向量的函数表达式.

例 4.1.2　一动点 M 到 $A(3,0)$ 的距离恒等于它到点 $B(-6,0)$ 的距离的一半，求此动点 M 的轨迹方程，并指出轨迹是什么图形？

解　设 M 点的坐标为 (x,y)，则

$$|\overrightarrow{MA}|=\sqrt{(x-3)^2+y^2}, |\overrightarrow{MB}|=\sqrt{(x+6)^2+y^2},$$

根据条件有 $|\overrightarrow{MA}|=\frac{1}{2}|\overrightarrow{MB}|$，所以

$$\sqrt{(x-3)^2+y^2}=\frac{1}{2}\sqrt{(x+6)^2+y^2},$$

即

$$4[(x-3)^2+y^2]=(x+6)^2+y^2,$$

整理得 $(x-6)^2+y^2=36$，所以轨迹是以 $(6,0)$ 为圆心、半径为 6 的圆.

例 4.1.3　一动点到两定点的距离的乘积等于定值 m^2，求此动点的轨迹(此轨迹叫做卡西尼卵形线).

解　P、Q 为两定点，以 PQ 的中点为原点、以 $\overrightarrow{PQ}$ 为 x 轴、以 $\overrightarrow{PQ}$ 的中垂线为 y 轴建立直角坐标系，设 $P(-a,0)$，$Q(a,0)$ $(a>0)$，$M(x,y)$ 为到 P，Q 距离的乘积等于 m^2 的点，而

$$|\overrightarrow{MP}|=\sqrt{(x+a)^2+y^2}, |\overrightarrow{MQ}|=\sqrt{(x-a)^2+y^2},$$

所以

$$\sqrt{(x+a)^2+y^2}\cdot\sqrt{(x-a)^2+y^2}=m^2,$$

即

$$[(x+a)^2+y^2][(x-a)^2+y^2]=m^4,$$

于是化简整理得

$$(x^2+y^2)-2a^2(x^2-y^2)+a^4-m^4=0.$$

例 4.1.4 一动点移动时，与 $A(4,0,0)$ 及 xOy 平面等距离，求该动点的轨迹方程.

解 设动点 M 的坐标为 (x,y,z)，因为

$$|\overrightarrow{MA}|=\sqrt{(x-4)^2+y^2+z^2},$$

而 $M(x,y,z)$ 到 xOy 平面的距离为 $|z|$，所以

$$\sqrt{(x-4)^2+y^2+z^2}=|z|,$$

即 $(x-4)^2+y^2=0$，于是轨迹的图形是一条平行于 z 轴的直线.

4.1.3 曲线的参数方程与普通方程的互化

化曲线的参数方程为普通方程，关键在于如何消参数. 但怎样消去参数，我们既没有一个一般的方法，而且也不是所有的参数方程都能化为普通方程，因此消参数是一个比较困难的问题. 但本课程中的参数方程都比较简单，常常可以用代入法或利用三角函数公式来消去参数. 例如，消去曲线参数方程

$$\begin{cases}x=a\cos\theta,\\ y=a\cos2\theta\end{cases}(-\pi<\theta\leqslant\pi)$$

中的参数 θ，化为普通方程，可以先把第二式化为 $y=a(2\cos^2\theta-1)$，再把第一式代入，化简得 $2x^2-ay-a^2=0$. 而 $-1\leqslant\cos\theta\leqslant1$，所以由原方程第一式知 $-a\leqslant x\leqslant a$，因此曲线的普通方程为

$$2x^2-ay-a^2=0(-a\leqslant x\leqslant a).$$

化普通方程 $F(x,y)=0$ 为参数方程 $\begin{cases}x=\varphi(t),\\ y=\varphi(t),\end{cases}$ 一般按下列三个步骤进行.

(1)根据普通方程 $F(x,y)=0$ 或它所表示的图形特征选取适当的参数 t；

(2)找出 x,y 中的一个与参数 t 有关的关系式，如 $x=\varphi(t)$（或 $y=\varphi(t)$）；

(3)把关系式 $x=\varphi(t)$（或 $y=\varphi(t)$）代入 $F(x,y)=0$，然后解出 $y=\varphi(t)$（或 $x=\varphi(t)$）.

于是普通方程 $F(x,y)=0$ 就化为参数方程

$$\begin{cases}x=\varphi(t),\\ y=\varphi(t).\end{cases}$$

必须注意，由于参数的选取不同，关系式 $x=\varphi(t)$ 可以有不同的形式，从而 $y=\varphi(t)$ 也就不同，因此同一条曲线，它的参数方程就有多种不同的形式.

化普通方程为参数方程，选取参数十分重要. 参数选得好，方程将有比较简单的形式，但是要做到这一点也不容易，因为没有一定的法则可遵循，只有多练多总结，才会运用比较自如. 例如，如果我们学习并掌握了椭圆的普通方程 $\frac{x^2}{a^2}+\frac{y^2}{b^2}=1$ 化为参数方程的两种解法，那

么对双曲线$\frac{x^2}{a^2}-\frac{y^2}{b^2}=1$也就可如法炮制. 设$x=a\sec\theta$,就得到它的参数方程为

$$\begin{cases}x=a\sec\theta,\\ y=b\tan\theta,\end{cases}\left(\theta\neq\pm\arctan\frac{b}{a}\right).$$

设$x=ty+a$,就能得到双曲线的另一种形式的参数方程为

$$\begin{cases}x=\dfrac{a(a^2+b^2t^2)}{a^2-b^2t^2},\\ y=\dfrac{2ab^2t}{a^2-b^2t^2}.\end{cases}\left(t\neq\pm\frac{a}{b}\right)$$

在曲线的普通方程与参数方程互化时,必须注意不要把x与y的取值范围缩小或扩大,也就是说,同一条曲线的普通方程与参数方程必须等价,这里所说的等价是指两方程的“解集”相等,这就是满足普通方程$F(x,y)=0$的任一组解(x,y),总能由参数方程$x=\varphi(t)$,$y=\varphi(t)$ $(a\leqslant t\leqslant b)$通过某一参数$t$(在参数的允许值范围内)给出;反过来,任一参数$t(a\leqslant t\leqslant b)$,由参数方程决定的$x=\varphi(t)$,$y=\varphi(t)$一定能满足普通方程,即有

$$F(\varphi(t),\varphi(t))=0.$$

前面提到的参数方程$\begin{cases}x=a\cos\theta,\\ y=a\cos2\theta,\end{cases}(-\pi<\theta\leqslant\pi)$化为普通方程$2x^2-ay-a^2=0$,这就扩大了$x$与$y$的取值范围,因此必须附加条件$-a\leqslant x\leqslant a$加以限制,使两方程等价.

例 4.1.5　消去下面的平面曲线的参数方程中的参数t,化为普通方程.

(1)$\begin{cases}x=at^2,\\ y=2at,\end{cases}(-\infty<t<+\infty)$;　　(2)$\begin{cases}x=\sin t+5,\\ y=-2\cos t-1,\end{cases}(0\leqslant t<2\pi)$;

(3)$\begin{cases}x=r(3\cos t+\cos3t),\\ y=r(3\sin t-\sin3t),\end{cases}(0\leqslant t<2\pi)$.

解　(1)由方程的第 2 式得$t=\frac{y}{2a}$,代入第 1 式得$x=a\left(\frac{y}{2a}\right)^2$,即

$$4ax-y^2=0.$$

(2)由方程的第 1 式得$\sin t=x-5$,而由方程的第 2 式得$\cos t=-\frac{y+1}{2}$,所以$(x-5)^2+\left(-\frac{y+1}{2}\right)^2=1$,即$(x-5)^2+\left(\frac{y+1}{4}\right)^2=1$.

(3)因为$\cos3t=4\cos^3t-3\cos t$,$\sin3t=3\sin t-4\sin^3t$,所以有

$$\begin{cases}x=4r\cos^3t,\\ y=4r\sin^3t,\end{cases}(0\leqslant t<2\pi)$$

由方程组可得

$$\begin{cases}\cos t=\left(\dfrac{x}{4r}\right)^{\frac{1}{3}},\\ \sin t=\left(\dfrac{y}{4r}\right)^{\frac{1}{3}},\end{cases}$$

所以

$$\left(\frac{x}{4r}\right)^{\frac{2}{3}}+\left(\frac{y}{4r}\right)^{\frac{2}{3}}=1,\text{即 }x^{\frac{2}{3}}+y^{\frac{2}{3}}=(4r)^{\frac{2}{3}}.$$

例 4.1.6 把下面的平面曲线的普通方程化为参数方程.

(1) $y^2=x^3$； (2) $x^{\frac{1}{2}}+y^{\frac{1}{2}}=a^{\frac{1}{2}}(a>0)$； (3) $x^3+y^3-3axy=0(a>0)$.

解 (1) $\begin{cases}x=t^2,\\ y=t^3,\end{cases}(-\infty<t<+\infty)$；

(2) 令 $\begin{cases}x^{\frac{1}{2}}=a^{\frac{1}{2}}\cos^2 t,\\ y^{\frac{1}{2}}=a^{\frac{1}{2}}\sin^2 t,\end{cases}(0\leqslant t<2\pi)$，即 $\begin{cases}x=a\cos^4 t,\\ y=a\sin^4 t,\end{cases}(0\leqslant t<2\pi)$；

(3) $\begin{cases}x=3a\,(\sin t)^{\frac{2}{3}}(\cos t)^{\frac{4}{3}},\\ y=3a\,(\sin t)^{\frac{4}{3}}(\cos t)^{\frac{2}{3}}\end{cases}(0\leqslant t<2\pi)$.

习题 4.1

1. 根据所给条件，写出下列方程所表示的曲线的参数方程(t,θ 为参数).

(1) $y^2=ax^2-bx^3, y=tx$； (2) $x^2+y^2=9, x=3\cos\theta$；

(3) $x^2+y^2=9, y=tx+3$.

2. 化下列轨迹的一般方程为参数方程(写出任意一种形式)：

(1) $x^2+y^2-ax=0$； (2) $x^2-4xy+y^2=2(x+y)$.

§4.2 曲面与空间曲线的方程

4.2.1 曲面的方程

有了平面曲线方程作为基础，曲面与空间曲线方程的学习也就不难了，因为它们处理问题的方法是一样的. 例如，曲面的方程从定义到方程(普通方程或参数方程)的导出，与平面曲线的情况没有什么本质的区别，空间曲线的一般方程虽略有不同，但它的参数方程与平面曲线的参数方程几乎完全一致. 再如，曲面的参数方程与普通方程的互化、空间曲线的参数方程与其一般方程的互化，以及两种方程互化时方程等价性的讨论，也都与平面曲线相同. 因此我们说曲面与空间曲线的内容，是平面曲线的自然拓广，是解析几何由二维平面向三维空间的自然推广. 因此读者学习这部分将不会有很大的困难.

空间的曲面方程是一个关于 x,y,z 的三元方程 $F(x,y,z)=0$. 但我们经常会遇到某些元不出现的方程，例如，方程 $z=0$，我们把它看作缺少 x,y 两个元的三元方程，这时 x,y 可取任何的实数值，所以它的图形是 xOy 坐标面.

同样可知 $z=t$(t 是常数)是一个平行于 xOy 坐标面的平面，两平面相距 $|t|$，当 $t>0$ 时，该平面在 xOy 坐标面的上方，即 z 轴的正向一侧；当 $t<0$ 时，该平面在 xOy 坐标面的下方，即 z 轴的负向一侧.

再比如方程 $x^2+y^2=R^2$，这是一个缺少 z 的三元二次方程，这时 z 的值可以任意选取，当 $(x_0,y_0,0)$ 满足方程时，(x_0,y_0,t) 一定也满足，其中，t 可为任意实数，所以过点 $(x_0,y_0,0)$ 且平行于 z 轴的直线上的一切点都在该曲面上. 由于在 xOy 坐标面上，方程 $x^2+y^2=R^2$ 表示一个圆，在空间方程 $x^2+y^2=R^2$ 表示的图形可以看成由通过该圆上的点且平

行于 z 轴的一切直线所生成，所以它表示一个圆柱面.

同理，方程 $x^2+y^2-ax=0$ 也是一个缺少 z 的三元二次方程，此时 z 的值可以任意取，它在 xOy 坐标面上也是一个圆，因此它也表示一个圆柱面.

例 4.2.1 求下列球面的球心与半径.

(1)$x^2+y^2+z^2-6x+8y+2z+10=0$；

(2)$x^2+y^2+z^2+2x-4y-4=0$；

(3)$36x^2+36y^2+36z^2-36x+24y-72z-95=0$.

解 (1)方程可转化为 $(x-3)^2+(y+4)^2+(z+1)^2=16$，所以球心坐标为 $(3,-4,-1)$，半径 $R=4$.

(2)方程可转化为 $(x+1)^2+(y-2)^2+z^2=9$，所以球心坐标为 $(-1,2,0)$，半径 $R=3$.

(3)方程可变成 $x^2+y^2+z^2-x+\frac{2}{3}y-2z-\frac{95}{36}=0$，即

$$\left(x-\frac{1}{2}\right)^2+\left(y+\frac{1}{3}\right)^2+(z-1)^2=4,$$

所以球心坐标为 $\left(\frac{1}{2},-\frac{1}{3},1\right)$，半径 $R=2$.

例 4.2.2 试求球心在 $C(a,b,c)$、半径为 r 的球面的参数方程.

解 球面方程为 $(x-a)^2+(y-b)^2+(z-c)^2=r^2$，令

$$\begin{cases} x-a=r\cos\theta\cos\varphi, \\ y-b=r\cos\theta\sin\varphi, \\ z-c=r\sin\theta, \end{cases} \left(\begin{array}{c} -\pi<\varphi\leqslant\pi \\ -\frac{\pi}{2}\leqslant\theta\leqslant\frac{\pi}{2} \end{array}\right)$$

所以球面的坐标式参数方程为

$$\begin{cases} x=a+r\cos\theta\cos\varphi, \\ y=b+r\cos\theta\sin\varphi, \\ z=c+r\sin\theta, \end{cases} \left(\begin{array}{c} -\pi<\varphi\leqslant\pi \\ -\frac{\pi}{2}\leqslant\theta\leqslant\frac{\pi}{2} \end{array}\right).$$

向量式参数方程为

$$\boldsymbol{r}=\boldsymbol{i}(a+r\cos\theta\cos\varphi)+\boldsymbol{j}(b+r\cos\theta\sin\varphi)+\boldsymbol{k}(c+r\sin\theta)\left(-\pi<\varphi\leqslant\pi,-\frac{\pi}{2}\leqslant\theta\leqslant\frac{\pi}{2}\right).$$

例 4.2.3 消去下面的曲面参数方程中的参数 u,v，化为普通方程.

(1)$\begin{cases} x=u, \\ y=v, \\ z=\sqrt{l-u^2-v^2}, \end{cases} (u^2+v^2\leqslant 1).$

(2)$\begin{cases} x=a\cos u, \\ y=b\sin u, \\ z=v, \end{cases} (0\leqslant u<2\pi,-\infty<v<+\infty).$

解 (1)$x^2+y^2+z^2=l(z\geqslant 0)$；

(2)$\frac{x^2}{a^2}+\frac{y^2}{b^2}=1$.

例 4.2.4 证明下列两个参数方程

$$\begin{cases}x=u\cos v,\\ y=u\sin v,\\ z=u^2,\end{cases}\begin{pmatrix}-\infty<u<+\infty\\ 0\leqslant v<2\pi\end{pmatrix} \text{与} \begin{cases}x=\dfrac{u}{u^2+v^2},\\ y=\dfrac{v}{u^2+v^2},\\ z=\dfrac{1}{u^2+v^2},\end{cases}\begin{pmatrix}-\infty<u,v<+\infty\\ u^2+v^2\neq 0\end{pmatrix}$$是同一曲面的两种不同形式的参数方程.

证明 因为一个曲面的参数方程有多种形式,但它的普通方程只有一种形式,或可化为同一形式,所以只要把参数消去化为普通方程,如果方程相同,这就说明它们代表同一曲面.

由方程$\begin{cases}x=u\cos v,\\ y=u\sin v,\\ z=u^2,\end{cases}\begin{pmatrix}-\infty<u<+\infty\\ 0\leqslant v<2\pi\end{pmatrix}$的1、2式平方相加,再把第3式代入,消去$u,v$,而得到普通方程为$x^2+y^2=z$.

同样由方程$\begin{cases}x=\dfrac{u}{u^2+v^2},\\ y=\dfrac{v}{u^2+v^2},\\ z=\dfrac{1}{u^2+v^2},\end{cases}\begin{pmatrix}-\infty<u,v<+\infty\\ u^2+v^2\neq 0\end{pmatrix}$的1、2式平方相加,再把第3式代入,消去$u,v$,而得到普通方程为$x^2+y^2=z$.

两个曲面的普通方程完全一致,所以原来的两个曲面的参数方程表示同一个曲面.

4.2.2 空间曲线的方程

对于空间曲线的一般方程来说,由于它被看成两曲面的交线,因此它的方程是用通过该曲线的两个曲面的方程联立来表示的,如

$$\begin{cases}F_1(x,y,z)=0,\\ F_2(x,y,z)=0.\end{cases}$$

由于通过这条曲线的曲面很多,其中任意两个曲面的方程都能用来表示这条曲线. 也就是说,空间曲线的一般方程的表达形式有很多,从代数上看与原方程组同解的任何一个方程组,都可称作这条曲线的一般方程.

但是有一点必须指出,并不是任何两个方程联立,就表示一条空间曲线,例如

$$\begin{cases}x^2+y^2+z^2=1,\\ x^2+y^2+z^2=4\end{cases}$$

不表示任何空间曲线,从代数上看,这是一个矛盾的方程组,同时满足这两个方程的解x,y,z不存在;从几何上看,这是两个同心球,它们没有任何的公共点.

空间曲面的普通方程与其参数方程的互化,以及空间曲线的一般方程与其参数方程的互化,仍然必须注意两种方程的"等价性". 因为它们是代表同一种轨迹,但是由于空间的情况比平面上的情况要复杂得多,处理起来难度也就增加了不少,我们必须多考虑,小心、仔细地从事.

下面我们将圆柱螺旋线的参数方程

$$\begin{cases}x=a\cos\theta,\\ y=a\sin\theta,\ (-\infty<\theta<+\infty)\\ z=b\theta,\end{cases}\tag{4.2.1}$$

化为一般方程，我们使用了代入法，即把第 3 式代入前两式得

$$\begin{cases}x=a\cos\dfrac{z}{b},\\ y=a\sin\dfrac{z}{b},\end{cases}\tag{4.2.2}$$

这两方程组是等价的，因此(4.2.2)就是圆柱螺旋线(4.2.1)的一般方程.

如果我们把参数方程的前两式平方相加得 $x^2+y^2=a^2$，再由第 3 式代入前两式得任何 1 式，比如第 2 式得 $y=a\sin\dfrac{z}{b}$，把圆柱螺旋线的一般方程写成

$$\begin{cases}x^2+y^2=a^2,\\ y=a\sin\dfrac{z}{b},\end{cases}\tag{4.2.3}$$

这样问题就来了，因为方程组(4.2.3)与(4.2.1)不等价，在消参数的过程中，使用了等式两边平方，在这里就扩大了 x 与 y 的取值范围，也就是带来了增根. 很显然，曲线

$$\begin{cases}x=-a\cos\theta,\\ y=a\sin\theta,\\ z=b\theta,\end{cases}\tag{4.2.4}$$

用同样的方法来消参数，也能得到(4.2.3). 曲线(4.2.4)是曲线(4.2.1)关于 yOz 坐标面对称的另一条曲线，也是一条螺旋线. 因此，这就说明曲线方程(4.2.3)包含两条曲线(4.2.1)与(4.2.4). 如果要用(4.2.3)表示曲线(4.2.1)的一般方程，那就必须附加条件 $x\neq -a\cos\dfrac{z}{b}$，把增根限制掉，也就是写成

$$\begin{cases}x^2+y^2=a^2,\\ y=a\sin\dfrac{z}{b},\end{cases}\left(x\neq -a\cos\frac{z}{b}\right).$$

例 4.2.5　求下列各球面的方程：

(1)球心在(2，−1，3)，半径 $R=6$；

(2)球心在原点，且经过点(6，−2，3)；

(3)一条直径的两个端点是(2，−3，5)和(4，1，−3)；

(4)通过原点与(4，0，0)，(1，3，0)，(0，0，−4).

解　(1) $(x-2)^2+(y+1)^2+(z-3)^2=36$；

(2) $R=\sqrt{6^2+(-2)^2+3^2}=7$，所以球面方程为 $x^2+y^2+z^2=49$；

(3)球心坐标为(3，−1，1)，半径为 $\sqrt{21}$，所以球面方程为

$$(x-3)^2+(y+1)^2+(z-1)^2=21;$$

(4) 设球面方程为 $(x-a)^2+(y-b)^2+(z-c)^2=R^2$，将点 (0，0，0)，(4，0，0)，(1，3，0)，(0，0，−4)代入得

$$\begin{cases}a^2+b^2+c^2=R^2,\\(4-a)^2+b^2+c^2=R^2,\\(1-a)^2+(3-b)^2+c^2=R^2,\\a^2+b^2+(4+c)^2=R^2,\end{cases}$$

解上式方程组得 $a=2,b=1,c=-2,R=3$,所以球面方程为

$$(x-2)^2+(y-1)^2+(z+2)^2=9.$$

例 4.2.6 在空间选取适当的坐标系,求下列点的轨迹方程:

(1)到两定点距离之比等于常数的点的轨迹;

(2)到两定点距离之和等于常数的点的轨迹;

(3)到两定点距离之差等于常数的点的轨迹;

(4)到一定点和一定平面距离之比等于常数的点的轨迹.

解 (1)设两定点为 A、B,以 AB 的中点为原点,AB 所在直线为 x 轴,与 x 轴垂直的平面为 yOz 面,在 yOz 面内取 y 轴与 z 轴,y 轴与 z 轴垂直,设 $|\overrightarrow{AB}|=2a\,(a>0)$,$A$、$B$ 的坐标分别为 $(-a,0,0)$,$(a,0,0)$,动点为 $M(x,y,z)$,根据题意有

$$\frac{|\overrightarrow{MA}|}{|\overrightarrow{MB}|}=\lambda\quad(\lambda>0),$$

而 $|\overrightarrow{MA}|=\sqrt{(x+a)^2+y^2+z^2}$,$|\overrightarrow{MB}|=\sqrt{(x-a)^2+y^2+z^2}$,所以

$$\sqrt{(x+a)^2+y^2+z^2}=\lambda\sqrt{(x-a)^2+y^2+z^2},$$

即

$$(x+a)^2+y^2+z^2=\lambda^2[(x-a)^2+y^2+z^2],$$

所以轨迹方程为

$$(1-\lambda^2)x^2+2(1+\lambda^2)ax+(1-\lambda^2)y^2+(1-\lambda^2)z^2+(1-\lambda^2)a^2=0.$$

特殊地,当 $\lambda=1$ 时,方程变为 $x=0$,即 yOz 面.也就是说,与 A、B 两点等距离的点的轨迹图形是 yOz 平面.

(2)坐标选取同(1),设动点为 $M(x,y,z)$,常数为 $2m\,(m\geqslant a)$,那么根据题意有

$$|\overrightarrow{MA}|+|\overrightarrow{MB}|=2m,$$

即

$$\sqrt{(x+a)^2+y^2+z^2}+\sqrt{(x-a)^2+y^2+z^2}=2m,$$

$$(x+a)^2+y^2+z^2=4m^2+(x-a)^2+y^2+z^2-4m\sqrt{(x-a)^2+y^2+z^2},$$

所以

$$4m\sqrt{(x-a)^2+y^2+z^2}=4m^2-4ax,$$

$$m^2[(x-a)^2+y^2+z^2]=(m^2-ax)^2,$$

化简整理得

$$\frac{x^2}{m^2}+\frac{y^2}{m^2-a^2}+\frac{z^2}{m^2-a^2}=1\,(m>a).$$

当 $m=a$ 时,方程为 $y^2+z^2=0$,即 $\begin{cases}y=0\\z=0\end{cases}$,且 $|x-a|+|x+a|=2a$,则 $-a\leqslant x\leqslant a$.

所以当 $m=a$ 时,轨迹为线段 AB;当 $m>a$ 时,轨迹为一个椭球面.

(3)坐标选取同(1),常数为 $2m(m\leqslant a)$,设动点为 $M(x,y,z)$,那么根据题意有

$$|\overrightarrow{MA}|-|\overrightarrow{MB}|=2m,$$

即

$$\sqrt{(x+a)^2+y^2+z^2}-\sqrt{(x-a)^2+y^2+z^2}=2m,$$

$$(x+a)^2+y^2+z^2=4m^2+(x-a)^2+y^2+z^2+4m\sqrt{(x-a)^2+y^2+z^2},$$

所以

$$ax-m^2=m\sqrt{(x-a)^2+y^2+z^2},$$

$$(ax-m^2)^2=m^2[(x-a)^2+y^2+z^2],$$

即

$$(m^2-a^2)x^2+m^2y^2+m^2z^2=m^4-m^2a^2.$$

当 $m^2=a^2$ 时,方程为 $y^2+z^2=0$,即 $\begin{cases}y=0\\z=0\end{cases}$,且 $|x-a|+|x+a|=2m$.

(i)当 $m=a$ 时,此时 $x\geqslant a$,轨迹为以 B 为端点、以 x 轴正向为方向的射线.

(ii)当 $m=-a$ 时,此时 $x\leqslant -a$,此时轨迹为以 A 为端点,以 x 轴负向为方向的射线.

当 $m^2<a^2$ 时,方程可转化为 $\dfrac{x^2}{m^2}+\dfrac{y^2}{m^2-a^2}+\dfrac{z^2}{m^2-a^2}=1$,轨迹图形为双叶双曲面.

(4)设以定平面为 xOy 坐标面,过定点且垂直于 xOy 面的直线为 z 轴,建立直角坐标系,设 A 的坐标为 $(0,0,a)$,常数为 $\lambda(\lambda>0)$,动点为 $M(x,y,z)$,那么

$$|\overrightarrow{MA}|=\sqrt{x^2+y^2+(z-a)^2},$$

M 到 xOy 平面的距离为 $|z|$,所以

$$\frac{\sqrt{x^2+y^2+(z-a)^2}}{|z|}=\lambda,$$

即

$$x^2+y^2+(1-\lambda^2)z^2-2az+a^2=0.$$

习题 4.2

1. 已知轨迹的参数方程为 $\boldsymbol{r}=\boldsymbol{i}\cos\theta\cos\varphi+\boldsymbol{j}\cos\theta\sin\varphi+\boldsymbol{k}\sin\theta$;

(1)当 θ,φ 均为参数时,轨迹的普通方程是什么? 它表示什么图形?

(2)当 $\theta=0,\varphi$ 为参数时,轨迹的一般方程是什么? 它表示什么图形?

2. 证明下面两曲线都是球面上的曲线.

(1) $\begin{cases}x^2+3y^2+5z^2=5,\\2y^2+4z^2=3;\end{cases}$　　(2) $\begin{cases}x=\dfrac{t}{1+t^2+t^4},\\y=\dfrac{t^2}{1+t^2+t^4},\\z=\dfrac{t^3}{1+t^2+t^4}.\end{cases}$

3. 消去下列空间曲线参数方程中的参数化为一般方程:

(1) $\begin{cases}x=(t+1)^2,\\y=2(t+1),\ (-\infty<t<\infty);\\z=-2(t+1)\end{cases}$　　(2) $\begin{cases}x=a\cos^2 t,\\y=a\sin^2 t,\ (0\leqslant t<2\pi);\\z=a\sin 2t\end{cases}$

$$(3)\begin{cases}x=-1+\cos\theta,\\ y=\sin\theta,\\ z=2\sin\dfrac{\theta}{2}\end{cases}\quad(0\leqslant\theta<2\pi).$$

§4.3 地理坐标、球坐标和柱坐标

4.3.1 地理坐标

定义 4.3.1 从球面的参数方程

$$\begin{cases}x=r\cos\theta\cos\varphi,\\ y=r\cos\theta\sin\varphi,\\ z=r\sin\theta,\end{cases}\quad\begin{pmatrix}-\pi<\varphi\leqslant\pi,\\ -\dfrac{\pi}{2}\leqslant\theta\leqslant\dfrac{\pi}{2}\end{pmatrix}$$

引出了经、纬度制的地理坐标，即当 φ,θ 一定，点 M 在取定半径为 r 的球面上的位置也就一定，φ,θ 即为点 M 的地理坐标，记作 $M(\varphi,\theta)$，这种坐标是一般的曲纹坐标的特例.

当我们取定曲面的参数方程

$$r=r(u,v) \tag{4.3.1}$$

中的一个参数，比如 $u=u_1=$常数，得单参数向量函数 $r=r(u_1,v)$，它表示一条在曲面(4.3.1)上的曲线. 当 u 取一切可以取的数值时，我们得到一族曲线，叫做 v 族曲线，这族曲线构成了曲面(4.3.1).

同样如果我们取定 $v=v_1=$常数，那么只考虑向量函数

$$r=r(u,v_1)$$

也表示曲面(4.3.1)上的曲线，当 v 取一切可以取的值时，得到另一族曲线，叫做 u 族曲线，这族曲线同样构成曲面(4.3.1). 这样两族曲线构成一张曲纹坐标网(见图 4－2). 如果同时取定 u,v 的值，比如 $u=u_0,v=v_0$，那么就确定了唯一的向径 $r_0=r(u_0,v_0)$，即唯一确定了曲面(4.3.1)上的点 M_0，这点就是 u 族中的曲线 $r=r(u,v_0)$ 与 v 族中的曲线 $r=r(u_0,v)$ 的交点. 因此通过参数方程(4.3.1)，曲面上的点完全可由一对有序实数 (u,v) 来确定，因此 (u,v) 可以看成曲面上点的坐标，通常把它叫做曲面上的曲纹坐标.

地球(即球)上的经线族与纬线族构成了一张坐标网，地球上的点的位置完全可由经度和纬度来决定，这就是地理坐标.

4.3.2 球坐标和柱坐标

球坐标系与柱坐标系是空间另外两种点与有序三数组的一种对应关系，它们都与直角坐标系有密切的关系. 直角标架决定直角坐标系，球坐标系与柱坐标系实际上也是由直角标架决定的，只不过它们在形式上是通过直角坐标系中的球面与柱面而建立起来的. 因此，如果球坐标系与柱坐标系都是由同一个直角标架决定的话，那么空间点的球坐标或柱坐标不仅与直角坐标可以相互转换，而且球坐标与柱坐标通过直角坐标也可以相互转换，从而它们的轨迹方程也可以相互转换.

当建立了球坐标系后，空间中点的直角坐标 (x,y,z) 与球坐标 (ρ,φ,θ) 之间就有了下面的关系：

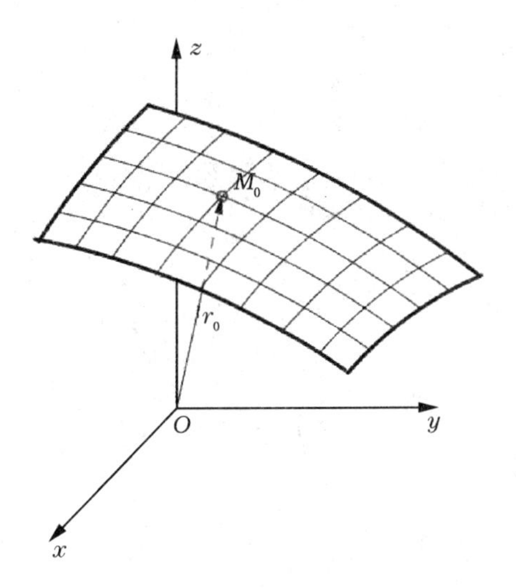

图 4—2

$$\begin{cases} x=\rho\cos\theta\cos\varphi, \\ y=\rho\cos\theta\sin\varphi, \\ z=\rho\sin\theta, \end{cases} \left(\begin{array}{c} \rho\geqslant 0 \\ -\pi<\varphi\leqslant\pi \\ -\dfrac{\pi}{2}\leqslant\theta\leqslant\dfrac{\pi}{2} \end{array} \right)$$

反过来，又有关系

$$\begin{cases} \rho=\sqrt{x^2+y^2+z^2}, \\ \cos\varphi=\dfrac{x}{\sqrt{x^2+y^2}}, \sin\varphi=\dfrac{y}{\sqrt{x^2+y^2}}, \\ \theta=\arcsin\dfrac{z}{\sqrt{x^2+y^2+z^2}}. \end{cases} \tag{4.3.2}$$

空间中点的直角坐标(x,y,z)与柱坐标(ρ,φ,u)之间就有了下面的关系：

$$\begin{cases} x=\rho\cos\varphi, \\ y=\rho\sin\varphi, \\ z=u, \end{cases} \left(\begin{array}{c} \rho\geqslant 0 \\ -\pi<\varphi\leqslant\pi \\ -\infty<u<+\infty \end{array} \right)$$

反过来，又有关系

$$\begin{cases} \rho=\sqrt{x^2+y^2}, \\ \cos\varphi=\dfrac{x}{\sqrt{x^2+y^2}}, \sin\varphi=\dfrac{y}{\sqrt{x^2+y^2}}, \\ u=z. \end{cases} \tag{4.3.3}$$

例 4.3.1　点 A 的直角坐标是$\left(-\dfrac{\sqrt{3}}{4},-\dfrac{3}{4},\dfrac{1}{2}\right)$，求它的球面坐标与柱面坐标.

解　由(4.3.2)式可知

$$\begin{cases}\rho=1,\\ \cos\varphi=-\dfrac{1}{2},\sin\varphi=-\dfrac{\sqrt{3}}{2},\\ \theta=\arcsin\dfrac{1}{2}=\dfrac{\pi}{6},\end{cases}$$

即

$$\begin{cases}\rho=1,\\ \varphi=-\dfrac{2\pi}{3},\\ \theta=\dfrac{\pi}{6},\end{cases}$$

所以球面坐标为$\left(1,-\dfrac{2\pi}{3},\dfrac{\pi}{6}\right)$.

由(4.3.3)式可知

$$\begin{cases}\rho=\dfrac{\sqrt{3}}{2},\\ \varphi=-\dfrac{2\pi}{3},\\ u=\dfrac{1}{2},\end{cases}$$

所以柱面坐标为$\left(\dfrac{\sqrt{3}}{2},-\dfrac{2\pi}{3},\dfrac{1}{2}\right)$.

例 4.3.2 在球坐标系中,下列方程表示什么图形?

(1)$\rho=3$; (2)$\varphi=\dfrac{\pi}{2}$; (3)$\theta=\dfrac{\pi}{3}$.

解 (1)表示以原点为圆心、半径为 3 的球面;

(2)表示 yOz 平面中 $y\geqslant 0$ 的半平面(以 z 轴为界);

(3)顶点在原点、轴重合于 z 轴、圆锥角的一半为$\dfrac{\pi}{6}$的圆锥面的上半腔(半锥面).

例 4.3.3 在柱坐标系中,下列方程代表何种图形?

(1)$\rho=2$; (2)$\varphi=\dfrac{\pi}{4}$; (3)$u=-1$.

解 (1)表示半径为 2,以 z 轴为界的圆柱面;

(2)表示以 z 轴为界且过点$\left(1,\dfrac{\pi}{4},0\right)$的半平面;

(3)平行于 xOy 坐标面且通过点(0,0,−1)的平面.

习题 4.3

1. 在同一个直角标架决定的直角坐标系、球坐标系与柱坐标系下,

(1)球坐标为$\left(2,\dfrac{3\pi}{4},\dfrac{\pi}{3}\right)$的点的直角坐标为_______,柱坐标为_______.

(2)轨迹的球坐标方程为 $2\leqslant\rho\leqslant4$,它的直角坐标方程为________,图形为________.

(3)轨迹的柱坐标方程为 $\rho=4\sin\varphi(0\leqslant\varphi\leqslant\pi)$,它的直角坐标方程为________,图形为________.

2. 在同一个直角标架决定的直角坐标系、球坐标系与柱坐标系中:

(1)球坐标为(1,1,1)的点,求它的直角坐标与柱坐标;

(2)球坐标为 $\left(1,\frac{4\pi}{3},\frac{\pi}{4}\right)$ 的点,求它的直角坐标与柱坐标.

§4.4 平面与直线

平面是空间中最简单的曲面,而直线是空间中最简单的曲线. 本章利用向量分别建立平面与空间直线的方程,然后用代数的方法来研究有关平面与空间直线的一些几何问题. 在这一章中,所用的坐标系有仿射坐标系与直角坐标系,对于一些有关仿射性质的问题尽量应用仿射坐标系,但涉及有关距离、角度等度量性质的问题时,就采用直角坐标系. 由于直角坐标系是仿射坐标系的特例,对于在仿射坐标系里成立的性质,在直角坐标系里一定也成立.

4.4.1 平面的方程

1. 平面方程的各种形式

根据确定平面的几何条件的不同,可以导出不同形式的平面方程,在仿射坐标系下,平面方程的各种形式的坐标式方程以及方程中的系数或常数的几何意义如表 4-1 所示.

表 4-1

名称	方 程	系数或常数的几何意义	备 注
参数式	$\begin{cases}x=x_0+X_1u+X_2v,\\y=y_0+Y_1u+Y_2v,\\z=z_0+Z_1u+Z_2v.\end{cases}$	(x_0,y_0,z_0)是平面上的点,$\{X_1,Y_1,Z_1\}$,$\{X_2,Y_2,Z_2\}$是平面的方位向量	$X_1:Y_1:Z_1\neq X_2:Y_2:Z_2$,$u,v$为参数,且$-\infty<u,v<+\infty$
点位式	$\begin{vmatrix}x-x_0 & y-y_0 & z-z_0\\X_1 & Y_1 & Z_1\\X_2 & Y_2 & Z_2\end{vmatrix}=0$	(x_0,y_0,z_0)是平面上的点,$\{X_1,Y_1,Z_1\}$,$\{X_2,Y_2,Z_2\}$是平面的方位向量	$X_1:Y_1:Z_1\neq X_2:Y_2:Z_2$
三点式	$\begin{vmatrix}x-x_1 & y-y_1 & z-z_1\\x_2-x_1 & y_2-y_1 & z_2-z_1\\x_3-x_1 & y_3-y_1 & z_3-z_1\end{vmatrix}=0$	(x_1,y_1,z_1),(x_2,y_2,z_2),(x_3,y_3,z_3)为平面上的三点	三点不共线
截距式	$\frac{x}{a}+\frac{y}{b}+\frac{z}{c}=1$	a,b,c依次为平面在x轴、y轴、z轴上的截距	平面不通过原点且不平行于坐标轴
一般式	$Ax+By+Cz+D=0$	在直角坐标系下,$\{A,B,C\}$是平面的一个法向量,$\frac{\lvert D\rvert}{\sqrt{A^2+B^2+C^2}}$是原点到平面的距离	A,B,C不全为零
平面束	$l(A_1x+B_1y+C_1z+D_1)+m(A_2x+B_2y+C_2z+D_2)=0$, $Ax+By+Cz+\lambda=0$		$A_1:B_1:C_1\neq A_2:B_2:C_2$,$l$、$m$不全为零,$-\infty<\lambda<+\infty$

在直角坐标系下，平面的方程还有两种形式，如表 4—2 所示.

表 4—2

名称	方　程	系数或常数的几何意义	备　注
点法式	$A(x-x_0)+B(y-y_0)+C(z-z_0)=0$	(x_0,y_0,z_0)是平面上的点，$\{A,B,C\}$是平面的一个法向量	A,B,C不全为零
法式	$x\cos\alpha+y\cos\beta+z\cos\gamma-p=0$	$\{\cos\alpha,\cos\beta,\cos\gamma\}$是平面的一个单位法向量，$p$ 为原点到平面的距离	$\cos^2\alpha+\cos^2\beta+\cos^2\gamma=1$，单位法向量的方向为原点指向平面

平面方程 $Ax+By+Cz+D=0$ 中某些系数或常数项为零时，平面对坐标系来说具有某种特殊的位置关系，如表 4—3 所示.

表 4—3

<table>
<tr><td colspan="5">平面 $Ax+By+Cz+D=0$</td></tr>
<tr><td colspan="3">条　件</td><td>方　程</td><td>位置特征</td></tr>
<tr><td rowspan="2">$D\neq0$</td><td>A,B,C 中有 1 个为零</td><td>$C=0$
$B=0$
$A=0$</td><td>$Ax+By+D=0$
$Ax+Cz+D=0$
$By+Cz+D=0$</td><td>平行于 z 轴
平行于 y 轴
平行于 x 轴</td></tr>
<tr><td>A,B,C 中有 2 个为零</td><td>$B=C=0$
$C=A=0$
$A=B=0$</td><td>$Ax+D=0$
$By+D=0$
$Cz+D=0$</td><td>平行于 yOz 坐标面
平行于 xOz 坐标面
平行于 xOy 坐标面</td></tr>
<tr><td rowspan="3">$D\neq0$</td><td colspan="2">$ABC\neq0$</td><td>$Ax+By+Cz=0$</td><td>通过坐标原点</td></tr>
<tr><td>A,B,C 中有 1 个为零</td><td>$C=0$
$B=0$
$A=0$</td><td>$Ax+By=0$
$Ax+Cz=0$
$By+Cz=0$</td><td>通过 z 轴
通过 y 轴
通过 x 轴</td></tr>
<tr><td>A,B,C 中有 2 个为零</td><td>$B=C=0$
$C=A=0$
$A=B=0$</td><td>$x=0$
$y=0$
$z=0$</td><td>yOz 坐标面
xOz 坐标面
xOy 坐标面</td></tr>
</table>

2. 平面方程的不同形式间的互化

平面方程的不同形式在一定的条件下可以互相转换，有时为了讨论问题的方便，就需要这样做. 显然，平面的各种形式的方程通过化简整理，都能化为平面方程的一般形式. 反过来，化平面的一般方程

$$Ax+By+Cz+D=0$$

为参数式或点位式，关键是找到平面上的一点与它的两个方位向量，一般地，可以在平面上找出三个不共线的点(即平面方程的三个特解)M_1,M_2,M_3，那么$\overrightarrow{M_1M_2}$与$\overrightarrow{M_1M_3}$即为平面的方位向量，这样就可写出平面的参数式或点位式了. 但是这样做并不是最简便的，通常我们在 $A\neq0$ 时可令 $y=u,z=v$，代入方程得

$$x=-\frac{D}{A}-\frac{B}{A}u-\frac{C}{A}v.$$

这样就把平面的一般式化为参数式

$$\begin{cases} x=-\dfrac{D}{A}-\dfrac{B}{A}u-\dfrac{C}{A}v, \\ y=u, \\ z=v. \end{cases}$$

这里 $M_0\left(-\dfrac{D}{A},0,0\right)$ 为平面上的一点，平面的方位向量为 $a=\left\{-\dfrac{B}{A},1,0\right\}$，$b=\left\{-\dfrac{C}{A},0,1\right\}$，从而该平面的点法式为

$$\begin{vmatrix} x+\dfrac{D}{A} & y & z \\ -\dfrac{B}{A} & 1 & 0 \\ -\dfrac{C}{A} & 0 & 1 \end{vmatrix}=0.$$

例 4.4.1　证明向量 $\boldsymbol{v}=\{X,Y,Z\}$ 平行于平面 π：$Ax+By+Cz+D=0$ 的充要条件为 $AX+BY+CZ=0$.

证明　在直角坐标系下证明是十分容易的，因为这时 $\boldsymbol{n}=\{A,B,C\}$ 为平面 π 的一个法向量，所以向量 $\boldsymbol{v}$ 平行于平面 π 的充要条件为 $\boldsymbol{v}\perp n$，这就是 $Ax+By+Cz=0$. 但是在仿射坐标系下就不能这样证明，而此时 v 平行于平面 π 的充要条件为 $\boldsymbol{v}$ 与平面 π 的两个方位向量共面，为此先化平面 π 的一般式为参数式

$$\begin{cases} x=-\dfrac{D}{A}-\dfrac{B}{A}u-\dfrac{C}{A}v, \\ y=u, \\ z=v, \end{cases}\quad(-\infty<u,v<+\infty),$$

就得平面的两方位向量为 $\boldsymbol{a}=\left\{-\dfrac{B}{A},1,0\right\}$，$\boldsymbol{b}=\left\{-\dfrac{C}{A},0,1\right\}$，所以向量 $\boldsymbol{v}$ 平行于平面 π 的充要条件为 $(\boldsymbol{v},\boldsymbol{a},\boldsymbol{b})=0$，所以

$$\begin{vmatrix} X & Y & Z \\ -\dfrac{B}{A} & 1 & 0 \\ -\dfrac{C}{A} & 0 & 1 \end{vmatrix}=0,$$

即

$$AX+BY+CZ=0.$$

化平面方程的一般式为截距式，只要将方程变形就能得到，例如，将平面方程的一般式

$$2x-5y+4z-8=0$$

变形可得

$$\frac{x}{4}+\frac{y}{-\dfrac{8}{5}}+\frac{z}{2}=1,$$

这就是截距式，它在 x 轴、y 轴、z 轴上的截距依次为 $4,-\dfrac{8}{5},2$.

在直角坐标系下，化平面的一般方程为法式方程，只要乘上法式化因子即得，如

$$Ax+By+Cz+D=0$$

的法式化因子为 $\lambda=\pm\dfrac{1}{\sqrt{A^2+B^2+C^2}}$，所以它的法式方程为

$$\pm\frac{Ax+By+Cz+D}{\sqrt{A^2+B^2+C^2}}=0,$$

其中，正、负号的选取，必须使 $\lambda D<0$；当 $D=0$ 时，正、负号可任意选取，也就是单位法向量的两个方向可任取一个. 但也有的教材把它规定为：当 $D=0, C\neq 0$ 时，取符号使 $\lambda C>0$；当 $D=C=0$，而 $B\neq 0$ 时，取 $\lambda B>0$；当 $D=C=B=0$ 时，取 $\lambda A>0$. 它的几何意义就是说，当 $D=0$，$C\neq 0$时，平面过原点但不过 z 轴，这时取单位法向量的正向与 z 轴交成锐角（因为 $\lambda C>0$，即 $\cos\gamma>0$），也就是法向量的正向向上；当 $D=C=0, B\neq 0$ 时，平面过 z 轴，而不过 y 轴，这时取单位法向量的正向与 y 轴交成锐角（因为 $\lambda B>0$，即 $\cos\beta>0$）；当 $D=C=B=0$ 时，平面过 z 轴，也过 y 轴，这时平面即为 yOz 坐标面，这时单位法向量的正向与 x 轴一致.

3. 求平面方程的一般方法

熟悉了平面方程的各种形式以及明确了方程中的系数或常数的几何意义后，就可以根据所求平面的已知条件写出平面的方程. 建立平面的方程，通常有两种方法：其一是根据已知条件可确定方程中的系数或常数的值时，就可直接写出平面的某一种形式的方程，最后把它化为一般式来表示. 例如，已知平面上的一点，以及根据已知条件如能确定平面的两方位向量的话，那么就能直接写出该平面的参数式方程或点位式方程，最后化为一般式来表示. 其二是待定系数法，也就是先设所求平面为 $Ax+By+Cz+D=0$，然后根据已知条件来确定它的系数或常数，实际上只要确定了 $A:B:C:D$，所求平面也就确定了，这是一种常用的方法. 当所求平面通过某一直线或平行于某一平面时，我们常常应用平面束的方程，然后再确定它的系数.

4. 平面的作图

根据平面的方程，在坐标系中作出它的示意图，我们将通过举例来说明这个问题，并且采用的坐标系都是直角坐标系.

只要作出该平面上的三个不共线的点，由这三点构成的三角形就能确定该平面的位置，习惯上都是首先考虑平面与坐标轴的交点.

例 4.4.2 指出下列平面方程的位置特点，并作出它的示意图.

(1) $x-2y+3z-6=0$；　　(2) $3x+y+3z=0$；

(3) $3x-y+3=0$；　　(4) $3y+2z=0$；

(5) $y-4=0$.

解 (1) 方程 $x-2y+3z-6=0$ 是一个一般位置的平面，把它化为截距式

$$\frac{x}{6}+\frac{y}{-3}+\frac{z}{2}=1.$$

平面与三坐标轴依次交于点 $A(6,0,0)$，$B(0,-3,0)$，$C(0,0,2)$，作出这三点，得三角形 ABC 即为该平面的一部分（见图 4－3）.

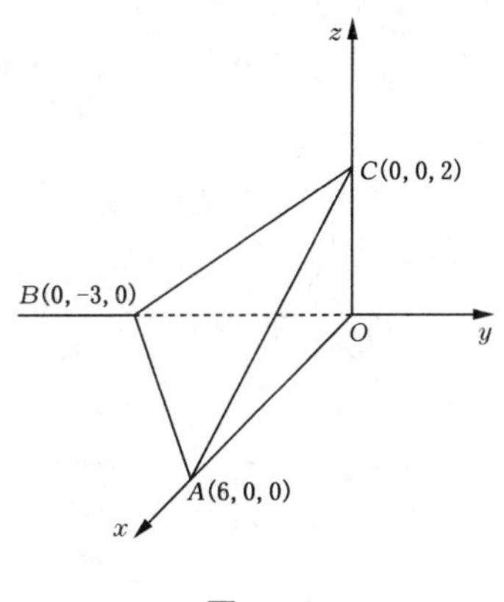

图 4—3

(2)方程 $3x+y+3z=0$ 中缺常数项，所以平面过原点 O，此平面除原点外，与坐标轴再无交点. 令 $z=0$，得 $3x+y=0$，我们容易求出该平面与 xOy 面的交线上的点，例如点 $A(1,-3,0)$；再令 $x=0$，得 $y+3z=0$，同样可求出平面与 yOz 面的交线上的点，例如点 $B(0,-3,1)$. 由两直线 OA 与 OB 决定的平面即为所求，如图 4—4 所示.

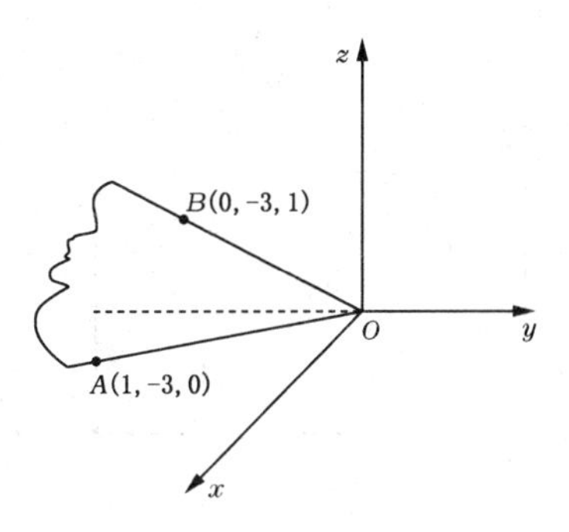

图 4—4

(3)方程 $3x-y+3=0$ 中缺少 z 项，平面平行于 z 轴，在平面与 xOy 坐标面的交线上任取两点 $A(0,3,0)$，$B(-1,0,0)$，过点 A 与 B 分别作 z 轴的平行线，那么由这两平行线决定的平面即为所求的平面，如图 4—5 所示.

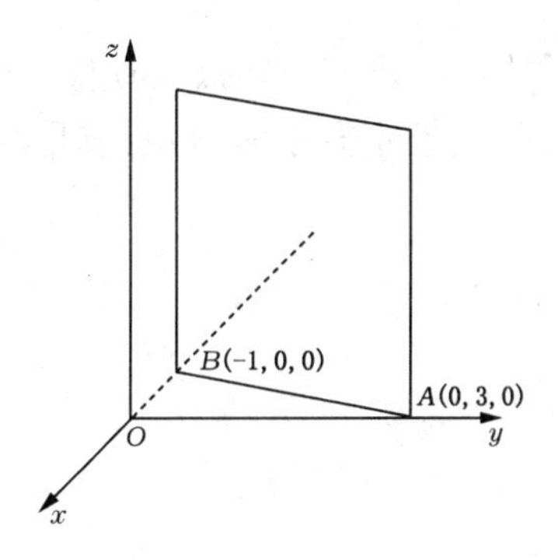

图 4—5

(4)方程 $3y+2z=0$ 既缺 x 项又缺常数项,所以平面通过 x 轴,在平面与 yOz 坐标面的交线上任取一点,比如 $A(0,-2,3)$,由直线 OA 与 x 轴决定的平面即为所求平面,如图4－6所示.

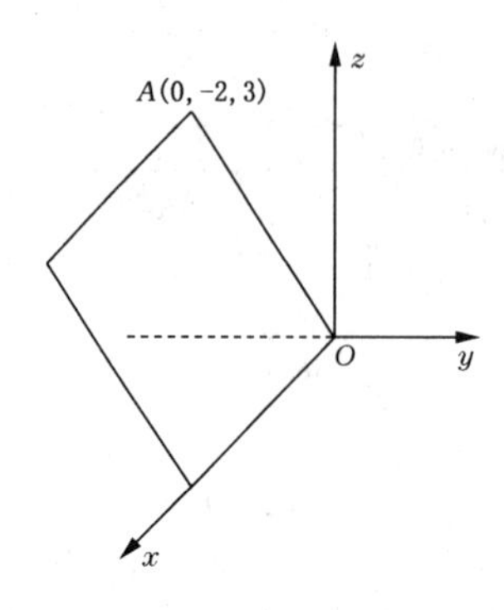

图 4—6

(5)方程 $y-4=0$ 中缺少 x 项与 z 项,平面平行于 xOz 坐标面,显然该平面交 y 轴于点 $A(0,4,0)$,过点 A 分别作直线平行于 x 轴与 z 轴,那么由这两直线决定的平面即为所求的平面,如图 4－7 所示.

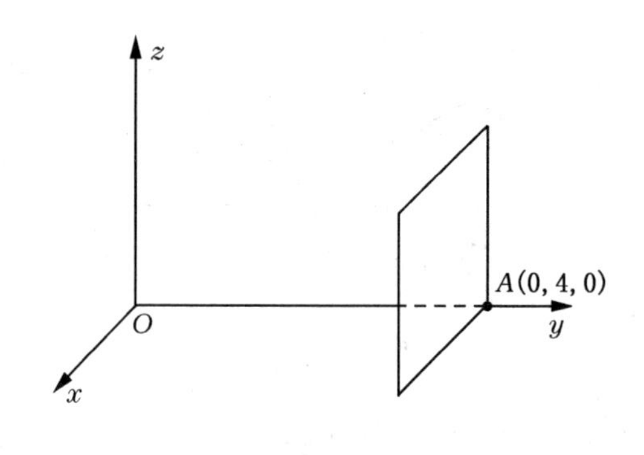

图 4—7

4.4.2 空间直线

1. 空间直线的方程

空间直线的方程,根据不同的几何条件,如两点确定一直线,一点与一方向确定一直线等可以得到不同形式的直线的方程,空间直线也可以看成是两平面的交线,空间直线方程的各种形式如表 4－4 所示.

表 4—4

名称	方　程	系数或常数的几何意义	备　注
参数式	$\begin{cases}x=x_0+Xt,\\y=y_0+Yt,\\z=z_0+Zt\end{cases}$	(x_0,y_0,z_0)是直线上的点，直线的方向为 $X:Y:Z$，即$\{X,Y,Z\}$是直线的方向向量，t 为参数	X,Y,Z 不全为零，$-\infty<t<+\infty$
对称式（标准式）	$\frac{x-x_0}{X}=\frac{y-y_0}{Y}=\frac{z-z_0}{Z}$		
两点式	$\frac{x-x_1}{x_2-x_1}=\frac{y-y_1}{y_2-y_1}=\frac{z-z_1}{z_2-z_1}$	(x_1,y_1,z_1)，(x_2,y_2,z_2)为直线上的两点	x_2-x_1,y_2-y_1,z_2-z_1 不全为零
射影式	$\begin{cases}x=az+c,\\y=bz+d\end{cases}$	$(c,d,0)$为直线上的点，$(a,b,1)$为直线的方向向量	把直线看成两射影平面的交线
一般式	$\begin{cases}A_1x+B_1y+C_1z+D_1=0,\\A_2x+B_2y+C_2z+D_2=0\end{cases}$	$\begin{vmatrix}B_1&C_1\\B_2&C_2\end{vmatrix}:\begin{vmatrix}C_1&A_1\\C_2&A_2\end{vmatrix}:\begin{vmatrix}A_1&B_1\\A_2&B_2\end{vmatrix}$为直线的方向	在直角坐标系下直线的方向向量为$\{A_1,B_1,C_1\}\times\{A_2,B_2,C_2\}$

2. 直线方程的不同形式间的互化

直线方程的对称式与参数式中的常数(x_0,y_0,z_0)，$\{X,Y,Z\}$具有相同的几何意义，很容易把其中的一种形式改写成另一种形式，而两点式实际上就是对称式. 射影式与对称式又非常容易互化，而在直线方程中用得最多的是对称式与一般式，因此我们重点介绍这两种方程形式的互化.

把直线的对称式方程改写一下，就可得到射影式，它已是一般方程了. 例如，设 $Z\neq0$，那么就有

$$\frac{x-x_0}{X}=\frac{y-y_0}{Y}=\frac{z-z_0}{Z}\Rightarrow\begin{cases}\dfrac{x-x_0}{X}=\dfrac{z-z_0}{Z},\\\dfrac{y-y_0}{Y}=\dfrac{z-z_0}{Z}\end{cases}\Rightarrow\begin{cases}x=az+c,\\y=bz+d.\end{cases}$$

其中 $a=\frac{X}{Z},b=\frac{Y}{Z},c=x_0-\frac{X}{Z}z_0,d=y_0-\frac{Y}{Z}z_0$.

把直线方程的一般式

$$\begin{cases}A_1x+B_1y+C_1z+D_1=0,\\A_2x+B_2y+C_2z+D_2=0\end{cases}$$

化为对称式，通常有两种方法：一是根据对称式方程中常数的几何意义，只要求得直线的方向 $X:Y:Z$ 和直线上的一点(x_0,y_0,z_0)，就能立刻写出对称式方程，而直线的方向为

$$X:Y:Z=\begin{vmatrix}B_1&C_1\\B_2&C_2\end{vmatrix}:\begin{vmatrix}C_1&A_1\\C_2&A_2\end{vmatrix}:\begin{vmatrix}A_1&B_1\\A_2&B_2\end{vmatrix},$$

如果$\begin{vmatrix}A_1&B_1\\A_2&B_2\end{vmatrix}\neq0$，再在方程组中任意令 $z=z_0$（最简单的是令 $z=0$），求出 $x=x_0,y=y_0$，那么方程组的一个特解(x_0,y_0,z_0)就是直线上的一点，这样直线的一般方程就可化为对称式方程

$$\frac{x-x_0}{\begin{vmatrix} B_1 & C_1 \\ B_2 & C_2 \end{vmatrix}}=\frac{y-y_0}{\begin{vmatrix} C_1 & A_1 \\ C_2 & A_2 \end{vmatrix}}=\frac{z-z_0}{\begin{vmatrix} A_1 & B_1 \\ A_2 & B_2 \end{vmatrix}}.$$

由于在直角坐标系下，直线一般式方程中的两个平面的法向量分别为 $\boldsymbol{n}_1=\{A_1,B_1,C_1\}$，$\boldsymbol{n}_2=\{A_2,B_2,C_2\}$，因此该直线的方向向量就是 $\boldsymbol{n}_1\times\boldsymbol{n}_2$，所以有

$$\boldsymbol{n}_1\times\boldsymbol{n}_2=\left\{\begin{vmatrix} B_1 & C_1 \\ B_2 & C_2 \end{vmatrix},\begin{vmatrix} C_1 & A_1 \\ C_2 & A_2 \end{vmatrix},\begin{vmatrix} A_1 & B_1 \\ A_2 & B_2 \end{vmatrix}\right\}.$$

另一种方法是先从直线的一般式方程中分别消去两个变量化为射影式方程，例如，当 $\begin{vmatrix} A_1 & B_1 \\ A_2 & B_2 \end{vmatrix}\neq 0$ 时可化为

$$\begin{cases} x=az+c, \\ y=bz+d. \end{cases}$$

然后再将射影式方程改写一下，就得到对称式方程为

$$\frac{x-c}{a}=\frac{y-d}{b}=\frac{z}{1}.$$

3. 求直线方程的一般方法

直线方程用得最多的是对称式(标准式)与一般式，求直线的方程就是确定该直线上的某一点和它的方向，或者是求出通过该直线的两个平面，这样直线的方程就可用对称式或一般式来表示了. 因此求直线方程时，通常是先假设所求方程为

$$\frac{x-x_0}{X}=\frac{y-y_0}{Y}=\frac{z-z_0}{Z},$$

然后根据已知条件逐步确定直线上的点 (x_0,y_0,z_0) 与方向 $X:Y:Z$. 用一般方程表示直线，必须找出通过这一直线的两平面，这样就把问题归结为求平面的方程.

4.4.3 平面、直线间的位置关系

1. 两平面的位置关系

两平面的位置关系见表 4—5.

表 4—5

$\pi_1: A_1x+B_1y+C_1z+D_1=0$, $\pi_2: A_2x+B_2y+C_2z+D_2=0$			
位置关系	成立条件		备　注
相交	$A_1:B_1:C_1\neq A_2:B_2:C_2$	$n_1 \not\parallel n_2$	$n_1=\{A_1,B_1,C_1\}$，$n_2=\{A_2,B_2,C_2\}$ 分别为 π_1，π_2 在直角坐标系下的法向量
平行	$\frac{A_1}{A_2}=\frac{B_1}{B_2}=\frac{C_1}{C_2}\neq\frac{D_1}{D_2}$	$n_1 /\!/ n_2$	
重合	$\frac{A_1}{A_2}=\frac{B_1}{B_2}=\frac{C_1}{C_2}=\frac{D_1}{D_2}$		

2. 平面与直线的位置关系

平面与直线的位置关系见表 4—6.

表 4—6

$$\pi: Ax+By+Cz+D=0,$$

$$l: \frac{x-x_0}{X}=\frac{y-y_0}{Y}=\frac{z-z_0}{Z}.$$

位置关系	成立条件		备 注
相交	$AX+BY+CZ\neq 0$	n 与 v 不垂直	$v=\{X,Y,Z\}$ 为直线 l 的方向向量，$M_0(x_0,y_0,z_0)\in l$，$n=\{A,B,C\}$为平面 π 在直角坐标系下的法向量
平行	$AX+BY+CZ=0$ 且 $Ax_0+By_0+Cz_0+D\neq 0$	$n\perp v$ $M_0\notin\pi$	
l 在 π 上	$AX+BY+CZ=0$ 且 $Ax_0+By_0+Cz_0+D=0$	$n\perp v$ $M_0\in\pi$	

3. 两直线的位置关系

两直线的位置关系见表 4—7.

表 4—7

$$l_1: \frac{x-x_1}{X_1}=\frac{y-y_1}{Y_1}=\frac{z-z_1}{Z_1},$$

$$l_2: \frac{x-x_2}{X_2}=\frac{y-y_2}{Y_2}=\frac{z-z_2}{Z_2}.$$

位置关系	成立条件		备 注
相交	$\begin{vmatrix} x_2-x_1 & y_2-y_1 & z_2-z_1 \\ X_1 & Y_1 & Z_1 \\ X_2 & Y_2 & Z_2 \end{vmatrix}=0$ 且 $X_1:Y_1:Z_1\neq X_2:Y_2:Z_2$	$(\overrightarrow{M_1M_2},\boldsymbol{v}_1,\boldsymbol{v}_2)=0$ 且 $\boldsymbol{v}_1 \not\parallel \boldsymbol{v}_2$	$\boldsymbol{v}_1=\{X_1,Y_1,Z_1\}$，$\boldsymbol{v}_2=\{X_2,Y_2,Z_2\}$分别为直线 l_1,l_2 的方向向量，$M_1(x_1,y_1,z_1)\in l_1$，$M_2(x_2,y_2,z_2)\in l_2$，$(\overrightarrow{M_1M_2},\boldsymbol{v}_1,\boldsymbol{v}_2)=\begin{vmatrix} x_2-x_1 & y_2-y_1 & z_2-z_1 \\ X_1 & Y_1 & Z_1 \\ X_2 & Y_2 & Z_2 \end{vmatrix}=0$ 是两直线 l_1,l_2 共面的充要条件
平行	$\frac{X_1}{X_2}=\frac{Y_1}{Y_2}=\frac{Z_1}{Z_2}$ 且$(x_2-x_1):(y_2-y_1):(z_2-z_1)\neq X_1:Y_1:Z_1$	$\boldsymbol{v}_1 // \boldsymbol{v}_2 \not\parallel \overrightarrow{M_1M_2}$	
重合	$\frac{X_1}{X_2}=\frac{Y_1}{Y_2}=\frac{Z_1}{Z_2}$ 且$(x_2-x_1):(y_2-y_1):(z_2-z_1)=X_1:Y_1:Z_1$	$\boldsymbol{v}_1 // \boldsymbol{v}_2 // \overrightarrow{M_1M_2}$	
异面	$\begin{vmatrix} x_2-x_1 & y_2-y_1 & z_2-z_1 \\ X_1 & Y_1 & Z_1 \\ X_2 & Y_2 & Z_2 \end{vmatrix}\neq 0$	$(\overrightarrow{M_1M_2},\boldsymbol{v}_1,\boldsymbol{v}_2)\neq 0$	

习题 4.4

1. 求过点$(3,0,-1)$且与平面 $3x-7y+5z-12=0$ 平行的平面方程.

2. 求过 $A(1,1,-1)$，$B(-2,-2,2)$ 和 $C(1,-1,2)$ 三点的平面方程.

3. 求过点 $(4,-1,3)$ 且平行于直线 $\frac{x-3}{2}=\frac{y}{1}=\frac{z-1}{5}$ 的直线方程.

4. 求过两点 $M_1(3,-2,1)$ 和 $M_2(-1,0,2)$ 的直线方程.

5. 把下列直线的一般式方程化为对称式方程或把对称式方程化为一般式方程.

(1) $\begin{cases} x-y+z+5=0, \\ 3x-8y+4z+36=0; \end{cases}$　　(2) $\frac{x+8}{-4}=\frac{y-5}{3}=\frac{z}{1}$.

§4.5　案例解析

4.5.1　经典例题方法与技巧案例

例 4.5.1　设 P,Q,R 是等轴双曲线上任意三点，求证：$\triangle PQR$ 的垂心 H 必在同一等轴双曲线上.

证明　设等轴双曲线的方程为 $x=at,y=\frac{a}{t}$，则 P、Q、R 的坐标可分别设为 $\left(at_1,\frac{a}{t_1}\right)$，$\left(at_2,\frac{a}{t_2}\right)$，$\left(at_3,\frac{a}{t_3}\right)$. 设 $\triangle PQR$ 的垂心 H 的坐标为 (x_0,y_0)，则

$\overrightarrow{QH}=\left\{x_0-at_2,y_0-\frac{a}{t_2}\right\}$，$\overrightarrow{PH}=\left\{x_0-at_1,y_0-\frac{a}{t_1}\right\}$，$\overrightarrow{QR}=\left\{a(t_3-t_2),a\left(\frac{1}{t_3}-\frac{1}{t_2}\right)\right\}$，

又因为 $\overrightarrow{PH}\perp\overrightarrow{QR}$，$\overrightarrow{QH}\perp\overrightarrow{PR}$，$\overrightarrow{PR}=\left\{a(t_3-t_1),a\left(\frac{1}{t_3}-\frac{1}{t_1}\right)\right\}$，所以

$$\overrightarrow{PH}\cdot\overrightarrow{QR}=0,\quad \overrightarrow{QH}\cdot\overrightarrow{PR}=0,$$

即

$$a(x_0-at_1)(t_3-t_2)+a\left(y_0-\frac{a}{t_1}\right)\left(\frac{1}{t_3}-\frac{1}{t_2}\right)=0,$$

$$a(x_0-at_2)(t_3-t_1)+a\left(y_0-\frac{a}{t_2}\right)\left(\frac{1}{t_3}-\frac{1}{t_1}\right)=0,$$

即

$$(t_3-t_2)x_0-at_1(t_3-t_2)+y_0\left(\frac{1}{t_3}-\frac{1}{t_2}\right)-\frac{a}{t_1}\left(\frac{1}{t_3}-\frac{1}{t_2}\right)=0 \qquad ①$$

$$(t_3-t_1)x_0-at_2(t_3-t_1)+y_0\left(\frac{1}{t_3}-\frac{1}{t_1}\right)-\frac{a}{t_2}\left(\frac{1}{t_3}-\frac{1}{t_1}\right)=0 \qquad ②$$

①$\times(t_3-t_1)-$②$\times(t_3-t_2)$ 并化简得 $at_1-at_2-y_0\ \frac{t_1-t_2}{t_1t_2t_3}=0$，所以 $y_0=-at_1t_2t_3$，将 $y_0=-at_1t_2t_3$ 代入①中可得 $x_0=-\frac{a}{t_1t_2t_3}$，所以 $x_0y_0=a^2$，从而可知 H 必在同一等轴双曲线上.

例 4.5.2　设直线 l 通过定点 $M_0(x_0,y_0)$，并且与非零向量 $\boldsymbol{v}=\{X,Y\}$ 共线，试证直线 l 的向量式参数方程为

$$\boldsymbol{r}=\boldsymbol{r}_0+t\boldsymbol{v}\ (-\infty<t<+\infty),$$

其中，$\boldsymbol{r}_0=\overrightarrow{OM_0}$，$t$ 为参数；坐标式参数方程为

$$\begin{cases} x=x_0+Xt, \\ y=y_0+Yt, \end{cases}(-\infty<t<+\infty),$$

对称式(或称标准式)方程为

$$\frac{x-x_0}{X}=\frac{y-y_0}{Y}.$$

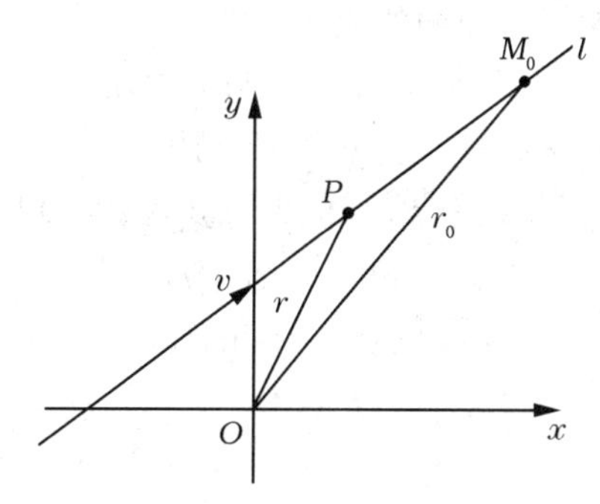

图 4—8

证明　如图 4—8 所示,P 为直线 l 上的任意一点,则

$$\overrightarrow{PM_0}=\overrightarrow{OM_0}-\overrightarrow{OP}=\boldsymbol{r}_0-\boldsymbol{r},$$

因为$\overrightarrow{PM_0}=t\boldsymbol{v}$($t$ 为参数),所以 $t\boldsymbol{v}=\boldsymbol{r}_0-\boldsymbol{r}$,即

$$\boldsymbol{r}=\boldsymbol{r}_0-t\boldsymbol{v}\ (-\infty<t<+\infty).$$

所以坐标式参数方程为

$$\begin{cases}x=x_0+Xt,\\ y=y_0+Yt,\end{cases}(-\infty<t<+\infty),$$

在上式中消去参数 t,得到直线 l 的标准方程为

$$\frac{x-x_0}{X}=\frac{y-y_0}{Y}.$$

例 4.5.3　求旋轮线$\begin{cases}x=t-\sin t,\\ y=1-\cos t\end{cases}(0\leqslant t\leqslant 2\pi)$的弧与直线 $y=\frac{3}{2}$ 的交点.

解　联立$\begin{cases}x=t-\sin t,\\ y=1-\cos t\end{cases}(0\leqslant t\leqslant 2\pi)$与 $y=\frac{3}{2}$,则

$$1-\cos t=\frac{3}{2},\cos t=-\frac{1}{2},$$

所以 $t=\frac{2\pi}{3}$或$\frac{4\pi}{3}$,从而 $x=\frac{2\pi}{3}-\frac{\sqrt{3}}{2}$或$\frac{4\pi}{3}+\frac{\sqrt{3}}{2}$,交点坐标为$\left(\frac{2\pi}{3}-\frac{\sqrt{3}}{2},\frac{3}{2}\right)$与$\left(\frac{4\pi}{3}+\frac{\sqrt{3}}{2},\frac{3}{2}\right)$.

例 4.5.4　平面 $x=C$ 与 $x^2+y^2-2x=0$ 的公共点组成怎样的轨迹?

解　如果 $C=2$,则轨迹为一条直线$\begin{cases}x=2,\\ y=0\end{cases}$;如果 $C=0$,则轨迹为一条直线$\begin{cases}x=0,\\ y=0\end{cases}$;
如果 $C>2$ 或 $C<0$,则无公共点;如果 $0<C<2$,则轨迹为两条平行于 z 轴的直线.

例 4.5.5　指出下列曲面与三个坐标面的交线分别是什么曲线?

(1)$x^2+y^2+16z^2=64$;　(2)$x^2+4y^2-16z^2=64$;　(3)$x^2-4y^2-16z^2=64$;

(4)$x^2+9y^2=10z$;　(5)$x^2-9y^2=10z$;　(6)$x^2+4y^2-16z^2=0$.

解　以下顺序分别是 xOy,xOz,yOz 坐标面的交线.

(1)圆,椭圆,椭圆; (2)椭圆,双曲线,双曲线;

(3)双曲线,双曲线,无图形; (4)点,抛物线,抛物线;

(5)两相交直线,抛物线,抛物线; (6)点,两相交直线,两相交直线.

例 4.5.6 试求出下列曲线与曲面的交点:

(1)$\boldsymbol{r}(t)=\boldsymbol{i}t\cos\pi t+\boldsymbol{j}t\sin\pi t+t\boldsymbol{k}$ 与 $x^2+y^2=4$;

(2)$\boldsymbol{r}(t)=\boldsymbol{i}\cos\pi t+\boldsymbol{j}\sin\pi t+t\boldsymbol{k}$ 与 $x^2+y^2+z^2=10$.

解 (1)$\boldsymbol{r}(t)=\boldsymbol{i}t\cos\pi t+\boldsymbol{j}t\sin\pi t+t\boldsymbol{k}$,写成坐标式参数方程为

$$\begin{cases}x(t)=t\cos\pi t,\\ y(t)=t\sin\pi t,\\ z(t)=t,\end{cases}$$

与方程 $x^2+y^2=4$ 联立,则有

$$(t\cos\pi t)^2+(t\sin\pi t)^2=4,$$

所以得 $t=\pm2$,曲线与曲面的交点坐标为(2,0,2)与(−2,0,−2).

(2)$\boldsymbol{r}(t)=\boldsymbol{i}\cos\pi t+\boldsymbol{j}\sin\pi t+t\boldsymbol{k}$,写成坐标式参数方程为

$$\begin{cases}x(t)=\cos\pi t,\\ y(t)=\sin\pi t,\\ z(t)=t,\end{cases}$$

与方程 $x^2+y^2+z^2=10$ 联立,则有

$$(\cos\pi t)^2+(\sin\pi t)^2+t^2=10,$$

所以得 $t=\pm3$,因此曲线与曲面的交点坐标为(−1,0,3)与(−1,0,−3).

例 4.5.7 要证明空间曲线 $x=f(t),y=\varphi(t),z=\psi(t)$完全在曲面 $F(x,y,z)=0$ 上,可用什么办法? 试用这个法则证明 $x=t,y=2t,z=2t^2$ 所表示的曲线完全在曲面 $2(x^2+y^2)=5z$ 上.

解 $x=f(t),y=\varphi(t),z=\psi(t)$完全在曲面 $F(x,y,z)=0$ 上的充要条件是

$$F(f(t),\varphi(t),\psi(t))=0.$$

因为 $2(t^2+4t^2)=10t^2=5\cdot(2t^2)$,根据曲线落在曲面上的充要条件可知 $x=t,y=2t$,$z=2t^2$所表示的曲线完全在曲面 $2(x^2+y^2)=5z$ 上.

例 4.5.8 把下列曲线的参数方程化为一般方程.

(1)$\begin{cases}x=6t+1,\\ y=(t+1)^2, \quad(-\infty<t<+\infty);\\ z=2t,\end{cases}$ (2)$\begin{cases}x=3\sin t,\\ y=5\sin t, \quad(0\leqslant t<2\pi).\\ z=4\cos t,\end{cases}$

解 (1)由方程的第 3 式可得

$$t=\frac{z}{2},$$

代入第 1 式,第 2 式可得

$$\begin{cases}x=3z+1,\\ y=\left(\frac{z}{2}+1\right)^2,\end{cases}$$

即

$$\begin{cases}x=3z+1,\\ y=\dfrac{z^2}{4}+z+1.\end{cases}$$

(2)由方程的第 1 式、第 2 式、第 3 式则有 $\sin t=\dfrac{x}{3}$，$\sin t=\dfrac{z}{5}$，$\cos t=\dfrac{z}{4}$，从而有

$$\begin{cases}\dfrac{x^2}{9}+\dfrac{z^2}{16}=1,\\ \dfrac{y^2}{25}+\dfrac{z^2}{16}=1\end{cases}$$

或

$$\begin{cases}5x-3y=0,\\ \dfrac{x^2}{9}+\dfrac{z^2}{16}=1.\end{cases}$$

例 4.5.9　求空间曲线$\begin{cases}y^2-4z=0\\ x+z^2=0\end{cases}$的参数方程.

解　令 $z=t^2$，则 $y^2=4t^2$，$x=-t^4$，所以曲线的参数方程为

$$\begin{cases}x=-t^4,\\ y=2t, \quad (-\infty<t<+\infty)\\ z=t^2,\end{cases}$$

或

$$\begin{cases}x=-t^4,\\ y=-2t, (-\infty<t<+\infty).\\ z=t^2,\end{cases}$$

例 4.5.10　当一个圆沿着一个定圆的外部作无滑动地滚动时，动圆上一点的轨迹叫做外旋轮线，如果我们用 a 与 b 分别表示定圆和动圆的半径，试导出其参数方程(当 $a=b$ 时，曲线叫做心脏线).

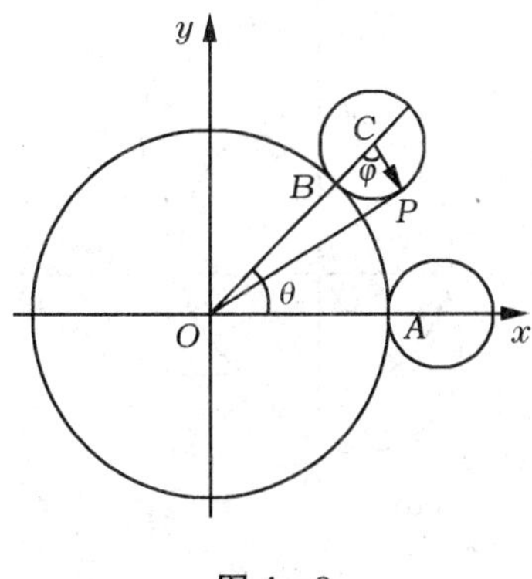

图 4—9

解　以定圆中心为原点 O，OA 为 x 轴，过 O 点垂直于 OA 的直线为 y 轴(见图 4—9). 设运动开始时动点 P 与点 A 重合，经过某一过程后，动圆与定圆的接触点为 B，设小圆中心为 C，那么 C，B，O 三点共线，且

$$OC=OB+BC=a+b,$$

显然有

$$\boldsymbol{r}=\overrightarrow{OP}=\overrightarrow{OC}+\overrightarrow{CP}. \quad ①$$

设 $\theta=\measuredangle(\boldsymbol{i},\overrightarrow{OC})$，$\varphi=\measuredangle(\overrightarrow{CB},\overrightarrow{CP})$，那么

$$\overrightarrow{OC}=(a+b)(\boldsymbol{i}\cos\theta+\boldsymbol{j}\sin\theta). \quad ②$$

为了求$\overrightarrow{CP}$对$\boldsymbol{i},\boldsymbol{j}$的分解式，我们必须先求出$\overrightarrow{CP}$对$x$轴所成的有向角，为此先将$x$轴绕$O$点逆时针旋转$\theta$角与$\overrightarrow{OC}$的方向一致，然后再绕$C$点顺时针旋转$(\pi-\varphi)$角，最终与$\overrightarrow{CP}$的方向一致，共旋转$\theta-(\pi-\varphi)=(\theta+\varphi)-\pi$，所以$\overrightarrow{CP}$与$x$轴所成的有向角为

$$\measuredangle(\boldsymbol{i},\overrightarrow{CP})=(\theta+\varphi)-\pi,$$

从而我们有

$$\begin{aligned}\overrightarrow{CP}&=b[\boldsymbol{i}\cos(\theta+\varphi-\pi)+\boldsymbol{j}\sin(\theta+\varphi-\pi)]\\&=[-b\cos(\theta+\varphi)]\boldsymbol{i}+[-b\sin(\theta+\varphi)]\boldsymbol{j}.\end{aligned} \quad ③$$

因为动圆在滚动中，显然有$\overset{\frown}{BP}=\overset{\frown}{AB}$，从而有$b\varphi=a\theta$，所以$\varphi=\frac{a}{b}\theta$，代入③式得

$$\overrightarrow{CP}=\left[-b\cos\frac{a+b}{b}\theta\right]\boldsymbol{i}+\left[-b\sin\frac{a+b}{b}\theta\right]\boldsymbol{j}, \quad ④$$

将②、④代入①得外旋轮线向量式参数方程为

$$r=\left[(a+b)\cos\theta-b\cos\frac{a+b}{b}\theta\right]\boldsymbol{i}+\left[(a+b)\sin\theta-b\sin\frac{a+b}{b}\theta\right]\boldsymbol{j}\ (-\infty<\theta<\infty),$$

它的坐标式参数方程为

$$\begin{cases}x=(a+b)\cos\theta-b\cos\frac{a+b}{b}\theta,\\y=(a+b)\sin\theta-b\sin\frac{a+b}{b}\theta,\end{cases}\ (-\infty<\theta<\infty)$$

它的图形如图 4－10 所示.

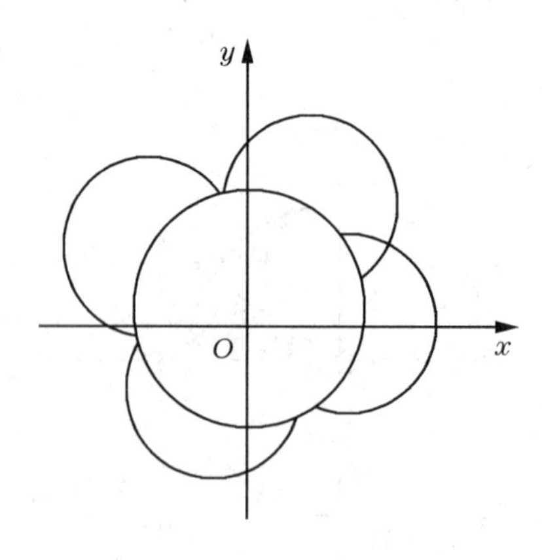

图 4－10

当$a=b$时，方程变为

$$r=(2a\cos\theta-a\cos2\theta)i+(2a\sin\theta-a\sin2\theta)j\ (-\infty<\theta<\infty),$$

或

$$\begin{cases} x=a(2\cos\theta-\cos2\theta), \\ y=a(2\sin\theta-\sin2\theta). \end{cases} \quad (-\infty<\theta<\infty)$$

这时的图形叫做心脏线,如图 4—11 所示.

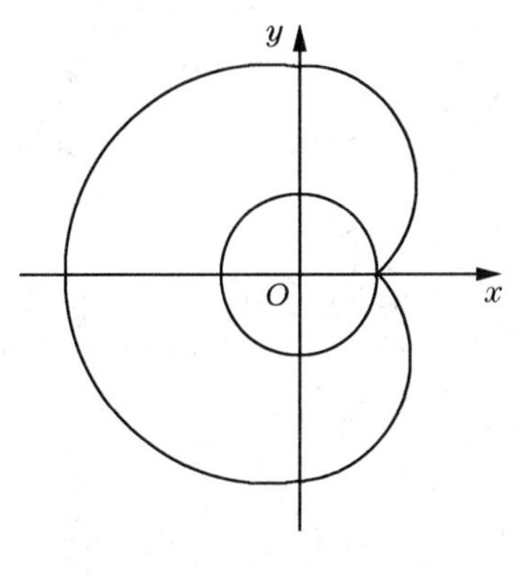

图 4—11

例 4.5.11　设 $OA=a$ 为一圆的直径,过 O 任意作一直线 OB,与圆上 A 点的切线相交于 B 点,设 OB 与圆交于另一点 P_1,过 P_1 及 B 作相交于 P 点的直线,使 $P_1P\perp OA$,$BP/\!/OA$,求 P 点的轨迹(此轨迹叫做箕舌线).

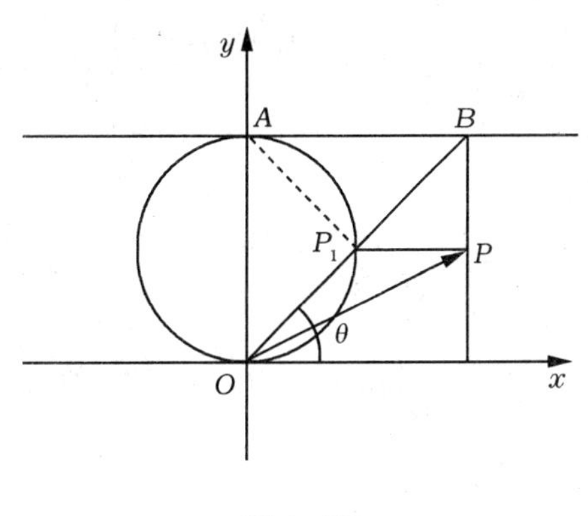

图 4—12

解　如图 4—12 所示,以 OA 为 y 轴,O 点为原点,过 O 点且垂直于 OA 的直线为 x 轴建立直角坐标系. 设 $\theta=\measuredangle(\boldsymbol{i},\overrightarrow{OB})$,则 $0<\theta<\pi$,显然有

$$\boldsymbol{r}=\overrightarrow{OP}=\overrightarrow{OP_1}+\overrightarrow{P_1P}, \qquad ①$$

因为当 $0<\theta\leqslant\frac{\pi}{2}$时,

$$|\overrightarrow{OP_1}|=|\overrightarrow{OA}|\cdot\cos\left(\frac{\pi}{2}-\theta\right)=a\sin\theta;$$

或当$\frac{\pi}{2}<\theta<\pi$ 时,

$$|\overrightarrow{OP_1}|=|\overrightarrow{OA}|\cdot\cos\left(\theta-\frac{\pi}{2}\right)=a\sin\theta;$$

总之有 $|\overrightarrow{OP_1}|=a\sin\theta(0<\theta<\pi)$. 所以

$$\overrightarrow{OP_1}=a\sin\theta(\boldsymbol{i}\cos\theta+\boldsymbol{j}\sin\theta)=\boldsymbol{i}a\sin\theta\cos\theta+\boldsymbol{j}a\sin^2\theta, \quad ②$$

因为

$$|\overrightarrow{AP_1}|=\begin{cases}a\cos\theta\left(0<\theta\leqslant\dfrac{\pi}{2}\right),\\ -a\cos\theta\left(\dfrac{\pi}{2}<\theta<\pi\right),\end{cases}$$

又因为 $|\overrightarrow{AP_1}|^2=|\overrightarrow{BP_1}|\cdot|\overrightarrow{OP_1}|$,所以

$$|\overrightarrow{BP_1}|=\frac{|\overrightarrow{AP_1}|^2}{|\overrightarrow{OP_1}|}=\frac{a^2\cos^2\theta}{a\sin\theta}=a\frac{\cos^2\theta}{\sin\theta},$$

所以,当 $0<\theta\leqslant\frac{\pi}{2}$ 时,

$$|\overrightarrow{P_1P}|=|\overrightarrow{BP_1}|\cos\theta=a\frac{\cos^3\theta}{\sin\theta};$$

当 $\frac{\pi}{2}<\theta<\pi$ 时,

$$|\overrightarrow{P_1P}|=|\overrightarrow{BP_1}|\cos(\pi-\theta)=-a\frac{\cos^3\theta}{\sin\theta}.$$

又因为

$$\measuredangle(\boldsymbol{i},\overrightarrow{P_1P})=\begin{cases}0\left(0<\theta\leqslant\dfrac{\pi}{2}\right),\\ \pi\left(\dfrac{\pi}{2}<\theta<\pi\right),\end{cases}$$

所以

$$\overrightarrow{P_1P}=\begin{cases}a\dfrac{\cos^3\theta}{\sin\theta}(\boldsymbol{i}\cos0+\boldsymbol{j}\sin0)\left(0<\theta\leqslant\dfrac{\pi}{2}\right),\\ -a\dfrac{\cos^3\theta}{\sin\theta}(\boldsymbol{i}\cos\pi+\boldsymbol{j}\sin\pi)\left(\dfrac{\pi}{2}<\theta<\pi\right),\end{cases}$$

即

$$\overrightarrow{P_1P}=\boldsymbol{i}a\frac{\cos\theta}{\sin\theta}(0<\theta<\pi), \quad ③$$

将②、③代入①得

$$\begin{aligned}\boldsymbol{r}&=\boldsymbol{i}\left(a\sin\theta\cos\theta+a\frac{\cos^3\theta}{\sin\theta}\right)+\boldsymbol{j}(a\sin^2\theta)\\&=\boldsymbol{i}a\frac{\cos\theta}{\sin\theta}+\boldsymbol{j}a\sin^2\theta(0<\theta<\pi).\end{aligned}$$

例 4.5.12 有两条互相垂直相交的直线 l_1 和 l_2,其中,l_1 绕 l_2 作螺旋式运动,即 l_1 一方面绕 l_2 作等速转动,另一方面又沿着 l_2 作等速直线运动,在运动中 l_1 永远保持与 l_2 直交,这样由 l_1 所画出的曲面叫做螺旋面,试建立螺旋面的方程.

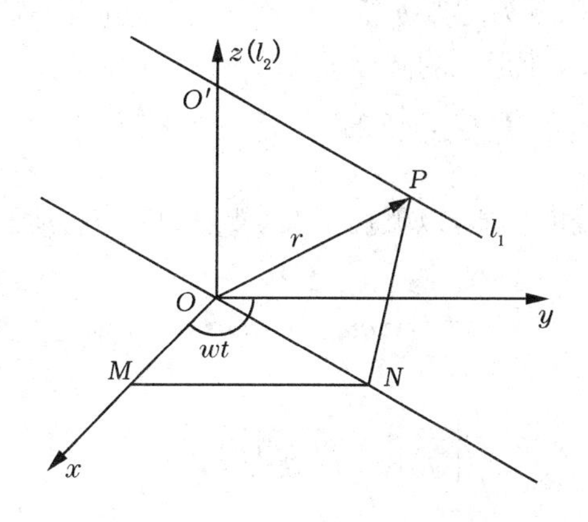

图 4—13

解 取 l_2 为 z 轴,建立直角坐标系 $O-xyz$,并设 l_1 的初始位置与 x 轴重合,转动角速度为 w,等速直线速度为 v,那么 t 秒后,直线 l_1 的转动角度为 ωt,直线运动的距离为 vt,在直线 l_1 上取点 P,作坐标折线 $OMNP$(见图 4—13),那么 t 秒后点 P 的位置向量为

$$\boldsymbol{r}=\overrightarrow{OP}=\overrightarrow{OM}+\overrightarrow{MN}+\overrightarrow{NP},$$

而

$$\overrightarrow{OM}=\boldsymbol{i}\cdot|\overrightarrow{ON}|\cos wt=\boldsymbol{i}\cdot|\overrightarrow{O'P}|\cos wt,$$

$$\overrightarrow{MN}=\boldsymbol{j}\cdot|\overrightarrow{ON}|\sin\omega t=\boldsymbol{j}\cdot|\overrightarrow{O'P}|\sin\omega t,\overrightarrow{NP}=\boldsymbol{k}\cdot vt,$$

所以

$$\boldsymbol{r}=\boldsymbol{i}\overrightarrow{O'P}\cos\omega t+\boldsymbol{j}\overrightarrow{O'P}\sin\omega t+\boldsymbol{k}vt.$$

因为点 P 可以是 l_1 上的任意点,$|\overrightarrow{O'P}|$ 也在变动,是一个参数. 设 $|\overrightarrow{O'P}|=u$,那么 l_1 的轨迹的向量式参数方程为

$$\boldsymbol{r}=\boldsymbol{i}\cdot u\cos\omega t+\boldsymbol{j}\cdot u\sin\omega t+\boldsymbol{k}\cdot vt(-\infty<u,t<+\infty).$$

坐标式参数方程为

$$\begin{cases}x=u\cos\omega t,\\ y=u\sin\omega t,\\ z=vt,\end{cases}(-\infty<u,t<+\infty).$$

如果再设 $\theta=\omega t,\dfrac{v}{\omega}=a$(常数),那么螺旋面的方程又可写为

$$\boldsymbol{r}=\boldsymbol{i}\cdot u\cos\theta+\boldsymbol{j}\cdot u\sin\theta+\boldsymbol{k}\cdot a\theta(-\infty<\theta,u<+\infty),$$

或

$$\begin{cases}x=u\cos\theta,\\ y=u\sin\theta,\\ z=a\theta,\end{cases}(-\infty<\theta,u<+\infty).$$

4.5.2 应用案例解析及软件求解

1. 圆柱螺线的自然参数方程

例 4.5.13 当空间中一动点绕 z 轴作等速旋转,并沿 z 轴方向作等速移动时,它所形成

的轨迹就是空间圆柱螺线. 以 α 为动点 p 绕 z 轴旋转的角速度，ν 为 p 沿 z 轴运动的速度，则动点 p 从点 $p_0(a,0,0)$ 出发，所形成的圆柱螺线方程为：

$$\boldsymbol{r}(t)=\{a\cos\alpha t, a\sin\alpha t, \nu t\},$$

其中，a、α、ν 是常数.

为了便于研究圆柱螺线的性质，以弧长 s 为参数来表示其方程. 上述圆柱螺线的切向量为

$$\boldsymbol{r}'(t)=\{-a\alpha\sin\alpha t, a\alpha\cos\alpha t, \nu\},$$

其长度

$$\left|\frac{dr}{dt}\right|=\sqrt{(a\alpha)^2+\nu^2}.$$

则圆柱螺线的弧长为：

$$s=\int_0^1\left|\frac{dr}{dt}\right|dt=\int_0^1\sqrt{(a\alpha)^2+\nu^2}\,dt=\sqrt{(a\alpha)^2+\nu^2}\,t,$$

即

$$t=\frac{s}{\sqrt{(a\alpha)^2+\nu^2}}.$$

故得到圆柱螺线的自然参数方程为

$$\boldsymbol{r}(s)=\left\{a\cos\frac{\alpha}{\sqrt{(a\alpha)^2+\nu^2}}s, a\sin\frac{\alpha}{\sqrt{(a\alpha)^2+\nu^2}}s, \frac{\nu}{\sqrt{(a\alpha)^2+\nu^2}}s\right\}.$$

记 $\omega=\dfrac{\alpha}{\sqrt{(a\alpha)^2+\nu^2}}$，$b=\dfrac{\nu}{\alpha}$，则圆柱螺线的方程简化为

$$\boldsymbol{r}(s)=\{a\cos\omega s, a\sin\omega s, b\omega s\},$$

显然 b，ω 均为常数.

它的坐标式参数方程为

$$\begin{cases} x=a\dfrac{\cos\theta}{\sin\theta}, \\ y=a\sin^2\theta, \end{cases} (0<\theta<\pi),$$

一般方程为

$$x^2y+a^2y-a^3=0(y>0).$$

已知圆柱面的方程利用 Matlab 软件绘图，相应的 Matlab 编程为：

```
>> t=0:pi/20:2*pi;
>> x=(sin(t)+1)*5;y=cos(t)*5;z=linspace(0,5,length(t));
>> x=meshgrid(x);y=meshgrid(y);z=[meshgrid(z)];surf(x,y,z)
>> xlabel('x'),ylabel('y'),zlabel('z')
>> axis   equal
>> axis([0   10   -5   5])
>> for   k=1:4   view(-37.5,10*k)   pause   end
```

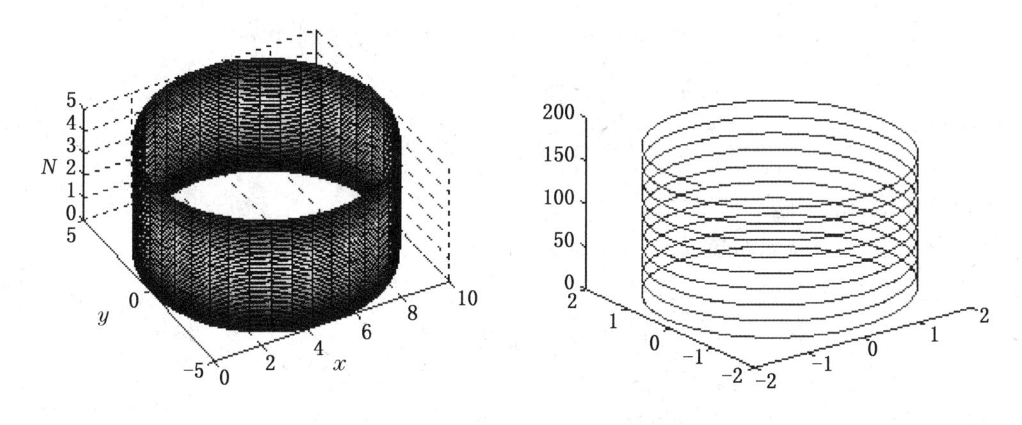

图 4—14

通过对这两幅图比较观察后我们可以清晰地看到圆柱螺线就是圆柱面上的曲线.

2. 圆锥螺线的参数方程

例 4.5.14 有一质点,沿着已知圆锥面的一条直母线自圆锥的顶点起作等速直线运动,另一方面,这一条母线在圆锥面上,过圆锥的顶点绕圆锥的轴(旋转轴)作等速的转动,这时质点在圆锥面上的轨迹叫做圆锥螺线,试建立圆锥螺线的方程.

解 取圆锥的顶点为坐标原点,圆锥的轴为 z 轴,建立直角坐标系 $O-xyz$,并设圆锥角为 2α,旋转角速度为 ω,直线速度为 v,动点的初始位置在原点,而且动点所在锥面直母线的初始位置在 xOz 坐标面上的 x 正向一侧,如图 4—15 所示.

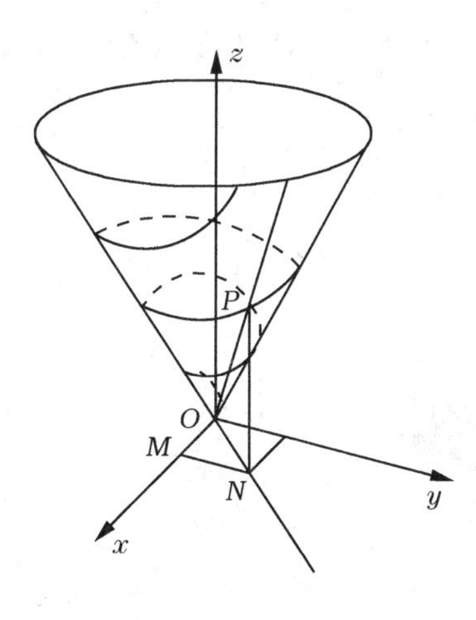

图 4—15

设 t 秒后,质点到达 $P(x,y,z)$,做坐标折线 $OMNP$,那么

$$\boldsymbol{r}=\overrightarrow{OP}=\overrightarrow{OM}+\overrightarrow{MN}+\overrightarrow{NP},$$

而

$$\overrightarrow{OM}=\boldsymbol{i}\cdot|\overrightarrow{ON}|\cos\omega t=\boldsymbol{i}\cdot|\overrightarrow{OP}|\cos\left(\frac{\pi}{2}-\alpha\right)\cos\omega t$$

$$=\boldsymbol{i}\cdot vt\sin\alpha\cos\omega t,$$

$$\overrightarrow{MN}=\boldsymbol{j}\cdot|\overrightarrow{ON}|\sin\omega t=\boldsymbol{j}\cdot|\overrightarrow{OP}|\cos\left(\frac{\pi}{2}-\alpha\right)\sin\omega t$$

$$=\boldsymbol{j}\cdot vt\sin\alpha\cos\omega t,$$

$$\overrightarrow{NP}=\boldsymbol{k}\cdot|\overrightarrow{OP}|\sin\left(\frac{\pi}{2}-\alpha\right)=\boldsymbol{k}\cdot vt\cos\alpha.$$

所以圆锥螺线的向量式参数方程为

$$\boldsymbol{r}=\boldsymbol{i}\cdot vt\sin\alpha\cos\omega t+\boldsymbol{j}\cdot vt\sin\alpha\sin\omega t+\boldsymbol{k}\cdot vt\cos\alpha\,(0\leqslant t<+\infty),$$

坐标式参数方程为

$$\begin{cases}x=vt\sin\alpha\cos\omega t,\\y=vt\sin\alpha\sin\omega t,\\z=vt\cos\alpha,\end{cases}\quad(-\infty<t<+\infty).$$

取 $\theta=\omega t$，并设 $\frac{v}{\omega}\sin\alpha=a$，$\frac{v}{\omega}\cos\alpha=b$，那么圆锥螺线的参数方程为

$$\boldsymbol{r}=\boldsymbol{i}\cdot a\theta\cos\theta+\boldsymbol{j}\cdot a\theta\sin\theta+\boldsymbol{k}\cdot b\theta\,(0\leqslant\theta<+\infty),$$

坐标式参数方程为

$$\begin{cases}x=a\theta\cos\theta,\\y=a\theta\sin\theta,\\z=b\theta,\end{cases}\quad(0\leqslant\theta<+\infty).$$

将圆锥螺线的参数方程代入圆锥面的方程 $\frac{x^2}{a^2}+\frac{y^2}{a^2}-\frac{z^2}{b^2}=0$ 中，我们得到圆锥螺线恰好落在圆锥面上的结论.

为了更好地探讨圆锥面所具有的性质，我们必须借助图像来研究. 用 Matlab 软件绘图如图 4－16. Matlab 编程为：

```
>>z=cplxgrid(20);x=real(z);y=imag(z);
>>fz=sqrt((x.^2+y.^2));
>>cplxmap(z,fz);
```

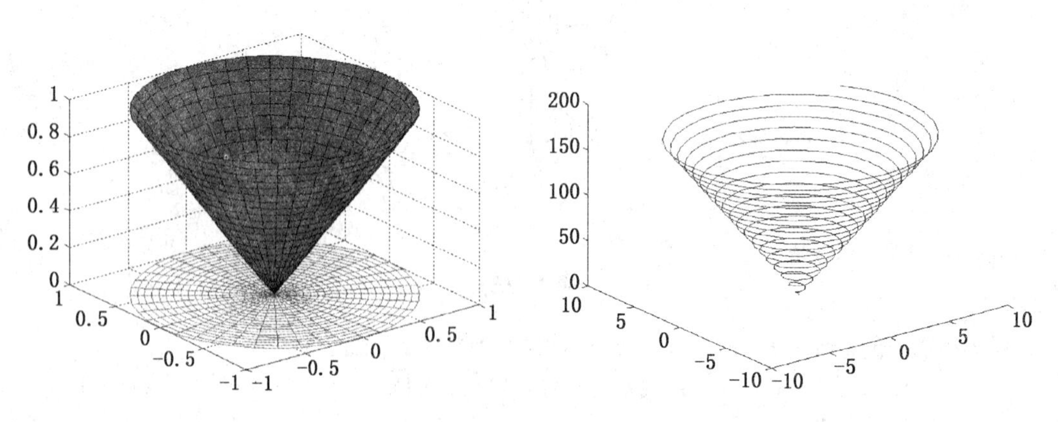

图 4－16

通过对这两幅图比较观察后我们可以清晰地看到圆锥螺线就是圆锥面上的曲线. 特别地，圆锥面上的斜驶线叫做圆锥对数螺线，它在无线电天线设计中有实际的应用.

3. 维维安尼曲线的参数方程

维维安尼(Viviani)曲线，是空间一条特殊的曲线. 首先我们将给出维维安尼曲线的基本定义，然后在定义的基础上研究维维安尼曲线的方程及初等几何性质.

定义 4.5.1　维维安尼曲线是一个直径为 a 的球面与一个经过球面的一条直径，且半径为$\frac{a}{2}$的圆柱面相交而成的空间曲线，是以意大利数学家维维安尼的名字命名的曲线.

例 4.5.15　已知一半径为 a 的球面与一直径等于球的半径的圆柱面，如果圆柱面通过球心，那么这时球面与圆柱面的交线叫做维维安尼(Viviani)曲线，试求维维安尼(Viviani)曲线的一般方程与参数方程.

解　取球心为坐标原点，通过球心的圆柱面的一条母线为 z 轴，过球心的圆柱面的直径为 x 轴，建立右手直角坐标系. 那么球面与圆柱面的方程分别为

$$x^2+y^2+z^2=a^2 \text{ 与 } x^2+y^2-ax=0,$$

因此维维安尼曲线的一般方程为

$$\begin{cases} x^2+y^2+z^2=a^2, \\ x^2+y^2-ax=0. \end{cases} \tag{4.5.1}$$

为了求得维维安尼曲线的参数方程，我们也可以像把平面曲线的普通方程化为参数方程那样由(4.5.1)而得到. 先把(4.5.1)中的圆柱面方程 $x^2+y^2-ax=0$，利用平面上圆的参数方程改为

$$\begin{cases} x=a\cos^2\theta, \\ y=a\cos\theta\sin\theta, \end{cases} (0\leqslant\theta<\pi)$$

代入球面方程 $x^2+y^2+z^2=a^2$，得 $z=\pm a\sin\theta$. 因此，我们有

$$\begin{cases} x=a\cos^2\theta, \\ y=a\cos\theta\sin\theta, (0\leqslant\theta<\pi) \\ z=a\sin\theta, \end{cases} \tag{4.5.2}$$

与

$$\begin{cases} x=a\cos^2\theta, \\ y=a\cos\theta\sin\theta, (0\leqslant\theta<\pi) \\ z=-a\sin\theta. \end{cases} \tag{4.5.3}$$

但如果令 $t=\theta+\pi$，即 $\theta=t-\pi$，代入(4.5.3)，那么(4.5.3)就变成(4.5.2)的形式

$$\begin{cases} x=a\cos^2 t, \\ y=a\cos t\sin t, (\pi\leqslant t<2\pi) \\ z=a\sin t, \end{cases}$$

所以维维安尼曲线的坐标式参数方程为

$$\begin{cases} x=a\cos^2\theta, \\ y=a\cos\theta\sin\theta, (0\leqslant\theta<2\pi) \\ z=a\sin\theta. \end{cases}$$

为了更好地观察维维安尼曲线，我们在同一直角坐标系中绘出球面与柱面相交的情形(见图 4－17). 编制 Matlab 程序如下：

```
>>t=0:.1:pi   x=4*(cos(t).^2);y=4*cos(t).*sin(t);n=size(x,2)
```

```
>>for i=-5:.01:5 z=i*ones(1,n);  plot3(x,y,z)  hold on  end
>>u=0:.1:pi;  v=-pi:.2:pi;  [U,V]=meshgrid(u,v);
>>x=4*sin(U).*cos(V);  y=4*sin(U).*sin(V);  z=4*cos(U)
>>mesh(x,y,z);  view(30,60);  grid on  hold of
```

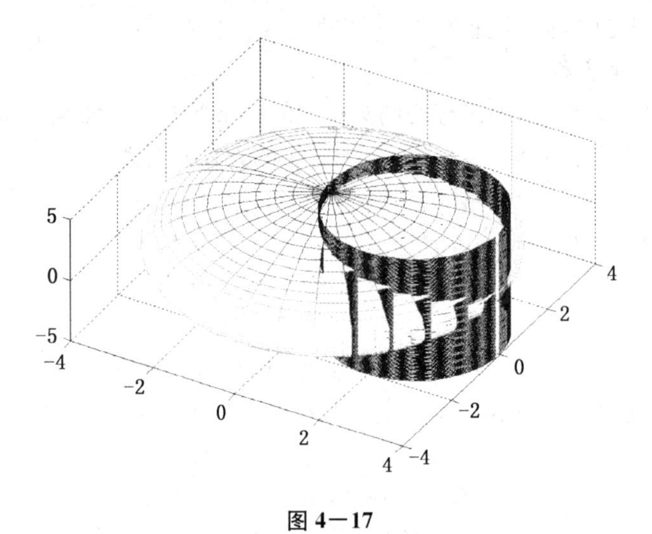

图 4—17

接下来利用 Matlab 编制以下程序,绘出维维安尼曲线的形状(见图 4—18). Matlab 编程如下:

```
>>t=0:pi/30:2*pi;  a=4;
>>x=a*(cos(t)).^2;  y=a*cos(t).*sin(t);  z=a*sin(t);
>>plot3(x,y,z);
>>grid on
```

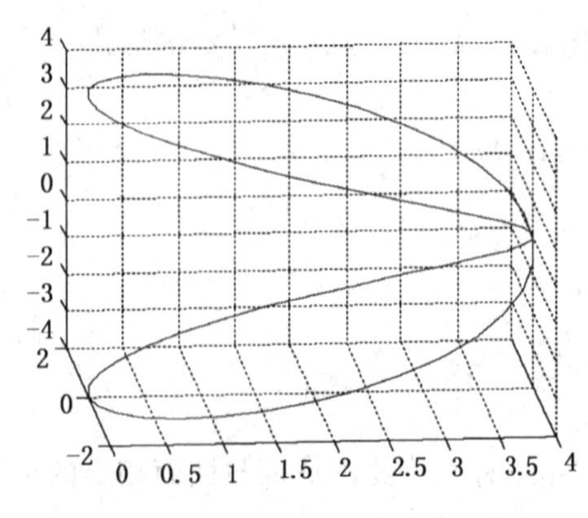

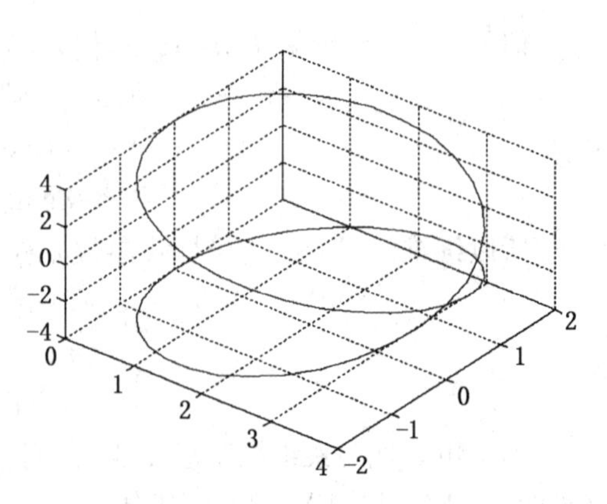

图 4—18

第 5 章　线性空间

在空间解析几何中，我们熟悉了向量与三维几何空间. 在本章，我们将向量与几何空间的概念推广到一般的抽象空间——线性空间.

我们在第 2 章中已经解决了线性方程组解的存在性与唯一性、求解方法以及通解的表达形式，但是我们是对原线性方程组作了一系列初等变换，将它化为阶梯形方程组后再判断、求解，而能否不做初等变换，直接从原线性方程组出发判断解的属性，并给出线性方程组解集的结构呢？我们将引入线性空间的概念与有关理论. 因此，以上问题涉及三方面的知识，我们用图 5－1 表示：

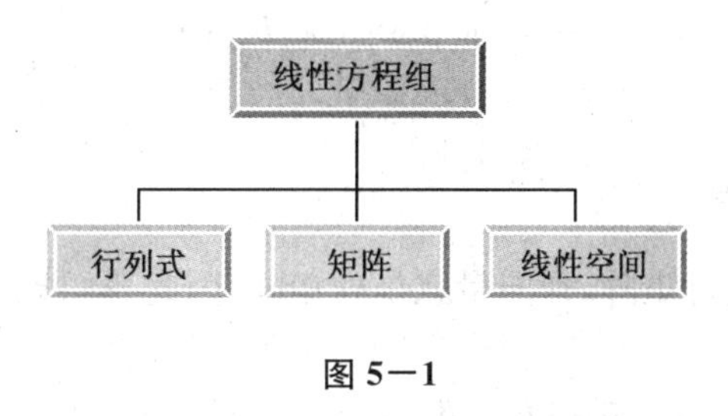

图 5—1

§5.1　向量空间

5.1.1　n 维向量的定义

在第 3 章的几何空间中，给定一个坐标系，可使几何向量与有序数组(a_1,a_2,a_3)建立一一对应关系，从而可将几何向量记为(a_1,a_2,a_3). 在很多实际问题中需要用 n 个数构成的有序数组来描述所研究的对象，因此有必要将几何向量推广到 n 维向量.

定义 5.1.1　n 个数组成的有序数组$(a_1,a_2,\cdots,a_n)$称为 n **维向量**，这 n 个数称为该向量的 n 个**分量**，第 i 个数 a_i 称为第 i 个分量.

分量全为实数的向量称为**实向量**，分量为复数的向量称为**复向量**. 如不特别声明，本书主要讨论实向量.

n 维向量简称为向量. 一般用小写希腊字母 $\boldsymbol{\alpha},\boldsymbol{\beta},\boldsymbol{\gamma},\cdots$表示向量，小写英文字母 a_i,b_i $(i=1,2,\cdots,n)$表示向量的分量.

向量 $\boldsymbol{\alpha}=(a_1,a_2,\cdots,a_n)$称为行向量，向量 $\boldsymbol{\beta}=\begin{pmatrix}b_1\\b_2\\\vdots\\b_n\end{pmatrix}$称为列向量. $\boldsymbol{\alpha}$ 的转置记作 $\boldsymbol{\alpha}^T$，即

$$\boldsymbol{\alpha}^T=(a_1,a_2,\cdots,a_n)^T=\begin{pmatrix}a_1\\a_2\\\vdots\\a_n\end{pmatrix}.$$

显然，$(\boldsymbol{\alpha}^T)^T=\boldsymbol{\alpha}$. 向量 $\boldsymbol{\alpha}$ 的负向量记为 $-\boldsymbol{\alpha}=(-a_1,-a_2,\cdots,-a_n)$.

分量全为 0 的向量称为**零向量**，记为 $\mathbf{0}$，即 $\mathbf{0}=(0,0,\cdots,0)$.

若 $\boldsymbol{\alpha}=(a_1,a_2,\cdots,a_n)$，$\boldsymbol{\beta}=(b_1,b_2,\cdots,b_n)$ 都是 n 维向量，当且仅当它们的各个对应分量都相等，即 $a_i=b_i(i=1,2,\cdots,n)$ 时，称向量 $\boldsymbol{\alpha}$ 与 $\boldsymbol{\beta}$ 相等，记作 $\boldsymbol{\alpha}=\boldsymbol{\beta}$. 显然，两个不同维数的向量一定不相等. 同维数且对应分量都相同的行向量和列向量看作不同的两个向量.

为统一起见，以下讨论问题时，向量 $\boldsymbol{\alpha},\boldsymbol{\beta},\boldsymbol{\gamma},\cdots$ 均表示列向量，即

$$\boldsymbol{\alpha}=\begin{pmatrix}a_1\\a_2\\\vdots\\a_n\end{pmatrix},\boldsymbol{\beta}=\begin{pmatrix}b_1\\b_2\\\vdots\\b_n\end{pmatrix},\boldsymbol{\gamma}=\begin{pmatrix}c_1\\c_2\\\vdots\\c_n\end{pmatrix},\cdots.$$

而它们的转置 $\boldsymbol{\alpha}^T=(a_1,a_2,\cdots,a_n)$，$\boldsymbol{\beta}^T=(b_1,b_2,\cdots,b_n)$，$\boldsymbol{\gamma}^T=(c_1,c_2,\cdots,c_n)\cdots$ 为行向量.

5.1.2 向量的运算

我们知道行向量就是行矩阵，列向量就是列矩阵，因此我们规定向量的运算按矩阵的运算规则进行，即

$$\boldsymbol{\alpha}+\boldsymbol{\beta}=(a_1+b_1,a_2+b_2,\cdots,a_n+b_n)^T$$

称为 $\boldsymbol{\alpha}$ 与 $\boldsymbol{\beta}$ 的和.

$$\boldsymbol{\alpha}-\boldsymbol{\beta}=(a_1-b_1,a_2-b_2,\cdots,a_n-b_n)^T$$

称为 $\boldsymbol{\alpha}$ 与 $\boldsymbol{\beta}$ 的差.

$$k\boldsymbol{\alpha}=\boldsymbol{\alpha}k=(ka_1,ka_2,\cdots,ka_n)^T(k\text{ 为实数})$$

称为数 k 与向量 $\boldsymbol{\alpha}$ 的**数量乘积**，简称**数乘**.

向量的加法、减法和数乘运算统称为向量的线性运算. 按定义容易验证向量的线性运算满足下面的八条运算律：

(1)加法交换律：$\boldsymbol{\alpha}+\boldsymbol{\beta}=\boldsymbol{\beta}+\boldsymbol{\alpha}$；

(2)加法结合律：$(\boldsymbol{\alpha}+\boldsymbol{\beta})+\boldsymbol{\gamma}=\boldsymbol{\alpha}+(\boldsymbol{\beta}+\boldsymbol{\gamma})$；

(3)对任一向量 $\boldsymbol{\alpha}$，有 $\boldsymbol{\alpha}+\mathbf{0}=\boldsymbol{\alpha}$；

(4)对任一向量 $\boldsymbol{\alpha}$，有 $\boldsymbol{\alpha}+(-\boldsymbol{\alpha})=\mathbf{0}$；

(5)对数 1，有 $1\boldsymbol{\alpha}=\boldsymbol{\alpha}$；

(6)$(kl)\boldsymbol{\alpha}=k(l\boldsymbol{\alpha})=l(k\boldsymbol{\alpha})$；

(7)$(k+l)\boldsymbol{\alpha}=k\boldsymbol{\alpha}+l\boldsymbol{\alpha}$；

(8)$k(\boldsymbol{\alpha}+\boldsymbol{\beta})=k\boldsymbol{\alpha}+k\boldsymbol{\beta}$.

其中，$\boldsymbol{\alpha}$、$\boldsymbol{\beta}$、$\boldsymbol{\gamma}$ 均为向量，k、l 为实数.

所有以实数为分量的 n 维向量的集合，若在其中定义了向量的加法与数乘两种运算，且满足上述八条运算律，则称该向量集合为实数集 $\boldsymbol{R}$ 上的 $\boldsymbol{n}$ **维向量空间**，记作 $\boldsymbol{R}^n$.

当 $n=1$ 时,$\boldsymbol{R}^1$ 构成一维直线;当 $n=2$ 时,$\boldsymbol{R}^2$ 构成二维平面;当 $n=3$ 时,$\boldsymbol{R}^3$ 构成三维几何空间;当 $n>3$ 时,$\boldsymbol{R}^n$ 没有直观的几何意义.

对于 n 维列向量 $\boldsymbol{\alpha}=\begin{pmatrix}x_1\\x_2\\\vdots\\x_n\end{pmatrix}$,

$$\boldsymbol{\alpha}^T\boldsymbol{\alpha}=(x_1,x_2,\cdots,x_n)\begin{pmatrix}x_1\\x_2\\\vdots\\x_n\end{pmatrix}=x_1^2+x_2^2+\cdots+x_n^2$$

是一个数.

而

$$\boldsymbol{\alpha}\boldsymbol{\alpha}^T=\begin{pmatrix}x_1\\x_2\\\vdots\\x_n\end{pmatrix}(x_1,x_2,\cdots,x_n)=\begin{pmatrix}x_1x_1 & x_1x_2 & \cdots & x_1x_n\\x_2x_1 & x_2x_2 & \cdots & x_2x_n\\\vdots & \vdots & & \vdots\\x_nx_1 & x_nx_2 & \cdots & x_nx_n\end{pmatrix}$$

是 n 阶矩阵,因此有

$(\boldsymbol{\alpha}\boldsymbol{\alpha}^T)(\boldsymbol{\alpha}\boldsymbol{\alpha}^T)=\boldsymbol{\alpha}(\boldsymbol{\alpha}^T\boldsymbol{\alpha})\boldsymbol{\alpha}^T=(\boldsymbol{\alpha}^T\boldsymbol{\alpha})(\boldsymbol{\alpha}\boldsymbol{\alpha}^T)$(矩阵乘法结合律)($\boldsymbol{\alpha}^T\boldsymbol{\alpha}$ 为数).

例 5.1.1 设 n 维向量 $\boldsymbol{\alpha}^T=\left(\frac{1}{2},0,\cdots,0,\frac{1}{2}\right)$,矩阵 $\boldsymbol{A}=\boldsymbol{E}-\boldsymbol{\alpha}\boldsymbol{\alpha}^T$,$\boldsymbol{B}=\boldsymbol{E}+2\boldsymbol{\alpha}\boldsymbol{\alpha}^T$,其中,$\boldsymbol{E}$ 为 n 阶单位矩阵,求证:$\boldsymbol{AB}=\boldsymbol{E}$.

证明
$$\begin{aligned}\boldsymbol{AB}&=(\boldsymbol{E}-\boldsymbol{\alpha}\boldsymbol{\alpha}^T)(\boldsymbol{E}+2\boldsymbol{\alpha}\boldsymbol{\alpha}^T)=\boldsymbol{E}-\boldsymbol{\alpha}\boldsymbol{\alpha}^T+2\boldsymbol{\alpha}\boldsymbol{\alpha}^T-2(\boldsymbol{\alpha}\boldsymbol{\alpha}^T)(\boldsymbol{\alpha}\boldsymbol{\alpha}^T)\\&=\boldsymbol{E}-\boldsymbol{\alpha}\boldsymbol{\alpha}^T+2\boldsymbol{\alpha}\boldsymbol{\alpha}^T-2\boldsymbol{\alpha}(\boldsymbol{\alpha}^T\boldsymbol{\alpha})\boldsymbol{\alpha}^T,\end{aligned}$$

因 $\boldsymbol{\alpha}^T$ 为行向量,$\boldsymbol{\alpha}^T\boldsymbol{\alpha}$ 为数,且

$$\boldsymbol{\alpha}^T\boldsymbol{\alpha}=\left(\frac{1}{2},0,\cdots,0,\frac{1}{2}\right)\begin{pmatrix}\frac{1}{2}\\0\\\vdots\\0\\\frac{1}{2}\end{pmatrix}=\frac{1}{4}+\frac{1}{4}=\frac{1}{2},$$

故

$$\begin{aligned}\boldsymbol{AB}&=\boldsymbol{E}-\boldsymbol{\alpha}\boldsymbol{\alpha}^T+2\boldsymbol{\alpha}\boldsymbol{\alpha}^T-2\boldsymbol{\alpha}(\boldsymbol{\alpha}^T\boldsymbol{\alpha})\boldsymbol{\alpha}^T\\&=\boldsymbol{E}-\boldsymbol{\alpha}\boldsymbol{\alpha}^T+2\boldsymbol{\alpha}\boldsymbol{\alpha}^T-2(\boldsymbol{\alpha}^T\boldsymbol{\alpha})\boldsymbol{\alpha}\boldsymbol{\alpha}^T\\&=\boldsymbol{E}-\boldsymbol{\alpha}\boldsymbol{\alpha}^T+2\boldsymbol{\alpha}\boldsymbol{\alpha}^T-\boldsymbol{\alpha}\boldsymbol{\alpha}^T=\boldsymbol{E}.\end{aligned}$$

5.1.3 向量空间及其子空间

前面提到了 n 维实向量空间 $\boldsymbol{R}^n$,下面来继续深入讨论向量空间的相关知识.

定义 5.1.2 设 V 为非空的 n 维向量集合,且集合 V 对于向量的加法及数乘两种运算

封闭,那么就称集合 V 为**向量空间**.

所谓封闭,是指在集合中可以进行加法及数乘两种运算,即若 $\boldsymbol{\alpha},\boldsymbol{\beta}\in V$,则 $\boldsymbol{\alpha}+\boldsymbol{\beta}\in V$;若 $\boldsymbol{\alpha}\in V,\lambda\in\boldsymbol{R}$,则 $\lambda\boldsymbol{\alpha}\in V$.

根据定义,向量空间 V 中必含有零向量,V 中任一向量的负向量也必在其中,于是线性运算的八条运算律在 V 中成立.

显然,$\boldsymbol{R}^n$ 本身也符合定义,故 $\boldsymbol{R}^n$ 也是一个向量空间,仅由一个零向量组成的向量集合 $\{0\}$ 对线性运算也是封闭的,因此也是向量空间,称为零空间.

例 5.1.2 集合 $V=\{\boldsymbol{\alpha}=(x_1,x_2,\cdots,x_{n-1},0)^T\mid x_1,x_2,\cdots,x_{n-1}\in\boldsymbol{R}\}$ 是一个向量空间,因为若

$$\boldsymbol{\alpha}_1=(a_1,a_2,\cdots,a_{n-1},0)^T\in V,\boldsymbol{\alpha}_2=(b_1,b_2,\cdots,b_{n-1},0)^T\in V,$$

则

$$\boldsymbol{\alpha}_1+\boldsymbol{\alpha}_2=(a_1+b_1,a_2+b_2,\cdots,a_{n-1}+b_{n-1},0)^T\in V,$$
$$\lambda\boldsymbol{\alpha}=(\lambda x_1,\lambda x_2,\cdots,\lambda x_{n-1},0)^T\in V.$$

例 5.1.3 数域 F 上一切 $m\times n$ 矩阵所成的集合对于矩阵的加法和数与矩阵的乘法来说作成 F 上一个向量空间.

特别地,F 上一切 $1\times n$ 矩阵所成的集合和一切 $n\times 1$ 矩阵所成的集合分别作成 F 上向量空间. 前者称为 F 上 n 元行空间,后者称为 F 上 n 元列空间. 我们用同一个符号 F^n 来表示这两个向量空间.

例 5.1.4 在解析几何里,平面或空间中从一个定点引出的一切向量对于向量的加法和实数与向量的乘法来说都作成实数域上的向量空间. 前者用 V_2 表示,后者用 V_3 表示.

例 5.1.5 集合 $V=\left\{\boldsymbol{\beta}=(x_1,x_2,\cdots,x_n)^T\mid\sum\limits_{i=1}^{n}x_i=1,x_i\in\boldsymbol{R}\right\}$ 不是向量空间.

因为若 $\boldsymbol{\beta}_1=(a_1,a_2,\cdots,a_n)^T$ 且 $\sum\limits_{i=1}^{n}a_i=1$,则 $2\boldsymbol{\beta}_1=(2a_1,2a_2,\cdots,2a_n)^T$,而 $\sum\limits_{i=1}^{n}(2a_i)=2\neq 1$,所以 $2\boldsymbol{\beta}_1\notin V$.

例 5.1.6 由已知 n 维向量 $\boldsymbol{\alpha}$ 和 $\boldsymbol{\beta}$ 形成的集合 $V=\{\boldsymbol{\eta}=\lambda\boldsymbol{\alpha}+\mu\boldsymbol{\beta}\mid\lambda,\mu\in\boldsymbol{R}\}$ 是一个向量空间. 因为若 $\boldsymbol{\eta}_1=\lambda_1\boldsymbol{\alpha}+\mu_1\boldsymbol{\beta}\in V,\boldsymbol{\eta}_2=\lambda_2\boldsymbol{\alpha}+\mu_2\boldsymbol{\beta}\in V$,则有

$$\boldsymbol{\eta}_1+\boldsymbol{\eta}_2=(\lambda_1+\lambda_2)\boldsymbol{\alpha}+(\mu_1+\mu_2)\boldsymbol{\beta}\in V,$$
$$k\boldsymbol{\eta}_1=(k\lambda_1)\boldsymbol{\alpha}+(k\mu_1)\boldsymbol{\beta}\in V,$$

这个向量空间称为由向量 $\boldsymbol{\alpha}$、$\boldsymbol{\beta}$ 所生成的向量空间.

一般地,由向量组 $\boldsymbol{\alpha}_1,\boldsymbol{\alpha}_2,\cdots,\boldsymbol{\alpha}_m$ 所生成的向量空间为

$$V=\{\boldsymbol{\eta}=\lambda_1\boldsymbol{\alpha}_1+\lambda_2\boldsymbol{\alpha}_2+\cdots+\lambda_m\alpha_m\mid\lambda_1,\lambda_2,\cdots,\lambda_m\in\boldsymbol{R}\}.$$

定义 5.1.3 设 V 和 W 是向量空间,若 $V\subset W$,就称 V 是 W 的子空间.

例如,对于任何由 n 维向量所组成的向量空间 V,总有 $V\subset\boldsymbol{R}^n$,所以这样的向量空间总是 $\boldsymbol{R}^n$ 的子空间,零空间 $\{0\}$ 和 $\boldsymbol{R}^n$ 都是 $\boldsymbol{R}^n$ 的特殊子空间.

习题 5.1

1. 设 $\boldsymbol{\alpha}_1=(4,1,3,-2)^T,\boldsymbol{\alpha}_2=(1,2,-3,2)^T,\boldsymbol{\alpha}_3=(16,9,1,-3)^T$,求 $\boldsymbol{\alpha}_1+5\boldsymbol{\alpha}_2-\boldsymbol{\alpha}_3$.

2. 设 $5(\boldsymbol{\alpha}-\boldsymbol{\beta})+4(\boldsymbol{\beta}-\boldsymbol{\gamma})=2(\boldsymbol{\alpha}+\boldsymbol{\gamma})$，求向量 $\boldsymbol{\gamma}$，其中，$\boldsymbol{\alpha}=(3,-1,0,1)^T$，$\boldsymbol{\beta}=(-1,-1,3,2)^T$.

3. 设 $V_1=\{x=(x_1,x_2,\cdots,x_n)^T \mid x_1,x_2,\cdots,x_n\in \mathbf{R}$ 且 $x_1+x_2+\cdots+x_n=0\}$，$V_2=\{x=(a_1,a_2,\cdots,a_n)^T \mid a_i\in Z, i=1,2,\cdots,n\}$，问 V_1、V_2 是不是向量空间？为什么？

§5.2 向量的线性相关性

5.2.1 向量的线性组合

定义 5.2.1 设 V 是数域 F 上的一个向量空间，$k_1,k_2,\cdots,k_s$ 是 F 中的数，$\boldsymbol{\alpha}_1,\boldsymbol{\alpha}_2,\cdots,\boldsymbol{\alpha}_s$ 是 V 中的向量，把和

$$k_1\boldsymbol{\alpha}_1+k_2\boldsymbol{\alpha}_2+\cdots+k_s\boldsymbol{\alpha}_s$$

叫作向量 $\boldsymbol{\alpha}_1,\boldsymbol{\alpha}_2,\cdots,\boldsymbol{\alpha}_s$ 的一个**线性组合**. $k_1,k_2,\cdots,k_s$ 称为组合系数.

若 $\boldsymbol{\alpha}=k_1\boldsymbol{\alpha}_1+k_2\boldsymbol{\alpha}_2+\cdots+k_s\boldsymbol{\alpha}_s$，也说 $\boldsymbol{\alpha}$ 可以由 $\boldsymbol{\alpha}_1,\boldsymbol{\alpha}_2,\cdots,\boldsymbol{\alpha}_s$ **线性表示**.

例 5.2.1 $F_n[x]$ 中每个向量可由 $1,x,x^2,\cdots,x^n$ 线性表示，每个三次多项式可由 $1,x,x^2,x^3$ 线性表示，但不能由 $1,x,x^2$ 线性表示.

例 5.2.2 $M_{2\times 2}(F)$ 中每个矩阵都可由 $\begin{pmatrix}1&0\\0&0\end{pmatrix},\begin{pmatrix}0&1\\0&0\end{pmatrix},\begin{pmatrix}0&0\\1&0\end{pmatrix},\begin{pmatrix}0&0\\0&1\end{pmatrix}$ 线性表示，这是因为

$$\begin{pmatrix}a_1&a_2\\a_3&a_4\end{pmatrix}=a_1\begin{pmatrix}1&0\\0&0\end{pmatrix}+a_2\begin{pmatrix}0&1\\0&0\end{pmatrix}+a_3\begin{pmatrix}0&0\\1&0\end{pmatrix}+a_4\begin{pmatrix}0&0\\0&1\end{pmatrix}.$$

例 5.2.3 向量组 $\{\boldsymbol{\alpha}_1,\boldsymbol{\alpha}_2,\cdots,\boldsymbol{\alpha}_s\}$ 中每一个向量 $\boldsymbol{\alpha}_i(1\leqslant i\leqslant s)$ 都可由这组向量线性表示. 这是因为

$$\boldsymbol{\alpha}_i=0\boldsymbol{\alpha}_1+\cdots+0\boldsymbol{\alpha}_{i-1}+1\boldsymbol{\alpha}_i+0\boldsymbol{\alpha}_{i+1}+\cdots+0\boldsymbol{\alpha}_s.$$

例 5.2.4 在任意向量空间 V 中，零向量是任意一组向量 $\{\boldsymbol{\alpha}_1,\boldsymbol{\alpha}_2,\cdots,\boldsymbol{\alpha}_s\}$ 的线性组合. 这是因为

$$\mathbf{0}=0\boldsymbol{\alpha}_1+0\boldsymbol{\alpha}_2+\cdots+0\boldsymbol{\alpha}_s.$$

下面讨论线性组合及矩阵的秩与非齐次线性方程组之间的联系.

线性方程组

$$\begin{cases}a_{11}x_1+a_{12}x_2+\cdots+a_{1n}x_n=b_1,\\a_{21}x_1+a_{22}x_2+\cdots+a_{2n}x_n=b_2,\\\cdots\cdots\\a_{m1}x_1+a_{m2}x_2+\cdots+a_{mn}x_n=b_m,\end{cases}\tag{5.2.1}$$

写成矩阵形式 $\boldsymbol{Ax}=\boldsymbol{b}$，若将系数矩阵按列分，可将 $\boldsymbol{A}$ 表示为 $\boldsymbol{A}=(\boldsymbol{\beta}_1,\boldsymbol{\beta}_2,\cdots,\boldsymbol{\beta}_n)$，则式(5.2.1)可写成 $x_1\boldsymbol{\beta}_1+x_2\boldsymbol{\beta}_2+\cdots+x_n\boldsymbol{\beta}_n=b$. 即

$$x_1\begin{pmatrix}a_{11}\\a_{21}\\\vdots\\a_{m1}\end{pmatrix}+x_2\begin{pmatrix}a_{12}\\a_{22}\\\vdots\\a_{m2}\end{pmatrix}+\cdots+x_n\begin{pmatrix}a_{1n}\\a_{2n}\\\vdots\\a_{mn}\end{pmatrix}=\begin{pmatrix}b_1\\b_2\\\vdots\\b_m\end{pmatrix}.$$

因此，如果 $\boldsymbol{b}$ 可由向量 $\boldsymbol{\beta}_1,\boldsymbol{\beta}_2,\cdots,\boldsymbol{\beta}_n$ 线性表示，则表示系数就是线性方程组(5.2.1)的一

组解；反之，如果方程组(5.2.1)有一组解：$x_1=c_1, x_2=c_2, \cdots, x_n=c_n$，则有

$$c_1\boldsymbol{\beta}_1+c_2\boldsymbol{\beta}_2+\cdots+c_n\boldsymbol{\beta}_n=\boldsymbol{b}.$$

即向量 $\boldsymbol{b}$ 可由向量 $\boldsymbol{\beta}_1,\boldsymbol{\beta}_2,\cdots,\boldsymbol{\beta}_n$ 线性表示.

由此可得下面的定理：

定理 5.2.1 设 $\boldsymbol{\beta}_1,\boldsymbol{\beta}_2,\cdots,\boldsymbol{\beta}_n,\boldsymbol{b}$ 为 m 维向量，则 $\boldsymbol{b}$ 可由 $\boldsymbol{\beta}_1,\boldsymbol{\beta}_2,\cdots,\boldsymbol{\beta}_n$ 线性表示的充要条件是线性方程组(5.2.1)有解.

此定理用矩阵的秩叙述就是：

向量 $\boldsymbol{b}$ 可由 $\boldsymbol{\beta}_1,\boldsymbol{\beta}_2,\cdots,\boldsymbol{\beta}_n$ 线性表示的充要条件是矩阵 $\boldsymbol{A}=(\boldsymbol{\beta}_1,\boldsymbol{\beta}_2,\cdots,\boldsymbol{\beta}_n)$ 的秩等于矩阵 $\overline{\boldsymbol{A}}=(\boldsymbol{\beta}_1,\boldsymbol{\beta}_2,\cdots,\boldsymbol{\beta}_n,\boldsymbol{b})$ 的秩.

例 5.2.5 证明向量 $\boldsymbol{\beta}=(-1,1,5)^T$ 是向量组 $\boldsymbol{\alpha}_1=(1,2,3)^T,\boldsymbol{\alpha}_2=(0,1,4)^T,\boldsymbol{\alpha}_3=(2,3,6)^T$ 的线性组合，并将 $\boldsymbol{\beta}$ 用 $\boldsymbol{\alpha}_1,\boldsymbol{\alpha}_2,\boldsymbol{\alpha}_3$ 线性表示.

证明 设 $x=(x_1,x_2,x_3)^T$，则有 $x_1\boldsymbol{\alpha}_1+x_2\boldsymbol{\alpha}_2+x_3\boldsymbol{\alpha}_3=\boldsymbol{\beta}$，可得 $(\boldsymbol{\alpha}_1,\boldsymbol{\alpha}_2,\boldsymbol{\alpha}_3)x=\boldsymbol{\beta}$，即

$$\begin{pmatrix}1&0&2\\2&1&3\\3&4&6\end{pmatrix}x=\begin{pmatrix}-1\\1\\5\end{pmatrix}.$$

对增广矩阵施行行初等变换，将其化为行简化阶梯形矩阵：

$$\overline{A}=\left(\begin{array}{ccc:c}1&0&2&-1\\2&1&3&1\\3&4&6&5\end{array}\right)\xrightarrow[r_3-3r_1]{r_2-2r_1}\left(\begin{array}{ccc:c}1&0&2&-1\\0&1&-1&3\\0&4&0&8\end{array}\right)\xrightarrow[r_3-r_2]{r_3\times\frac{1}{4}}\left(\begin{array}{ccc:c}1&0&2&-1\\0&1&-1&3\\0&0&1&-1\end{array}\right)$$

$$\xrightarrow[r_2+r_3]{r_1-2r_3}\left(\begin{array}{ccc:c}1&0&0&1\\0&1&0&2\\0&0&1&-1\end{array}\right).$$

由此可得方程组的解 $x_1=1,x_2=2,x_3=-1$，故 $\boldsymbol{\beta}$ 可由 $\boldsymbol{\alpha}_1,\boldsymbol{\alpha}_2,\boldsymbol{\alpha}_3$ 线性表示，且

$$\boldsymbol{\beta}=\boldsymbol{\alpha}_1+2\boldsymbol{\alpha}_2-\boldsymbol{\alpha}_3.$$

定义 5.2.2 设 $\{\boldsymbol{\alpha}_1,\boldsymbol{\alpha}_2,\cdots,\boldsymbol{\alpha}_m\}$ 和 $\{\boldsymbol{\beta}_1,\boldsymbol{\beta}_2,\cdots,\boldsymbol{\beta}_s\}$ 是向量空间 V 的两个向量组. 如果每个 $\boldsymbol{\alpha}_i$ 可由 $\boldsymbol{\beta}_1,\boldsymbol{\beta}_2,\cdots,\boldsymbol{\beta}_s$ 线性表示，且每个 $\boldsymbol{\beta}_j$ 可由 $\boldsymbol{\alpha}_1,\boldsymbol{\alpha}_2,\cdots,\boldsymbol{\alpha}_m$ 线性表示，则称这两个向量组等价.

例如，向量组 $\boldsymbol{\alpha}_1=(1,2,3)$，$\boldsymbol{\alpha}_2=(1,0,2)$ 与 $\boldsymbol{\beta}_1=(3,4,8)$，$\boldsymbol{\beta}_2=(2,2,5)$，$\boldsymbol{\beta}_3=(0,2,1)$ 等价. 事实上，

$$\boldsymbol{\alpha}_1=\boldsymbol{\beta}_1-\boldsymbol{\beta}_2,\boldsymbol{\alpha}_2=-\boldsymbol{\beta}_1+2\boldsymbol{\beta}_2;$$

$$\boldsymbol{\beta}_1=2\boldsymbol{\alpha}_1+\boldsymbol{\alpha}_2,\boldsymbol{\beta}_2=\boldsymbol{\alpha}_1+\boldsymbol{\alpha}_2,\boldsymbol{\beta}_3=\boldsymbol{\alpha}_1-\boldsymbol{\alpha}_2.$$

向量组的等价具有反身性、对称性、传递性.

把定义中的两组向量构成的矩阵依次记作 $\boldsymbol{A}=\{\boldsymbol{\alpha}_1,\boldsymbol{\alpha}_2,\cdots,\boldsymbol{\alpha}_m\}$ 和 $\boldsymbol{B}=\{\boldsymbol{\beta}_1,\boldsymbol{\beta}_2,\cdots,\boldsymbol{\beta}_s\}$，$\boldsymbol{B}$ 能由 $\boldsymbol{A}$ 线性表示，即对每个向量 $\boldsymbol{\beta}_j\ (j=1,2,\cdots,s)$ 存在数 $k_{1j},k_{2j},\cdots,k_{mj}$，使

$$\boldsymbol{\beta}_j=k_{1j}\boldsymbol{\alpha}_1+k_{2j}\boldsymbol{\alpha}_2+\cdots+k_{mj}\boldsymbol{\alpha}_m=(\boldsymbol{\alpha}_1,\boldsymbol{\alpha}_2,\cdots,\boldsymbol{\alpha}_m)\begin{pmatrix}k_{1j}\\k_{2j}\\\vdots\\k_{mj}\end{pmatrix}.$$

从而

$$(\boldsymbol{\beta}_1,\boldsymbol{\beta}_2,\cdots,\boldsymbol{\beta}_s)=(\boldsymbol{\alpha}_1,\boldsymbol{\alpha}_2,\cdots,\boldsymbol{\alpha}_m)\begin{pmatrix}k_{11}&k_{12}&\cdots&k_{1s}\\k_{21}&k_{22}&\cdots&k_{2s}\\\vdots&\vdots&&\vdots\\k_{m1}&k_{m2}&\cdots&k_{ms}\end{pmatrix}.$$

这里 $\boldsymbol{K}_{m\times s}=(k_{ij})$ 称为这一线性表示的系数矩阵. 由此可知，若 $\boldsymbol{C}_{m\times n}=\boldsymbol{A}_{m\times s}\boldsymbol{B}_{s\times n}$，则矩阵 $\boldsymbol{C}$ 的列向量组 $\boldsymbol{\gamma}_1,\boldsymbol{\gamma}_2,\cdots,\boldsymbol{\gamma}_n$ 能由矩阵 $\boldsymbol{A}$ 的列向量组 $\boldsymbol{\alpha}_1,\boldsymbol{\alpha}_2,\cdots,\boldsymbol{\alpha}_s$ 线性表示，$\boldsymbol{B}$ 为这一表示的系数矩阵

$$(\boldsymbol{\gamma}_1,\boldsymbol{\gamma}_2,\cdots,\boldsymbol{\gamma}_n)=(\boldsymbol{\alpha}_1,\boldsymbol{\alpha}_2,\cdots,\boldsymbol{\alpha}_m)\begin{pmatrix}b_{11}&b_{12}&\cdots&b_{1n}\\b_{21}&b_{22}&\cdots&b_{2n}\\\vdots&\vdots&&\vdots\\b_{s1}&b_{s2}&\cdots&b_{sn}\end{pmatrix}.$$

同时，$\boldsymbol{C}$ 的行向量组能由 $\boldsymbol{B}$ 的行向量组线性表示，$\boldsymbol{A}$ 为这一表示的系数矩阵

$$\begin{pmatrix}\boldsymbol{\delta}_1^T\\\boldsymbol{\delta}_2^T\\\vdots\\\boldsymbol{\delta}_m^T\end{pmatrix}=\begin{pmatrix}a_{11}&a_{12}&\cdots&a_{1s}\\a_{21}&a_{22}&\cdots&a_{2s}\\\vdots&\vdots&&\vdots\\a_{m1}&a_{m2}&\cdots&a_{ms}\end{pmatrix}\begin{pmatrix}\boldsymbol{\eta}_1^T\\\boldsymbol{\eta}_2^T\\\vdots\\\boldsymbol{\eta}_s^T\end{pmatrix},$$

其中，$\boldsymbol{\delta}_1^T,\boldsymbol{\delta}_2^T,\cdots,\boldsymbol{\delta}_m^T$ 为 $\boldsymbol{C}$ 的行向量组，$\boldsymbol{\eta}_1^T,\boldsymbol{\eta}_2^T,\cdots,\boldsymbol{\eta}_s^T$ 为 $\boldsymbol{B}$ 的行向量组.

定理 5.2.2　若矩阵 $\boldsymbol{A}$ 经初等行变换变成 $\boldsymbol{B}$，则 $\boldsymbol{A}$ 的行向量组与 $\boldsymbol{B}$ 的行向量组等价.

证明　设矩阵 $\boldsymbol{A}$ 经初等行变换变成 $\boldsymbol{B}$，则 $\boldsymbol{B}=\boldsymbol{PA}$，$\boldsymbol{P}$ 为初等矩阵的乘积，则 $\boldsymbol{B}$ 的每个行向量都是 $\boldsymbol{A}$ 的行向量组的线性组合，即 $\boldsymbol{B}$ 的行向量组能由 $\boldsymbol{A}$ 的行向量组线性表示，$\boldsymbol{P}$ 是这一表示的系数矩阵.

由于初等变换可逆，因此矩阵 $\boldsymbol{B}$ 也可经初等行变换变为 $\boldsymbol{A}$，即 $\boldsymbol{A}=\boldsymbol{P}^{-1}\boldsymbol{B}$，从而 $\boldsymbol{A}$ 的行向量组也能由 $\boldsymbol{B}$ 的行向量组线性表示，$\boldsymbol{P}^{-1}$ 是这一表示的系数矩阵，于是 $\boldsymbol{A}$ 的行向量组与 $\boldsymbol{B}$ 的行向量组等价.

类似可知，若矩阵 $\boldsymbol{A}$ 经初等列变换变成 $\boldsymbol{B}$，则 $\boldsymbol{A}$ 的列向量组与 $\boldsymbol{B}$ 的列向量组等价. 由此可知，若

$$\boldsymbol{A}=\begin{pmatrix}\boldsymbol{\alpha}_1^T\\\boldsymbol{\alpha}_2^T\\\vdots\\\boldsymbol{\alpha}_m^T\end{pmatrix}\xrightarrow{\text{初等行变换}}\boldsymbol{A}_1=\begin{pmatrix}\boldsymbol{\delta}_1^T\\\boldsymbol{\delta}_2^T\\\vdots\\\boldsymbol{\delta}_m^T\end{pmatrix},$$

则 $\boldsymbol{A}$ 的行向量组 $\boldsymbol{\alpha}_1^T,\boldsymbol{\alpha}_2^T,\cdots,\boldsymbol{\alpha}_m^T$ 与 $\boldsymbol{A}_1$ 的行向量组 $\boldsymbol{\delta}_1^T,\boldsymbol{\delta}_2^T,\cdots,\boldsymbol{\delta}_m^T$ 等价，若

$$\boldsymbol{B}=(\boldsymbol{\beta}_1,\boldsymbol{\beta}_2,\cdots,\boldsymbol{\beta}_m)\xrightarrow{\text{初等列变换}}\boldsymbol{B}_1=(\boldsymbol{\gamma}_1,\boldsymbol{\gamma}_2,\cdots,\boldsymbol{\gamma}_m),$$

则 $\boldsymbol{B}$ 的列向量组 $\boldsymbol{\beta}_1,\boldsymbol{\beta}_2,\cdots,\boldsymbol{\beta}_m$ 与 $\boldsymbol{B}_1$ 的列向量组 $\boldsymbol{\gamma}_1,\boldsymbol{\gamma}_2,\cdots,\boldsymbol{\gamma}_m$ 等价.

例 5.2.6　已知 $\boldsymbol{\alpha}_1^T=(3,-1,1,0)$，$\boldsymbol{\alpha}_2^T=(1,0,3,1)$，$\boldsymbol{\alpha}_3^T=(-2,1,2,1)$，$\boldsymbol{\alpha}_4^T=(0,1,8,3)$，$\boldsymbol{\alpha}_5^T=(-1,1,5,2)$，证明 $\boldsymbol{\alpha}_1^T,\boldsymbol{\alpha}_2^T,\boldsymbol{\alpha}_3^T$ 与 $\boldsymbol{\alpha}_4^T,\boldsymbol{\alpha}_5^T$ 等价.

证明　设以 $\boldsymbol{\alpha}_1^T,\boldsymbol{\alpha}_2^T,\boldsymbol{\alpha}_3^T$ 为行向量的矩阵为 $\boldsymbol{A}$，以 $\boldsymbol{\alpha}_4^T,\boldsymbol{\alpha}_5^T,\boldsymbol{0}^T$ 为行向量的矩阵为 $\boldsymbol{B}$，则

$$\boldsymbol{A}=\begin{pmatrix}\boldsymbol{\alpha}_1^T\\\boldsymbol{\alpha}_2^T\\\boldsymbol{\alpha}_3^T\end{pmatrix}=\begin{pmatrix}3&-1&1&0\\1&0&3&1\\-2&1&2&1\end{pmatrix}\xrightarrow{r_2-r_1}\begin{pmatrix}3&-1&1&0\\-2&1&2&1\\-2&1&2&1\end{pmatrix}$$

$$\xrightarrow{r_3-r_2}\begin{pmatrix}3&-1&1&0\\-2&1&2&1\\0&0&0&0\end{pmatrix}\xrightarrow{2r_2}\begin{pmatrix}3&-1&1&0\\-4&2&4&2\\0&0&0&0\end{pmatrix}$$

$$\xrightarrow{r_2+r_1}\begin{pmatrix}3&-1&1&0\\-1&1&5&2\\0&0&0&0\end{pmatrix}\xrightarrow{r_1+3r_2}\begin{pmatrix}0&2&16&6\\-1&1&5&2\\0&0&0&0\end{pmatrix}$$

$$\xrightarrow{\frac{1}{2}r_1}\begin{pmatrix}0&1&8&3\\-1&1&5&2\\0&0&0&0\end{pmatrix}=\boldsymbol{B}=\begin{pmatrix}\boldsymbol{\alpha}_4^T\\\boldsymbol{\alpha}_5^T\\\boldsymbol{0}^T\end{pmatrix},$$

所以 $\boldsymbol{\alpha}_1^T,\boldsymbol{\alpha}_2^T,\boldsymbol{\alpha}_3^T$ 与 $\boldsymbol{\alpha}_4^T,\boldsymbol{\alpha}_5^T$ 等价.

5.2.2 向量的线性相关性

设 $\boldsymbol{\alpha}_1,\boldsymbol{\alpha}_2,\cdots,\boldsymbol{\alpha}_s$ 是向量空间 V 中的一组向量,那么 $0\boldsymbol{\alpha}_1+0\boldsymbol{\alpha}_2+\cdots+0\boldsymbol{\alpha}_s=\boldsymbol{0}$. 现在我们考虑,是否存在 F 中一组不全为零的数 $k_1,k_2,\cdots,k_s$,使得

$$k_1\boldsymbol{\alpha}_1+k_2\boldsymbol{\alpha}_2+\cdots+k_s\boldsymbol{\alpha}_s=\boldsymbol{0}.$$

比如,$\boldsymbol{R}^3$ 中的向量组 $\boldsymbol{\alpha}_1=(2,0,-1)$,$\boldsymbol{\alpha}_2=(-1,2,3)$,$\boldsymbol{\alpha}_3=(0,4,5)$,不仅有 $0\boldsymbol{\alpha}_1+0\boldsymbol{\alpha}_2+0\boldsymbol{\alpha}_3=\boldsymbol{0}$,而且有 $\boldsymbol{\alpha}_1+2\boldsymbol{\alpha}_2-\boldsymbol{\alpha}_3=\boldsymbol{0}$.

定义 5.2.3 设 $\boldsymbol{\alpha}_1,\boldsymbol{\alpha}_2,\cdots,\boldsymbol{\alpha}_s$ 是数域 F 上向量空间 V 中的一组向量,如果存在 F 中一组不全为零的数 $k_1,k_2,\cdots,k_s$,使得

$$k_1\boldsymbol{\alpha}_1+k_2\boldsymbol{\alpha}_2+\cdots+k_s\boldsymbol{\alpha}_s=\boldsymbol{0},\tag{5.2.2}$$

则称 $\boldsymbol{\alpha}_1,\boldsymbol{\alpha}_2,\cdots,\boldsymbol{\alpha}_s$ 线性相关.

如果不存在 F 中不全为零的数 $k_1,k_2,\cdots,k_s$,使(5.2.2)式成立,或者说,只有当

$$k_1=k_2=\cdots=k_s=0$$

时(5.2.2)式才成立,则称 $\boldsymbol{\alpha}_1,\boldsymbol{\alpha}_2,\cdots,\boldsymbol{\alpha}_s$ 线性无关.

例 5.2.7 向量$(2,0,-1)$,$(-1,2,3)$,$(0,4,5)$线性相关. 因为

$$(2,0,-1)+2(-1,2,3)-(0,4,5)=(0,0,0).$$

例 5.2.8 向量 $\boldsymbol{\beta}_1=(1,1,1)$,$\boldsymbol{\beta}_2=(1,1,0)$,$\boldsymbol{\beta}_3=(1,0,0)$线性无关. 因为若 $k_1\boldsymbol{\beta}_1+k_2\boldsymbol{\beta}_2+k_3\boldsymbol{\beta}_3=0$,则

$$\begin{cases}k_1+k_2+k_3=0,\\k_1+k_2=0,\\k_1=0,\end{cases}$$

所以 $k_1=k_2=k_3=0$. 即只有当 $k_1=k_2=k_3=0$ 时,才有 $k_1\boldsymbol{\beta}_1+k_2\boldsymbol{\beta}_2+k_3\boldsymbol{\beta}_3=\boldsymbol{0}$.

例 5.2.9 在向量空间 $F[x]$里,对任意非负整数 n,$\{1,x,\cdots,x^n\}$线性无关. 因为由

$$a_0+a_1x+\cdots+a_nx^n=0,$$

必然 $a_0=a_1=\cdots=a_n=0$.

例 5.2.10 含零向量的向量组线性相关. 若设 $\boldsymbol{\alpha}_1=0$,则 $1\boldsymbol{\alpha}_1+0\boldsymbol{\alpha}_2+\cdots+0\boldsymbol{\alpha}_s=\boldsymbol{0}$. 特别地,单独一个零向量线性相关.

例 5.2.11 单独一个非零向量线性无关. 因为设 $\boldsymbol{\alpha}\neq\boldsymbol{0}$ 而 $k\boldsymbol{\alpha}=0$,则必有 $k=0$.

例 5.2.12 已知 $C^2=\{(c_1,c_2)\mid c_1,c_2\in C\}$是复数域 C 上的向量空间,也是实数域 $\boldsymbol{R}$ 上

的向量空间. 考察 $\boldsymbol{\alpha}=(1+i,2i)$，$\boldsymbol{\beta}=(1,1+i)$在这两个空间中的线性相关性.

当 C^2 作为复数域 $\boldsymbol{C}$ 上的向量空间时，若 $a\boldsymbol{\alpha}+b\boldsymbol{\beta}=\mathbf{0}$，$a,b\in\boldsymbol{C}$，设

$$a=a_1+a_2 i, b=b_1+b_2 i,\quad a_1,a_2,b_1,b_2\in\boldsymbol{R},$$

则

$$(a_1+a_2 i)(1+i,2i)+(b_1+b_2 i)(1,1+i)=\mathbf{0},$$

解得

$$\begin{cases} a_1=a_2-b_1, \\ b_2=-a_2+b_1. \end{cases}$$

取 $a_2=0,b_1=1$，得 $a_1=-1,b_2=1$. 因此存在 $a=-1,b=1+i\in\boldsymbol{C}$，使得 $a\boldsymbol{\alpha}+b\boldsymbol{\beta}=\mathbf{0}$，所以 $\boldsymbol{\alpha},\boldsymbol{\beta}$ 线性相关.

当 C^2 作为实数域 $\boldsymbol{R}$ 上的向量空间，若 $a\boldsymbol{\alpha}+b\boldsymbol{\beta}=\mathbf{0}$，$a,b\in\boldsymbol{R}$，即

$$a(1+i,2i)+b(1,1+i)=\mathbf{0},$$

解得 $a=b=0$，因此在此空间中 $\boldsymbol{\alpha},\boldsymbol{\beta}$ 线性无关.

例 5.2.12 说明，向量的线性相关性与向量空间有关，具体地说，与数域有关.

定理 5.2.3　如果向量组$\{\boldsymbol{\alpha}_1,\boldsymbol{\alpha}_2,\cdots,\boldsymbol{\alpha}_s\}$线性无关，那么它的任意一部分也线性无关. 一个等价的说法是，如果向量组$\{\boldsymbol{\alpha}_1,\boldsymbol{\alpha}_2,\cdots,\boldsymbol{\alpha}_s\}$有一部分线性相关，则整个向量组$\{\boldsymbol{\alpha}_1,\boldsymbol{\alpha}_2,\cdots,\boldsymbol{\alpha}_s\}$也线性相关.

证明　设$\{\boldsymbol{\alpha}_1,\boldsymbol{\alpha}_2,\cdots,\boldsymbol{\alpha}_s\}$有 p 个，不妨设前 p 个线性相关，那么存在不全为零的数 k_1，$k_2,\cdots,k_p$，使

$$k_1\boldsymbol{\alpha}_1+k_2\boldsymbol{\alpha}_2+\cdots+k_p\boldsymbol{\alpha}_p=\mathbf{0}.$$

于是存在不全为零的数 $k_1,k_2,\cdots,k_p,0,\cdots,0$，使

$$k_1\boldsymbol{\alpha}_1+k_2\boldsymbol{\alpha}_2+\cdots+k_p\boldsymbol{\alpha}_p+0\boldsymbol{\alpha}_{p+1}+\cdots+0\boldsymbol{\alpha}_s=\mathbf{0}.$$

所以 $\boldsymbol{\alpha}_1,\boldsymbol{\alpha}_2,\cdots,\boldsymbol{\alpha}_s$ 也线性相关.

定理 5.2.4　设$\{\boldsymbol{\alpha}_1,\boldsymbol{\alpha}_2,\cdots,\boldsymbol{\alpha}_s\}$线性无关，而向量组$\{\boldsymbol{\alpha}_1,\boldsymbol{\alpha}_2,\cdots,\boldsymbol{\alpha}_s,\boldsymbol{\beta}\}$线性相关，那么 $\boldsymbol{\beta}$ 可以唯一地表示为 $\boldsymbol{\alpha}_1,\boldsymbol{\alpha}_2,\cdots,\boldsymbol{\alpha}_s$ 的线性组合.

证明　因为 $\boldsymbol{\alpha}_1,\boldsymbol{\alpha}_2,\cdots,\boldsymbol{\alpha}_s,\boldsymbol{\beta}$ 线性相关，所以存在不全为零的数 $k_1,k_2,\cdots,k_s,k$，使

$$k_1\boldsymbol{\alpha}_1+k_2\boldsymbol{\alpha}_2+\cdots+k_s\boldsymbol{\alpha}_s+k\boldsymbol{\beta}=\mathbf{0}.$$

若 $k=0$，则 $k_1,k_2,\cdots,k_s$ 不全为零，且

$$k_1\boldsymbol{\alpha}_1+k_2\boldsymbol{\alpha}_2+\cdots+k_s\boldsymbol{\alpha}_s=\mathbf{0}.$$

与 $\boldsymbol{\alpha}_1,\boldsymbol{\alpha}_2,\cdots,\boldsymbol{\alpha}_s$ 线性无关矛盾，所以 $k\neq 0$. 于是

$$\boldsymbol{\beta}=-\frac{k_1}{k}\boldsymbol{\alpha}_1-\frac{k_2}{k}\boldsymbol{\alpha}_2-\cdots-\frac{k_s}{k}\boldsymbol{\alpha}_s,$$

即 $\boldsymbol{\beta}$ 是 $\boldsymbol{\alpha}_1,\boldsymbol{\alpha}_2,\cdots,\boldsymbol{\alpha}_s$ 的线性组合.

设 $\boldsymbol{\beta}=a_1\boldsymbol{\alpha}_1+a_2\boldsymbol{\alpha}_2+\cdots+a_s\boldsymbol{\alpha}_s=b_1\boldsymbol{\alpha}_1+b_2\boldsymbol{\alpha}_2+\cdots+b_s\boldsymbol{\alpha}_s$，则

$$(a_1-b_1)\boldsymbol{\alpha}_1+(a_2-b_2)\boldsymbol{\alpha}_2+\cdots+(a_s-b_s)\boldsymbol{\alpha}_s=\mathbf{0}.$$

由 $\boldsymbol{\alpha}_1,\boldsymbol{\alpha}_2,\cdots,\boldsymbol{\alpha}_s$ 线性无关必有 $a_1-b_1=a_2-b_2=\cdots=a_s-b_s=0$，所以 $a_1=b_1,a_2=b_2$，$\cdots,a_s=b_s$，即表示方法唯一.

定理 5.2.5　向量组 $\boldsymbol{\alpha}_1,\boldsymbol{\alpha}_2,\cdots,\boldsymbol{\alpha}_m\,(m\geqslant 2)$线性相关的充要条件是其中至少有一个向量是其余向量的线性组合.

证明 （必要性）若 $\boldsymbol{\alpha}_1,\boldsymbol{\alpha}_2,\cdots,\boldsymbol{\alpha}_m(m\geqslant 2)$ 线性相关，则存在一组不全为零的数 $k_1,k_2,\cdots,k_m$，使得

$$k_1\boldsymbol{\alpha}_1+k_2\boldsymbol{\alpha}_2+\cdots+k_m\boldsymbol{\alpha}_m=\mathbf{0}.$$

不失一般性，设 $k_1\neq 0$，于是

$$\boldsymbol{\alpha}_1=-\frac{k_2}{k_1}\boldsymbol{\alpha}_2-\frac{k_3}{k_1}\boldsymbol{\alpha}_3-\cdots-\frac{k_m}{k_1}\boldsymbol{\alpha}_m,$$

即 $\boldsymbol{\alpha}_1$ 是 $\boldsymbol{\alpha}_2,\boldsymbol{\alpha}_3,\cdots,\boldsymbol{\alpha}_m$ 的线性组合.

（充分性）不妨设 $\boldsymbol{\alpha}_1$ 可由 $\boldsymbol{\alpha}_2,\boldsymbol{\alpha}_3,\cdots,\boldsymbol{\alpha}_m$ 线性表示，即 $\boldsymbol{\alpha}_1=l_2\boldsymbol{\alpha}_2+l_3\boldsymbol{\alpha}_3+\cdots+l_m\boldsymbol{\alpha}_m$，从而

$$-\boldsymbol{\alpha}_1+l_2\boldsymbol{\alpha}_2+l_3\boldsymbol{\alpha}_3+\cdots+l_m\boldsymbol{\alpha}_m=\mathbf{0}.$$

显然，$-1,l_2,l_3,\cdots,l_m$ 不全为零，故 $\boldsymbol{\alpha}_1,\boldsymbol{\alpha}_2,\cdots,\boldsymbol{\alpha}_m$ 线性相关.

由此还可得出与此定理等价的推论：

推论 5.2.1 向量组 $\boldsymbol{\alpha}_1,\boldsymbol{\alpha}_2,\cdots,\boldsymbol{\alpha}_m(m\geqslant 2)$ 线性无关的充要条件是其中任何一个都不能由其余向量线性表示.

定理 5.2.5 建立了线性相关与线性组合这两个概念之间的联系. 显然，由两个向量组成的向量组 $\boldsymbol{\alpha},\boldsymbol{\beta}$ 线性相关的充要条件是存在数 k，使 $\boldsymbol{\alpha}=k\boldsymbol{\beta}$，也就是它们的分量成比例，从几何上看，两个二维或三维向量构成的向量组线性相关表示它们共线. 另外，由定理 5.2.5 可知，三个三维向量 $\boldsymbol{\alpha},\boldsymbol{\beta},\boldsymbol{\gamma}$ 线性相关的几何意义是它们共面.

习题 5.2

1. 已知向量 $\boldsymbol{\alpha}_1=(1,1,0)^T,\boldsymbol{\alpha}_2=(1,0,1)^T,\boldsymbol{\alpha}_3=(0,1,1)^T,\boldsymbol{\beta}=(2,0,0)^T$，用 $\boldsymbol{\alpha}_1,\boldsymbol{\alpha}_2,\boldsymbol{\alpha}_3$ 的线性组合来表示 $\boldsymbol{\beta}$.

2. 找出下面的四个向量中哪个不能由其余三个向量线性表示：

$$\boldsymbol{\alpha}_1=(1,1,1,1)^T,\boldsymbol{\alpha}_2=(0,5,2,1)^T,\boldsymbol{\alpha}_3=(1,-1,0,0)^T,\boldsymbol{\alpha}_4=(2,-3,0,1)^T.$$

3. 设 $\boldsymbol{\alpha}_1=(1,k,0)^T,\boldsymbol{\alpha}_2=(0,1,k)^T,\boldsymbol{\alpha}_3=(k,0,1)^T$，如果向量组 $\boldsymbol{\alpha}_1,\boldsymbol{\alpha}_2,\boldsymbol{\alpha}_3$ 线性无关，求实数 k 的取值范围.

4. 设向量组 $\boldsymbol{\alpha}_1,\boldsymbol{\alpha}_2,\cdots,\boldsymbol{\alpha}_m$ 是由 m 个 n 维向量 $(m<n)$ 组成，如果对任何一组不全为零的数 $k_1,k_2,\cdots,k_m$，都有 $k_1\boldsymbol{\alpha}_1+k_2\boldsymbol{\alpha}_2+\cdots+k_m\boldsymbol{\alpha}_m\neq\mathbf{0}$，那么 $\boldsymbol{\alpha}_1,\boldsymbol{\alpha}_2,\cdots,\boldsymbol{\alpha}_m$ 是否一定线性无关？

5. 设向量组 $\boldsymbol{\alpha}_1,\boldsymbol{\alpha}_2,\boldsymbol{\alpha}_3$ 线性无关，而

$$\boldsymbol{\beta}_1=\boldsymbol{\alpha}_1+\boldsymbol{\alpha}_2+\boldsymbol{\alpha}_3,\boldsymbol{\beta}_2=\boldsymbol{\alpha}_1+\boldsymbol{\alpha}_2+2\boldsymbol{\alpha}_3,\boldsymbol{\beta}_3=\boldsymbol{\alpha}_1+2\boldsymbol{\alpha}_2+3\boldsymbol{\alpha}_3,$$

试证 $\boldsymbol{\beta}_1,\boldsymbol{\beta}_2,\boldsymbol{\beta}_3$ 线性无关.

§5.3 向量组的秩

5.3.1 向量组的极大无关组

定义 5.3.1 设 $\boldsymbol{\alpha}_{i_1},\boldsymbol{\alpha}_{i_2},\cdots,\boldsymbol{\alpha}_{i_r}$ 是向量组 $\boldsymbol{\alpha}_1,\boldsymbol{\alpha}_2,\cdots,\boldsymbol{\alpha}_s$ 的一个部分向量组，称 $\boldsymbol{\alpha}_{i_1},\boldsymbol{\alpha}_{i_2},\cdots,\boldsymbol{\alpha}_{i_r}$ 是 $\boldsymbol{\alpha}_1,\boldsymbol{\alpha}_2,\cdots,\boldsymbol{\alpha}_s$ 的一个极大线性无关部分组（简称极大无关组），如果

(1) $\boldsymbol{\alpha}_{i_1},\boldsymbol{\alpha}_{i_2},\cdots,\boldsymbol{\alpha}_{i_r}$ 线性无关；

(2) 向量组 $\boldsymbol{\alpha}_1,\boldsymbol{\alpha}_2,\cdots,\boldsymbol{\alpha}_s$ 中任意一个向量均可由 $\boldsymbol{\alpha}_{i_1},\boldsymbol{\alpha}_{i_2},\cdots,\boldsymbol{\alpha}_{i_r}$ 线性表示.

例 5.3.1 对于 $\boldsymbol{R}^2$ 中向量 $\boldsymbol{\alpha}=(3,1)$，$\boldsymbol{\beta}=(0,1)$，$\boldsymbol{\gamma}=(3,-4)$，因为 $\boldsymbol{\alpha},\boldsymbol{\beta}$ 线性无关，而 $\boldsymbol{\alpha},\boldsymbol{\beta},\boldsymbol{\gamma}$ 线性相关，所以 $\boldsymbol{\alpha},\boldsymbol{\beta}$ 是 $\boldsymbol{\alpha},\boldsymbol{\beta},\boldsymbol{\gamma}$ 的一个极大无关组. 同理，$\boldsymbol{\alpha},\boldsymbol{\gamma}$ 与 $\boldsymbol{\beta},\boldsymbol{\gamma}$ 也都是 $\boldsymbol{\alpha},\boldsymbol{\beta},\boldsymbol{\gamma}$ 的一个极大无关组.

例 5.3.1 说明，一个向量组的极大无关组不唯一.

由定义不难证明下述结论：

结论 5.3.1 只有零向量构成的向量组不存在极大无关组.

结论 5.3.2 一个向量组与它自己的极大无关组总是等价的.

结论 5.3.3 任何非零向量组必存在极大无关组.

结论 5.3.4 线性无关向量组的极大无关组为其本身.

因为任意 $n+1$ 个 n 维向量必线性相关，所以任意 n 个线性无关的 n 维向量都是 $\boldsymbol{R}^n$ 的一个极大无关组，例如，n 维单位向量 $\boldsymbol{\varepsilon}_1,\boldsymbol{\varepsilon}_2,\cdots,\boldsymbol{\varepsilon}_n$ 就是 $\boldsymbol{R}^n$ 的一个极大无关组.

一般来说，向量组的极大无关组不是唯一的，但极大无关组所含向量的个数相同. 由例 5.3.1 可以看出，每个极大线性无关组都含有两个向量，这一结果对于一般的向量组也成立.

定理 5.3.1 设有两个 n 维向量组：$A:\boldsymbol{\alpha}_1,\boldsymbol{\alpha}_2,\cdots,\boldsymbol{\alpha}_r$，$B:\boldsymbol{\beta}_1,\boldsymbol{\beta}_2,\cdots,\boldsymbol{\beta}_s$.

(1)若 A 组线性无关，且可由 B 组线性表示，则 $r\leqslant s$.

(2)若 A 组线性无关，B 组也线性无关，且 A 组与 B 组等价，则 $r=s$.

证明 (1)因 A 组可由 B 组线性表示，所以

$$\begin{cases}\boldsymbol{\alpha}_1=k_{11}\boldsymbol{\beta}_1+k_{21}\boldsymbol{\beta}_2+\cdots+k_{s1}\boldsymbol{\beta}_s,\\ \boldsymbol{\alpha}_2=k_{12}\boldsymbol{\beta}_1+k_{22}\boldsymbol{\beta}_2+\cdots+k_{s2}\boldsymbol{\beta}_s,\\ \quad\cdots\cdots\\ \boldsymbol{\alpha}_r=k_{1r}\boldsymbol{\beta}_1+k_{2r}\boldsymbol{\beta}_2+\cdots+k_{sr}\boldsymbol{\beta}_s.\end{cases}$$

作线性组合

$$\begin{aligned}&x_1\boldsymbol{\alpha}_1+x_2\boldsymbol{\alpha}_2+\cdots+x_r\boldsymbol{\alpha}_r\\ &=(k_{11}x_1+k_{12}x_2+\cdots+k_{1r}x_r)\boldsymbol{\beta}_1+\cdots+(k_{s1}x_1+k_{s2}x_2+\cdots+k_{sr}x_r)\boldsymbol{\beta}_s,\end{aligned}$$

令 $\boldsymbol{\beta}_i(i=1,2,\cdots,s)$ 的系数为零，得

$$\begin{cases}k_{11}x_1+k_{12}x_2+\cdots+k_{1r}x_r=0,\\ k_{21}x_1+k_{22}x_2+\cdots+k_{2r}x_r=0,\\ \quad\cdots\cdots\\ k_{s1}x_1+k_{s2}x_2+\cdots+k_{sr}x_r=0.\end{cases}$$

这是含有 s 个方程、r 个未知数的齐次线性方程组. 若 $r>s$，即方程个数小于未知量个数，则该方程组必有非零解 $\lambda_1,\lambda_2,\cdots,\lambda_r$，从而有不为零的数 $\lambda_1,\lambda_2,\cdots,\lambda_r$，使

$$\lambda_1\boldsymbol{\alpha}_1+\lambda_2\boldsymbol{\alpha}_2+\cdots+\lambda_r\boldsymbol{\alpha}_r=\boldsymbol{0},$$

这与已知 $A:\boldsymbol{\alpha}_1,\boldsymbol{\alpha}_2,\cdots,\boldsymbol{\alpha}_r$ 线性无关矛盾，所以 $r\leqslant s$.

(2)由 A 组和 B 组等价知，A 组可由 B 组线性表示，利用(1)可得 $r\leqslant s$；同样，由 A 组和 B 组等价知，B 组可由 A 组线性表示，利用(1)可得 $s\leqslant r$，从而 $r=s$.

定理 5.3.1 常被称为向量组的替换定理，由此定理不难得出如下推论：

推论 5.3.1 一个向量组若有两个极大无关组，则它们所含向量个数相等.

5.3.2 向量组的秩

定义 5.3.2 向量组 $\boldsymbol{\alpha}_1,\boldsymbol{\alpha}_2,\cdots,\boldsymbol{\alpha}_s$ 的极大无关组所含向量的个数称为该向量组的秩，记为 $R(\boldsymbol{\alpha}_1,\boldsymbol{\alpha}_2,\cdots,\boldsymbol{\alpha}_s)$.

单独零向量构成的向量组的秩定义为 0.

例 5.3.1 中向量组 $\boldsymbol{\alpha},\boldsymbol{\beta},\boldsymbol{\gamma}$ 的秩等于 2，即 $R(\boldsymbol{\alpha},\boldsymbol{\beta},\boldsymbol{\gamma})=2$.

向量组的秩有以下一些性质：

性质 5.3.1 等价的向量组有相同的秩.

证明 设向量组 A 与 B 的秩依次为 s 和 r，因为 A 与 B 等价，所以两个向量组能相互线性表示，故 $s\leqslant r$ 与 $r\leqslant s$ 同时成立，所以 $r=s$.

性质 5.3.2 (1)秩为 p 的向量组中任意 p 个线性无关的向量都构成它的一个极大无关组；

(2)秩为 p 的向量组中任意多于 p 个的向量一定线性相关.

证明 设 $\boldsymbol{\alpha}_1,\boldsymbol{\alpha}_2,\cdots,\boldsymbol{\alpha}_s$ 是一个秩为 p 的向量组，记为向量组 A.

(1)$\boldsymbol{\alpha}_{i_1},\boldsymbol{\alpha}_{i_2},\cdots,\boldsymbol{\alpha}_{i_p}$ 是其中 p 个线性无关的向量($p\leqslant s$)，若还有 $\boldsymbol{\alpha}_{i_{p+1}}\in A$，使 $\boldsymbol{\alpha}_{i_1},\boldsymbol{\alpha}_{i_2},\cdots,\boldsymbol{\alpha}_{i_p},\boldsymbol{\alpha}_{i_{p+1}}$ 线性无关，则 $R(A)\geqslant p+1>p$ 矛盾. 故 $\boldsymbol{\alpha}_{i_1},\boldsymbol{\alpha}_{i_2},\cdots,\boldsymbol{\alpha}_{i_p}$ 是 $\boldsymbol{\alpha}_1,\boldsymbol{\alpha}_2,\cdots,\boldsymbol{\alpha}_s$ 的一个极大无关组.

(2)设 $\boldsymbol{\alpha}_{i_1},\boldsymbol{\alpha}_{i_2},\cdots,\boldsymbol{\alpha}_{i_p},\boldsymbol{\alpha}_{i_{p+1}},\cdots,\boldsymbol{\alpha}_{i_{p+q}}$ 是 $\boldsymbol{\alpha}_1,\boldsymbol{\alpha}_2,\cdots,\boldsymbol{\alpha}_s$ 中任意一个部分组($q\geqslant1$)，若 $\boldsymbol{\alpha}_{i_1},\boldsymbol{\alpha}_{i_2},\cdots,\boldsymbol{\alpha}_{i_{p+q}}$ 线性无关，则 $R(A)\geqslant p+q>p$ 矛盾.

性质 5.3.3 设向量组 $A:\boldsymbol{\alpha}_1,\boldsymbol{\alpha}_2,\cdots,\boldsymbol{\alpha}_s$ 可由向量组 $B:\boldsymbol{\beta}_1,\boldsymbol{\beta}_2,\cdots,\boldsymbol{\beta}_t$ 线性表示，则

$$R(\boldsymbol{\alpha}_1,\boldsymbol{\alpha}_2,\cdots,\boldsymbol{\alpha}_s)\leqslant R(\boldsymbol{\beta}_1,\boldsymbol{\beta}_2,\cdots,\boldsymbol{\beta}_t).$$

证明 设向量组 $A:\boldsymbol{\alpha}_1,\boldsymbol{\alpha}_2,\cdots,\boldsymbol{\alpha}_s$ 与向量组 $B:\boldsymbol{\beta}_1,\boldsymbol{\beta}_2,\cdots,\boldsymbol{\beta}_t$ 的极大无关组分别为 $\boldsymbol{\alpha}_{i_1},\boldsymbol{\alpha}_{i_2},\cdots,\boldsymbol{\alpha}_{i_r}$ 与 $\boldsymbol{\beta}_{j_1},\boldsymbol{\beta}_{j_2},\cdots,\boldsymbol{\beta}_{j_k}$，则 $\boldsymbol{\alpha}_{i_1},\boldsymbol{\alpha}_{i_2},\cdots,\boldsymbol{\alpha}_{i_r}$ 与 $\boldsymbol{\alpha}_1,\boldsymbol{\alpha}_2,\cdots,\boldsymbol{\alpha}_s$ 等价，$\boldsymbol{\beta}_{j_1},\boldsymbol{\beta}_{j_2},\cdots,\boldsymbol{\beta}_{j_k}$ 与 $\boldsymbol{\beta}_1,\boldsymbol{\beta}_2,\cdots,\boldsymbol{\beta}_t$ 等价. 由于 $A:\boldsymbol{\alpha}_1,\boldsymbol{\alpha}_2,\cdots,\boldsymbol{\alpha}_s$ 可由向量组 $B:\boldsymbol{\beta}_1,\boldsymbol{\beta}_2,\cdots,\boldsymbol{\beta}_t$ 线性表示，所以 $\boldsymbol{\alpha}_{i_1},\boldsymbol{\alpha}_{i_2},\cdots,\boldsymbol{\alpha}_{i_r}$ 可由 $\boldsymbol{\beta}_{j_1},\boldsymbol{\beta}_{j_2},\cdots,\boldsymbol{\beta}_{j_k}$ 线性表示，由定理 5.3.1，$r\leqslant k$，即

$$R(\boldsymbol{\alpha}_1,\boldsymbol{\alpha}_2,\cdots,\boldsymbol{\alpha}_s)\leqslant R(\boldsymbol{\beta}_1,\boldsymbol{\beta}_2,\cdots,\boldsymbol{\beta}_t).$$

例 5.3.2 对于例 5.3.1 中的三个向量 $\boldsymbol{\alpha},\boldsymbol{\beta},\boldsymbol{\gamma}$，任取一个非零向量比如 $\boldsymbol{\alpha}$，因为 $\boldsymbol{\beta}$ 不能由 $\boldsymbol{\alpha}$ 线性表示，但 $\boldsymbol{\gamma}$ 可由 $\boldsymbol{\alpha}$ 与 $\boldsymbol{\beta}$ 线性表示，即 $\boldsymbol{\gamma}=\boldsymbol{\alpha}-5\boldsymbol{\beta}$，所以 $\boldsymbol{\alpha},\boldsymbol{\beta}$ 是 $\boldsymbol{\alpha},\boldsymbol{\beta},\boldsymbol{\gamma}$ 的一个极大无关组.

例 5.3.3 求向量组 $\boldsymbol{\alpha}_1,\boldsymbol{\alpha}_2,\boldsymbol{\alpha}_3,\boldsymbol{\alpha}_4$ 的一个极大无关组，其中

$$\boldsymbol{\alpha}_1=(1,-1,2,4),\boldsymbol{\alpha}_2=(0,3,1,2),\boldsymbol{\alpha}_3=(3,0,7,14),\boldsymbol{\alpha}_4=(1,-1,2,0).$$

解 任取非零向量比如 $\boldsymbol{\alpha}_1$，则 $\boldsymbol{\alpha}_2$ 不能由 $\boldsymbol{\alpha}_1$ 线性表示，但 $\boldsymbol{\alpha}_3$ 可由 $\boldsymbol{\alpha}_1,\boldsymbol{\alpha}_2$ 线性表示，$\boldsymbol{\alpha}_3=3\boldsymbol{\alpha}_1+\boldsymbol{\alpha}_2$，而 $\boldsymbol{\alpha}_4$ 可由 $\boldsymbol{\alpha}_1,\boldsymbol{\alpha}_2$ 线性表示，这样 $\boldsymbol{\alpha}_3$ 可由 $\boldsymbol{\alpha}_1,\boldsymbol{\alpha}_2,\boldsymbol{\alpha}_4$ 线性表示，所以 $\boldsymbol{\alpha}_1,\boldsymbol{\alpha}_2,\boldsymbol{\alpha}_4$ 是 $\boldsymbol{\alpha}_1,\boldsymbol{\alpha}_2,\boldsymbol{\alpha}_3,\boldsymbol{\alpha}_4$ 的一个极大无关组.

例 5.3.4 设向量组 A 能由向量组 B 线性表示，且它们的秩相等，证明：向量组 A 与向量组 B 等价.

证明 只需证明向量组 B 能由向量组 A 线性表示即可. 为此，证向量组 B 的一个极大无关组能由向量组 A 的一个极大无关组线性表示.

设向量组 A 与向量组 B 的秩都是 r，且设向量组 A 的一个极大无关组为 $\boldsymbol{\alpha}_1,\boldsymbol{\alpha}_2,\cdots,\boldsymbol{\alpha}_r$，向量组 B 的一个极大无关组为 $\boldsymbol{\beta}_1,\boldsymbol{\beta}_2,\cdots,\boldsymbol{\beta}_r$，作向量组 $C:\boldsymbol{\alpha}_1,\boldsymbol{\alpha}_2,\cdots,\boldsymbol{\alpha}_r,\boldsymbol{\beta}_1,\boldsymbol{\beta}_2,\cdots,\boldsymbol{\beta}_r$，则

$R(C)=r$. 事实上,因组 A 可由组 B 线性表示,而组 B 可由 $\boldsymbol{\beta}_1,\boldsymbol{\beta}_2,\cdots,\boldsymbol{\beta}_r$ 线性表示,故组 A 及其部分向量组 $\boldsymbol{\alpha}_1,\boldsymbol{\alpha}_2,\cdots,\boldsymbol{\alpha}_r$ 可由 $\boldsymbol{\beta}_1,\boldsymbol{\beta}_2,\cdots,\boldsymbol{\beta}_r$ 线性表示,从而向量组 C 可由 $\boldsymbol{\beta}_1,\boldsymbol{\beta}_2,\cdots,\boldsymbol{\beta}_r$ 线性表示,而 $\boldsymbol{\beta}_1,\boldsymbol{\beta}_2,\cdots,\boldsymbol{\beta}_r$ 显然可由 C 线性表示,于是向量组 $\boldsymbol{\beta}_1,\boldsymbol{\beta}_2,\cdots,\boldsymbol{\beta}_r$ 与向量组 C:$\boldsymbol{\alpha}_1,\boldsymbol{\alpha}_2,\cdots,\boldsymbol{\alpha}_r,\boldsymbol{\beta}_1,\boldsymbol{\beta}_2,\cdots,\boldsymbol{\beta}_r$ 等价,因而秩相等,即 $R(C)=r$.

由于 $\boldsymbol{\alpha}_1,\boldsymbol{\alpha}_2,\cdots,\boldsymbol{\alpha}_r$ 线性无关,它也是向量组 C 的一个极大无关组(性质 5.3.2),从而 $\boldsymbol{\beta}_1,\boldsymbol{\beta}_2,\cdots,\boldsymbol{\beta}_r$ 也可由 $\boldsymbol{\alpha}_1,\boldsymbol{\alpha}_2,\cdots,\boldsymbol{\alpha}_r$ 线性表示,即可由组 A 线性表示,而 $\boldsymbol{\beta}_1,\boldsymbol{\beta}_2,\cdots,\boldsymbol{\beta}_r$ 为组 B 的极大无关组,故组 B 可由组 A 线性表示,所以向量组 A 与向量组 B 等价.

5.3.3　向量组的秩与矩阵的秩的关系

在第 2 章中,矩阵的秩是用最高阶非零子式的阶数来定义的,有了向量组的秩的概念,这里用向量组的秩来定义矩阵的秩.

定义 5.3.3　矩阵 $\boldsymbol{A}=\begin{pmatrix} a_{11} & a_{12} & \cdots & a_{1n} \\ a_{21} & a_{22} & \cdots & a_{2n} \\ \vdots & \vdots & & \vdots \\ a_{m1} & a_{m2} & \cdots & a_{mn} \end{pmatrix}$ 的行向量组成的向量组的秩,称为矩阵 A 的行秩,记为 $r(\boldsymbol{A})$. 它的列向量组成的向量组的秩,称为矩阵 A 的列秩,记为 $c(\boldsymbol{A})$.

如矩阵 $\boldsymbol{A}=\begin{pmatrix} 1 & 0 & 0 \\ 1 & 0 & 1 \\ 0 & 0 & 1 \end{pmatrix}$ 的行向量组 $\boldsymbol{\alpha}_1^T=(1,0,0)$,$\boldsymbol{\alpha}_2^T=(1,0,1)$,$\boldsymbol{\alpha}_3^T=(0,0,1)$,易知 $\boldsymbol{\alpha}_1^T,\boldsymbol{\alpha}_2^T$ 为一个极大无关组,从而 $r(\boldsymbol{A})=2$;它的列向量组 $\boldsymbol{\beta}_1=(1,1,0)^T$,$\boldsymbol{\beta}_2=(0,0,0)^T$,$\boldsymbol{\beta}_3=(0,1,1)^T$,同样可知 $\boldsymbol{\beta}_1,\boldsymbol{\beta}_3$ 为极大无关组,故 $c(\boldsymbol{A})=2$,$r(\boldsymbol{A})=c(\boldsymbol{A})$.

第 2 章 §2.4 节中所定义矩阵的秩即是 A 的最高阶非零子式的阶数,也叫做矩阵 A 的行列式秩,记作 $D(\boldsymbol{A})$,即 $D(\boldsymbol{A})=R(\boldsymbol{A})$.

定理 5.3.2　任一矩阵 A 的行秩 $r(\boldsymbol{A})$、列秩 $c(\boldsymbol{A})$、行列式秩 $D(\boldsymbol{A})$ 都相等,即 $r(\boldsymbol{A})=c(\boldsymbol{A})=D(\boldsymbol{A})=R(\boldsymbol{A})$.

证明　先证 $R(\boldsymbol{A})=c(\boldsymbol{A})$.

设 $R(\boldsymbol{A})=r$,由矩阵秩的定义,$\boldsymbol{A}$ 中存在 r 阶非零子式 $D_r\neq 0$,则 D_r 所在的 r 列线性无关. 又由于 $\boldsymbol{A}$ 的所有 $r+1$ 阶子式 $D_{r+1}=0$,所以 D_{r+1} 所在的 $r+1$ 列向量线性相关(若无关,则 $R(\boldsymbol{A})=r$,与题设矛盾). 于是 D_r 所在的 r 列是 $\boldsymbol{A}$ 的列向量组的一个极大无关组,即 $c(\boldsymbol{A})=r$. 所以 $R(\boldsymbol{A})=c(\boldsymbol{A})=r$.

同理可证 $R(\boldsymbol{A})=r(\boldsymbol{A})=r$.

矩阵 $\boldsymbol{A}$ 行秩、列秩、行列式的秩统称为矩阵 $\boldsymbol{A}$ 的秩,用 $R(\boldsymbol{A})$ 表示.

例 5.3.5　设矩阵 $\boldsymbol{A}=(a_{ij})_{m\times k}$,$\boldsymbol{B}=(b_{ij})_{k\times n}$,证明 $R(\boldsymbol{AB})\leqslant\min\{R(\boldsymbol{A}),R(\boldsymbol{B})\}$.

证明　记 $\boldsymbol{C}_{m\times n}=\boldsymbol{A}_{m\times k}\boldsymbol{B}_{k\times n}$,则矩阵 $\boldsymbol{C}$ 的列向量组可由 $\boldsymbol{A}$ 的列向量组线性表示,而

$$(\boldsymbol{r}_1,\boldsymbol{r}_2,\cdots,\boldsymbol{r}_n)=(\boldsymbol{\alpha}_1,\boldsymbol{\alpha}_2,\cdots,\boldsymbol{\alpha}_k)\begin{pmatrix} b_{11} & b_{12} & \cdots & b_{1n} \\ b_{21} & b_{22} & \cdots & b_{2n} \\ \vdots & \vdots & & \vdots \\ b_{k1} & b_{k2} & \cdots & b_{kn} \end{pmatrix},$$

这里 $\boldsymbol{r}_j(j=1,2,\cdots,n)$,$\boldsymbol{\alpha}_i(i=1,2,\cdots,k)$ 分别是 $\boldsymbol{C}$ 及 $\boldsymbol{A}$ 的列向量. 上式表明,$\boldsymbol{C}$ 的列向量组

可由 $\boldsymbol{A}$ 的列向量组线性表示，则 $\boldsymbol{C}$ 的列秩≤$\boldsymbol{A}$ 的列秩，也就是 $R(\boldsymbol{C})\leqslant R(\boldsymbol{A})$.

同理可证，矩阵 $\boldsymbol{C}$ 的行向量组可由矩阵 $\boldsymbol{B}$ 的行向量组线性表示，即 $R(\boldsymbol{C})\leqslant R(\boldsymbol{B})$，从而 $R(\boldsymbol{C})\leqslant \min\{R(\boldsymbol{A}),R(\boldsymbol{B})\}$，即 $R(\boldsymbol{AB})\leqslant \min\{R(\boldsymbol{A}),R(\boldsymbol{B})\}$.

由上面的定理可以看出，求一个向量组的秩，可以转化为求以这个向量组为行向量组或列向量组的矩阵的秩，而矩阵的秩很容易通过初等变换求得，因此也可以用初等变换来求一个向量组的秩.

定理 5.3.3 矩阵 $\boldsymbol{A}$ 经过有限次行初等变换变成矩阵 $\boldsymbol{B}$，则矩阵 $\boldsymbol{A}$ 的行向量组与矩阵 $\boldsymbol{B}$ 的行向量组等价，而 $\boldsymbol{A}$ 的任意 k 个列向量与 $\boldsymbol{B}$ 中对应的 k 个列向量有相同的线性相关性.

证明 因为 $\boldsymbol{A}\xrightarrow{P_1}\boldsymbol{B}_1\xrightarrow{P_2}\boldsymbol{B}_2\longrightarrow\cdots\longrightarrow\boldsymbol{B}_{l-1}\xrightarrow{P_l}\boldsymbol{B}_l=\boldsymbol{B}$，$P_i\ (i=1,2,\cdots,l)$ 为初等行变换，为方便起见，不妨先看 $l=1$，P_1 为第三种初等行变换，$\boldsymbol{A}$ 的第 1 行 k 倍加到第 2 行，则

$$\boldsymbol{A}=\begin{pmatrix}\boldsymbol{\alpha}_1^T\\ \boldsymbol{\alpha}_2^T\\ \vdots\\ \boldsymbol{\alpha}_m^T\end{pmatrix}\xrightarrow{P_1}\begin{pmatrix}\boldsymbol{\alpha}_1^T\\ \boldsymbol{\alpha}_2^T+k\boldsymbol{\alpha}_1^T\\ \vdots\\ \boldsymbol{\alpha}_m^T\end{pmatrix}=\boldsymbol{B}_1=\boldsymbol{B}=\begin{pmatrix}\boldsymbol{\beta}_1^T\\ \boldsymbol{\beta}_2^T\\ \vdots\\ \boldsymbol{\beta}_m^T\end{pmatrix},$$

这里 $\boldsymbol{\alpha}_i^T,\boldsymbol{\beta}_i^T\ (i=1,2,\cdots,m)$ 分别为矩阵 $\boldsymbol{A},\boldsymbol{B}$ 的行向量，易知矩阵 $\boldsymbol{B}$ 的行向量组可由矩阵 $\boldsymbol{A}$ 的行向量组线性表示.

又由 $\boldsymbol{\beta}_2^T=\boldsymbol{\alpha}_2^T+k\boldsymbol{\alpha}_1^T$，可得 $\boldsymbol{\alpha}_2^T=\boldsymbol{\beta}_2^T-k\boldsymbol{\alpha}_1^T=\boldsymbol{\beta}_2^T-k\boldsymbol{\beta}_1^T$，从而矩阵 $\boldsymbol{A}$ 的行向量组可由矩阵 $\boldsymbol{B}$ 的行向量组线性表示，故矩阵 $\boldsymbol{A}$ 与矩阵 $\boldsymbol{B}$ 的行向量组等价. 由于矩阵 $\boldsymbol{A},\boldsymbol{B}$ 的行向量组等价，因而方程 $\boldsymbol{Ax}=0$ 与 $\boldsymbol{Bx}=0$ 同解，故 $\boldsymbol{A}$ 的任意 k 个列向量与 $\boldsymbol{B}$ 中对应的 k 个列向量有相同的线性相关性.

类似可有，矩阵 $\boldsymbol{A}$ 经有限次初等列变换变成 $\boldsymbol{B}$，则矩阵 $\boldsymbol{A}$ 的列向量组与矩阵 $\boldsymbol{B}$ 的列向量组等价，而 $\boldsymbol{A}$ 的任意 k 个行向量与 $\boldsymbol{B}$ 中对应的 k 个行向量有相同的线性相关性.

因此，用初等行变换求向量组的极大无关组时，常将所给列向量组作成矩阵 $\boldsymbol{A}$（若给出的向量为行向量，则需将其转置为列向量，然后构成矩阵 $\boldsymbol{A}$；若给出的向量为列向量，可直接构成 $\boldsymbol{A}$）. 对此矩阵进行初等行变换，直到看出变换后矩阵中列向量组的一个极大无关组为止.

为了能看出变换矩阵的秩和一个极大无关组，常将 $\boldsymbol{A}$ 化为行阶梯形矩阵 $\boldsymbol{B}$，$R(\boldsymbol{A})$ 等于行阶梯形矩阵 $\boldsymbol{B}$ 中非零行个数 r，而 $\boldsymbol{B}$ 中 r 个非零行的非零首元所在的 r 个列对应 $\boldsymbol{A}$ 中的 r 个列向量就是 $\boldsymbol{A}$ 的列向量组的一个极大无关组.

实际上，$\boldsymbol{A}\xrightarrow{\text{初等行变换}}\boldsymbol{B}$ 后，$\boldsymbol{A}$ 中任意 k 个列向量与 $\boldsymbol{B}$ 中对应的 k 个列向量有相同的线性相关性，所以只要证：行阶梯形矩阵 $\boldsymbol{B}$ 中非零首元所在的 r 列为 $\boldsymbol{B}$ 的列向量组的一个极大无关组即可. 由于易知这 r 列向量线性无关，又 $R(\boldsymbol{B})=R(\boldsymbol{A})=r$，从而 $\boldsymbol{B}$ 中任一列向量与这 r 列向量构成的向量组线性相关（因为 $\boldsymbol{B}$ 的秩为 r），则 $\boldsymbol{B}$ 中任一列向量可由这 r 列向量线性表示，故 $\boldsymbol{B}$ 中非零首元所在的 r 列为 $\boldsymbol{B}$ 的列向量组的一个极大无关组.

例 5.3.6 求向量组

$$\boldsymbol{\alpha}_1=\begin{pmatrix}1\\-1\\0\\0\end{pmatrix},\boldsymbol{\alpha}_2=\begin{pmatrix}-1\\2\\1\\-1\end{pmatrix},\boldsymbol{\alpha}_3=\begin{pmatrix}0\\1\\1\\-1\end{pmatrix},\boldsymbol{\alpha}_4=\begin{pmatrix}-1\\3\\2\\1\end{pmatrix},\boldsymbol{\alpha}_5=\begin{pmatrix}-2\\6\\4\\1\end{pmatrix}$$

的秩及其极大无关组.

解　把所给向量组视为矩阵 $\boldsymbol{A}$ 的列向量组，那么，向量组的秩等于矩阵的秩，对应的极大无关组也就是 $\boldsymbol{A}$ 的列向量组的极大无关组，对 $\boldsymbol{A}$ 施行初等行变换：

$$\boldsymbol{A}=(\boldsymbol{\alpha}_1,\boldsymbol{\alpha}_2,\boldsymbol{\alpha}_3,\boldsymbol{\alpha}_4,\boldsymbol{\alpha}_5)=\begin{pmatrix}1&-1&0&-1&-2\\-1&2&1&3&6\\0&1&1&2&4\\0&-1&-1&1&1\end{pmatrix}\xrightarrow{r_1+r_2}\begin{pmatrix}1&-1&0&-1&-2\\0&1&1&2&4\\0&1&1&2&4\\0&-1&-1&1&1\end{pmatrix}$$

$$\xrightarrow[r_4+r_2]{r_3-r_2}\begin{pmatrix}1&-1&0&-1&-2\\0&1&1&2&4\\0&0&0&0&0\\0&0&0&3&5\end{pmatrix}\xrightarrow{r_3\leftrightarrow r_4}\begin{pmatrix}1&-1&0&-1&-2\\0&1&1&2&4\\0&0&0&3&5\\0&0&0&0&0\end{pmatrix}.$$

从行阶梯形矩阵可看出，$R(\boldsymbol{A})=R(\boldsymbol{\alpha}_1,\boldsymbol{\alpha}_2,\boldsymbol{\alpha}_3,\boldsymbol{\alpha}_4,\boldsymbol{\alpha}_5)=3$，且行阶梯形矩阵非零首元所在的列为 1,2,4 列，因此矩阵 $\boldsymbol{A}$ 的第 1,2,4 列向量是 $\boldsymbol{A}$ 的列向量组的一个极大无关组，故所求向量组的秩为 3，且 $\boldsymbol{\alpha}_1,\boldsymbol{\alpha}_2,\boldsymbol{\alpha}_4$ 为它的一个极大无关组.

如果只求向量组的秩和极大无关组，那么，只要用初等行变换将 $\boldsymbol{A}$ 化为一般的行阶梯形矩阵即可. 如果要把不属于极大无关组的列向量用极大无关组线性表示出来，须将矩阵 $\boldsymbol{A}$ 化为行最简形矩阵.

例如，在例 5.3.6 中，要求把不属于极大无关组的列向量用极大无关组线性表示，将 $\boldsymbol{A}$ 化为行最简形矩阵：

$$\boldsymbol{A}\xrightarrow{\text{初等行变换}}\begin{pmatrix}1&-1&0&-1&-2\\0&1&1&2&4\\0&0&0&3&5\\0&0&0&0&0\end{pmatrix}\xrightarrow{r_1+r_2}\begin{pmatrix}1&0&1&1&2\\0&1&1&2&4\\0&0&0&3&5\\0&0&0&0&0\end{pmatrix}$$

$$\xrightarrow{r_3\times\frac{1}{3}}\begin{pmatrix}1&0&1&1&2\\0&1&1&2&4\\0&0&0&1&\frac{5}{3}\\0&0&0&0&0\end{pmatrix}\xrightarrow[r_2-2r_3]{r_1-r_3}\begin{pmatrix}1&0&1&0&\frac{1}{3}\\0&1&1&0&\frac{2}{3}\\0&0&0&1&\frac{5}{3}\\0&0&0&0&0\end{pmatrix}$$

$$=(\boldsymbol{\eta}_1,\boldsymbol{\eta}_2,\boldsymbol{\eta}_3,\boldsymbol{\eta}_4,\boldsymbol{\eta}_5)=\boldsymbol{B}_1.$$

显然，$\boldsymbol{\eta}_1,\boldsymbol{\eta}_2,\boldsymbol{\eta}_4$ 是行最简形矩阵的列向量组的一个极大无关组，而且

$$\boldsymbol{\eta}_3=\boldsymbol{\eta}_1+\boldsymbol{\eta}_2,\boldsymbol{\eta}_5=\frac{1}{3}\boldsymbol{\eta}_1+\frac{2}{3}\boldsymbol{\eta}_2+\frac{5}{3}\boldsymbol{\eta}_4,$$

故

$$\boldsymbol{\alpha}_3=\boldsymbol{\alpha}_1+\boldsymbol{\alpha}_2,\boldsymbol{\alpha}_5=\frac{1}{3}\boldsymbol{\alpha}_1+\frac{2}{3}\boldsymbol{\alpha}_2+\frac{5}{3}\boldsymbol{\alpha}_4.$$

习题 5.3

1. 判断下列命题是否正确，正确的加以证明，不正确的举出反例.

(1)若一向量组中有一个向量不能表示成其余向量的线性组合,则这组向量线性无关;

(2)若一向量组中任两个向量线性无关,则这一向量组线性无关;

(3)若一向量组线性相关,则它的任一非零部分组也线性相关;

(4)若向量组$\{\boldsymbol{\alpha}_1,\boldsymbol{\alpha}_2,\cdots,\boldsymbol{\alpha}_s\}$与$\{\boldsymbol{\beta}_1,\boldsymbol{\beta}_2,\cdots,\boldsymbol{\beta}_t\}$均线性无关,那么向量组$\{\boldsymbol{\alpha}_1,\boldsymbol{\alpha}_2,\cdots,\boldsymbol{\alpha}_s,\boldsymbol{\beta}_1,\boldsymbol{\beta}_2,\cdots,\boldsymbol{\beta}_t\}$线性无关;

(5)若向量组$\{\boldsymbol{\alpha}_1,\boldsymbol{\alpha}_2,\cdots,\boldsymbol{\alpha}_s\}$与$\{\boldsymbol{\beta}_1,\boldsymbol{\beta}_2,\cdots,\boldsymbol{\beta}_s\}$均线性无关,那么向量组$\{\boldsymbol{\alpha}_1+\boldsymbol{\beta}_1,\boldsymbol{\alpha}_2+\boldsymbol{\beta}_2,\cdots,\boldsymbol{\alpha}_s+\boldsymbol{\beta}_s\}$线性无关.

2. 设$\boldsymbol{\beta}_1=\boldsymbol{\alpha}_1,\boldsymbol{\beta}_2=\boldsymbol{\alpha}_1+\boldsymbol{\alpha}_2,\cdots,\boldsymbol{\beta}_s=\boldsymbol{\alpha}_1+\boldsymbol{\alpha}_2+\cdots+\boldsymbol{\alpha}_s$,证明向量组$\boldsymbol{\alpha}_1,\boldsymbol{\alpha}_2,\cdots,\boldsymbol{\alpha}_s$与向量组$\boldsymbol{\beta}_1,\boldsymbol{\beta}_2,\cdots,\boldsymbol{\beta}_s$有相同的秩.

3. 若向量组$\boldsymbol{\alpha}_1,\boldsymbol{\alpha}_2,\cdots,\boldsymbol{\alpha}_s$的秩为$r$,则$\boldsymbol{\alpha}_1,\boldsymbol{\alpha}_2,\cdots,\boldsymbol{\alpha}_s$中任意$r$个线性无关的向量都可以作为它的一个极大线性无关组.

4. 求向量组$\boldsymbol{\alpha}_1=(1,3,3,1),\boldsymbol{\alpha}_2=(1,4,1,2),\boldsymbol{\alpha}_3=(1,0,2,1),\boldsymbol{\alpha}_4=(1,7,2,2)$的一个极大无关组及向量组的秩.

§5.4 齐次线性方程组解的结构

5.4.1 向量空间的基、维数与坐标

在向量空间V中,任意有限个向量的任意线性组合是V中的向量,那么V中是否存在有限个向量,使V中每个向量都可用这有限个向量线性表示?在有些向量空间中,这是可以做到的.比如复数域可看作实数域上的向量空间,取复数1和i,则每个复数$a+bi$(a,b是实数)都可用1和i线性表示.如果这有限个向量是线性无关的,那就有了特殊意义.

定义5.4.1 设$\boldsymbol{\alpha}_1,\boldsymbol{\alpha}_2,\cdots,\boldsymbol{\alpha}_s$是数域$F$上向量空间$V$的一个向量组.若$\boldsymbol{\alpha}_1,\boldsymbol{\alpha}_2,\cdots,\boldsymbol{\alpha}_s$线性无关且$V$中每个向量都可以由$\boldsymbol{\alpha}_1,\boldsymbol{\alpha}_2,\cdots,\boldsymbol{\alpha}_s$线性表示,则称$\boldsymbol{\alpha}_1,\boldsymbol{\alpha}_2,\cdots,\boldsymbol{\alpha}_s$是$V$的一个基.

例5.4.1 复数域作为实数域上的向量空间,1和i线性无关,且每个复数都可以由1和i线性表示,所以1和i是该空间的一个基.

例5.4.2 V_3中$\boldsymbol{\varepsilon}_1,\boldsymbol{\varepsilon}_2,\boldsymbol{\varepsilon}_3$分别表示沿$x$轴、$y$轴、$z$轴正方向的单位向量,那么$\boldsymbol{\varepsilon}_1,\boldsymbol{\varepsilon}_2,\boldsymbol{\varepsilon}_3$线性无关,且$V_3$中每个向量都可以用$\boldsymbol{\varepsilon}_1,\boldsymbol{\varepsilon}_2,\boldsymbol{\varepsilon}_3$线性表示,所以$\boldsymbol{\varepsilon}_1,\boldsymbol{\varepsilon}_2,\boldsymbol{\varepsilon}_3$构成$V_3$的一个基.

同理,$\boldsymbol{\varepsilon}_1,\boldsymbol{\varepsilon}_2$构成$V_2$的一个基.

实际上,V_3中任意三个不共面的向量都构成V_3的一个基,V_2中任意两个不共面的向量都构成V_2的一个基.

例5.4.2说明一个向量空间的基不唯一,然而由基的定义可知

定理5.4.1 一个向量空间的任意两个基等价.

例5.4.3 向量空间$V=\{\boldsymbol{\alpha}=(0,x_2,\cdots,x_n)^T\mid x_2,\cdots,x_n\in\boldsymbol{R}\}$的一个基可取为

$$\boldsymbol{\varepsilon}_2=(0,1,0,\cdots,0)^T,\boldsymbol{\varepsilon}_3=(0,0,1,\cdots,0)^T,\cdots,\boldsymbol{\varepsilon}_n=(0,0,0,\cdots,1)^T,$$

由此可知它是$n-1$维向量空间.

定义5.4.2 一个向量空间V的基所含向量的个数叫做V的维数,记作$\dim V$.

特别地,零空间的维数定义为0.若一个非零向量空间没有基,即任意有限个线性无关的向量都不能作为基,则说该空间是无限维的.

这样,就有$\dim V_2=2,\dim V_3=3,\dim\boldsymbol{R}^n=n$.

定义 5.4.3　设 $\boldsymbol{\alpha}_1,\boldsymbol{\alpha}_2,\cdots,\boldsymbol{\alpha}_n$ 是向量空间 V 的一个基，$\boldsymbol{\beta}$ 是 V 中任一向量，把满足等式

$$\boldsymbol{\beta}=a_1\boldsymbol{\alpha}_1+a_2\boldsymbol{\alpha}_2+\cdots+a_n\boldsymbol{\alpha}_n$$

的 n 元有序数组 $(a_1,a_2,\cdots,a_n)$ 叫做 $\boldsymbol{\beta}$ 关于 $\boldsymbol{\alpha}_1,\boldsymbol{\alpha}_2,\cdots,\boldsymbol{\alpha}_n$ 的坐标，a_i 叫做第 i 个坐标.

例 5.4.4　给定向量组 $\boldsymbol{\alpha}_1=\begin{pmatrix}1\\1\\1\end{pmatrix},\boldsymbol{\alpha}_2=\begin{pmatrix}1\\0\\-1\end{pmatrix},\boldsymbol{\alpha}_3=\begin{pmatrix}1\\0\\1\end{pmatrix}$ 和向量组 $\boldsymbol{\beta}_1=\begin{pmatrix}1\\2\\1\end{pmatrix},\boldsymbol{\beta}_2=\begin{pmatrix}2\\3\\4\end{pmatrix}$. 验证 $\boldsymbol{\alpha}_1,\boldsymbol{\alpha}_2,\boldsymbol{\alpha}_3$ 是 $\boldsymbol{R}^3$ 的一个基，并把 $\boldsymbol{\beta}_1,\boldsymbol{\beta}_2$ 用这个基线性表示.

解　要证 $\boldsymbol{\alpha}_1,\boldsymbol{\alpha}_2,\boldsymbol{\alpha}_3$ 是 $\boldsymbol{R}^3$ 的一个基，只需证 $\boldsymbol{\alpha}_1,\boldsymbol{\alpha}_2,\boldsymbol{\alpha}_3$ 线性无关. 若要将 $\boldsymbol{\beta}_1,\boldsymbol{\beta}_2$ 用 $\boldsymbol{\alpha}_1,\boldsymbol{\alpha}_2,\boldsymbol{\alpha}_3$ 线性表示，只需把矩阵 $(\boldsymbol{\alpha}_1,\boldsymbol{\alpha}_2,\boldsymbol{\alpha}_3,\boldsymbol{\beta}_1,\boldsymbol{\beta}_2)$ 化为行简化的阶梯形矩阵即可得出线性表示式.

设 $\boldsymbol{\beta}_1=k_{11}\boldsymbol{\alpha}_1+k_{21}\boldsymbol{\alpha}_2+k_{31}\boldsymbol{\alpha}_3,\boldsymbol{\beta}_2=k_{12}\boldsymbol{\alpha}_1+k_{22}\boldsymbol{\alpha}_2+k_{32}\boldsymbol{\alpha}_3$，即

$$(\boldsymbol{\beta}_1,\boldsymbol{\beta}_2)=(\boldsymbol{\alpha}_1,\boldsymbol{\alpha}_2,\boldsymbol{\alpha}_3)\begin{pmatrix}k_{11}&k_{12}\\k_{21}&k_{22}\\k_{31}&k_{32}\end{pmatrix},$$

记作 $\boldsymbol{B}=\boldsymbol{AK}$. 对矩阵 $(\boldsymbol{A}\mid\boldsymbol{B})$ 施行行初等变换，若 $\boldsymbol{A}$ 能变为 $\boldsymbol{E}$，此时 $\boldsymbol{K}=\boldsymbol{A}^{-1}\boldsymbol{B}$.

$$(\boldsymbol{A}\mid\boldsymbol{B})=\left(\begin{array}{ccc:cc}1&1&1&1&2\\1&0&0&2&3\\1&-1&1&1&4\end{array}\right)\xrightarrow[r_3-r_1]{r_2-r_1}\left(\begin{array}{ccc:cc}1&1&1&1&2\\0&-1&-1&1&1\\0&-2&0&0&2\end{array}\right)$$

$$\xrightarrow{r_3-2r_2}\left(\begin{array}{ccc:cc}1&1&1&1&2\\0&-1&-1&1&1\\0&0&2&-2&0\end{array}\right)\xrightarrow[r_1-\frac{1}{2}r_3]{r_2+\frac{1}{2}r_3}\left(\begin{array}{ccc:cc}1&1&0&2&2\\0&-1&0&0&1\\0&0&2&-2&0\end{array}\right)$$

$$\xrightarrow[r_3\times\frac{1}{2}]{r_1+r_2}\left(\begin{array}{ccc:cc}1&0&0&2&3\\0&-1&0&0&1\\0&0&1&-1&0\end{array}\right)\xrightarrow{r_2\times(-1)}\left(\begin{array}{ccc:cc}1&0&0&2&3\\0&1&0&0&-1\\0&0&1&-1&0\end{array}\right).$$

所以 $\boldsymbol{\alpha}_1,\boldsymbol{\alpha}_2,\boldsymbol{\alpha}_3$ 线性无关且为 $\boldsymbol{R}^3$ 的一个基，且 $(\boldsymbol{\beta}_1,\boldsymbol{\beta}_2)=(\boldsymbol{\alpha}_1,\boldsymbol{\alpha}_2,\boldsymbol{\alpha}_3)\begin{pmatrix}2&3\\0&-1\\-1&0\end{pmatrix}$. 由此看出，求向量在某个基下的坐标或坐标向量，实质上是解一个方程组.

例 5.4.5　求 $\boldsymbol{R}^3$ 中的向量 $\boldsymbol{\beta}=(1,0,4)^T$ 在基 $\boldsymbol{\alpha}_1=(1,0,0)^T,\boldsymbol{\alpha}_2=(0,1,-1)^T,\boldsymbol{\alpha}_3=(1,1,1)^T$ 下的坐标.

解　设 $\boldsymbol{A}=(\boldsymbol{\alpha}_1,\boldsymbol{\alpha}_2,\boldsymbol{\alpha}_3)$，由题设知 $\boldsymbol{A}x=\boldsymbol{\beta}$. 因

$$(\boldsymbol{A}\mid\boldsymbol{\beta})=\left(\begin{array}{ccc:c}1&0&1&1\\0&1&1&0\\0&-1&1&4\end{array}\right)\xrightarrow{r_2+r_3}\left(\begin{array}{ccc:c}1&0&1&1\\0&1&1&0\\0&0&2&4\end{array}\right)\xrightarrow{\frac{1}{2}r_3}\left(\begin{array}{ccc:c}1&0&1&1\\0&1&1&0\\0&0&1&2\end{array}\right)$$

$$\xrightarrow{\substack{r_1-r_3\\r_2-r_3}}\left(\begin{array}{ccc:c}1&0&0&-1\\0&1&0&-2\\0&0&1&2\end{array}\right),$$

由此可得 $\boldsymbol{\beta}$ 在基下的坐标向量 $x=(-1,-2,2)^T$.

5.4.2　基变换与坐标变换

同一个向量在不同基下的坐标向量一般是不同的，但是这两个不同的坐标向量之间却

有着必然的联系.

设$\boldsymbol{\alpha}_1,\boldsymbol{\alpha}_2,\cdots,\boldsymbol{\alpha}_n$及$\boldsymbol{\beta}_1,\boldsymbol{\beta}_2,\cdots,\boldsymbol{\beta}_n$为$n$维向量空间$\boldsymbol{R}^n$的两个基,并且

$$\begin{cases}\boldsymbol{\beta}_1=c_{11}\boldsymbol{\alpha}_1+c_{21}\boldsymbol{\alpha}_2+\cdots+c_{n1}\boldsymbol{\alpha}_n,\\ \boldsymbol{\beta}_2=c_{12}\boldsymbol{\alpha}_1+c_{22}\boldsymbol{\alpha}_2+\cdots+c_{n2}\boldsymbol{\alpha}_n,\\ \quad\cdots\cdots\\ \boldsymbol{\beta}_n=c_{1n}\boldsymbol{\alpha}_1+c_{2n}\boldsymbol{\alpha}_2+\cdots+c_{nn}\boldsymbol{\alpha}_n,\end{cases}$$

此式称为**基变换公式**,可将其写成矩阵形式$(\boldsymbol{\beta}_1,\boldsymbol{\beta}_2,\cdots,\boldsymbol{\beta}_n)=(\boldsymbol{\alpha}_1,\boldsymbol{\alpha}_2,\cdots,\boldsymbol{\alpha}_n)\boldsymbol{C}$,其中

$$\boldsymbol{C}=\begin{pmatrix}c_{11}&c_{12}&\cdots&c_{1n}\\c_{21}&c_{22}&\cdots&c_{2n}\\\vdots&\vdots&&\vdots\\c_{n1}&c_{n2}&\cdots&c_{nn}\end{pmatrix}$$

称为从基$\boldsymbol{\alpha}_1,\boldsymbol{\alpha}_2,\cdots,\boldsymbol{\alpha}_n$到基$\boldsymbol{\beta}_1,\boldsymbol{\beta}_2,\cdots,\boldsymbol{\beta}_n$的过渡矩阵. 过渡矩阵$\boldsymbol{C}$的第$k$列$c_{ik}$ $(k=1,2,\cdots,n)$就是$\boldsymbol{\beta}_k$在基$\boldsymbol{\alpha}_1,\boldsymbol{\alpha}_2,\cdots,\boldsymbol{\alpha}_n$下的坐标.

过渡矩阵具有如下性质:

定理 5.4.2 设$\boldsymbol{R}^n$是数域F上的$n(n\geqslant1)$维向量空间. 从基$\boldsymbol{\alpha}_1,\boldsymbol{\alpha}_2,\cdots,\boldsymbol{\alpha}_n$到基$\boldsymbol{\beta}_1,\boldsymbol{\beta}_2,\cdots,\boldsymbol{\beta}_n$的过渡矩阵唯一且可逆.

证明 从基$\boldsymbol{\alpha}_1,\boldsymbol{\alpha}_2,\cdots,\boldsymbol{\alpha}_n$到基$\boldsymbol{\beta}_1,\boldsymbol{\beta}_2,\cdots,\boldsymbol{\beta}_n$的过渡矩阵的第$i(i=1,2,\cdots,n)$列就是$\boldsymbol{\beta}_i$关于基$\boldsymbol{\alpha}_1,\boldsymbol{\alpha}_2,\cdots,\boldsymbol{\alpha}_n$的坐标,所以唯一确定,因此过渡矩阵是唯一确定的.

设$\boldsymbol{A}$是从基$\boldsymbol{\alpha}_1,\boldsymbol{\alpha}_2,\cdots,\boldsymbol{\alpha}_n$到基$\boldsymbol{\beta}_1,\boldsymbol{\beta}_2,\cdots,\boldsymbol{\beta}_n$的过渡矩阵,$\boldsymbol{B}$是从基$\boldsymbol{\beta}_1,\boldsymbol{\beta}_2,\cdots,\boldsymbol{\beta}_n$到基$\boldsymbol{\alpha}_1,\boldsymbol{\alpha}_2,\cdots,\boldsymbol{\alpha}_n$的过渡矩阵,则

$$(\boldsymbol{\beta}_1,\boldsymbol{\beta}_2,\cdots,\boldsymbol{\beta}_n)=(\boldsymbol{\alpha}_1,\boldsymbol{\alpha}_2,\cdots,\boldsymbol{\alpha}_n)\boldsymbol{A},$$
$$(\boldsymbol{\alpha}_1,\boldsymbol{\alpha}_2,\cdots,\boldsymbol{\alpha}_n)=(\boldsymbol{\beta}_1,\boldsymbol{\beta}_2,\cdots,\boldsymbol{\beta}_n)\boldsymbol{B}.$$

所以$(\boldsymbol{\alpha}_1,\boldsymbol{\alpha}_2,\cdots,\boldsymbol{\alpha}_n)=(\boldsymbol{\alpha}_1,\boldsymbol{\alpha}_2,\cdots,\boldsymbol{\alpha}_n)\boldsymbol{AB}$,$(\boldsymbol{\beta}_1,\boldsymbol{\beta}_2,\cdots,\boldsymbol{\beta}_n)=(\boldsymbol{\beta}_1,\boldsymbol{\beta}_2,\cdots,\boldsymbol{\beta}_n)\boldsymbol{BA}$.

因为从一个基到自身的过渡矩阵是单位矩阵,所以

$$\boldsymbol{AB}=\boldsymbol{BA}=\boldsymbol{I}_n.$$

因而$\boldsymbol{A}$可逆,且$\boldsymbol{A}^{-1}=\boldsymbol{B}$是从基$\boldsymbol{\beta}_1,\boldsymbol{\beta}_2,\cdots,\boldsymbol{\beta}_n$到基$\boldsymbol{\alpha}_1,\boldsymbol{\alpha}_2,\cdots,\boldsymbol{\alpha}_n$的过渡矩阵.

定理 5.4.3 设$\boldsymbol{R}^n$是数域F上的$n(n\geqslant1)$维向量空间. $\boldsymbol{T}$是由基$\boldsymbol{\alpha}_1,\boldsymbol{\alpha}_2,\cdots,\boldsymbol{\alpha}_n$到基$\boldsymbol{\beta}_1,\boldsymbol{\beta}_2,\cdots,\boldsymbol{\beta}_n$的过渡矩阵. 若$V$中的向量$\boldsymbol{\xi}$关于$\boldsymbol{\alpha}_1,\boldsymbol{\alpha}_2,\cdots,\boldsymbol{\alpha}_n$与$\boldsymbol{\beta}_1,\boldsymbol{\beta}_2,\cdots,\boldsymbol{\beta}_n$的坐标分别是$(x_1,x_2,\cdots,x_n)$与$(y_1,y_2,\cdots,y_n)$,那么

$$\begin{pmatrix}x_1\\x_2\\\vdots\\x_n\end{pmatrix}=\boldsymbol{T}\begin{pmatrix}y_1\\y_2\\\vdots\\y_n\end{pmatrix}.$$

证明 由已知

$$(\boldsymbol{\beta}_1,\boldsymbol{\beta}_2,\cdots,\boldsymbol{\beta}_n)=(\boldsymbol{\alpha}_1,\boldsymbol{\alpha}_2,\cdots,\boldsymbol{\alpha}_n)\boldsymbol{T},\tag{5.4.1}$$

$$\xi=(\boldsymbol{\beta}_1,\boldsymbol{\beta}_2,\cdots,\boldsymbol{\beta}_n)\begin{pmatrix}y_1\\y_2\\\vdots\\y_n\end{pmatrix}.\tag{5.4.2}$$

把(5.4.1)式代入(5.4.2)式得

$$\xi=((\boldsymbol{\alpha}_1,\boldsymbol{\alpha}_2,\cdots,\boldsymbol{\alpha}_n)\boldsymbol{T})\begin{pmatrix}y_1\\y_2\\\vdots\\y_n\end{pmatrix}=(\boldsymbol{\alpha}_1,\boldsymbol{\alpha}_2,\cdots,\boldsymbol{\alpha}_n)\left(\boldsymbol{T}\begin{pmatrix}y_1\\y_2\\\vdots\\y_n\end{pmatrix}\right).$$

这表明 ξ 关于基 $\boldsymbol{\alpha}_1,\boldsymbol{\alpha}_2,\cdots,\boldsymbol{\alpha}_n$ 的坐标是 $\boldsymbol{T}\begin{pmatrix}y_1\\y_2\\\vdots\\y_n\end{pmatrix}$，然而 ξ 关于基 $\boldsymbol{\alpha}_1,\boldsymbol{\alpha}_2,\cdots,\boldsymbol{\alpha}_n$ 的坐标是 $\begin{pmatrix}x_1\\x_2\\\vdots\\x_n\end{pmatrix}$，由坐标的唯一性知

$$\begin{pmatrix}x_1\\x_2\\\vdots\\x_n\end{pmatrix}=\boldsymbol{T}\begin{pmatrix}y_1\\y_2\\\vdots\\y_n\end{pmatrix}.$$

例 5.4.6　设 $\boldsymbol{R}^3$ 中的两个基：

$$\boldsymbol{\alpha}_1=(1,0,0)^T,\boldsymbol{\alpha}_2=(0,1,-1)^T,\boldsymbol{\alpha}_3=(1,1,1)^T;$$

$$\boldsymbol{\beta}_1=(0,1,1)^T,\boldsymbol{\beta}_2=(1,1,-1)^T,\boldsymbol{\beta}_3=(2,-1,1)^T;$$

(1)求基 $\boldsymbol{\alpha}_1,\boldsymbol{\alpha}_2,\boldsymbol{\alpha}_3$ 到基 $\boldsymbol{\beta}_1,\boldsymbol{\beta}_2,\boldsymbol{\beta}_3$ 的过渡矩阵；

(2)已知向量 $\boldsymbol{\alpha}$ 在基 $\boldsymbol{\alpha}_1,\boldsymbol{\alpha}_2,\boldsymbol{\alpha}_3$ 下的坐标向量 $x=(4,2,1)^T$，求 $\boldsymbol{\alpha}$ 在基 $\boldsymbol{\beta}_1,\boldsymbol{\beta}_2,\boldsymbol{\beta}_3$ 下的坐标向量.

解　(1)设 $\boldsymbol{A}=(\boldsymbol{\alpha}_1,\boldsymbol{\alpha}_2,\boldsymbol{\alpha}_3)$，$\boldsymbol{B}=(\boldsymbol{\beta}_1,\boldsymbol{\beta}_2,\boldsymbol{\beta}_3)$，则 $\boldsymbol{B}=\boldsymbol{AC}$，由

$$(\boldsymbol{A}\,\vdots\,\boldsymbol{B})=\left(\begin{array}{ccc:ccc}1&0&1&0&1&2\\0&1&1&1&1&-1\\0&-1&1&1&-1&1\end{array}\right)\xrightarrow{r_2+r_3}\left(\begin{array}{ccc:ccc}1&0&1&0&1&2\\0&1&1&1&1&-1\\0&0&2&2&0&0\end{array}\right)$$

$$\xrightarrow{\frac{1}{2}r_3}\left(\begin{array}{ccc:ccc}1&0&1&0&1&2\\0&1&1&1&1&-1\\0&0&1&1&0&0\end{array}\right)\xrightarrow[r_2-r_3]{r_1-r_3}\left(\begin{array}{ccc:ccc}1&0&0&-1&1&2\\0&1&0&0&1&-1\\0&0&1&1&0&0\end{array}\right),$$

从而可得过渡矩阵

$$\boldsymbol{C}=\begin{pmatrix}-1&1&2\\0&1&-1\\1&0&0\end{pmatrix}.$$

(2)因向量 y 满足 $x=\boldsymbol{C}y$，所以由

$$(\boldsymbol{C}|x)=\left(\begin{array}{ccc:c}-1&1&2&4\\0&1&-1&2\\1&0&0&1\end{array}\right)\xrightarrow{r_1\leftrightarrow r_3}\left(\begin{array}{ccc:c}1&0&0&1\\0&1&-1&2\\-1&1&2&4\end{array}\right)\xrightarrow{r_1+r_3}\left(\begin{array}{ccc:c}1&0&0&1\\0&1&-1&2\\0&1&2&5\end{array}\right)$$

$$\xrightarrow{r_3-r_2}\begin{pmatrix}1&0&0&\vdots&1\\0&1&-1&\vdots&2\\0&0&3&\vdots&3\end{pmatrix}\xrightarrow{\frac{1}{3}r_3}\begin{pmatrix}1&0&0&\vdots&1\\0&1&-1&\vdots&2\\0&0&1&\vdots&1\end{pmatrix}\xrightarrow{r_2+r_3}\begin{pmatrix}1&0&0&\vdots&1\\0&1&0&\vdots&3\\0&0&1&\vdots&1\end{pmatrix},$$

可得 $\boldsymbol{\alpha}$ 在基 $\boldsymbol{\beta}_1,\boldsymbol{\beta}_2,\boldsymbol{\beta}_3$ 下的坐标向量 $y=(1,3,1)^T$.

例 5.4.7 设 $\boldsymbol{R}^4$ 中向量 $\boldsymbol{\alpha}$ 在基 $\boldsymbol{\alpha}_1,\boldsymbol{\alpha}_2,\boldsymbol{\alpha}_3,\boldsymbol{\alpha}_4$ 下的坐标表达式为 $\boldsymbol{\alpha}=\boldsymbol{\alpha}_1-2\boldsymbol{\alpha}_2+3\boldsymbol{\alpha}_3-\boldsymbol{\alpha}_4$，且

$$\begin{cases}\alpha_1'=\alpha_1+3\alpha_2-5\alpha_3+7\alpha_4,\\ \alpha_2'=\alpha_2+2\alpha_3-3\alpha_4,\\ \alpha_3'=\alpha_3+2\alpha_4,\\ \alpha_4'=\alpha_4.\end{cases}$$

证明 $\boldsymbol{\alpha}_1',\boldsymbol{\alpha}_2',\boldsymbol{\alpha}_3',\boldsymbol{\alpha}_4'$也是 $\boldsymbol{R}^4$ 的基，并求 $\boldsymbol{\alpha}$ 在基 $\boldsymbol{\alpha}_1',\boldsymbol{\alpha}_2',\boldsymbol{\alpha}_3',\boldsymbol{\alpha}_4'$下的坐标.

解 由于矩阵 $\boldsymbol{C}=\begin{pmatrix}1&0&0&0\\3&1&0&0\\-5&2&1&0\\7&-3&2&1\end{pmatrix}$ 的行列式 $|\boldsymbol{C}|=1\neq0$，而且 $\boldsymbol{\alpha}_1,\boldsymbol{\alpha}_2,\boldsymbol{\alpha}_3,\boldsymbol{\alpha}_4$ 线性无关，所以 $\boldsymbol{\alpha}_1',\boldsymbol{\alpha}_2',\boldsymbol{\alpha}_3',\boldsymbol{\alpha}_4'$也线性无关，因此它是 $\boldsymbol{R}^4$ 的一个基. 由题意知，由基 $\boldsymbol{\alpha}_1,\boldsymbol{\alpha}_2,\boldsymbol{\alpha}_3,\boldsymbol{\alpha}_4$ 到基 $\boldsymbol{\alpha}_1',\boldsymbol{\alpha}_2',\boldsymbol{\alpha}_3',\boldsymbol{\alpha}_4'$的过渡矩阵为 $\boldsymbol{C}$，而且可以求出

$$\boldsymbol{C}^{-1}=\begin{pmatrix}1&0&0&0\\-3&1&0&0\\11&-2&1&0\\-38&7&-2&1\end{pmatrix}.$$

若设 $\boldsymbol{\alpha}=y_1\boldsymbol{\alpha}_1'+y_2\boldsymbol{\alpha}_2'+y_3\boldsymbol{\alpha}_3'+y_4\boldsymbol{\alpha}_4'$，则由坐标变换公式可得

$$\begin{pmatrix}y_1\\y_2\\y_3\\y_4\end{pmatrix}=\boldsymbol{C}^{-1}\begin{pmatrix}1\\-2\\3\\-1\end{pmatrix}=\begin{pmatrix}1&0&0&0\\-3&1&0&0\\11&-2&1&0\\-38&7&-2&1\end{pmatrix}\begin{pmatrix}1\\-2\\3\\-1\end{pmatrix}=\begin{pmatrix}1\\-5\\18\\-59\end{pmatrix}.$$

5.4.3 齐次线性方程组的解空间

虽然我们已能解一般的线性方程组，但当线性方程组有无穷多个解时，要把这无穷多个解一个一个地写出来研究显然是不可能的. 现在我们用向量空间的理论来研究这无穷多个解之间的关系，即研究线性方程组的解的结构.

首先我们的研究对象是齐次线性方程组.

考虑齐次线性方程组

$$\begin{cases}a_{11}x_1+a_{12}x_2+\cdots+a_{1n}x_n=0,\\ a_{21}x_1+a_{22}x_2+\cdots+a_{2n}x_n=0,\\ \cdots\cdots\\ a_{m1}x_1+a_{m2}x_2+\cdots+a_{mn}x_n=0.\end{cases}\tag{5.4.3}$$

因为(5.4.3)的增广矩阵的最后一列全为零，所以增广矩阵 $\overline{\boldsymbol{A}}$ 与系数矩阵 $\boldsymbol{A}$ 有相同的

秩，因此(5.4.3)总有解. 事实上，$x_1=x_2=\cdots=x_n=0$ 总是(5.4.3)的解，叫做**零解**. 因此，对于齐次线性方程组(5.4.3)来说，我们关心的是它有没有非零解.

定理 5.4.4　齐次线性方程组(5.4.3)有非零解的充要条件是系数矩阵 $\boldsymbol{A}$ 的秩小于 n.

证明　若(5.4.3)有非零解，必然秩 $\boldsymbol{A}<n$. 否则，当秩 $\boldsymbol{A}=n$ 时，由线性方程组有解的判定定理得(5.4.3)有唯一解，只能是零解；反之，若系数矩阵 $\boldsymbol{A}$ 的秩小于 n，则方程组(5.4.3)有无穷个解，当然有非零解.

推论 5.4.1　n 个未知量 n 个方程的齐次线性方程组有非零解的充要条件是它的系数行列式等于零.

证明　若该方程组有非零解，由定理 5.4.4，系数矩阵的秩小于 n，所以系数行列式等于零；反之，若系数行列式等于零，则系数矩阵的秩小于 n，由定理 5.4.4，该方程组有非零解.

推论 5.4.2　若 $m<n$，则(5.4.3)有非零解.

证明　当 $m<n$ 时，方程组(5.4.3)的系数矩阵的秩$\leqslant m<n$，由定理 5.4.4，(5.4.3)有非零解.

定理 5.4.5　齐次线性方程组(5.4.3)的解的集合作成 $\boldsymbol{R}^n$ 的子空间，该子空间叫做线性方程组(5.4.3)的解空间.

证明　因为(5.4.3)总有零解，所以(5.4.3)的解的集合是 $\boldsymbol{R}^n$ 的非空子集.

设 a,b 是任意两个数，X_1,X_2 是(5.4.3)的任意两个解，则 $\boldsymbol{A}\boldsymbol{X}_1=\boldsymbol{A}\boldsymbol{X}_2=\boldsymbol{0}$. 所以

$$\boldsymbol{A}(aX_1+bX_2)=a(AX_1)+b(AX_2)=0,$$

即 aX_1+bX_2 也是(5.4.3)的解，因此(5.4.3)的解的集合构成 $\boldsymbol{R}^n$ 的子空间.

推论 5.4.3　对于齐次线性方程组(5.4.3)，任意有限个解的线性组合仍是它的解.

5.4.4　齐次线性方程组的基础解系

对于齐次线性方程组(5.4.3)，当秩 $\boldsymbol{A}=n$ 时，只有零解，此时解空间是零空间，没有基. 当秩 $\boldsymbol{A}<n$ 时，有无穷多个解，所以解空间是 $\boldsymbol{R}^n$ 的有限维子空间，且解空间的维数大于零，此时称解空间的基是线性方程组(5.4.3)的基础解系.

那么如何求齐次线性方程组(5.4.3)的基础解系，也就是(5.4.3)的解空间的基呢？

定理 5.4.6　如果齐次线性方程组(5.4.3)的系数矩阵的秩为 r，那么它的解空间是 $n-r$ 维的.

证明　当 $r=0$ 时，$\boldsymbol{R}^n$ 中每一个向量都是(5.4.3)的解，此时解空间就是 $\boldsymbol{R}^n$，解空间的维数为 n.

当 $r=n$ 时，(5.4.3)只有零解，此时(5.4.3)的解空间就是零空间，所以解空间的维数是 $n-n=0$.

当 $0<r<n$ 时，线性方程组(5.4.3)的增广矩阵 $\overline{\boldsymbol{A}}$ 可以通过行初等变换和第一种列初等变换化为

$$\begin{pmatrix} 1 & 0 & \cdots & 0 & c_{1,r+1} & \cdots & c_{1n} & 0 \\ 0 & 1 & \cdots & 0 & c_{2,r+1} & \cdots & c_{2n} & 0 \\ \vdots & \vdots & & \vdots & \vdots & & \vdots & \vdots \\ 0 & 0 & \cdots & 1 & c_{r,r+1} & \cdots & c_{rn} & 0 \\ 0 & 0 & \cdots & 0 & 0 & \cdots & 0 & 0 \\ \vdots & \vdots & & \vdots & \vdots & & \vdots & \vdots \\ 0 & 0 & \cdots & 0 & 0 & \cdots & 0 & 0 \end{pmatrix}.$$

于是,线性方程组(5.4.3)同解于

$$\begin{cases} x_{i_1} + c_{1,r+1}x_{i_{r+1}} + \cdots + c_{1n}x_{i_n} = 0, \\ x_{i_2} + c_{2,r+1}x_{i_{r+1}} + \cdots + c_{2n}x_{i_n} = 0, \\ \cdots\cdots \\ x_{i_r} + c_{r,r+1}x_{i_{r+1}} + \cdots + c_{rn}x_{i_n} = 0. \end{cases} \tag{5.4.4}$$

这里 $i_1,i_2,\cdots,i_n$ 是 $1,2,\cdots,n$ 的一个 n 级排列. 令 $y_1=x_{i_1},y_2=x_{i_2},\cdots,y_n=x_{i_n}$,则(5.4.4)变为

$$\begin{cases} y_1 + c_{1,r+1}y_{r+1} + \cdots + c_{1n}y_n = 0, \\ y_2 + c_{2,r+1}y_{r+1} + \cdots + c_{2n}y_n = 0, \\ \cdots\cdots \\ y_r + c_{r,r+1}y_{r+1} + \cdots + c_{rn}y_n = 0. \end{cases} \tag{5.4.5}$$

方程组(5.4.5)有 $n-r$ 个自由未知量 $y_{r+1},y_{r+2},\cdots,y_n$.

让 $\begin{pmatrix} y_{r+1} \\ y_{r+2} \\ \vdots \\ y_n \end{pmatrix}$ 依次取值 $\begin{pmatrix} 1 \\ 0 \\ \vdots \\ 0 \end{pmatrix}, \begin{pmatrix} 0 \\ 1 \\ \vdots \\ 0 \end{pmatrix}, \cdots, \begin{pmatrix} 0 \\ 0 \\ \vdots \\ 1 \end{pmatrix}$,即可得(5.4.5)的 $n-r$ 个解向量

$$\boldsymbol{\alpha}_{r+1} = \begin{pmatrix} -c_{1,r+1} \\ -c_{2,r+1} \\ \vdots \\ -c_{r,r+1} \\ 1 \\ 0 \\ \vdots \\ 0 \end{pmatrix}, \boldsymbol{\alpha}_{r+2} = \begin{pmatrix} -c_{1,r+2} \\ -c_{2,r+2} \\ \vdots \\ -c_{r,r+2} \\ 0 \\ 1 \\ \vdots \\ 0 \end{pmatrix}, \cdots, \boldsymbol{\alpha}_n = \begin{pmatrix} -c_{1n} \\ -c_{2n} \\ \vdots \\ -c_{rn} \\ 0 \\ 0 \\ \vdots \\ 1 \end{pmatrix}.$$

容易验证,$\boldsymbol{\alpha}_{r+1},\boldsymbol{\alpha}_{r+2},\cdots,\boldsymbol{\alpha}_n$ 线性无关.

设 $\begin{pmatrix} k_1 \\ k_2 \\ \vdots \\ k_n \end{pmatrix}$ 是(5.4.5)的任一解向量,代入(5.4.5)式得

$$\begin{cases}k_1=-c_{1,r+1}k_{r+1}-c_{1,r+2}k_{r+2}-\cdots-c_{1n}k_n,\\ k_2=-c_{2,r+1}k_{r+1}-c_{2,r+2}k_{r+2}-\cdots-c_{2n}k_n,\\ \quad\cdots\cdots\\ k_r=-c_{r,r+1}k_{r+1}-c_{r,r+2}k_{r+2}-\cdots-c_{rn}k_n,\\ k_{r+1}=\qquad k_{r+1},\\ k_{r+2}=\qquad\qquad k_{r+2},\\ \quad\cdots\cdots\\ k_n=\qquad\qquad\qquad k_n.\end{cases}$$

于是

$$\begin{pmatrix}k_1\\k_2\\\vdots\\k_n\end{pmatrix}=k_{r+1}\boldsymbol{\alpha}_{r+1}+k_{r+2}\boldsymbol{\alpha}_{r+2}+\cdots+k_n\boldsymbol{\alpha}_n.$$

这说明方程组(5.4.5)的任一解向量都可以由 $\boldsymbol{\alpha}_{r+1},\boldsymbol{\alpha}_{r+2},\cdots,\boldsymbol{\alpha}_n$ 线性表示,所以 $\boldsymbol{\alpha}_{r+1}$, $\boldsymbol{\alpha}_{r+2},\cdots,\boldsymbol{\alpha}_n$ 成为(5.4.5)的解空间的一个基,重新排列 $\boldsymbol{\alpha}_{r+1},\boldsymbol{\alpha}_{r+2},\cdots,\boldsymbol{\alpha}_n$ 中分量的次序就得到(5.4.3)的解空间的一个基,即得到(5.4.3)的一个基础解系. 因为该基含 $n-r$ 个向量,所以(5.4.3)的解空间的维数等于 $n-r$.

定理5.4.6的证明过程实际上给出了求(5.4.3)的基础解系的具体方法.

若(5.4.3)的基础解系 $\boldsymbol{\eta}_1,\boldsymbol{\eta}_2,\cdots,\boldsymbol{\eta}_{n-r}$ 已求得,那么(5.4.3)的全部解可表示为

$$a_1\boldsymbol{\eta}_1+a_2\boldsymbol{\eta}_2+\cdots+a_{n-r}\boldsymbol{\eta}_{n-r}$$

的形式,其中 $a_1,a_2,\cdots,a_{n-r}$ 是 $\boldsymbol{R}$ 中任意数.

注意:齐次线性方程组(5.4.3)的基础解系不是唯一的,定理5.4.6的证明过程给出的只是一个基础解系,当然一个线性方程组(5.4.3)的基础解系是彼此等价的.

例 5.4.8 求出齐次线性方程组

$$\begin{cases}x_1-x_2+5x_3-x_4=0,\\ x_1+x_2-2x_3+3x_4=0,\\ 3x_1-x_2+8x_3+x_4=0,\\ x_1+3x_2-9x_3+7x_4=0\end{cases}$$

的一个基础解系,并用基础解系表示所有解向量.

解 对系数矩阵施行初等行变换

$$A=\begin{pmatrix}1&-1&5&-1\\1&1&-2&3\\3&-1&8&1\\1&3&-9&7\end{pmatrix}\to\begin{pmatrix}1&-1&5&-1\\0&2&-7&4\\0&2&-7&4\\0&4&-14&8\end{pmatrix}\to\begin{pmatrix}1&0&\frac{3}{2}&1\\0&2&-7&4\\0&0&0&0\\0&0&0&0\end{pmatrix}$$

$$\rightarrow\begin{pmatrix}1 & 0 & \frac{3}{2} & 1\\ 0 & 1 & -\frac{7}{2} & 2\\ 0 & 0 & 0 & 0\\ 0 & 0 & 0 & 0\end{pmatrix}.$$

所有原方程组与方程组

$$\begin{cases}x_1=-\frac{3}{2}x_3-x_4,\\ x_2=\frac{7}{2}x_3-2x_4\end{cases}$$

同解，其中，x_3、x_4 是自由未知量，让 $\begin{pmatrix}x_3\\ x_4\end{pmatrix}$ 依次取值 $\begin{pmatrix}1\\ 0\end{pmatrix}$，$\begin{pmatrix}0\\ 1\end{pmatrix}$，可得到方程组的解

$$\boldsymbol{\alpha}_1=\begin{pmatrix}-\frac{3}{2}\\ \frac{7}{2}\\ 1\\ 0\end{pmatrix},\boldsymbol{\alpha}_2=\begin{pmatrix}-1\\ -2\\ 0\\ 1\end{pmatrix}.$$

$\boldsymbol{\alpha}_1,\boldsymbol{\alpha}_2$ 即为原方程组的一个基础解系，原方程组的任意一个解都有如下形式

$$k_1\boldsymbol{\alpha}_1+k_2\boldsymbol{\alpha}_2=\begin{pmatrix}-\frac{3}{2}k_1-k_2\\ \frac{7}{2}k_1-2k_2\\ k_1\\ k_2\end{pmatrix},$$

这里 k_1,k_2 是任意数，方程组的解空间由一切形如 $k_1\boldsymbol{\alpha}_1+k_2\boldsymbol{\alpha}_2$ 的解向量构成.

习题 5.4

1. 证明由 $\boldsymbol{\alpha}_1=(0,1,1)^T,\boldsymbol{\alpha}_2=(1,0,1)^T,\boldsymbol{\alpha}_3=(1,1,0)^T$ 所生成的向量空间就是 $\boldsymbol{R}^3$.

2. 在 $\boldsymbol{R}^4$ 中取两个基：

$$\text{I}\begin{cases}\boldsymbol{\alpha}_1=(1,0,0,0)^T,\\ \boldsymbol{\alpha}_2=(0,1,0,0)^T,\\ \boldsymbol{\alpha}_3=(0,0,1,0)^T,\\ \boldsymbol{\alpha}_4=(0,0,0,1)^T,\end{cases}\quad\text{与}\quad\text{II}\begin{cases}\boldsymbol{\beta}_1=(1,0,0,0)^T,\\ \boldsymbol{\beta}_2=(1,1,0,0)^T,\\ \boldsymbol{\beta}_3=(1,1,1,0)^T,\\ \boldsymbol{\beta}_4=(1,1,1,1)^T.\end{cases}$$

(1)求基Ⅰ到基Ⅱ的过渡矩阵，并写出基变换公式；

(2)写出对应的坐标变换公式，并求出向量 $\boldsymbol{\gamma}=(1,2,1,3)^T$ 在基Ⅱ下的坐标；

(3)求在基Ⅰ和基Ⅱ下坐标相同的所有向量.

3. 判断下列方程组是否有非零解.

(1) $\begin{cases}x_1+2x_2-3x_3=0,\\ 2x_1+5x_2+2x_3=0,\\ 3x_1-x_2-4x_3=0;\end{cases}$

(2) $\begin{cases}3x_1+4x_2-7x_3+5x_4=0,\\ 4x_2-5x_3+6x_4=0,\\ -x_1-2x_2+3x_3-x_4=0;\end{cases}$

(3) $\begin{cases} x_1+2x_2-x_3=0, \\ 2x_1+5x_2+2x_3=0, \\ x_1+4x_2+7x_3=0, \\ x_1+3x_2+3x_3=0. \end{cases}$

4. 求下列齐次线性方程组的一个基础解系，并用基础解系表示所有解向量.

(1) $\begin{cases} x_1+2x_2+5x_3=0, \\ x_1+3x_2-2x_3=0, \\ 3x_1+7x_2+8x_3=0, \\ x_1+4x_2-9x_3=0; \end{cases}$　　(2) $\begin{cases} x_1+x_2-3x_3-x_4=0, \\ 3x_1-x_2-3x_3+4x_4=0, \\ x_1+5x_2-9x_3-8x_4=0. \end{cases}$

§5.5　非齐次线性方程组解的结构

5.5.1　非齐次线性方程组解的性质

在上节对齐次线性方程组的解的结构讨论的基础上，本节将考虑非齐次线性方程组解的结构.

对于非齐次线性方程组

$$\begin{cases} a_{11}x_1+a_{12}x_2+\cdots+a_{1n}x_n=b_1, \\ a_{21}x_1+a_{22}x_2+\cdots+a_{2n}x_n=b_2, \\ \cdots\cdots \\ a_{m1}x_1+a_{m2}x_2+\cdots+a_{mn}x_n=b_m. \end{cases} \tag{5.5.1}$$

把其常数项换成零，就得到一个齐次线性方程组

$$\begin{cases} a_{11}x_1+a_{12}x_2+\cdots+a_{1n}x_n=0, \\ a_{21}x_1+a_{22}x_2+\cdots+a_{2n}x_n=0, \\ \cdots\cdots \\ a_{m1}x_1+a_{m2}x_2+\cdots+a_{mn}x_n=0. \end{cases} \tag{5.5.2}$$

称方程组(5.5.2)是(5.5.1)的导出齐次方程组.

显然，一个非齐次线性方程组的导出齐次方程组是唯一确定的，反之不然. 比如

$$\begin{cases} x_1+x_2=1, \\ x_1-x_2=1 \end{cases} \text{与} \begin{cases} x_1+x_2=-1, \\ x_1-x_2=-1 \end{cases}$$

的导出齐次方程组都是

$$\begin{cases} x_1+x_2=0, \\ x_1-x_2=0. \end{cases}$$

先讨论一个非齐次线性方程组的解与其导出齐次方程组的解之间的关系.

性质 5.5.1　(1)若(5.5.1)有解，则它的任意两个解的差是导出齐次方程组(5.5.2)的一个解；

(2)若(5.5.1)有解，则它的一个解与其导出齐次方程组(5.5.2)的一个解之和是(5.5.1)的一个解；

(3)若(5.5.1)有解，则它的任意解都可以写成它的一个固定解与其导出齐次方程组

(5.5.2)的一个解之和.

证明 将方程组(5.5.1)写成矩阵形式

$$\boldsymbol{AX}=\boldsymbol{B},$$

其中,$\boldsymbol{A}$ 是(5.5.1)的系数矩阵,$\boldsymbol{X}=(x_1,x_2,\cdots,x_n)^T$,$\boldsymbol{B}=(b_1,b_2,\cdots,b_m)^T$. 则导出齐次方程组(5.5.2)可写为 $\boldsymbol{AX}=\boldsymbol{0}$.

(1)设 $\boldsymbol{\alpha}_1,\boldsymbol{\alpha}_2$ 是(5.5.1)的任意两个解,则 $\boldsymbol{A\alpha}_1=\boldsymbol{A\alpha}_2=\boldsymbol{B}$. 于是

$$\boldsymbol{A}(\boldsymbol{\alpha}_1-\boldsymbol{\alpha}_2)=\boldsymbol{A\alpha}_1-\boldsymbol{A\alpha}_2=\boldsymbol{0},$$

即 $\boldsymbol{\alpha}_1-\boldsymbol{\alpha}_2$ 是 $\boldsymbol{AX}=\boldsymbol{0}$ 的解.

(2) 设 $\boldsymbol{\alpha}$ 是(5.5.1)的一个解,$\boldsymbol{\beta}$ 是(5.5.2)的一个解,则 $\boldsymbol{A\alpha}=\boldsymbol{B}$,$\boldsymbol{A\beta}=\boldsymbol{0}$. 于是

$$\boldsymbol{A}(\boldsymbol{\alpha}+\boldsymbol{\beta})=\boldsymbol{A\alpha}+\boldsymbol{A\beta}=\boldsymbol{B}+\boldsymbol{0}=\boldsymbol{B},$$

即 $\boldsymbol{\alpha}+\boldsymbol{\beta}$ 是(5.5.1)的一个解.

(3)设 $\boldsymbol{\eta}_0$ 是(5.5.1)的一个固定解,则对(5.5.1)的任意一个解 $\boldsymbol{\eta}$,

$$\boldsymbol{A}(\boldsymbol{\eta}-\boldsymbol{\eta}_0)=\boldsymbol{A\eta}-\boldsymbol{A\eta}_0=\boldsymbol{B}-\boldsymbol{B}=\boldsymbol{0},$$

即 $\boldsymbol{\eta}-\boldsymbol{\eta}_0$ 是(5.5.2)的一个解,这样 $\boldsymbol{\eta}=\boldsymbol{\eta}_0+(\boldsymbol{\eta}-\boldsymbol{\eta}_0)$.

性质 5.5.1 告诉我们,要求出(5.5.1)的所有解,只需求出(5.5.1)的一个固定解,再求出其导出齐次方程组(5.5.2)的所有解即可.

5.5.2 非齐次线性方程组解的结构

定理 5.5.1(非齐次线性方程组解的结构定理)

对非齐次线性方程组 $\boldsymbol{AX}=\boldsymbol{B}$,若 $R(\boldsymbol{A})=R(\overline{\boldsymbol{A}})=r$,且已知 $\boldsymbol{\eta}_1,\boldsymbol{\eta}_2,\cdots,\boldsymbol{\eta}_{n-r}$ 是对应导出组 $\boldsymbol{AX}=\boldsymbol{0}$ 的基础解系,$\boldsymbol{\eta}_0$ 是 $\boldsymbol{AX}=\boldsymbol{B}$ 的某个已知解,则 $\boldsymbol{AX}=\boldsymbol{B}$ 的通解为

$$\boldsymbol{x}=\boldsymbol{\eta}_0+c_1\boldsymbol{\eta}_1+c_2\boldsymbol{\eta}_2+\cdots+c_{n-r}\boldsymbol{\eta}_{n-r},$$

其中,$c_1,c_2,\cdots,c_{n-r}$ 是任意实数.

这里的 $\boldsymbol{\eta}_0$ 称为非齐次线性方程组 $\boldsymbol{AX}=\boldsymbol{B}$ 的一个特解.

由此可得,求 $\boldsymbol{AX}=\boldsymbol{B}$ 的通解的一般步骤如下:

(1)写出 $\boldsymbol{AX}=\boldsymbol{B}$ 的增广矩阵 $\overline{\boldsymbol{A}}=(\boldsymbol{A}\vdots\boldsymbol{B})$.

(2)对 $\overline{\boldsymbol{A}}$ 进行初等行变换,变成行(最简)阶梯形矩阵 $\boldsymbol{B}$,求 $R(\boldsymbol{A})$,$R(\overline{\boldsymbol{A}})$,并判断 $\boldsymbol{AX}=\boldsymbol{B}$ 是否有解.

(3)设 $R(\boldsymbol{A})=R(\overline{\boldsymbol{A}})=r$,若 $r<n$,求对应导出组 $\boldsymbol{AX}=\boldsymbol{0}$ 的基础解系 $\boldsymbol{\eta}_1,\boldsymbol{\eta}_2,\cdots,\boldsymbol{\eta}_{n-r}$;若 $r=n$,$\boldsymbol{AX}=\boldsymbol{B}$ 只有唯一解,这时导出组 $\boldsymbol{AX}=\boldsymbol{0}$ 只有零解.

(4)求 $\boldsymbol{AX}=\boldsymbol{B}$ 的一个特解 $\boldsymbol{\eta}_0$,再根据定理 5.5.1 写出 $\boldsymbol{AX}=\boldsymbol{B}$ 的通解

$$\boldsymbol{x}=\boldsymbol{\eta}_0+c_1\boldsymbol{\eta}_1+c_2\boldsymbol{\eta}_2+\cdots+c_{n-r}\boldsymbol{\eta}_{n-r},$$

其中,$c_1,c_2,\cdots,c_{n-r}$ 是任意实数.

例 5.5.1 求解方程组

$$\begin{cases}\dfrac{1}{2}x_1+x_2+\dfrac{1}{2}x_3-\dfrac{3}{2}x_4=-1,\\ 2x_1+x_2+x_3+x_4=0,\\ x_1+5x_2+2x_3-10x_4=-6.\end{cases}$$

解 对增广矩阵 $\overline{\boldsymbol{A}}$ 进行初等行变换,

$$\overline{A}=(A\,\vdots\,B)=\left(\begin{array}{cccc:c}\frac{1}{2} & 1 & \frac{1}{2} & -\frac{3}{2} & -1\\ 2 & 1 & 1 & 1 & 0\\ 1 & 5 & 2 & -10 & -6\end{array}\right)\xrightarrow[r_2-2r_1]{r_1\times 2}\left(\begin{array}{cccc:c}1 & 2 & 1 & -3 & -2\\ 0 & -3 & -1 & 7 & 4\\ 1 & 5 & 2 & -10 & -6\end{array}\right)$$

$$\xrightarrow{r_3-r_1}\left(\begin{array}{cccc:c}1 & 2 & 1 & -3 & -2\\ 0 & -3 & -1 & 7 & 4\\ 0 & 3 & 1 & -7 & -4\end{array}\right)\xrightarrow{r_3+r_2}\left(\begin{array}{cccc:c}1 & 2 & 1 & -3 & -2\\ 0 & -3 & -1 & 7 & 4\\ 0 & 0 & 0 & 0 & 0\end{array}\right)$$

$$\xrightarrow{r_2\times\left(-\frac{1}{3}\right)}\left(\begin{array}{cccc:c}1 & 2 & 1 & -3 & -2\\ 0 & 1 & \frac{1}{3} & -\frac{7}{3} & -\frac{4}{3}\\ 0 & 0 & 0 & 0 & 0\end{array}\right)\xrightarrow{r_1-2r_2}\left(\begin{array}{cccc:c}1 & 0 & \frac{1}{3} & \frac{5}{3} & \frac{2}{3}\\ 0 & 1 & \frac{1}{3} & -\frac{7}{3} & -\frac{4}{3}\\ 0 & 0 & 0 & 0 & 0\end{array}\right).$$

可见 $R(A)=R(\overline{A})=2<4$，故方程组有无穷多解，且有

$$\begin{cases}x_1=-\frac{1}{3}x_3-\frac{5}{3}x_4+\frac{2}{3},\\ x_2=-\frac{1}{3}x_3+\frac{7}{3}x_4-\frac{4}{3},\end{cases}$$

x_3,x_4 为自由未知量，取 $\begin{pmatrix}x_3\\x_4\end{pmatrix}=\begin{pmatrix}0\\0\end{pmatrix}$，得 $\begin{pmatrix}x_1\\x_2\end{pmatrix}=\begin{pmatrix}\frac{2}{3}\\-\frac{4}{3}\end{pmatrix}$，即得原方程的一个特解 $\boldsymbol{\eta}_0=\begin{pmatrix}\frac{2}{3}\\-\frac{4}{3}\\0\\0\end{pmatrix}$.

与原方程组对应的导出组 $AX=0$ 所对应的行简化方程组为

$$\begin{cases}x_1=-\frac{1}{3}x_3-\frac{5}{3}x_4,\\ x_2=-\frac{1}{3}x_3+\frac{7}{3}x_4,\end{cases}$$

取 $\begin{pmatrix}x_3\\x_4\end{pmatrix}=\begin{pmatrix}3\\0\end{pmatrix}$ 及 $\begin{pmatrix}0\\3\end{pmatrix}$，则 $\begin{pmatrix}x_1\\x_2\end{pmatrix}=\begin{pmatrix}-1\\-1\end{pmatrix}$ 及 $\begin{pmatrix}-5\\7\end{pmatrix}$，即得导出组的基础解系

$$\boldsymbol{\eta}_1=\begin{pmatrix}-1\\-1\\3\\0\end{pmatrix},\boldsymbol{\eta}_2=\begin{pmatrix}-5\\7\\0\\3\end{pmatrix}.$$

故所求的通解为

$$\begin{pmatrix}x_1\\x_2\\x_3\\x_4\end{pmatrix}=c_1\boldsymbol{\eta}_1+c_2\boldsymbol{\eta}_2+\boldsymbol{\eta}_0=c_1\begin{pmatrix}-1\\-1\\3\\0\end{pmatrix}+c_2\begin{pmatrix}-5\\7\\0\\3\end{pmatrix}+\begin{pmatrix}\frac{2}{3}\\-\frac{4}{3}\\0\\0\end{pmatrix}(c_1,c_2\in\boldsymbol{R}).$$

例 5.5.2 设线性方程组① $\begin{cases}x_1+x_2+x_3=0,\\x_1+2x_2+ax_3=0,\\x_1+4x_2+a^2x_3=0\end{cases}$ 与方程② $x_1+2x_2+x_3=a-1$ 有公共解，求 a 的值及所有公共解.

解 将方程组①与方程②联立，得非齐次线性方程组

$$③\begin{cases}x_1+x_2+x_3=0,\\x_1+2x_2+ax_3=0,\\x_1+4x_2+a^2x_3=0,\\x_1+2x_2+x_3=a-1.\end{cases}$$

若非齐次线性方程组③有解，则①与②有公共解，且③的解即为所求的全部公共解.

对方程组③的增广矩阵 $\overline{\mathbf{A}}$ 作初等行变换

$$\overline{\mathbf{A}}=\left(\begin{array}{ccc:c}1&1&1&0\\1&2&a&0\\1&4&a^2&0\\1&2&1&a-1\end{array}\right)\longrightarrow\left(\begin{array}{ccc:c}1&1&1&0\\0&1&a-1&0\\0&0&(a-1)(a-2)&0\\0&0&1-a&a-1\end{array}\right).$$

于是

(1)当 $a=1$ 时，有 $R(\mathbf{A})=R(\overline{\mathbf{A}})=2<3$，方程组③有解，即①与②有公共解，其全部公共解即为③的通解，此时

$$\overline{\mathbf{A}}=\begin{pmatrix}1&0&1&0\\0&1&0&0\\0&0&0&0\\0&0&0&0\end{pmatrix},$$

则得③对应的阶梯形方程组 $\begin{cases}x_1+x_3=0,\\x_2=0,\\x_3=x_3,\end{cases}$ 其基础解系 $\boldsymbol{\xi}=(-1,0,1)^T$，所以①与②的全部公共解为 $k\boldsymbol{\xi}=k\,(-1,0,1)^T$，$k$ 为任意数.

(2)当 $a=2$ 时，有 $R(\mathbf{A})=R(\overline{\mathbf{A}})=3$，方程组③有唯一解，此时

$$\overline{\mathbf{A}}=\left(\begin{array}{ccc:c}1&1&1&0\\0&1&1&0\\0&0&0&0\\0&0&-1&1\end{array}\right)\xrightarrow{r_1-r_2}\left(\begin{array}{ccc:c}1&0&0&0\\0&1&1&0\\0&0&0&0\\0&0&-1&1\end{array}\right)\xrightarrow{r_2+r_4}\left(\begin{array}{ccc:c}1&0&0&0\\0&1&0&1\\0&0&0&0\\0&0&-1&1\end{array}\right)$$

$$\xrightarrow{r_3\leftrightarrow r_4}\left(\begin{array}{ccc:c}1&0&0&0\\0&1&0&1\\0&0&-1&1\\0&0&0&0\end{array}\right)\xrightarrow{r_3\times(-1)}\left(\begin{array}{ccc:c}1&0&0&0\\0&1&0&1\\0&0&1&-1\\0&0&0&0\end{array}\right).$$

可得方程组③的解为 $\boldsymbol{\xi}=(0,1,-1)^T$，即①与②有唯一公共解 $\boldsymbol{\xi}=(0,1,-1)^T$.

例 5.5.3　设四元非齐次线性方程组的系数矩阵的秩为 3，已知 $\boldsymbol{\alpha}_1=(2,3,4,5)^T$，$\boldsymbol{\alpha}_2=(1,2,3,4)^T$ 是它的两个解向量，求该方程组的通解.

解　设已知的非齐次线性方程组为 $\boldsymbol{AX}=\boldsymbol{B}$，其导出组为 $\boldsymbol{AX}=\boldsymbol{0}$，因为 $\boldsymbol{\alpha}_1$，$\boldsymbol{\alpha}_2$ 是 $\boldsymbol{AX}=\boldsymbol{B}$ 的解，所以 $\boldsymbol{\alpha}_1-\boldsymbol{\alpha}_2=(2,3,4,5)^T-(1,2,3,4)^T=(1,1,1,1)^T$ 是导出组 $\boldsymbol{AX}=\boldsymbol{0}$ 的解.

由于 $\boldsymbol{R}(\boldsymbol{A})=3$，所以 $\boldsymbol{AX}=\boldsymbol{0}$ 的基础解系只含有一个解向量，而

$$\boldsymbol{\alpha}=\boldsymbol{\alpha}_1-\boldsymbol{\alpha}_2=(1,1,1,1)^T$$

是 $\boldsymbol{AX}=\boldsymbol{0}$ 的一个非零解，可取作基础解系.

又 $\boldsymbol{\alpha}_1$ 是 $\boldsymbol{AX}=\boldsymbol{B}$ 的一个特解，故 $\boldsymbol{AX}=\boldsymbol{B}$ 的通解是

$$c\boldsymbol{\alpha}+\boldsymbol{\alpha}_1=c\,(1,1,1,1)^T+(2,3,4,5)^T,$$

其中，c 为任意实数.

例 5.5.4　设 $\boldsymbol{A}$ 是 $m\times n$ 矩阵，如果对任意的 $\boldsymbol{b}\in\boldsymbol{R}^m$，方程组 $\boldsymbol{Ax}=\boldsymbol{b}$ 总有解，证明 $\boldsymbol{A}$ 的行向量组线性无关.

证明　设 $\boldsymbol{A}=(\boldsymbol{\alpha}_1,\boldsymbol{\alpha}_2,\cdots,\boldsymbol{\alpha}_n)$，其中 $\boldsymbol{\alpha}_i\in\boldsymbol{R}^m\,(i=1,2,\cdots,n)$.

$\forall\,\boldsymbol{b}\in\boldsymbol{R}^m$，方程组 $\boldsymbol{Ax}=\boldsymbol{b}$ 总有解

$$\Leftrightarrow\forall\,\boldsymbol{b}\in\boldsymbol{R}^m,\ \exists\,c_1,c_2,\cdots,c_n\text{ 使}(\boldsymbol{\alpha}_1,\boldsymbol{\alpha}_2,\cdots,\boldsymbol{\alpha}_n)\begin{pmatrix}c_1\\c_2\\\vdots\\c_n\end{pmatrix}=\boldsymbol{b}$$

$\Leftrightarrow$任一 m 维向量都可由 $\boldsymbol{\alpha}_1,\boldsymbol{\alpha}_2,\cdots,\boldsymbol{\alpha}_n$ 线性表示

$\Leftrightarrow\boldsymbol{\alpha}_1,\boldsymbol{\alpha}_2,\cdots,\boldsymbol{\alpha}_n$ 与 $\boldsymbol{\varepsilon}_1=\begin{pmatrix}1\\0\\\vdots\\0\end{pmatrix},\boldsymbol{\varepsilon}_2=\begin{pmatrix}0\\1\\\vdots\\0\end{pmatrix},\cdots,\boldsymbol{\varepsilon}_m=\begin{pmatrix}0\\0\\\vdots\\1\end{pmatrix}$ （$\boldsymbol{\varepsilon}_1,\boldsymbol{\varepsilon}_2,\cdots,\boldsymbol{\varepsilon}_m$ 是 $\boldsymbol{m}$ 个 $\boldsymbol{m}$ 维列向量）是等价的向量组

$\Leftrightarrow\boldsymbol{R}(\boldsymbol{A})=\boldsymbol{R}(\boldsymbol{\alpha}_1,\boldsymbol{\alpha}_2,\cdots,\boldsymbol{\alpha}_n)=m$

$\Leftrightarrow\boldsymbol{A}$ 的行向量组线性无关（$\boldsymbol{A}$ 有 m 个行向量）.

求解方程组时，通常要对增广矩阵施行初等行变换，一般不用初等列变换. 这是由于增广矩阵中元的位置与各未知量是对应的，如果进行列变换，各未知量的关系会产生混乱，因此，一般情况下是不允许在增广矩阵中进行列变换的.

例如，对于方程组 $\begin{cases}2x_1+x_2=3,\\x_1-x_2=4,\end{cases}$ 如对增广矩阵进行列变换

$$\left(\begin{array}{cc:c}2&1&3\\1&-1&4\end{array}\right)\xrightarrow{c_2+c_1}\left(\begin{array}{cc:c}2&3&3\\1&0&4\end{array}\right),$$

与此变换的结果对应的方程组$\begin{cases}2x_1+3x_2=3,\\ x_1=4,\end{cases}$与原方程组是有不同解的.

如果非要在上述矩阵中进行列变换，也只能交换某两列，同时记下这些变换，以便在写出同解方程组时，调整相应的未知量的下标.

5.5.3　直线、平面的位置关系

矩阵的秩及线性方程组的理论可以用来讨论几何空间中平面、直线的位置关系.

先讨论空间中两直线的位置关系. 设直线 L_1，L_2 的方程分别为

$$L_1:\begin{cases}A_1x+B_1y+C_1z+D_1=0,\\ A_2x+B_2y+C_2z+D_2=0,\end{cases} \tag{5.5.3}$$

$$L_2:\begin{cases}A_3x+B_3y+C_3z+D_3=0,\\ A_4x+B_4y+C_4z+D_4=0.\end{cases} \tag{5.5.4}$$

如记 $A_ix+B_iy+C_iz+D_i=0$ 表示的平面为 $\pi_i(i=1,2,3,4)$，则 L_1，L_2 可分别视作 π_1 与 π_2，π_3 与 π_4 的交线，要考虑 L_1 与 L_2 的相对位置，只需讨论下述方程组

$$\begin{cases}A_1x+B_1y+C_1z+D_1=0,\\ A_2x+B_2y+C_2z+D_2=0,\\ A_3x+B_3y+C_3z+D_3=0,\\ A_4x+B_4y+C_4z+D_4=0.\end{cases} \tag{5.5.5}$$

记

$$\boldsymbol{A}=\begin{pmatrix}A_1 & B_1 & C_1\\ A_2 & B_2 & C_2\\ A_3 & B_3 & C_3\\ A_4 & B_4 & C_4\end{pmatrix},\overline{\boldsymbol{A}}=\left(\begin{array}{ccc:c}A_1 & B_1 & C_1 & -D_1\\ A_2 & B_2 & C_2 & -D_2\\ A_3 & B_3 & C_3 & -D_3\\ A_4 & B_4 & C_4 & -D_4\end{array}\right),$$

并记 $\boldsymbol{\alpha}_i^T=(A_i,B_i,C_i)(i=1,2,3,4)$，即 $\boldsymbol{\alpha}_i^T$ 是平面 $\pi_i(i=1,2,3,4)$ 的法向量. 由于 π_1 与 π_2，π_3 与 π_4 分别交成直线 L_1 与 L_2，说明式(5.5.3)和式(5.5.4)总是有解的，所以根据本节例 5.5.4 可知，$R\begin{pmatrix}\boldsymbol{\alpha}_1^T\\ \boldsymbol{\alpha}_2^T\end{pmatrix}=R\begin{pmatrix}\boldsymbol{\alpha}_3^T\\ \boldsymbol{\alpha}_4^T\end{pmatrix}=2$，所以，一定有 $R(\boldsymbol{A})\geqslant 2$. 因此 L_1 与 L_2 的位置关系有下列几种可能的情形：

(1)$R(\boldsymbol{A})=R(\overline{\boldsymbol{A}})=2$，这时第三、四个方程是多余的，$\overline{\boldsymbol{A}}$ 的第三、四个行向量可以由第一、二个行向量线性表示，因此 π_3，π_4 与 π_1，π_2 属于同一平面束，从而 L_1 与 L_2 是重合的.

(2)$R(\boldsymbol{A})=R(\overline{\boldsymbol{A}})=3$，这时线性方程组(5.5.5)有唯一解，所以 L_1 与 L_2 相交于一点.

(3)$R(\boldsymbol{A})=2$，$R(\overline{\boldsymbol{A}})=3$，这时线性方程组(5.5.5)无解，即 L_1，L_2 不相交. 明显地，这时向量组 $\boldsymbol{\alpha}_3^T$，$\boldsymbol{\alpha}_4^T$ 与 $\boldsymbol{\alpha}_1^T$，$\boldsymbol{\alpha}_2^T$ 等价，即它们能相互线性表示，所以 $\boldsymbol{\alpha}_1^T\times\boldsymbol{\alpha}_2^T$，$\boldsymbol{\alpha}_3^T\times\boldsymbol{\alpha}_4^T$ 平行，即 L_1 与 L_2 平行.

(4)$R(\boldsymbol{A})=3$，$R(\overline{\boldsymbol{A}})=4$，这时线性方程组(5.5.5)无解，即 L_1，L_2 不相交. 由于 $R(\boldsymbol{A})=3$，方程组中只有一个方程是多余的，所以 $\boldsymbol{\alpha}_3^T$，$\boldsymbol{\alpha}_4^T$ 中至少有一个向量不可以用 $\boldsymbol{\alpha}_1^T$，$\boldsymbol{\alpha}_2^T$ 线性表示. 不妨设 $\boldsymbol{\alpha}_3^T$ 不可由 $\boldsymbol{\alpha}_1^T$，$\boldsymbol{\alpha}_2^T$ 线性表示，即 $\boldsymbol{\alpha}_3^T$ 不在由 $\boldsymbol{\alpha}_1^T$，$\boldsymbol{\alpha}_2^T$ 确定的平面内，因而 $\boldsymbol{\alpha}_3^T$ 与 $\boldsymbol{\alpha}_1^T\times\boldsymbol{\alpha}_2^T$ 不正交，即 π_3 不与 L_1 平行. 作为 π_3 与 π_4 的交线 L_2 不与 L_1 平行，因此，这时 L_1 与 L_2 异

面.

例 5.5.5　判断直线$\begin{cases}x+z-1=0,\\x-2y+3=0\end{cases}$和$\begin{cases}3x+y-z-13=0,\\y+2z-8=0\end{cases}$的位置关系.

解　对方程组$\begin{cases}x+z-1=0,\\x-2y+3=0,\\3x+y-z-13=0,\\y+2z-8=0\end{cases}$的增广矩阵作初等行变换,

$$\overline{\mathbf{A}}=\begin{pmatrix}1&0&1&\vdots&1\\1&-2&0&\vdots&-3\\3&1&-1&\vdots&13\\0&1&2&\vdots&8\end{pmatrix}\xrightarrow[r_3-3r_1]{r_2-r_1}\begin{pmatrix}1&0&1&\vdots&1\\0&-2&-1&\vdots&-4\\0&1&-4&\vdots&10\\0&1&2&\vdots&8\end{pmatrix}\xrightarrow{r_2\leftrightarrow r_4}\begin{pmatrix}1&0&1&\vdots&1\\0&1&2&\vdots&8\\0&1&-4&\vdots&10\\0&-2&-1&\vdots&-4\end{pmatrix}$$

$$\xrightarrow[r_4+2r_2]{r_3-r_2}\begin{pmatrix}1&0&1&\vdots&1\\0&1&2&\vdots&8\\0&0&-6&\vdots&2\\0&0&3&\vdots&12\end{pmatrix}\xrightarrow{r_3\leftrightarrow r_4}\begin{pmatrix}1&0&1&\vdots&1\\0&1&2&\vdots&8\\0&0&3&\vdots&12\\0&0&-6&\vdots&2\end{pmatrix}\xrightarrow{r_4+2r_3}\begin{pmatrix}1&0&1&\vdots&1\\0&1&2&\vdots&8\\0&0&3&\vdots&12\\0&0&0&\vdots&26\end{pmatrix}.$$

则系数矩阵的秩 $R(\mathbf{A})=3$,增广矩阵的秩 $R(\overline{\mathbf{A}})=4$,所以题设直线为异面直线.

对于空间三个平面

$\pi_1:a_{11}x+a_{12}y+a_{13}z=b_1,\pi_2:a_{21}x+a_{22}y+a_{23}z=b_2,\pi_3:a_{31}x+a_{32}y+a_{33}z=b_3,$

令 $\mathbf{A}=(a_{ij})_{3\times3}(i,j=1,2,3),\mathbf{b}=(b_1,b_2,b_3)^T,\mathbf{x}=(x,y,z)^T$,则三个平面的位置关系化为方程组 $\mathbf{Ax}=\mathbf{b}$ 的解的存在问题,而求平面的交线或交点等的计算就化为解方程组的计算.

利用线性方程组和矩阵秩的理论可得如下定理:

定理 5.5.2　设平面 π_1,π_2,π_3 的方程为

$\pi_1:a_{11}x+a_{12}y+a_{13}z=b_1,\pi_2:a_{21}x+a_{22}y+a_{23}z=b_2,\pi_3:a_{31}x+a_{32}y+a_{33}z=b_3,$

则:(1)π_1,π_2,π_3 交于一点$\Leftrightarrow$方程组 $\mathbf{Ax}=\mathbf{b}$ 有唯一解$\Leftrightarrow R(\mathbf{A})=R(\overline{\mathbf{A}})=3$;

(2)π_1,π_2,π_3 重合$\Leftrightarrow$方程组 $\mathbf{Ax}=\mathbf{b}$ 有无穷多解,并且只有一个独立的方程$\Leftrightarrow R(\mathbf{A})=R(\overline{\mathbf{A}})=1$;

(3)π_1,π_2,π_3 交于一条直线$\Leftrightarrow$方程组 $\mathbf{Ax}=\mathbf{b}$ 有无穷多解,并且只有两个独立的方程$\Leftrightarrow R(\mathbf{A})=R(\overline{\mathbf{A}})=2$.

证明略.

例 5.5.6　讨论下列三个平面的位置关系:

$\pi_1:x+y+bz=3$, $\pi_2:2x+(a+1)y+(b+1)z=7$, $\pi_3:(1-a)y+(2b-1)z=0$,

其中,a、b 为参数.

解　这三个平面是否有公共交点,取决于下面的线性方程组是否有解:

$$\begin{cases}x+y+bz=3,\\2x+(a+1)y+(b+1)z=7,\\(1-a)y+(2b-1)z=0,\end{cases}\tag{5.5.6}$$

计算方程组的系数行列式$\begin{vmatrix} 1 & 1 & b \\ 2 & a+1 & b+1 \\ 0 & 1-a & 2b-1 \end{vmatrix}=(a-1)b$，因此若$a\neq 1$且$b\neq 0$，则方程组有唯一解. 所以，三个平面有唯一的公共交点，且交点可以对式(5.5.6)用克莱姆法则求得.

如果$a=1$，对式(5.5.6)的增广矩阵施行初等行变换：

$$\left(\begin{array}{ccc:c} 1 & 1 & b & 3 \\ 2 & 2 & b+1 & 7 \\ 0 & 0 & 2b-1 & 0 \end{array}\right) \xrightarrow[r_3+2r_2]{r_2-2r_1} \left(\begin{array}{ccc:c} 1 & 1 & b & 3 \\ 0 & 0 & 1-b & 1 \\ 0 & 0 & 1 & 2 \end{array}\right) \xrightarrow{r_2\leftrightarrow r_3} \left(\begin{array}{ccc:c} 1 & 1 & b & 3 \\ 0 & 0 & 1 & 2 \\ 0 & 0 & 1-b & 1 \end{array}\right)$$

$$\xrightarrow{r_3-(1-b)r_2} \left(\begin{array}{ccc:c} 1 & 1 & b & 3 \\ 0 & 0 & 1 & 2 \\ 0 & 0 & 0 & 2b-1 \end{array}\right), \tag{5.5.7}$$

因此，当$b\neq\frac{1}{2}$时，式(5.5.6)无解；当$b=\frac{1}{2}$时，式(5.5.6)有解，从而三个平面有公共交点.

当$b=0$时，对式(5.5.6)的增广矩阵作初等行变换：

$$\left(\begin{array}{ccc:c} 1 & 1 & 0 & 3 \\ 2 & a+1 & 1 & 7 \\ 0 & 1-a & -1 & 0 \end{array}\right) \xrightarrow{r_2+r_3} \left(\begin{array}{ccc:c} 1 & 1 & 0 & 3 \\ 2 & 2 & 0 & 7 \\ 0 & 1-a & -1 & 0 \end{array}\right) \xrightarrow{r_2-2r_1} \left(\begin{array}{ccc:c} 1 & 1 & 0 & 3 \\ 0 & 0 & 0 & 1 \\ 0 & 1-a & -1 & 0 \end{array}\right),$$

由最后一个矩阵的第二行知，式(5.5.6)无解，因此，三个平面无公共交点.

当$a=1,b=\frac{1}{2}$时，据式(5.5.7)不难求得(5.5.6)的通解

$$\begin{pmatrix} x \\ y \\ z \end{pmatrix}=\begin{pmatrix} 2 \\ 0 \\ 2 \end{pmatrix}+k\begin{pmatrix} 1 \\ -1 \\ 0 \end{pmatrix}, k\text{ 为任意实数.}$$

因此，这三个平面的交线是过点(2,0,2)，以(1,-1,0)为方向向量的直线.

归纳以上讨论得：

(1)$a\neq 1$且$b\neq 0$时，三个平面相交于一点；

(2)$b=0$或$a=1$且$b\neq\frac{1}{2}$时，无公共交点；

(3)$a=1$且$b=\frac{1}{2}$时，三个平面交于一条直线.

当三个平面没有公共交点时，还可进一步考虑它们两两之间的位置关系，留待读者完成.

习题 5.5

1. 利用导出齐次方程组求下面方程组的全部解：

(1)$\begin{cases} x_1+x_2-3x_4-x_5=2, \\ x_1-x_2+2x_3-x_4=2, \\ 4x_1-2x_2+6x_3+3x_4-4x_5=8, \\ 2x_1+4x_2-2x_3+4x_4-7x_5=9; \end{cases}$

(2)$\begin{cases} 2x_1+7x_2+3x_3+x_4=6, \\ 3x_1+5x_2+2x_3+2x_4=4, \\ 4x_1+4x_2+x_3+7x_4=2; \end{cases}$

(3) $\begin{cases} 3x_1+2x_2+2x_3+2x_4=2, \\ 2x_1+3x_2+2x_3+5x_4=1, \\ 2x_1+2x_2+3x_3+4x_4=5, \\ 7x_1+x_2+6x_3-x_4=7; \end{cases}$ (4) $\begin{cases} \lambda x_1+(\lambda+3)x_2+x_3=-2, \\ x_1+\lambda x_2+x_3=\lambda, \\ x_1+x_2+\lambda x_3=\lambda^2. \end{cases}$

2. 设 $\begin{cases} x_1-x_2=a_1, \\ x_2-x_3=a_2, \\ x_3-x_4=a_3, \\ x_4-x_5=a_4, \\ -x_1+x_5=a_5. \end{cases}$ 证明这个方程组有解的充要条件是 $\sum_{i=1}^{5} a_i=0$. 在有解的情形下,求出它的一般解.

3. 讨论 λ 取何值时,平面 $\lambda x_1+x_2+x_3=1$ 与平面 $x_1+\lambda x_2+x_3=\lambda$ 重合、平行、相交.

4. 求证线性方程组 $\boldsymbol{AX}=\boldsymbol{B}$ 对任意的 $\boldsymbol{B}$ 有解的充要条件是 $\boldsymbol{A}$ 的行向量线性无关.

§5.6 案例解析

5.6.1 经典例题方法与技巧案例

例 5.6.1 设 $\boldsymbol{\alpha}_1=(1,-1,1)^T$,$\boldsymbol{\alpha}_2=(-1,0,1)^T$,$\boldsymbol{\alpha}_3=(1,3,-2)^T$,$\boldsymbol{\alpha}_4=(0,-5,5)^T$,

(1)讨论 $\boldsymbol{\alpha}_1,\boldsymbol{\alpha}_2,\boldsymbol{\alpha}_3$ 的线性相关性;

(2)向量 $\boldsymbol{\alpha}_4$ 能否由向量 $\boldsymbol{\alpha}_1,\boldsymbol{\alpha}_2,\boldsymbol{\alpha}_3$ 线性表示?如果能,那么写出表示式.

解 (1)设 $\boldsymbol{A}=(\boldsymbol{\alpha}_1,\boldsymbol{\alpha}_2,\boldsymbol{\alpha}_3)$,利用初等行变换将其化为行阶梯形矩阵:

$$\boldsymbol{A}=(\boldsymbol{\alpha}_1,\boldsymbol{\alpha}_2,\boldsymbol{\alpha}_3)=\begin{pmatrix} 1 & -1 & 1 \\ -1 & 0 & 3 \\ 1 & 1 & -2 \end{pmatrix} \xrightarrow[r_3-r_1]{r_2+r_1} \begin{pmatrix} 1 & -1 & 1 \\ 0 & -1 & 4 \\ 0 & 2 & -3 \end{pmatrix} \xrightarrow{r_3+2r_2} \begin{pmatrix} 1 & -1 & 1 \\ 0 & -1 & 4 \\ 0 & 0 & 5 \end{pmatrix}.$$

所以秩 $\boldsymbol{A}=3$,即 $\boldsymbol{\alpha}_1,\boldsymbol{\alpha}_2,\boldsymbol{\alpha}_3$ 线性无关.

(2)由于 $\boldsymbol{\alpha}_1,\boldsymbol{\alpha}_2,\boldsymbol{\alpha}_3$ 线性无关,而 $\boldsymbol{\alpha}_1,\boldsymbol{\alpha}_2,\boldsymbol{\alpha}_3,\boldsymbol{\alpha}_4$ 显然线性相关(向量个数大于向量维数),所以 $\boldsymbol{\alpha}_4$ 可以由向量 $\boldsymbol{\alpha}_1,\boldsymbol{\alpha}_2,\boldsymbol{\alpha}_3$ 线性表示,且表示式唯一.

设 $x_1\boldsymbol{\alpha}_1+x_2\boldsymbol{\alpha}_2+x_3\boldsymbol{\alpha}_3=\boldsymbol{\alpha}_4$,即

$$x_1\begin{pmatrix} 1 \\ -1 \\ 1 \end{pmatrix}+x_2\begin{pmatrix} -1 \\ 0 \\ 1 \end{pmatrix}+x_3\begin{pmatrix} 1 \\ 3 \\ -2 \end{pmatrix}=\begin{pmatrix} 0 \\ -5 \\ 5 \end{pmatrix}.$$

对此方程组的增广矩阵作初等行变换:

$$\overline{\boldsymbol{A}}=\left(\begin{array}{ccc:c} 1 & -1 & 1 & 0 \\ -1 & 0 & 3 & -5 \\ 1 & 1 & -2 & 5 \end{array}\right) \xrightarrow[r_3-r_1]{r_2+r_1} \left(\begin{array}{ccc:c} 1 & -1 & 1 & 0 \\ 0 & -1 & 4 & -5 \\ 0 & 2 & -3 & 5 \end{array}\right) \xrightarrow{r_3+2r_2} \left(\begin{array}{ccc:c} 1 & -1 & 1 & 0 \\ 0 & -1 & 4 & -5 \\ 0 & 0 & 5 & -5 \end{array}\right)$$

$$\xrightarrow{r_3\times\frac{1}{5}} \left(\begin{array}{ccc:c} 1 & -1 & 1 & 0 \\ 0 & -1 & 4 & -5 \\ 0 & 0 & 1 & -1 \end{array}\right) \xrightarrow[r_2-4r_3]{r_1-r_3} \left(\begin{array}{ccc:c} 1 & -1 & 0 & 1 \\ 0 & -1 & 0 & -1 \\ 0 & 0 & 1 & -1 \end{array}\right) \xrightarrow{r_1-r_2} \left(\begin{array}{ccc:c} 1 & 0 & 0 & 2 \\ 0 & -1 & 0 & -1 \\ 0 & 0 & 1 & -1 \end{array}\right)$$

$$\xrightarrow{r_2\times(-1)} \left(\begin{array}{ccc:c} 1 & 0 & 0 & 2 \\ 0 & 1 & 0 & 1 \\ 0 & 0 & 1 & -1 \end{array}\right).$$

可得唯一解 $x_1=2,x_2=1,x_3=-1$,故 $2\boldsymbol{\alpha}_1+\boldsymbol{\alpha}_2-\boldsymbol{\alpha}_3=\boldsymbol{\alpha}_4$.

例 5.6.2 在 $\boldsymbol{R}^3$ 中,令 $V=\{(x_1,x_2,x_3)\mid x_1+x_2+x_3=0\}$,证明 V 是 $\boldsymbol{R}^3$ 的子空间,并求 V 的一组基与维数.

证明 设 $\boldsymbol{x}=(x_1,x_2,x_3),\boldsymbol{y}=(y_1,y_2,y_3)\in V$,即 $x_1+x_2+x_3=0,y_1+y_2+y_3=0$,则对任意实数 λ,μ,

$$\lambda\boldsymbol{x}+\mu\boldsymbol{y}=(\lambda x_1+\mu y_1,\lambda x_2+\mu y_2,\lambda x_3+\mu y_3)\in V,$$

因为 $(\lambda x_1+\mu y_1)+(\lambda x_2+\mu y_2)+(\lambda x_3+\mu y_3)=\lambda(x_1+x_2+x_3)+\mu(y_1+y_2+y_3)=0$,故 V 是 $\boldsymbol{R}^3$ 的子空间.

容易验证,$(-1,1,0)$ 与 $(-1,0,1)$ 是 V 的一组线性无关组,且

$$\forall\,\boldsymbol{x}=(x_1,x_2,x_3)\in V,\quad \boldsymbol{x}=x_2(-1,1,0)+x_3(-1,0,1).$$

故 $\{(-1,1,0),(-1,0,1)\}$ 是一组基,且 $\dim V=2$.

例 5.6.3 在 $\boldsymbol{R}^3$ 中,令 $V=\{(x_1,x_2,x_3)\mid x_1+x_2+x_3=0,2x_1-x_2+x_3=3\}$. 证明 V 不是 $\boldsymbol{R}^3$ 的子空间.

证明 设 $\boldsymbol{x}=(x_1,x_2,x_3),\boldsymbol{y}=(y_1,y_2,y_3)\in V$,显然

$$\boldsymbol{x}+\boldsymbol{y}=(x_1+y_1,x_2+y_2,x_3+y_3)\notin V,$$

因为 $2(x_1+y_1)-(x_2+y_2)+(x_3+y_3)=(2x_1-x_2+x_3)+(2y_1-y_2+y_3)=6$,故 V 不是 $\boldsymbol{R}^3$ 的子空间.

例 5.6.4 考虑 $\boldsymbol{R}^3$ 中以下向量

$$\boldsymbol{\alpha}_1=(1,0,1)^T,\boldsymbol{\alpha}_2=(0,1,0)^T,\boldsymbol{\alpha}_3=(1,2,2)^T,$$
$$\boldsymbol{\beta}_1=(1,0,0)^T,\boldsymbol{\beta}_2=(1,1,0)^T,\boldsymbol{\beta}_3=(1,1,1)^T.$$

(1)证明 $\{\boldsymbol{\alpha}_1,\boldsymbol{\alpha}_2,\boldsymbol{\alpha}_3\}$ 与 $\{\boldsymbol{\beta}_1,\boldsymbol{\beta}_2,\boldsymbol{\beta}_3\}$ 都是 $\boldsymbol{R}^3$ 的基;

(2)求由 $\{\boldsymbol{\alpha}_1,\boldsymbol{\alpha}_2,\boldsymbol{\alpha}_3\}$ 到 $\{\boldsymbol{\beta}_1,\boldsymbol{\beta}_2,\boldsymbol{\beta}_3\}$ 的过渡矩阵;

(3)求 $\boldsymbol{\xi}=(1,3,0)^T$ 在基 $\{\boldsymbol{\alpha}_1,\boldsymbol{\alpha}_2,\boldsymbol{\alpha}_3\}$ 下的坐标.

我们可以如下解答:

(1)先证明 $\{\boldsymbol{\alpha}_1,\boldsymbol{\alpha}_2,\boldsymbol{\alpha}_3\}$ 是 $\boldsymbol{R}^3$ 的一个基,只需证明 $\boldsymbol{\alpha}_1,\boldsymbol{\alpha}_2,\boldsymbol{\alpha}_3$ 线性无关.

证法 1 由于以 $\boldsymbol{\alpha}_1,\boldsymbol{\alpha}_2,\boldsymbol{\alpha}_3$ 为列构成的行列式 $\begin{vmatrix}1&0&1\\0&1&2\\1&0&2\end{vmatrix}=1\neq0$,所以 $\boldsymbol{\alpha}_1,\boldsymbol{\alpha}_2,\boldsymbol{\alpha}_3$ 线性无关.

证法 2 设 $k_1\boldsymbol{\alpha}_1+k_2\boldsymbol{\alpha}_2+k_3\boldsymbol{\alpha}_3=\boldsymbol{0}$,即 $\begin{cases}k_1+k_3=0,\\k_2+2k_3=0,\\k_1+2k_3=0;\end{cases}$ 解得 $k_1=k_2=k_3=0$,所以 $\boldsymbol{\alpha}_1,\boldsymbol{\alpha}_2,\boldsymbol{\alpha}_3$ 线性无关.

证法 3 取 $\boldsymbol{R}^3$ 的标准基 $\boldsymbol{\varepsilon}_1=(1,0,0)^T,\boldsymbol{\varepsilon}_2=(0,1,0)^T,\boldsymbol{\varepsilon}_3=(0,0,1)^T$,则

$$(\boldsymbol{\alpha}_1,\boldsymbol{\alpha}_2,\boldsymbol{\alpha}_3)=(\boldsymbol{\varepsilon}_1,\boldsymbol{\varepsilon}_2,\boldsymbol{\varepsilon}_3)\begin{pmatrix}1&0&1\\0&1&2\\1&0&2\end{pmatrix}.$$

即 $\{\boldsymbol{\alpha}_1,\boldsymbol{\alpha}_2,\boldsymbol{\alpha}_3\}$ 可由 $\{\boldsymbol{\varepsilon}_1,\boldsymbol{\varepsilon}_2,\boldsymbol{\varepsilon}_3\}$ 线性表示,由于矩阵 $\boldsymbol{A}=\begin{pmatrix}1&0&1\\0&1&2\\1&0&2\end{pmatrix}$ 可逆,所以

$$(\boldsymbol{\varepsilon}_1,\boldsymbol{\varepsilon}_2,\boldsymbol{\varepsilon}_3)=(\boldsymbol{\alpha}_1,\boldsymbol{\alpha}_2,\boldsymbol{\alpha}_3)\boldsymbol{A}^{-1}.$$

这表明，$\{\boldsymbol{\varepsilon}_1,\boldsymbol{\varepsilon}_2,\boldsymbol{\varepsilon}_3\}$可由$\{\boldsymbol{\alpha}_1,\boldsymbol{\alpha}_2,\boldsymbol{\alpha}_3\}$线性表示，因此$\{\boldsymbol{\alpha}_1,\boldsymbol{\alpha}_2,\boldsymbol{\alpha}_3\}$与$\{\boldsymbol{\varepsilon}_1,\boldsymbol{\varepsilon}_2,\boldsymbol{\varepsilon}_3\}$是等价向量组，从而$\boldsymbol{\alpha}_1,\boldsymbol{\alpha}_2,\boldsymbol{\alpha}_3$线性无关.

同理可证$\boldsymbol{\beta}_1,\boldsymbol{\beta}_2,\boldsymbol{\beta}_3$也是$\boldsymbol{R}^3$的一个基.

(2)**解法 1**　因为

$$\boldsymbol{\beta}_1=2\boldsymbol{\alpha}_1+2\boldsymbol{\alpha}_2-\boldsymbol{\alpha}_3,\boldsymbol{\beta}_2=2\boldsymbol{\alpha}_1+3\boldsymbol{\alpha}_2-\boldsymbol{\alpha}_3,\boldsymbol{\beta}_3=\boldsymbol{\alpha}_1+\boldsymbol{\alpha}_2+0\boldsymbol{\alpha}_3,$$

所以$\{\boldsymbol{\alpha}_1,\boldsymbol{\alpha}_2,\boldsymbol{\alpha}_3\}$到$\{\boldsymbol{\beta}_1,\boldsymbol{\beta}_2,\boldsymbol{\beta}_3\}$的过渡矩阵是$\begin{pmatrix}2&2&1\\2&3&1\\-1&-1&0\end{pmatrix}$.

解法 2　因为由标准基$\{\boldsymbol{\varepsilon}_1,\boldsymbol{\varepsilon}_2,\boldsymbol{\varepsilon}_3\}$到$\{\boldsymbol{\alpha}_1,\boldsymbol{\alpha}_2,\boldsymbol{\alpha}_3\}$的过渡矩阵是

$$\boldsymbol{A}=\begin{pmatrix}1&0&1\\0&1&2\\1&0&2\end{pmatrix},$$

所以$\{\boldsymbol{\alpha}_1,\boldsymbol{\alpha}_2,\boldsymbol{\alpha}_3\}$到$\{\boldsymbol{\varepsilon}_1,\boldsymbol{\varepsilon}_2,\boldsymbol{\varepsilon}_3\}$的过渡矩阵是$\boldsymbol{A}^{-1}$，又因为$\{\boldsymbol{\varepsilon}_1,\boldsymbol{\varepsilon}_2,\boldsymbol{\varepsilon}_3\}$到$\{\boldsymbol{\beta}_1,\boldsymbol{\beta}_2,\boldsymbol{\beta}_3\}$的过渡矩阵是

$$\boldsymbol{B}=\begin{pmatrix}1&1&1\\0&1&1\\0&0&1\end{pmatrix},$$

所以$\{\boldsymbol{\alpha}_1,\boldsymbol{\alpha}_2,\boldsymbol{\alpha}_3\}$到$\{\boldsymbol{\beta}_1,\boldsymbol{\beta}_2,\boldsymbol{\beta}_3\}$的过渡矩阵是

$$\boldsymbol{A}^{-1}\boldsymbol{B}=\begin{pmatrix}2&0&-1\\2&1&-2\\-1&0&1\end{pmatrix}\begin{pmatrix}1&1&1\\0&1&1\\0&0&1\end{pmatrix}=\begin{pmatrix}2&2&1\\2&3&1\\-1&-1&0\end{pmatrix}.$$

解法 3　设$(\boldsymbol{\beta}_1,\boldsymbol{\beta}_2,\boldsymbol{\beta}_3)=(\boldsymbol{\alpha}_1,\boldsymbol{\alpha}_2,\boldsymbol{\alpha}_3)\boldsymbol{P}$，则

$$\boldsymbol{P}=(\boldsymbol{\alpha}_1,\boldsymbol{\alpha}_2,\boldsymbol{\alpha}_3)^{-1}(\boldsymbol{\beta}_1,\boldsymbol{\beta}_2,\boldsymbol{\beta}_3)=\begin{pmatrix}1&0&1\\0&1&2\\1&0&2\end{pmatrix}^{-1}\begin{pmatrix}1&1&1\\0&1&1\\0&0&1\end{pmatrix}=\begin{pmatrix}2&2&1\\2&3&1\\-1&-1&0\end{pmatrix}.$$

(3)**解法 1**　设$\boldsymbol{\xi}=k_1\boldsymbol{\alpha}_1+k_2\boldsymbol{\alpha}_2+k_3\boldsymbol{\alpha}_3$，则

$$\begin{pmatrix}1\\3\\0\end{pmatrix}=\begin{pmatrix}k_1+k_3\\k_2+2k_3\\k_1+2k_3\end{pmatrix},$$

所以

$$\begin{cases}k_1+k_3=1,\\k_2+2k_3=3,\\k_1+2k_3=0.\end{cases}$$

解得$k_1=2,k_2=5,k_3=-1$，所以$\boldsymbol{\xi}$在$\{\boldsymbol{\alpha}_1,\boldsymbol{\alpha}_2,\boldsymbol{\alpha}_3\}$下的坐标是$(2,5,-1)$.

解法 2　设$\boldsymbol{\xi}$关于$\{\boldsymbol{\alpha}_1,\boldsymbol{\alpha}_2,\boldsymbol{\alpha}_3\}$的坐标是$(k_1,k_2,k_3)$，由于$\{\boldsymbol{\varepsilon}_1,\boldsymbol{\varepsilon}_2,\boldsymbol{\varepsilon}_3\}$到$\{\boldsymbol{\alpha}_1,\boldsymbol{\alpha}_2,\boldsymbol{\alpha}_3\}$的过渡矩阵是$\boldsymbol{A}=\begin{pmatrix}1&0&1\\0&1&2\\1&0&2\end{pmatrix}$，$\xi$关于$\{\boldsymbol{\varepsilon}_1,\boldsymbol{\varepsilon}_2,\boldsymbol{\varepsilon}_3\}$的坐标是$(1,3,0)$，所以由定理 5.4.3 有

$$\begin{pmatrix}1\\3\\0\end{pmatrix}=\boldsymbol{A}\begin{pmatrix}k_1\\k_2\\k_3\end{pmatrix},$$

解方程组得 $k_1=2,k_2=5,k_3=-1$,所以 ξ 在 $\{\boldsymbol{\alpha}_1,\boldsymbol{\alpha}_2,\boldsymbol{\alpha}_3\}$ 下的坐标是 $(2,5,-1)$.

解法 3 同解法 2 一样,得到 $\begin{pmatrix}1\\3\\0\end{pmatrix}=\boldsymbol{A}\begin{pmatrix}k_1\\k_2\\k_3\end{pmatrix}$,所以

$$\begin{pmatrix}k_1\\k_2\\k_3\end{pmatrix}=\boldsymbol{A}^{-1}\begin{pmatrix}1\\3\\0\end{pmatrix}=\begin{pmatrix}2&0&-1\\2&1&-2\\-1&0&1\end{pmatrix}\begin{pmatrix}1\\3\\0\end{pmatrix}=\begin{pmatrix}2\\5\\-1\end{pmatrix},$$

即 ξ 关于 $\{\boldsymbol{\alpha}_1,\boldsymbol{\alpha}_2,\boldsymbol{\alpha}_3\}$ 的坐标是 $(2,5,-1)$.

5.6.2 应用案例解析

1. 组合与图论问题

组合与图论这种离散型的数学与线性空间有着紧密的联系,许多组合与图论问题都可以用向量空间这个工具加以解决,我们看下列两个有趣的问题.

问题 5.6.1 假设 m 个学生组织了 n 次集体活动,每次至少 2 人参加,并且任意 2 个同学一起参加的活动恰有 1 次,求证 $n=1$ 或 $m\leqslant n$.

证明 用一个 $m\times n$ 矩阵 $\boldsymbol{A}=(a_{ij})$ 表示学生参加活动的情况. 若学生 i 参加了活动 j,则 $a_{ij}=1$;否则 $a_{ij}=0$. 由题意可知

$$\boldsymbol{AA}^T=\begin{pmatrix}t_1&1&\cdots&1\\1&t_2&\ddots&\vdots\\\vdots&\ddots&\ddots&1\\1&\cdots&1&t_m\end{pmatrix},$$

其中,t_i 是学生 i 参加的活动次数.

若存在 $t_i=1$,即学生 i 只参加了 1 次活动,则学生都参加了此次活动,因此 $n=1$.

下面假设对任意 $i,t_i\geqslant 2$,由

$$\boldsymbol{AA}^T=\begin{pmatrix}t_1-1&&&\\&t_2-1&&\\&&\ddots&\\&&&t_m-1\end{pmatrix}+\begin{pmatrix}1\\1\\\vdots\\1\end{pmatrix}(1\quad 1\quad\cdots\quad 1)$$

知 $\boldsymbol{AA}^T$ 正定,因此 $\boldsymbol{A}$ 行满秩,从而 $m\leqslant n$.

问题 5.6.2 (关灯游戏)在 $m\times n$ 棋盘的每个方格内均设置一盏灯和一个按钮. 当某个方格内的按钮被按动后,这个方格内的灯将从亮变灭或从灭变亮,与这个方格有公共边的方格内的灯也同样变化. 假设初始时每盏灯都是亮的,问:是否可以按下一系列的按钮使得最终所有灯都变灭?

解 把方格编号为 $1,2,\cdots,N-1,N=mn$,则棋盘上所有灯的亮灭状态可以用一个向量 $x=(x_1,x_2,\cdots,x_N)$ 表示.

若第 i 个方格内的灯是亮的，则 $x_i=1$；否则 $x_i=0$. 当第 i 个方格内的按钮被按动后，所有灯的亮灭状态将从 $\boldsymbol{x}$ 变成 $(\boldsymbol{x}+\boldsymbol{\alpha}_i) \bmod 2$，这里 $\boldsymbol{\alpha}_i=(a_{i1},a_{i2},\cdots,a_{iN})$，且当 $i=j$ 或第 i 个方格与第 j 个方格有公共边时，$a_{ij}=1$；否则 $a_{ij}=0$. 于是原问题等价于问二元域 $\mathbb{F}_2$①上的 N 维向量 $1=(1,1,\cdots,1)$ 可否表示为 $\boldsymbol{\alpha}_1,\boldsymbol{\alpha}_2,\cdots,\boldsymbol{\alpha}_N$ 的线性组合的形式，该问题称为全一问题.

设 V 是 $\boldsymbol{\alpha}_1,\boldsymbol{\alpha}_2,\cdots,\boldsymbol{\alpha}_N$ 生成的 $\mathbb{F}_2^N$ 的子空间，$\boldsymbol{A}=(a_{ij})_{N\times N}$. 因为 $\boldsymbol{A}$ 是对称方阵，并且 $\boldsymbol{A}$ 的对角元都是 1，所以对于任意 $\boldsymbol{y}\in\mathbb{F}_2^N$ 都有

$$\boldsymbol{y}^T\boldsymbol{A}\boldsymbol{y}=\sum_{i,j=1}^{n}y_ia_{ij}y_j=\sum_{i=1}^{n}y_i+2\sum_{i<j}y_ia_{ij}y_j=\boldsymbol{1}^T\boldsymbol{y}.$$

由此可知，所有与 V 正交的向量 $\boldsymbol{y}$ 都与 $\boldsymbol{1}$ 正交，故 $\boldsymbol{1}\in V$，从而全一问题有解，即可以按下一系列的按钮使得最终所有灯都变灭.

由以上例子可以看出，解决问题的关键在于矩阵 $\boldsymbol{A}$ 的引入，通过研究 $\boldsymbol{A}$ 的性质，得到想要证明的结论. 组合数学与图论中有许多类似的问题都可以转化为矩阵问题处理.

2. 信号流图模型

信号流图是用来表示和分析复杂系统内的信号变换关系的工具，它和交通流图或其他的物流图不同. 下面介绍一些基本概念.

(1)系统中每个信号用图上的一个节点表示，如图 5－2 所示的 u,x_1,x_2(一般物流图把物流标在箭杆上).

(2)系统部件对信号实施的变换用有向线段表示，箭尾为输入信号，箭头为输出信号，箭身标注对此信号进行变换的乘子，如图 5－2 中的 G_1,G_2，如果乘子为 1，可不必标注.

(3)每个节点信号的值等于所有指向此节点的箭头信号之和，每个节点信号可以向外输出多个部件，其值不变(物理图的节点上要求流入与流出相等).

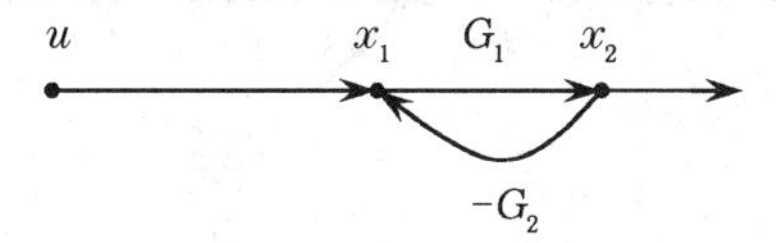

图 5－2

根据上述几个概念，可以列出图 5－2 的方程如下：

$$\begin{cases}x_1=u-G_2x_2,\\x_2=G_1x_1,\end{cases}$$

写成矩阵形式就是

$$\begin{pmatrix}x_1\\x_2\end{pmatrix}=\begin{pmatrix}0&-G_2\\G_1&0\end{pmatrix}\begin{pmatrix}x_1\\x_2\end{pmatrix}+\begin{pmatrix}1\\0\end{pmatrix}u,$$

即

$$\boldsymbol{X}=\boldsymbol{G}\boldsymbol{X}+\boldsymbol{P}u,$$

① $\mathbb{F}_2$是由 0,1 两个元素组成的数域，其中的加法和乘法定义为：$0+0=1+1=0,0+1=1+0=1,0\cdot0=0\cdot1=1\cdot0=0,1\cdot1=1$.

其中，$X=(x_1,x_2)^T$，$G=\begin{bmatrix}0 & -G_2\\ G_1 & 0\end{bmatrix}$，$P=(1,0)^T$. 整理可得：$(E-G)X=Pu$，从而 $X=(E-G)^{-1}Pu$.

定义系统的传递函数 W 为输出信号与输入信号之比 $\frac{X}{u}$，则 $W=\frac{X}{u}=(E-G)^{-1}P$.

因为 $E-G=\begin{pmatrix}1 & 0\\ 0 & 1\end{pmatrix}-\begin{bmatrix}0 & -G_2\\ G_1 & 0\end{bmatrix}=\begin{bmatrix}1 & G_2\\ -G_1 & 1\end{bmatrix}$，利用二阶矩阵的求逆公式可得 $\left[\text{即若 } A=\begin{pmatrix}a & b\\ c & d\end{pmatrix}\text{，则 } A^{-1}=\frac{1}{ad-bc}\begin{pmatrix}d & -b\\ -c & a\end{pmatrix}\right]$

$$(E-G)^{-1}=\frac{1}{1+G_1G_2}\begin{bmatrix}1 & -G_2\\ G_1 & 1\end{bmatrix},$$

所以

$$\frac{X}{u}=\begin{bmatrix}\frac{x_1}{u}\\ \frac{x_2}{u}\end{bmatrix}=(E-G)^{-1}P=\frac{1}{1+G_1G_2}\begin{bmatrix}1 & -G_2\\ G_1 & 1\end{bmatrix}\begin{pmatrix}1\\ 0\end{pmatrix}=\frac{1}{1+G_1G_2}\begin{pmatrix}1\\ G_1\end{pmatrix},$$

即对 x_1 的传递函数为 $\frac{1}{1+G_1G_2}$，对 x_2 的传递函数为 $\frac{G_1}{1+G_1G_2}$.

例 5.6.5 图 5—3 是一个较复杂的信号流图，列出信号流方程，并求系统的传递函数 W 以及 x_4 的传递函数 W_4.

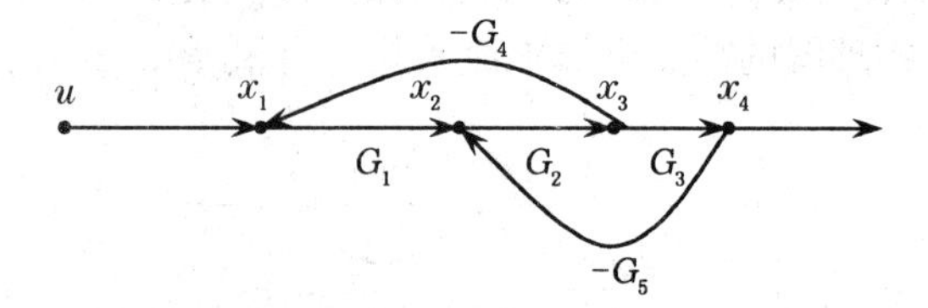

图 5—3

解 此信号流的方程是

$$\begin{cases}x_1=-G_4x_3+u,\\ x_2=G_1x_1-G_5x_4,\\ x_3=G_2x_2,\\ x_4=G_3x_3,\end{cases}$$

即

$$X=\begin{bmatrix}x_1\\ x_2\\ x_3\\ x_4\end{bmatrix}=\begin{bmatrix}0 & 0 & -G_4 & 0\\ G_1 & 0 & 0 & -G_5\\ 0 & G_2 & 0 & 0\\ 0 & 0 & G_3 & 0\end{bmatrix}\begin{bmatrix}x_1\\ x_2\\ x_3\\ x_4\end{bmatrix}+\begin{bmatrix}1\\ 0\\ 0\\ 0\end{bmatrix}u=GX+Pu,$$

则

$$W=\frac{X}{u}=(E-G)^{-1}P,$$

即

$$
\boldsymbol{W}=\begin{pmatrix}(1+G_2G_5G_3)/(1+G_2G_5G_3+G_1G_2G_4)\\ G_1/(1+G_2G_5G_3+G_1G_2G_4)\\ G_1G_2/(1+G_2G_5G_3+G_1G_2G_4)\\ G_1G_2G_3/(1+G_2G_5G_3+G_1G_2G_4)\end{pmatrix}.
$$

我们关心的输出通常是 x_4，也就是最后那个传递函数 $W_4=\dfrac{x_4}{u}=\dfrac{G_1G_2G_3}{1+G_2G_5G_3+G_1G_2G_4}$.

第 6 章　特征值与特征向量

§6.1　向量的内积

前面介绍了向量的线性运算，即向量间的加法和数与向量的乘法运算，并研究了向量的线性相关性和向量空间基的概念，由此在理论上解决了线性方程组的求解问题. 但在向量空间中还没有涉及度量性质，也就是说，还没有考虑向量空间中向量的大小、向量间的夹角等问题. 在几何空间中，通过向量的数量积计算向量的模（两点间的距离）及两向量的夹角，这些在物理力学中是很重要的. 本节将以向量的数量积为背景，在向量空间中引入内积，并赋予相应的度量性质.

6.1.1　内积的定义

在空间 V_3（或 V_2）中，对任意两个非零向量 $\boldsymbol{\alpha}$ 与 $\boldsymbol{\beta}$，能得到唯一确定的实数

$$|\boldsymbol{\alpha}|\,|\boldsymbol{\beta}|\cos\theta,$$

其中，$|\boldsymbol{\alpha}|$ 与 $|\boldsymbol{\beta}|$ 分别表示 $\boldsymbol{\alpha}$ 与 $\boldsymbol{\beta}$ 的长度，θ 表示 $\boldsymbol{\alpha}$ 与 $\boldsymbol{\beta}$ 的夹角，称 $|\boldsymbol{\alpha}|\,|\boldsymbol{\beta}|\cos\theta$ 为 $\boldsymbol{\alpha}$ 与 $\boldsymbol{\beta}$ 的内积，并记为 $\boldsymbol{\alpha}\cdot\boldsymbol{\beta}$. 当 $\boldsymbol{\alpha}$ 与 $\boldsymbol{\beta}$ 中有一个是零向量时，定义 $\boldsymbol{\alpha}\cdot\boldsymbol{\beta}=0$.

有了内积的概念之后，V_3（或 V_2）中任意一个向量 $\boldsymbol{\alpha}$ 的长度和两个非零向量 $\boldsymbol{\alpha}$ 与 $\boldsymbol{\beta}$ 的夹角 θ 可以反过来由内积表示：

$$|\boldsymbol{\alpha}|=\sqrt{\boldsymbol{\alpha}\cdot\boldsymbol{\alpha}},\ \cos\theta=\frac{\boldsymbol{\alpha}\cdot\boldsymbol{\beta}}{|\boldsymbol{\alpha}|\,|\boldsymbol{\beta}|}.$$

进一步研究表明，V_3（或 V_2）中向量的这个内积具有下列性质：

(1) $\boldsymbol{\alpha}\cdot\boldsymbol{\beta}=\boldsymbol{\beta}\cdot\boldsymbol{\alpha}$；

(2) $(\boldsymbol{\alpha}+\boldsymbol{\beta})\cdot\boldsymbol{\gamma}=\boldsymbol{\alpha}\cdot\boldsymbol{\gamma}+\boldsymbol{\beta}\cdot\boldsymbol{\gamma}$；

(3) $(k\boldsymbol{\alpha})\cdot\boldsymbol{\beta}=k(\boldsymbol{\alpha}\cdot\boldsymbol{\beta})$；

(4) 当 $\boldsymbol{\alpha}\neq 0$ 时，$\boldsymbol{\alpha}\cdot\boldsymbol{\alpha}>0$.

这里 $\boldsymbol{\alpha},\boldsymbol{\beta},\boldsymbol{\gamma}$ 是 V_3（或 V_2）中的任意向量，k 是任意实数.

由这一组式子可以抽象出一般的"内积"概念，即

定义 6.1.1　设 n 维实向量 $\boldsymbol{\alpha}=\begin{pmatrix}a_1\\a_2\\\vdots\\a_n\end{pmatrix}$，$\boldsymbol{\beta}=\begin{pmatrix}b_1\\b_2\\\vdots\\b_n\end{pmatrix}$，称实数 $\sum\limits_{i=1}^{n}a_ib_i=a_1b_1+a_2b_2+\cdots+a_nb_n$ 为向量 $\boldsymbol{\alpha}$ 与 $\boldsymbol{\beta}$ 的内积，记作 $(\boldsymbol{\alpha},\boldsymbol{\beta})$，即

$$(\boldsymbol{\alpha},\boldsymbol{\beta})=\sum_{i=1}^{n}a_ib_i=a_1b_1+a_2b_2+\cdots+a_nb_n.$$

内积是向量的一种运算，用矩阵表示，有

$$(\boldsymbol{\alpha},\boldsymbol{\beta})=(a_1,a_2,\cdots,a_n)\begin{pmatrix}b_1\\b_2\\\vdots\\b_n\end{pmatrix}=\boldsymbol{\alpha}^T\boldsymbol{\beta}.$$

从定义出发易证内积有以下基本性质：

(1) 对称性：$(\boldsymbol{\alpha},\boldsymbol{\beta})=(\boldsymbol{\beta},\boldsymbol{\alpha})$.

(2) 线性性：$(\boldsymbol{\alpha}+\boldsymbol{\beta},\boldsymbol{\gamma})=(\boldsymbol{\alpha},\boldsymbol{\gamma})+(\boldsymbol{\beta},\boldsymbol{\gamma})$，　$(k\boldsymbol{\alpha},\boldsymbol{\beta})=k(\boldsymbol{\alpha},\boldsymbol{\beta})$，其中，$\boldsymbol{\alpha},\boldsymbol{\beta},\boldsymbol{\gamma}$ 为 $\boldsymbol{R}^n$ 中的任意向量，k 为任意实数.

(3) 正定性：$(\boldsymbol{\alpha}\cdot\boldsymbol{\alpha})\geqslant 0$，当且仅当 $\boldsymbol{\alpha}\neq 0$ 时有 $(\boldsymbol{\alpha}\cdot\boldsymbol{\alpha})>0$.

由正定性引出向量模的概念.

定义 6.1.2　对于 n 维实向量 $\boldsymbol{\alpha}=(a_1,a_2,\cdots,a_n)^T$，称 $\sqrt{\boldsymbol{\alpha}\cdot\boldsymbol{\alpha}}$ 为 $\boldsymbol{\alpha}$ 的模（或长度、范数），记为 $\|\boldsymbol{\alpha}\|$，即 $\|\boldsymbol{\alpha}\|=\sqrt{\boldsymbol{\alpha}\cdot\boldsymbol{\alpha}}=\sqrt{\sum\limits_{i=1}^{n}a_i^2}$.

由向量长度的定义，对于 $\boldsymbol{R}^n$ 中的任意向量 $\boldsymbol{\alpha}$ 和任意实数 k，有

$$\|k\boldsymbol{\alpha}\|=|k|\,\|\boldsymbol{\alpha}\|. \tag{6.1.1}$$

事实上，$\|k\boldsymbol{\alpha}\|=\sqrt{(k\boldsymbol{\alpha},k\boldsymbol{\alpha})}=\sqrt{k^2(\boldsymbol{\alpha},\boldsymbol{\alpha})}=|k|\sqrt{(\boldsymbol{\alpha},\boldsymbol{\alpha})}=|k|\,\|\boldsymbol{\alpha}\|$.

把长度是 1 的向量叫做单位向量. 由(6.1.1)知，如果 $\boldsymbol{\alpha}\neq 0$，那么 $\dfrac{\boldsymbol{\alpha}}{\|\boldsymbol{\alpha}\|}$ 是一个单位向量，由非零向量 $\boldsymbol{\alpha}$ 可得出一个单位向量 $\dfrac{\boldsymbol{\alpha}}{\|\boldsymbol{\alpha}\|}$，此过程称为把 $\boldsymbol{\alpha}$ 单位化.

现在我们来证明 $\boldsymbol{R}^n$ 中一个重要的不等式，有了这个不等式，我们可以合理地引入两个向量的夹角.

定理 6.1.1　对任意两个 n 维实向量 $\boldsymbol{\alpha},\boldsymbol{\beta}$，有不等式

$$(\boldsymbol{\alpha},\boldsymbol{\beta})^2\leqslant(\boldsymbol{\alpha},\boldsymbol{\alpha})(\boldsymbol{\beta},\boldsymbol{\beta}), \tag{6.1.2}$$

等号成立当且仅当 $\boldsymbol{\alpha}$ 与 $\boldsymbol{\beta}$ 线性相关.

证明　如果 $\boldsymbol{\alpha}$ 与 $\boldsymbol{\beta}$ 线性相关，那么 $\boldsymbol{\alpha}$ 与 $\boldsymbol{\beta}$ 中有一个可以用另一个线性表示，不妨设 $\boldsymbol{\beta}=k\boldsymbol{\alpha}$，则有 $(\boldsymbol{\alpha},\boldsymbol{\beta})^2=(\boldsymbol{\alpha},\boldsymbol{\alpha})(\boldsymbol{\beta},\boldsymbol{\beta})$.

如果 $\boldsymbol{\alpha}$ 与 $\boldsymbol{\beta}$ 线性无关，那么对任意实数 x，$x\boldsymbol{\alpha}+\boldsymbol{\beta}\neq 0$. 因此 $(x\boldsymbol{\alpha}+\boldsymbol{\beta},x\boldsymbol{\alpha}+\boldsymbol{\beta})>0$，即

$$x^2(\boldsymbol{\alpha},\boldsymbol{\alpha})+2x(\boldsymbol{\alpha},\boldsymbol{\beta})+(\boldsymbol{\beta},\boldsymbol{\beta})>0.$$

上式左端是一个关于 x 的二次三项式，由于它对任意实数值来说都是正数，所以判别式一定小于零，即

$$4(\boldsymbol{\alpha},\boldsymbol{\beta})^2-4(\boldsymbol{\alpha},\boldsymbol{\alpha})(\boldsymbol{\beta},\boldsymbol{\beta})<0.$$

因此，$(\boldsymbol{\alpha},\boldsymbol{\beta})^2\leqslant(\boldsymbol{\alpha},\boldsymbol{\alpha})(\boldsymbol{\beta},\boldsymbol{\beta})$.

例 6.1.1　对于任意实数 $a_1,a_2,\cdots,a_n,b_1,b_2,\cdots,b_n$，则 $\boldsymbol{\alpha}=(a_1,a_2,\cdots,a_n)$，$\boldsymbol{\beta}=(b_1,b_2,\cdots,b_n)$ 都是 $\boldsymbol{R}^n$ 中的向量，由内积的定义及定理 6.1.1 有

$$(a_1b_1+a_2b_2+\cdots+a_nb_n)^2\leqslant(a_1^2+a_2^2+\cdots+a_n^2)(b_1^2+b_2^2+\cdots+b_n^2). \tag{6.1.3}$$

此式称为柯西(Cauchy)不等式.

例 6.1.2　对于 $[a,b]$ 上任意两个连续实函数 $f(x)$ 和 $g(x)$，由例 6.1.1 及不等式

(6.1.3)有

$$\left|\int_a^b f(x)g(x)dx\right| \leqslant \sqrt{\int_a^b f(x)^2dx \int_a^b g(x)^2dx}. \tag{6.1.4}$$

此式称为施瓦茨(Schwarz)不等式.

柯西不等式和施瓦茨不等式都是历史上著名的不等式,看起来似乎没有什么共同之处.因为 $a_1,a_2,\cdots,a_n,b_1,b_2,\cdots,b_n$ 都是实数,$f(x)$和 $g(x)$是闭区间$[a,b]$上的连续实函数.然而这两个不等式在不等式(6.1.2)里被统一起来,因此通常把不等式(6.1.2)叫做柯西—施瓦茨不等式.

定理 6.1.2 对 $\boldsymbol{R}^n$ 中任意两个向量$\boldsymbol{\alpha},\boldsymbol{\beta}$都有

(1) $\|(\boldsymbol{\alpha},\boldsymbol{\beta})\| \leqslant \|\boldsymbol{\alpha}\|\ \|\boldsymbol{\beta}\|$; (2) $\|\boldsymbol{\alpha}+\boldsymbol{\beta}\| \leqslant \|\boldsymbol{\alpha}\| + \|\boldsymbol{\beta}\|$.

证明 由定理 6.1.1,$(\boldsymbol{\alpha},\boldsymbol{\beta})^2 \leqslant (\boldsymbol{\alpha},\boldsymbol{\alpha})(\boldsymbol{\beta},\boldsymbol{\beta}) = \|\boldsymbol{\alpha}\|^2\ \|\boldsymbol{\beta}\|^2$,所以

$$\|(\boldsymbol{\alpha},\boldsymbol{\beta})\| \leqslant \|\boldsymbol{\alpha}\|\ \|\boldsymbol{\beta}\|.$$

(2)因为

$$\|\boldsymbol{\alpha}+\boldsymbol{\beta}\|^2 = (\boldsymbol{\alpha}+\boldsymbol{\beta},\boldsymbol{\alpha}+\boldsymbol{\beta}) = (\boldsymbol{\alpha},\boldsymbol{\alpha}) + 2(\boldsymbol{\alpha},\boldsymbol{\beta}) + (\boldsymbol{\beta},\boldsymbol{\beta}) = \|\boldsymbol{\alpha}\|^2 + 2(\boldsymbol{\alpha},\boldsymbol{\beta}) + \|\boldsymbol{\beta}\|^2,$$

由(1)知,$(\boldsymbol{\alpha},\boldsymbol{\beta}) \leqslant \|\boldsymbol{\alpha}\|\ \|\boldsymbol{\beta}\|$,所以

$$\|\boldsymbol{\alpha}+\boldsymbol{\beta}\|^2 \leqslant \|\boldsymbol{\alpha}\|^2 + 2\|\boldsymbol{\alpha}\|\ \|\boldsymbol{\beta}\| + \|\boldsymbol{\beta}\|^2 = (\|\boldsymbol{\alpha}\| + \|\boldsymbol{\beta}\|)^2,$$

两边开方得 $\|\boldsymbol{\alpha}+\boldsymbol{\beta}\| \leqslant \|\boldsymbol{\alpha}\| + \|\boldsymbol{\beta}\|$.

定理 6.1.2 的(2)叫做三角形不等式.三角形不等式在几何学中的意义是一个三角形中两边之和大于第三边,三角形不等式对三角形的刻画是粗略的,对三角形的精确刻画是余弦定理,但必须用到夹角的概念.由定理 6.1.2 的(1),当 $\boldsymbol{\alpha}\neq\boldsymbol{0},\boldsymbol{\beta}\neq 0$ 时,有 $\left|\dfrac{(\boldsymbol{\alpha},\boldsymbol{\beta})}{\|\boldsymbol{\alpha}\|\ \|\boldsymbol{\beta}\|}\right| \leqslant 1$.由此合理地引入以下定义:

定义 6.1.3 设 $\boldsymbol{\alpha},\boldsymbol{\beta}\in\boldsymbol{R}^n$,若 $\boldsymbol{\alpha}\neq 0,\boldsymbol{\beta}\neq\boldsymbol{0}$,则

$$\theta = \arccos\frac{(\boldsymbol{\alpha},\boldsymbol{\beta})}{\|\boldsymbol{\alpha}\|\ \|\boldsymbol{\beta}\|}, 0\leqslant\theta\leqslant\pi,$$

称为 $\boldsymbol{\alpha}$ 与 $\boldsymbol{\beta}$ 的夹角.若$(\boldsymbol{\alpha},\boldsymbol{\beta})=0$,则称 $\boldsymbol{\alpha}$ 与 $\boldsymbol{\beta}$ 正交(垂直),记作 $\boldsymbol{\alpha}\perp\boldsymbol{\beta}$.

由定义 6.1.3 可知:

(1)若 $\boldsymbol{\alpha}=0$,则 $\boldsymbol{\alpha}$ 与任何向量都正交.

(2)$\boldsymbol{\alpha}\perp\boldsymbol{\alpha}\Leftrightarrow\boldsymbol{\alpha}=\boldsymbol{0}$.

(3)对于非零向量 $\boldsymbol{\alpha},\boldsymbol{\beta}$,$\boldsymbol{\alpha}\perp\boldsymbol{\beta}\Leftrightarrow\boldsymbol{\alpha}$ 与 $\boldsymbol{\beta}$ 的夹角为$\dfrac{\pi}{2}$.

例 6.1.3 设 $\boldsymbol{\alpha}=(-1,1,1,1)^T$,$\boldsymbol{\beta}=(-1,2,1,0)^T$,$\boldsymbol{\gamma}=(-1,1,1,0)^T$,求:

(1)$\boldsymbol{\alpha}$ 与 $\boldsymbol{\beta}$ 的夹角 θ_1 及 $\boldsymbol{\alpha}$ 与 $\boldsymbol{\gamma}$ 的夹角 θ_2.

(2)与 $\boldsymbol{\alpha},\boldsymbol{\beta},\boldsymbol{\gamma}$ 都正交的所有向量.

解 (1)因为$(\boldsymbol{\alpha},\boldsymbol{\beta})=(-1)\times(-1)+1\times2+1\times1+1\times0=4$,$\|\boldsymbol{\alpha}\|=2$,$\|\boldsymbol{\beta}\|=\sqrt{6}$,所以

$$\theta_1 = \arccos\frac{(\boldsymbol{\alpha},\boldsymbol{\beta})}{\|\boldsymbol{\alpha}\|\ \|\boldsymbol{\beta}\|} = \arccos\frac{4}{2\sqrt{6}} = \arccos\frac{\sqrt{6}}{3}.$$

又因为$(\boldsymbol{\alpha},\boldsymbol{\gamma})=1+1+1+0=3$,$\|\boldsymbol{\alpha}\|=2$,$\|\boldsymbol{\gamma}\|=\sqrt{3}$,所以

$$\cos\theta_2=\frac{(\boldsymbol{\alpha},\boldsymbol{\gamma})}{\|\boldsymbol{\alpha}\|\|\boldsymbol{\gamma}\|}=\frac{3}{2\sqrt{3}}=\frac{\sqrt{3}}{2},$$

从而 $\theta_2=\frac{\pi}{6}$.

(2)设向量 $\boldsymbol{x}=(x_1,x_2,x_3,x_4)^T$ 与 $\boldsymbol{\alpha},\boldsymbol{\beta},\boldsymbol{\gamma}$ 都正交,则由正交条件得到齐次线性方程组

$$\begin{pmatrix}-1&1&1&1\\-1&2&1&0\\-1&1&1&0\end{pmatrix}\begin{pmatrix}x_1\\x_2\\x_3\\x_4\end{pmatrix}=\boldsymbol{0}.$$

由 $\begin{pmatrix}-1&1&1&1\\-1&2&1&0\\-1&1&1&0\end{pmatrix}\xrightarrow[r_3-r_1]{r_2-r_1}\begin{pmatrix}-1&1&1&1\\0&1&0&-1\\0&0&0&-1\end{pmatrix}\xrightarrow{r_1-r_2}\begin{pmatrix}-1&0&1&2\\0&1&0&-1\\0&0&0&-1\end{pmatrix}$

$\xrightarrow[r_2-r_3]{r_1+2r_3}\begin{pmatrix}-1&0&1&0\\0&1&0&0\\0&0&0&-1\end{pmatrix}$,

得简化的齐次线性方程组

$$\begin{cases}-x_1+x_3=0,\\x_2=0,\\x_4=0,\end{cases}$$

其基础解系为 $\begin{pmatrix}1\\0\\1\\0\end{pmatrix}$. 故得与 $\boldsymbol{\alpha},\boldsymbol{\beta},\boldsymbol{\gamma}$ 都正交的所有向量 $x=k\ (1,0,1,0)^T,k\in\boldsymbol{R}$.

6.1.2　标准正交基与施密特正交化法

定义 6.1.4　向量空间中一组两两正交的非零向量叫做一个正交向量组,简称正交组.

如果一个正交组的每一个向量都是单位向量,这个正交组叫做规范正交组(或标准正交组).

例 6.1.4　向量 $\boldsymbol{\alpha}_1=(0,1,0)$,$\boldsymbol{\alpha}_2=\left(\frac{1}{\sqrt{2}},0,\frac{1}{\sqrt{2}}\right)$,$\boldsymbol{\alpha}_3=\left(\frac{1}{\sqrt{2}},0,-\frac{1}{\sqrt{2}}\right)$构成 $\boldsymbol{R}^3$ 的一个正交向量组,且是 $\boldsymbol{R}^3$ 的规范正交组.

因为$(\boldsymbol{\alpha}_1,\boldsymbol{\alpha}_2)=(\boldsymbol{\alpha}_1,\boldsymbol{\alpha}_3)=(\boldsymbol{\alpha}_2,\boldsymbol{\alpha}_3)=0$, $\|\boldsymbol{\alpha}_1\|=\|\boldsymbol{\alpha}_2\|=\|\boldsymbol{\alpha}_3\|=1$.

例 6.1.5　$C[a,b]$是定义在$[a,b]$上的一切连续实函数作成的向量空间,对任意的 $f(x),g(x)\in C[a,b]$,规定$(f(x),g(x))=\int_a^b f(x)g(x)dx$.

在 $C[0,2\pi]$中,考虑函数组

$$1,\cos x,\sin x,\cdots,\cos nx,\sin nx,\cdots \tag{6.1.5}$$

因为

$$(1,\cos nx)=\int_0^{2\pi}\cos nx dx=0,(1,\sin nx)=\int_0^{2\pi}\sin nx dx=0,$$

$$(\cos nx,\cos mx)=\int_0^{2\pi}\cos nx\cos mx dx=0(m\neq n),$$

$$(\sin nx,\sin mx)=\int_0^{2\pi}\sin nx\sin mx dx=0(m\neq n),$$

$$(\sin mx,\cos nx)=\int_0^{2\pi}\sin mx\cos nx dx=0,$$

所以该向量组(6.1.5)是 $C[0,2\pi]$的一个正交向量组. 而$\int_0^{2\pi}1dx=2\pi$，所以 1 的长度为 $\sqrt{2\pi}$.

又因为

$$\|\cos mx\|=\sqrt{\int_0^{2\pi}\cos^2 mx dx}=\sqrt{\pi},\quad \|\sin mx\|=\sqrt{\int_0^{2\pi}sin^2 mx dx}=\sqrt{\pi},$$

所以该向量组(6.1.5)不是规范正交组. 把(6.1.5)中每个向量除以它的长度，就得到 $C[0,2\pi]$的一个规范正交组

$$\frac{1}{\sqrt{2\pi}},\frac{1}{\sqrt{\pi}}\cos x,\frac{1}{\sqrt{\pi}}\sin x,\cdots,\frac{1}{\sqrt{\pi}}\cos nx,\frac{1}{\sqrt{\pi}}\sin nx,\cdots$$

定理 6.1.3 设$\{\boldsymbol{\alpha}_1,\boldsymbol{\alpha}_2,\cdots,\boldsymbol{\alpha}_r\}$是向量空间 V 的一个正交组，则 $\boldsymbol{\alpha}_1,\boldsymbol{\alpha}_2,\cdots,\boldsymbol{\alpha}_r$ 线性无关.

证明 设有实数 $k_1,k_2,\cdots,k_r$，使得

$$k_1\boldsymbol{\alpha}_1+k_2\boldsymbol{\alpha}_2+\cdots+k_r\boldsymbol{\alpha}_r=\mathbf{0}.$$

用 $\boldsymbol{\alpha}_i(i=1,2,\cdots,r)$与等式的两边作内积得 $k_i(\boldsymbol{\alpha}_i,\boldsymbol{\alpha}_i)=(\boldsymbol{\alpha}_i,0)=0,i=1,2,\cdots,r$. 因为$(\boldsymbol{\alpha}_i,\boldsymbol{\alpha}_i)>0$，所以 $k_i=0,i=1,2,\cdots,r$. 因此 $\boldsymbol{\alpha}_1,\boldsymbol{\alpha}_2,\cdots,\boldsymbol{\alpha}_r$ 线性无关.

这个定理不可逆，如 $\boldsymbol{R}^2$ 中的向量 $\boldsymbol{\alpha}_1=(0,1),\boldsymbol{\alpha}_2=(1,1)$线性无关，但不正交.

定义 6.1.5 在向量空间中，由正交向量组构成的基叫做正交基，特别地，由规范正交组构成的基叫做规范正交基(或者标准正交基).

例 6.1.6 例 6.1.4 中的向量

$$\boldsymbol{\alpha}_1=(0,1,0),\boldsymbol{\alpha}_2=\left(\frac{1}{\sqrt{2}},0,\frac{1}{\sqrt{2}}\right),\boldsymbol{\alpha}_3=\left(\frac{1}{\sqrt{2}},0,-\frac{1}{\sqrt{2}}\right)$$

构成 $\boldsymbol{R}^3$ 的一个规范正交基.

例 6.1.7 向量 $\boldsymbol{\varepsilon}_i=(0,\cdots,0,1,0,\cdots,0),i=1,2,\cdots,n$ 是 $\boldsymbol{R}^n$ 的一个规范正交基.

例 6.1.6 和例 6.1.7 说明，一个向量空间的规范正交基不唯一.

现在我们来看看引入规范正交基能给我们带来哪些方便.

设$\{\boldsymbol{\varepsilon}_1,\boldsymbol{\varepsilon}_2,\cdots,\boldsymbol{\varepsilon}_n\}$是 $\boldsymbol{R}^n$ 的一个规范正交基，对 $\boldsymbol{R}^n$ 中任意向量 $\boldsymbol{\alpha}$ 与 $\boldsymbol{\beta}$，设

$$\boldsymbol{\alpha}=x_1\boldsymbol{\varepsilon}_1+x_2\boldsymbol{\varepsilon}_2+\cdots+x_n\boldsymbol{\varepsilon}_n,\boldsymbol{\beta}=y_1\boldsymbol{\varepsilon}_1+y_2\boldsymbol{\varepsilon}_2+\cdots+y_n\boldsymbol{\varepsilon}_n,$$

则容易验证

$$(\boldsymbol{\alpha},\boldsymbol{\varepsilon}_i)=(x_1\boldsymbol{\varepsilon}_1+x_2\boldsymbol{\varepsilon}_2+\cdots+x_n\boldsymbol{\varepsilon}_n,\boldsymbol{\varepsilon}_i)=x_i,i=1,2,\cdots,n,$$

$$(\boldsymbol{\alpha},\boldsymbol{\beta})=x_1y_1+x_2y_2+\cdots+x_ny_n,$$

$$(\boldsymbol{\alpha},\boldsymbol{\alpha})=x_1^2+x_2^2+\cdots+x_n^2,\quad \|\boldsymbol{\alpha}\|=\sqrt{x_1^2+x_2^2+\cdots+x_n^2},$$

$$d(\boldsymbol{\alpha},\boldsymbol{\beta})=\sqrt{(x_1-y_1)^2+(x_2-y_2)^2+\cdots+(x_n-y_n)^2}.$$

这几个公式都是解析几何里熟知的公式的推广. 由此可见,向量空间中引入规范正交基的确能带来方便.

一个自然的问题是,在一般的向量空间 $V(V\subset R^n)$ 中,规范正交基是否一定存在?

定理 6.1.4　设 $\{\boldsymbol{\alpha}_1,\boldsymbol{\alpha}_2,\cdots,\boldsymbol{\alpha}_m\}$ 是向量空间 V 的一组线性无关的向量,那么可以求出 V 的一个正交组 $\{\boldsymbol{\beta}_1,\boldsymbol{\beta}_2,\cdots,\boldsymbol{\beta}_m\}$,使得 $\boldsymbol{\beta}_k$ 可由 $\boldsymbol{\alpha}_1,\boldsymbol{\alpha}_2,\cdots,\boldsymbol{\alpha}_k$ 线性表示,$k=1,2,\cdots,m$.

证明　先取 $\boldsymbol{\beta}_1=\boldsymbol{\alpha}_1$,那么 $\boldsymbol{\beta}_1$ 是 $\boldsymbol{\alpha}_1$ 的线性组合且 $\boldsymbol{\beta}_1\neq\mathbf{0}$. 其次,取

$$\boldsymbol{\beta}_2=\boldsymbol{\alpha}_2-\frac{(\boldsymbol{\alpha}_2,\boldsymbol{\beta}_1)}{(\boldsymbol{\beta}_1,\boldsymbol{\beta}_1)}\boldsymbol{\beta}_1.$$

那么 $\boldsymbol{\beta}_2$ 是 $\boldsymbol{\alpha}_1,\boldsymbol{\alpha}_2$ 的线性组合,且由 $\boldsymbol{\alpha}_1,\boldsymbol{\alpha}_2$ 线性无关可知 $\boldsymbol{\beta}_2\neq\mathbf{0}$,因为

$$(\boldsymbol{\beta}_2,\boldsymbol{\beta}_1)=(\boldsymbol{\alpha}_2,\boldsymbol{\beta}_1)-\frac{(\boldsymbol{\alpha}_2,\boldsymbol{\beta}_1)}{(\boldsymbol{\beta}_1,\boldsymbol{\beta}_1)}(\boldsymbol{\beta}_1,\boldsymbol{\beta}_1)=0,$$

所以 $\boldsymbol{\beta}_1$ 与 $\boldsymbol{\beta}_2$ 正交.

假设 $1<k\leqslant m$,且满足定理要求的 $\boldsymbol{\beta}_1,\boldsymbol{\beta}_2,\cdots,\boldsymbol{\beta}_{k-1}$ 都已作出. 取

$$\boldsymbol{\beta}_k=\boldsymbol{\alpha}_k-\frac{(\boldsymbol{\alpha}_k,\boldsymbol{\beta}_1)}{(\boldsymbol{\beta}_1,\boldsymbol{\beta}_1)}\boldsymbol{\beta}_1-\cdots-\frac{(\boldsymbol{\alpha}_k,\boldsymbol{\beta}_{k-1})}{(\boldsymbol{\beta}_{k-1},\boldsymbol{\beta}_{k-1})}\boldsymbol{\beta}_{k-1}.$$

由于假定 $\boldsymbol{\beta}_i$ 是 $\boldsymbol{\alpha}_1,\boldsymbol{\alpha}_2,\cdots,\boldsymbol{\alpha}_i$ 的线性组合,$i=1,2,\cdots,k-1$, 所以将这些线性组合代入上式便得到

$$\boldsymbol{\beta}_k=a_1\boldsymbol{\alpha}_1+a_2\boldsymbol{\alpha}_2+\cdots+a_{k-1}\boldsymbol{\alpha}_{k-1}+\boldsymbol{\alpha}_k,$$

因此 $\boldsymbol{\beta}_k$ 是 $\boldsymbol{\alpha}_1,\boldsymbol{\alpha}_2,\cdots,\boldsymbol{\alpha}_k$ 的线性组合. 由 $\boldsymbol{\alpha}_1,\boldsymbol{\alpha}_2,\cdots,\boldsymbol{\alpha}_k$ 线性无关可得 $\boldsymbol{\beta}_k\neq\mathbf{0}$. 又因为假定 $\boldsymbol{\beta}_1$, $\boldsymbol{\beta}_2,\cdots,\boldsymbol{\beta}_{k-1}$ 两两正交,所以

$$(\boldsymbol{\beta}_k,\boldsymbol{\beta}_i)=(\boldsymbol{\alpha}_k,\boldsymbol{\beta}_i)-\frac{(\boldsymbol{\alpha}_k,\boldsymbol{\beta}_i)}{(\boldsymbol{\beta}_i,\boldsymbol{\beta}_i)}(\boldsymbol{\beta}_i,\boldsymbol{\beta}_i)=0,i=1,2,\cdots,k-1.$$

于是 $\boldsymbol{\beta}_1,\boldsymbol{\beta}_2,\cdots,\boldsymbol{\beta}_k$ 也满足定理的要求.

这个定理实际上是从向量空间的任意一组线性无关的向量出发,得出一个正交组的方法,这个方法称为施密特(Schmidt)正交化方法,简称正交化方法.

定理 6.1.5　任意向量空间 $V(V\subset \boldsymbol{R}^n)$ 一定有正交基,因而有规范正交基.

证明　设 $\boldsymbol{\alpha}_1,\boldsymbol{\alpha}_2,\cdots,\boldsymbol{\alpha}_m$ 是向量空间 $V(0<m\leqslant n)$ 的任意一个基. 利用施密特正交化方法,可以得出 V 的一个正交基 $\boldsymbol{\beta}_1,\boldsymbol{\beta}_2,\cdots,\boldsymbol{\beta}_m$,再令

$$\boldsymbol{\gamma}_i=\frac{1}{\|\boldsymbol{\beta}_i\|}\boldsymbol{\beta}_i,i=1,2,\cdots,m,$$

则 $\boldsymbol{\gamma}_1,\boldsymbol{\gamma}_2,\cdots,\boldsymbol{\gamma}_m$ 就是向量空间 V 的一个规范正交基.

例 6.1.8　在 $\boldsymbol{R}^4$ 中,把基 $\boldsymbol{\alpha}_1=(1,1,0,0)$, $\boldsymbol{\alpha}_2=(1,0,1,0)$, $\boldsymbol{\alpha}_3=(-1,0,0,1)$, $\boldsymbol{\alpha}_4=(1,-1,-1,1)$ 化成规范正交基.

解　先把它们正交化,得

$$\boldsymbol{\beta}_1=\boldsymbol{\alpha}_1=(1,1,0,0),$$

$$\boldsymbol{\beta}_2=\boldsymbol{\alpha}_2-\frac{(\boldsymbol{\alpha}_2,\boldsymbol{\beta}_1)}{(\boldsymbol{\beta}_1,\boldsymbol{\beta}_1)}\boldsymbol{\beta}_1=\left(\frac{1}{2},-\frac{1}{2},1,0\right),$$

$$\boldsymbol{\beta}_3=\boldsymbol{\alpha}_3-\frac{(\boldsymbol{\alpha}_3,\boldsymbol{\beta}_1)}{(\boldsymbol{\beta}_1,\boldsymbol{\beta}_1)}\boldsymbol{\beta}_1-\frac{(\boldsymbol{\alpha}_3,\boldsymbol{\beta}_2)}{(\boldsymbol{\beta}_2,\boldsymbol{\beta}_2)}\boldsymbol{\beta}_2=\left(-\frac{1}{3},\frac{1}{3},\frac{1}{3},1\right),$$

$$\boldsymbol{\beta}_4=\boldsymbol{\alpha}_4-\frac{(\boldsymbol{\alpha}_4,\boldsymbol{\beta}_1)}{(\boldsymbol{\beta}_1,\boldsymbol{\beta}_1)}\boldsymbol{\beta}_1-\frac{(\boldsymbol{\alpha}_4,\boldsymbol{\beta}_2)}{(\boldsymbol{\beta}_2,\boldsymbol{\beta}_2)}\boldsymbol{\beta}_2-\frac{(\boldsymbol{\alpha}_4,\boldsymbol{\beta}_3)}{(\boldsymbol{\beta}_3,\boldsymbol{\beta}_3)}\boldsymbol{\beta}_3=(1,-1,-1,1).$$

再将它们单位化，得

$$\boldsymbol{\gamma}_1=\frac{1}{\|\boldsymbol{\beta}_1\|}\boldsymbol{\beta}_1=\left(\frac{1}{\sqrt{2}},\frac{1}{\sqrt{2}},0,0\right),\qquad \boldsymbol{\gamma}_2=\frac{1}{\|\boldsymbol{\beta}_2\|}\boldsymbol{\beta}_2=\left(\frac{1}{\sqrt{6}},-\frac{1}{\sqrt{6}},\frac{2}{\sqrt{6}},0\right),$$

$$\boldsymbol{\gamma}_3=\frac{1}{\|\boldsymbol{\beta}_3\|}\boldsymbol{\beta}_3=\left(-\frac{1}{\sqrt{12}},\frac{1}{\sqrt{12}},\frac{1}{\sqrt{12}},\frac{3}{\sqrt{12}}\right),\quad \boldsymbol{\gamma}_4=\frac{1}{\|\boldsymbol{\beta}_4\|}\boldsymbol{\beta}_4=\left(\frac{1}{2},-\frac{1}{2},-\frac{1}{2},\frac{1}{2}\right).$$

$\{\boldsymbol{\gamma}_1,\boldsymbol{\gamma}_2,\boldsymbol{\gamma}_3,\boldsymbol{\gamma}_4\}$就是$\boldsymbol{R}^4$的一个规范正交基.

6.1.3 正交矩阵和正交变换

定义 6.1.6 如果 n 阶实矩阵 $\boldsymbol{A}$ 满足：$\boldsymbol{A}^T\boldsymbol{A}=\boldsymbol{A}\boldsymbol{A}^T=\boldsymbol{E}$，则称 $\boldsymbol{A}$ 为正交矩阵.

由定义可知正交矩阵具有以下性质：

(1)$\boldsymbol{A}^{-1}=\boldsymbol{A}^T$.

于是，$\boldsymbol{A}^T\boldsymbol{A}=\boldsymbol{E}$ 与 $\boldsymbol{A}\boldsymbol{A}^T=\boldsymbol{E}$ 中只要有一个成立，则 $\boldsymbol{A}$ 就是正交矩阵.

(2)$|\boldsymbol{A}|=\pm1$.

(3)若 $\boldsymbol{A}$，$\boldsymbol{B}$ 都是 n 阶正交矩阵，则 $\boldsymbol{AB}$ 也是正交矩阵.

以上性质的证明留给读者.

若 $\boldsymbol{A}$ 按列分块表示为 $\boldsymbol{A}=(\boldsymbol{\alpha}_1,\boldsymbol{\alpha}_2,\cdots,\boldsymbol{\alpha}_n)$，则 $\boldsymbol{A}^T\boldsymbol{A}=\boldsymbol{E}$ 可表示为

$$\begin{pmatrix}\boldsymbol{\alpha}_1^T\\ \boldsymbol{\alpha}_2^T\\ \vdots\\ \boldsymbol{\alpha}_n^T\end{pmatrix}(\boldsymbol{\alpha}_1,\boldsymbol{\alpha}_2,\cdots,\boldsymbol{\alpha}_n)=\boldsymbol{E}=\begin{pmatrix}1&&&\\&1&&\\&&\ddots&\\&&&1\end{pmatrix},$$

亦即$(\boldsymbol{\alpha}_i^T\boldsymbol{\alpha}_j)_{n\times n}=(\boldsymbol{\delta}_{ij})_{n\times n}$，其中，$\boldsymbol{\delta}_{ij}=\begin{cases}1, & i=j,\\ 0, & i\neq j\end{cases}$ $(i,j=1,2,\cdots,n)$.

这说明方阵 $\boldsymbol{A}$ 为正交矩阵的充分必要条件是 $\boldsymbol{A}$ 的列向量都是单位向量，且两两正交.

考虑到 $\boldsymbol{A}^T\boldsymbol{A}=\boldsymbol{E}$ 与 $\boldsymbol{A}\boldsymbol{A}^T=\boldsymbol{E}$ 等价，所以上述结论对 $\boldsymbol{A}$ 的行向量也成立.

由此可见，正交矩阵 $\boldsymbol{A}$ 的 n 个列(行)向量构成向量空间 $\boldsymbol{R}^n$ 的一个标准正交基.

例 6.1.9 设

$$\boldsymbol{A}=\begin{pmatrix}\frac{1}{3}&\frac{2}{3}&\frac{2}{3}\\ \frac{2}{3}&\frac{1}{3}&-\frac{2}{3}\\ \frac{2}{3}&-\frac{2}{3}&\frac{1}{3}\end{pmatrix},\qquad \boldsymbol{B}=\begin{pmatrix}2&0&0\\ 0&\frac{1}{\sqrt{2}}&\frac{1}{\sqrt{2}}\\ 0&\frac{1}{\sqrt{2}}&-\frac{1}{\sqrt{2}}\end{pmatrix},$$

则 $\boldsymbol{A}$ 的每个列(行)向量都是单位向量，且两两正交，所以 $\boldsymbol{A}$ 是正交矩阵. $\boldsymbol{B}$ 的各列(行)虽然两两正交，但 $\boldsymbol{B}$ 的第一列$\begin{pmatrix}2\\0\\0\end{pmatrix}$不是单位向量，故 $\boldsymbol{B}$ 不是正交矩阵.

例 6.1.10 设 $\boldsymbol{A}=(\boldsymbol{\alpha}_{ij})_{n\times n}$，且$|\boldsymbol{A}|=-1$，又 $\boldsymbol{A}^T=\boldsymbol{A}^{-1}$，试证 $\boldsymbol{A}+\boldsymbol{E}$ 不可逆.

证明 由条件知 $\boldsymbol{A}$ 为正交矩阵，故

$$\boldsymbol{A}+\boldsymbol{E}=\boldsymbol{A}+\boldsymbol{A}\boldsymbol{A}^T=\boldsymbol{A}(\boldsymbol{E}+\boldsymbol{A}^T)=\boldsymbol{A}(\boldsymbol{A}^T+\boldsymbol{E})=\boldsymbol{A}(\boldsymbol{A}^T+\boldsymbol{E}^T)=\boldsymbol{A}\,(\boldsymbol{A}+\boldsymbol{E})^T,$$

两端取行列式得

$$|A+E|=|A||(A+E)^T|=-|A+E|,$$

从而 $|A+E|=0$，即 $A+E$ 不可逆.

定义 6.1.7　若 P 为正交矩阵，则线性变换 $y=Px$ 称为正交变换.

设 $y=Px$ 为正交变换，则有

$$\|y\|=\sqrt{(y,y)}=\sqrt{y^Ty}=\sqrt{x^TP^TPx}=\sqrt{x^Tx}=\sqrt{(x,x)}=\|x\|.$$

这里 $\|x\|$ 表示向量的模，相当于线段的长度，$\|y\|=\|x\|$ 说明经正交变换后，线段的长度保持不变，这是正交变换的特征.

习题 6.1

1. 在 R^4 中，求向量 α,β 之间的夹角 θ，设

(1) $\alpha=(2,1,3,2)^T$，$\beta=(1,2,-2,1)^T$；　(2) $\alpha=(1,2,2,3)^T$，$\beta=(3,1,5,1)^T$.

2. 求一单位向量，使它与已知向量 $\alpha_1=(2,-3,1)^T$ 及 $\alpha_2=(-2,-1,1)^T$ 都正交.

3. 设 $\alpha=(2,1,3,2)^T$，$\beta=(1,2,-1,1)^T$，求两个正交的单位向量，使它们与 α,β 都正交.

4. 用施密特方法把下列向量组标准正交化：

(1) $(\alpha_1,\alpha_2,\alpha_3)=\begin{pmatrix}1&1&1\\1&2&4\\1&3&9\end{pmatrix}$；

(2) $\alpha_1=(1,-1,1,1)^T$，$\alpha_2=(1,0,1,0)^T$，$\alpha_3=(2,1-2,0)^T$；

(3) $\alpha_1=(1,3,-1,1)^T$，$\alpha_2=(2,0,1,-1)^T$，$\alpha_3=(0,1,2,-1)^T$.

5. 设 A,B 均是 m 阶正交矩阵，且 $|A|=1$，$|B|=-1$，求 $|A+B|$ 的值.

6. 下列矩阵是否为正交矩阵？

(1) $\begin{pmatrix}\frac{\sqrt{3}}{2}&-\frac{1}{2}\\\frac{1}{2}&\frac{\sqrt{3}}{2}\end{pmatrix}$；　(2) $\begin{pmatrix}1&-\frac{1}{2}&\frac{1}{3}\\-\frac{1}{2}&1&\frac{1}{2}\\\frac{1}{3}&\frac{1}{2}&1\end{pmatrix}$.

§6.2　矩阵的特征值与特征向量

6.2.1　特征值与特征向量的概念

矩阵的特征值与特征向量理论有着非常广泛的应用，如工程技术领域中的振动问题和稳定性问题，数学领域中方阵的对角化、微分方程组的解、迭代法求线性方程组近似解等问题都会用到该理论.

定义 6.2.1　设 A 是 n 阶方阵，如果数 λ 和 n 维非零向量 x 满足关系式 $Ax=\lambda x$，则称数 λ 为方阵 A 的特征值，非零向量 x 称为 A 的属于特征值 λ 的特征向量.

例如，设 $A=\begin{pmatrix}3&-2\\1&0\end{pmatrix}$，$\alpha_1=\begin{pmatrix}1\\1\end{pmatrix}$，$\alpha_2=\begin{pmatrix}2\\1\end{pmatrix}$，$\beta=\begin{pmatrix}-1\\1\end{pmatrix}$，由于

$$A\alpha_1=\begin{pmatrix}3&-2\\1&0\end{pmatrix}\begin{pmatrix}1\\1\end{pmatrix}=\begin{pmatrix}1\\1\end{pmatrix}=1\alpha_1,\quad A\alpha_2=\begin{pmatrix}3&-2\\1&0\end{pmatrix}\begin{pmatrix}2\\1\end{pmatrix}=\begin{pmatrix}4\\2\end{pmatrix}=2\begin{pmatrix}2\\1\end{pmatrix}=2\alpha_2,$$

$$\boldsymbol{A\beta}=\begin{pmatrix}3&-2\\1&0\end{pmatrix}\begin{pmatrix}-1\\1\end{pmatrix}=\begin{pmatrix}-5\\-1\end{pmatrix}\neq\lambda\begin{pmatrix}-1\\1\end{pmatrix},$$

所以由定义 6.2.1 可知，1 与 2 就是 $\boldsymbol{A}$ 的两个特征值，$\boldsymbol{\alpha}_1$，$\boldsymbol{\alpha}_2$ 就是 $\boldsymbol{A}$ 分别对应于特征值 1 与 2 的特征向量. 由于不存在数 λ 使 $\boldsymbol{A\beta}=\lambda\boldsymbol{\beta}$，所以 $\boldsymbol{\beta}$ 不是矩阵 $\boldsymbol{A}$ 的属于某个特征值的特征向量.

如果 $\boldsymbol{x}$ 是矩阵 $\boldsymbol{A}$ 的属于特征值 λ_0 的特征向量，那么 $\boldsymbol{x}$ 的任何一个非零倍数 $k\boldsymbol{x}$ 也是矩阵 $\boldsymbol{A}$ 的属于特征值 λ_0 的特征向量. 这是因为 $\boldsymbol{Ax}=\lambda_0\boldsymbol{x}$，所以 $\boldsymbol{A}(k\boldsymbol{x})=\lambda_0(k\boldsymbol{x})$，这说明属于同一个特征值 λ_0 的特征向量不是唯一的，但一个特征向量只能属于一个特征值.

设 $\boldsymbol{\alpha}_1,\boldsymbol{\alpha}_2,\cdots,\boldsymbol{\alpha}_r$ 都是 $\boldsymbol{A}$ 对应于特征值 λ 的特征向量，且 $k_1\boldsymbol{\alpha}_1+k_2\boldsymbol{\alpha}_2+\cdots+k_r\boldsymbol{\alpha}_r\neq\boldsymbol{0}$，则

$$\begin{aligned}\boldsymbol{A}(k_1\boldsymbol{\alpha}_1+k_2\boldsymbol{\alpha}_2+\cdots+k_r\boldsymbol{\alpha}_r)&=k_1(\boldsymbol{A\alpha}_1)+k_2(\boldsymbol{A\alpha}_2)+\cdots+k_r(\boldsymbol{A\alpha}_r)\\&=k_1(\lambda\boldsymbol{\alpha}_1)+k_2(\lambda\boldsymbol{\alpha}_2)+\cdots+k_r(\lambda\boldsymbol{\alpha}_r)\\&=\lambda(k_1\boldsymbol{\alpha}_1+k_2\boldsymbol{\alpha}_2+\cdots+k_r\boldsymbol{\alpha}_r),\end{aligned}$$

所以 $k_1\boldsymbol{\alpha}_1+k_2\boldsymbol{\alpha}_2+\cdots+k_r\boldsymbol{\alpha}_r$ 也是 $\boldsymbol{A}$ 对应于特征值 λ 的特征向量.

设 V_λ 是 n 阶方阵对应于 λ 的所有特征向量以及零向量所组成的集合，即

$$V_\lambda=\{\boldsymbol{\alpha}\mid\boldsymbol{A\alpha}=\lambda\boldsymbol{\alpha},\boldsymbol{\alpha}\in\boldsymbol{R}^n\}.$$

由以上分析可知，$\forall\,\boldsymbol{\alpha},\boldsymbol{\beta}\in V_\lambda$，$\boldsymbol{\alpha}+\boldsymbol{\beta}\in V_\lambda$，$\forall\,k\in\boldsymbol{R}$ 及 $\boldsymbol{\alpha}\in V_\lambda$ 有 $k\boldsymbol{\alpha}\in V_\lambda$，故 V_λ 是 n 维向量空间 $\boldsymbol{R}^n$ 的子空间，我们称 V_λ 为 $\boldsymbol{A}$ 的特征子空间.

$\boldsymbol{Ax}=\lambda\boldsymbol{x}$ 可以写成 $(\boldsymbol{A}-\lambda\boldsymbol{E})x=\boldsymbol{0}$，这是一个有 n 个未知量 n 个方程的齐次线性方程组，它有非零解的充分必要条件是系数行列式 $|\boldsymbol{A}-\lambda\boldsymbol{E}|=0$，即

$$\begin{vmatrix}a_{11}-\lambda&a_{12}&\cdots&a_{1n}\\a_{21}&a_{22}-\lambda&\cdots&a_{2n}\\\vdots&\vdots&&\vdots\\a_{n1}&a_{n2}&\cdots&a_{nn}-\lambda\end{vmatrix}=0.$$

上式是以 λ 为未知量的一元 n 次方程，称为方阵 $\boldsymbol{A}$ 的特征方程，其左端 $|\boldsymbol{A}-\lambda\boldsymbol{E}|$ 是 λ 的 n 次多项式，记为 $f(\lambda)$，称为 $\boldsymbol{A}$ 的特征多项式. 显然，方阵 $\boldsymbol{A}$ 的特征值就是其特征方程的解. 特征方程在复数范围内恒有解，其解的个数为方程的次数(重根按重数计算)，因此 n 阶方阵有 n 个特征值. 显然，n 阶单位矩阵 $\boldsymbol{E}$ 的特征值都是 1.

设 n 阶方阵 $\boldsymbol{A}=(a_{ij})$ 的特征值为 $\lambda_1,\lambda_2,\cdots,\lambda_n$，由多项式根与系数的关系不难证明

(1)$\lambda_1+\lambda_2+\cdots+\lambda_n=a_{11}+a_{22}+\cdots+a_{nn}$.

(2)$\lambda_1\lambda_2\cdots\lambda_n=|\boldsymbol{A}|$.

也就是说，$\boldsymbol{A}$ 的全体特征值的和为 $a_{11}+a_{22}+\cdots+a_{nn}$(称为 $\boldsymbol{A}$ 的迹，记为 tr$\boldsymbol{A}$)，而 $\boldsymbol{A}$ 的全体特征值的积为 $\boldsymbol{A}$ 的行列式.

6.2.2　特征向量的计算

如果 $\lambda=\lambda_i$ 是方阵 $\boldsymbol{A}$ 的一个特征值，由线性方程组 $(\boldsymbol{A}-\lambda_i\boldsymbol{E})x=\boldsymbol{0}$，求得非零解 $\boldsymbol{x}=p_i$，则 p_i 就是 A 对应于特征值 λ_i 的特征向量.

例 6.2.1　设 $\boldsymbol{A}_1=\begin{pmatrix}3&2&4\\2&0&2\\4&2&3\end{pmatrix}$，求 $\boldsymbol{A}_1$ 的特征值和特征向量.

解　$\boldsymbol{A}_1$ 的特征多项式是

$$f_{A_1}(x)=\begin{vmatrix} x-3 & -2 & -4 \\ -2 & x & -2 \\ -4 & -2 & x-3 \end{vmatrix}=(x-8)(x+1)^2,$$

所以 $\boldsymbol{A}_1$ 的特征值是 $8,-1$(二重根).

对于特征值 8,求解齐次线性方程组

$$(8\boldsymbol{E}-\boldsymbol{A}_1)\begin{pmatrix} x_1 \\ x_2 \\ x_3 \end{pmatrix}=\begin{pmatrix} 0 \\ 0 \\ 0 \end{pmatrix},$$

即

$$\begin{pmatrix} 5 & -2 & -4 \\ -2 & 8 & -2 \\ -4 & -2 & 5 \end{pmatrix}\begin{pmatrix} x_1 \\ x_2 \\ x_3 \end{pmatrix}=\begin{pmatrix} 0 \\ 0 \\ 0 \end{pmatrix},$$

得一个基础解系 $\begin{pmatrix} 2 \\ 1 \\ 2 \end{pmatrix}$. 所以矩阵 $\boldsymbol{A}_1$ 的属于特征值 8 的全部特征向量是 $k\begin{pmatrix} 2 \\ 1 \\ 2 \end{pmatrix}$,其中 k 是任意复数.

对于特征值-1,求解齐次线性方程组

$$(-\boldsymbol{E}-\boldsymbol{A}_1)\begin{pmatrix} x_1 \\ x_2 \\ x_3 \end{pmatrix}=\begin{pmatrix} 0 \\ 0 \\ 0 \end{pmatrix},$$

即

$$\begin{pmatrix} -4 & -2 & -4 \\ -2 & -1 & -2 \\ -4 & -2 & -4 \end{pmatrix}\begin{pmatrix} x_1 \\ x_2 \\ x_3 \end{pmatrix}=\begin{pmatrix} 0 \\ 0 \\ 0 \end{pmatrix},$$

得一个基础解系 $\begin{pmatrix} 1 \\ 0 \\ -1 \end{pmatrix},\begin{pmatrix} 1 \\ -2 \\ 0 \end{pmatrix}$. 所以矩阵 $\boldsymbol{A}_1$ 的属于特征值-1 的全部特征向量是

$$k_1\begin{pmatrix} 1 \\ 0 \\ -1 \end{pmatrix}+k_2\begin{pmatrix} 1 \\ -2 \\ 0 \end{pmatrix},$$

其中,k_1,k_2 是任意复数且不能同时为零.

例 6.2.2　设 $\boldsymbol{A}_2=\begin{pmatrix} 2 & 3 & 2 \\ 1 & 4 & 2 \\ 1 & -3 & 1 \end{pmatrix}$,求 $\boldsymbol{A}_2$ 的特征值和特征向量.

解　$\boldsymbol{A}_2$ 的特征多项式是

$$f_{A_2}(x)=\begin{vmatrix} x-2 & -3 & -2 \\ -1 & x-4 & -2 \\ -1 & 3 & x-1 \end{vmatrix}=(x-1)(x-3)^2,$$

所以 $\boldsymbol{A}_2$ 的特征值是 1,3(二重根).

对于特征值 1,求解齐次线性方程组

$$(\boldsymbol{E}-\boldsymbol{A}_2)\begin{pmatrix}x_1\\x_2\\x_3\end{pmatrix}=\begin{pmatrix}0\\0\\0\end{pmatrix},$$

即

$$\begin{pmatrix}-1&-3&-2\\-1&-3&-2\\-1&3&0\end{pmatrix}\begin{pmatrix}x_1\\x_2\\x_3\end{pmatrix}=\begin{pmatrix}0\\0\\0\end{pmatrix},$$

得一个基础解系 $\begin{pmatrix}3\\1\\-3\end{pmatrix}$. 所以矩阵 $\boldsymbol{A}_2$ 的属于特征值 1 的全部特征向量是 $k\begin{pmatrix}3\\1\\-3\end{pmatrix}$,其中,$k$ 是任意复数.

对于特征值 3,求解齐次线性方程组

$$(3\boldsymbol{E}-\boldsymbol{A}_2)\begin{pmatrix}x_1\\x_2\\x_3\end{pmatrix}=\begin{pmatrix}0\\0\\0\end{pmatrix},$$

即

$$\begin{pmatrix}1&-3&-2\\-1&-1&-2\\-1&3&2\end{pmatrix}\begin{pmatrix}x_1\\x_2\\x_3\end{pmatrix}=\begin{pmatrix}0\\0\\0\end{pmatrix},$$

得一个基础解系 $\begin{pmatrix}1\\1\\-1\end{pmatrix}$. 所以矩阵 $\boldsymbol{A}_2$ 的属于特征值 3 的全部特征向量是 $k\begin{pmatrix}1\\1\\-1\end{pmatrix}$,其中,$k$ 是任意复数且不能同时为零.

例 6.2.3 设 $\boldsymbol{A}_3=\begin{pmatrix}2&-1&2\\5&-3&3\\-1&0&-2\end{pmatrix}$,求 $\boldsymbol{A}_3$ 的特征值和特征向量.

解 $\boldsymbol{A}_3$ 的特征多项式是

$$f_{A_3}(x)=\begin{vmatrix}x-2&1&-2\\-5&x+3&-3\\1&0&x+2\end{vmatrix}=(x+1)^3,$$

所以 $\boldsymbol{A}_3$ 的特征值是 -1(三重根).

对于特征值 -1,求解齐次线性方程组

$$(-\boldsymbol{E}-\boldsymbol{A}_3)\begin{pmatrix}x_1\\x_2\\x_3\end{pmatrix}=\begin{pmatrix}0\\0\\0\end{pmatrix},$$

即

$$\begin{pmatrix}-3 & 1 & -2\\-5 & 2 & -3\\1 & 0 & 1\end{pmatrix}\begin{pmatrix}x_1\\x_2\\x_3\end{pmatrix}=\begin{pmatrix}0\\0\\0\end{pmatrix},$$

得一个基础解系 $\begin{pmatrix}1\\1\\-1\end{pmatrix}$. 所以矩阵 $\boldsymbol{A}_3$ 的属于特征值 -1 的全部特征向量是 $k\begin{pmatrix}1\\1\\-1\end{pmatrix}$,其中,$k$ 是任意复数.

例 6.2.4　设 $\boldsymbol{A}_4=\begin{pmatrix}0 & 1 & 1 & -1\\1 & 0 & -1 & 1\\1 & -1 & 0 & 1\\-1 & 1 & 1 & 0\end{pmatrix}$,求 $\boldsymbol{A}_4$ 的特征值和特征向量.

解　$\boldsymbol{A}_4$ 的特征多项式是

$$f_{A_4}(x)=\begin{vmatrix}x & -1 & -1 & 1\\-1 & x & 1 & -1\\-1 & 1 & x & -1\\1 & -1 & -1 & x\end{vmatrix}=(x+3)(x-1)^3,$$

所以 $\boldsymbol{A}_4$ 的特征值是 -3,1(三重根).

对于特征值 -3,求解齐次线性方程组

$$(-3\boldsymbol{E}-\boldsymbol{A}_4)\begin{pmatrix}x_1\\x_2\\x_3\\x_4\end{pmatrix}=\begin{pmatrix}0\\0\\0\\0\end{pmatrix},$$

即

$$\begin{pmatrix}-3 & -1 & -1 & 1\\-1 & -3 & 1 & -1\\-1 & 1 & -3 & -1\\1 & -1 & -1 & -3\end{pmatrix}\begin{pmatrix}x_1\\x_2\\x_3\\x_4\end{pmatrix}=\begin{pmatrix}0\\0\\0\\0\end{pmatrix},$$

得一个基础解系 $\begin{pmatrix}1\\-1\\-1\\1\end{pmatrix}$. 所以矩阵 $\boldsymbol{A}_4$ 的属于特征值 -3 的全部特征向量是 $k\begin{pmatrix}1\\-1\\-1\\1\end{pmatrix}$,其中,$k$ 是任意复数.

对于特征值 1,求解齐次线性方程组

$$(\boldsymbol{E}-\boldsymbol{A}_4)\begin{pmatrix}x_1\\x_2\\x_3\\x_4\end{pmatrix}=\begin{pmatrix}0\\0\\0\\0\end{pmatrix},$$

即

$$\begin{pmatrix} 1 & -1 & -1 & 1 \\ -1 & 1 & 1 & -1 \\ -1 & 1 & 1 & -1 \\ 1 & -1 & -1 & 1 \end{pmatrix}\begin{pmatrix} x_1 \\ x_2 \\ x_3 \\ x_4 \end{pmatrix}=\begin{pmatrix} 0 \\ 0 \\ 0 \\ 0 \end{pmatrix},$$

得一个基础解系 $\begin{pmatrix} 1 \\ 1 \\ 0 \\ 0 \end{pmatrix},\begin{pmatrix} 1 \\ 0 \\ 1 \\ 0 \end{pmatrix},\begin{pmatrix} -1 \\ 0 \\ 0 \\ 1 \end{pmatrix}$. 所以矩阵 $\boldsymbol{A}_4$ 的属于特征值 1 的全部特征向量是

$$k_1\begin{pmatrix} 1 \\ 1 \\ 0 \\ 0 \end{pmatrix}+k_2\begin{pmatrix} 1 \\ 0 \\ 1 \\ 0 \end{pmatrix}+k_3\begin{pmatrix} -1 \\ 0 \\ 0 \\ 1 \end{pmatrix},$$

其中，k_1,k_2,k_3 是任意复数且不能同时为零.

在例 6.2.1 中，-1 是 $\boldsymbol{A}_1$ 的二重根，$\boldsymbol{A}_1$ 对应于特征值 -1 的线性无关的特征向量有两个，即 $(\boldsymbol{A}_1-\lambda\boldsymbol{E})\boldsymbol{x}=\boldsymbol{0}$ 的基础解系由两个解向量组成. 在例 6.2.2 中，3 是 $\boldsymbol{A}_2$ 的二重根，但 $\boldsymbol{A}_2$ 对应于特征值 1 的线性无关的特征向量却只有一个，即 $(\boldsymbol{A}_2-\lambda\boldsymbol{E})x=0$ 的基础解系只由一个解向量组成.

可以证明，对任一 n 阶矩阵 $\boldsymbol{A}$，如果 λ_0 是 $\boldsymbol{A}$ 的 k 重特征值，则 $\boldsymbol{A}$ 对应于 λ_0 的线性无关的特征向量的个数不大于 k. 也就是说，$(\boldsymbol{A}-\lambda_0\boldsymbol{E})\boldsymbol{x}=\boldsymbol{0}$ 的基础解系所含向量个数不大于 k.

例 6.2.5 设方阵 $\boldsymbol{A}$ 是幂等矩阵(即 $\boldsymbol{A}^2=\boldsymbol{A}$)，试证 $\boldsymbol{A}$ 的特征值只有 0 和 1.

证明 设 λ 是 $\boldsymbol{A}$ 的特征值，$\boldsymbol{\alpha}$ 是 $\boldsymbol{A}$ 对应于 λ 的特征向量，则 $\boldsymbol{A\alpha}=\lambda\boldsymbol{\alpha}\ (\boldsymbol{\alpha}\neq 0)$，于是

$$\lambda\boldsymbol{\alpha}=\boldsymbol{A\alpha}=\boldsymbol{A}^2\boldsymbol{\alpha}=\boldsymbol{A}(\boldsymbol{A\alpha})=\boldsymbol{A}(\lambda\boldsymbol{\alpha})=\boldsymbol{\lambda}(\boldsymbol{A\alpha})=\lambda^2\boldsymbol{\alpha},$$

所以 $(\lambda^2-\lambda)\boldsymbol{\alpha}=\boldsymbol{0}$，因为 $\boldsymbol{\alpha}\neq\boldsymbol{0}$，所以 $\lambda^2-\lambda=\lambda(\lambda-1)=0$，即 $\lambda=0$ 或 $\lambda=1$.

由例 6.2.5 的证明可以看出，若 λ 是方阵 $\boldsymbol{A}$ 的特征值，则 λ^2 是 $\boldsymbol{A}^2$ 的特征值. 按此例类推，不难证明，若 λ 是方阵 $\boldsymbol{A}$ 的特征值，则 λ^k 是 $\boldsymbol{A}^k$ 的特征值，$\varphi(\lambda)$ 是 $\varphi(A)$ 的特征值，其中

$$\varphi(\lambda)=a_0+a_1\lambda+\cdots+a_m\lambda^m,\qquad \varphi(\boldsymbol{A})=a_0\boldsymbol{E}+a_1\boldsymbol{A}+\cdots+a_m\boldsymbol{A}^m.$$

例 6.2.6 已知三阶矩阵 $\boldsymbol{A}$ 的特征值分别为 $1,-1,2$，矩阵 $\boldsymbol{B}=\boldsymbol{A}^3-5\boldsymbol{A}^2$，试求矩阵 $\boldsymbol{B}$ 的特征值.

解 因为 $\boldsymbol{B}=\boldsymbol{A}^3-5\boldsymbol{A}^2=\varphi(\boldsymbol{A})$，所以 $\varphi(\lambda)=\lambda^3-5\lambda^2$，于是矩阵 $\boldsymbol{B}$ 的特征值分别为

$$\varphi(1)=-4,\varphi(-1)=-6,\varphi(2)=-12.$$

定理 6.2.1 属于不同特征值的特征向量是线性无关的.

证明 用数学归纳法证明.

由于特征向量是不为零的，所以单个特征向量必然线性无关.

设属于 m 个不同特征值的特征向量线性无关，下面证明属于 $m+1$ 个不同特征值 λ_1，$\lambda_2,\cdots,\lambda_{m+1}$ 的特征向量 $p_1,p_2,\cdots,p_{m+1}$ 也线性无关.

假设有等式

$$k_1p_1+k_2p_2+\cdots+k_mp_m+k_{m+1}p_{m+1}=\boldsymbol{0} \tag{6.2.1}$$

成立，将式(6.2.1)两端左乘 $\boldsymbol{A}$ 得

$$\boldsymbol{A}(k_1p_1+k_2p_2+\cdots+k_mp_m+k_{m+1}p_{m+1})=\boldsymbol{0},$$

即

$$\lambda_1 k_1 p_1+\lambda_2 k_2 p_2+\cdots+\lambda_m k_m p_m+\lambda_{m+1} k_{m+1} p_{m+1}=\mathbf{0}, \tag{6.2.2}$$

再将式(6.2.1)两端同乘 λ_{m+1} 得

$$\lambda_{m+1} k_1 p_1+\lambda_{m+1} k_2 p_2+\cdots+\lambda_{m+1} k_m p_m+\lambda_{m+1} k_{m+1} p_{m+1}=\mathbf{0} \tag{6.2.3}$$

式(6.2.2)-(6.2.3)得

$$k_1(\lambda_1-\lambda_{m+1})p_1+k_2(\lambda_2-\lambda_{m+1})p_2+\cdots+k_m(\lambda_m-\lambda_{m+1})p_m=\mathbf{0},$$

由归纳假设 $p_1,p_2,\cdots,p_m$ 也线性无关，所以 $k_i(\lambda_i-\lambda_{m+1})=0(i=1,2,\cdots,m)$，但 $\lambda_i-\lambda_{m+1}\neq 0\ (i\leqslant m)$，所以 $k_i=0$，这时式(6.2.1)变为 $k_{m+1}p_{m+1}=0$，又因 $p_{m+1}\neq 0$，所以只有 $k_{m+1}=0$，这就证明了 $p_1,p_2,\cdots,p_{m+1}$ 也线性无关.

例 6.2.7 设 $\boldsymbol{A}=\begin{pmatrix}1&2\\-1&-1\end{pmatrix}$，求 $\boldsymbol{A}$ 的特征值和特征向量.

解 $\boldsymbol{A}$ 的特征多项式是 $f_A(x)=\begin{vmatrix}x-1&-2\\1&x+1\end{vmatrix}=x^2+1$，所以 $\boldsymbol{A}$ 的特征值是 $i,-i$.

对于特征值 i，求解齐次线性方程组

$$(i\boldsymbol{E}-\boldsymbol{A})\begin{bmatrix}x_1\\x_2\end{bmatrix}=\begin{pmatrix}0\\0\end{pmatrix},$$

即

$$\begin{pmatrix}i-1&-2\\1&i+1\end{pmatrix}\begin{bmatrix}x_1\\x_2\end{bmatrix}=\begin{pmatrix}0\\0\end{pmatrix},$$

得一个基础解系 $\begin{pmatrix}-i-1\\1\end{pmatrix}$. 所以矩阵 $\boldsymbol{A}$ 的属于特征值 i 的全部特征向量是 $k\begin{pmatrix}-i-1\\1\end{pmatrix}$，其中，$k$ 是任意复数.

对于特征值 $-i$，求解齐次线性方程组

$$(-i\boldsymbol{E}-\boldsymbol{A})\begin{bmatrix}x_1\\x_2\end{bmatrix}=\begin{pmatrix}0\\0\end{pmatrix},$$

即

$$\begin{pmatrix}-i-1&-2\\1&-i+1\end{pmatrix}\begin{bmatrix}x_1\\x_2\end{bmatrix}=\begin{pmatrix}0\\0\end{pmatrix},$$

得一个基础解系 $\begin{pmatrix}i-1\\1\end{pmatrix}$. 所以矩阵 $\boldsymbol{A}$ 的属于特征值 $-i$ 的全部特征向量是 $k\begin{pmatrix}i-1\\1\end{pmatrix}$，其中，$k$ 是任意复数且不能同时为零.

这个例子说明，方阵在复数域内总有特征值，但不一定有实特征值.

习题 6.2

1. 求下列矩阵的特征值和相应的特征向量.

(1) (4)； (2) $\begin{pmatrix}1&1\\0&1\end{pmatrix}$； (3) $\begin{bmatrix}-3&2&3\\-1&1&1\\-4&1&4\end{bmatrix}$；

(4) $\begin{pmatrix} 2 & -1 & 2 \\ 5 & -3 & 3 \\ -1 & 0 & -2 \end{pmatrix}$;　　(5) $\begin{pmatrix} 1 & -1 & 0 & 0 \\ -1 & 1 & 0 & 0 \\ 0 & 0 & 1 & -1 \\ 0 & 0 & -1 & 1 \end{pmatrix}$.

2. 求矩阵 $\boldsymbol{A}=\begin{pmatrix} 0 & a \\ -a & 0 \end{pmatrix}$ 的特征值和特征向量(a 是常数).

3. 若任意非零向量 $\boldsymbol{\alpha}\in \boldsymbol{F}^n$ 都是 n 阶矩阵 $\boldsymbol{A}$ 的特征向量,则 $\boldsymbol{A}$ 必是数量矩阵.

4. 设 λ_1,λ_2 是 $\boldsymbol{A}$ 的两个不同的特征值,$\boldsymbol{\alpha}_1,\boldsymbol{\alpha}_2$ 分别是 $\boldsymbol{A}$ 的对应于 λ_1,λ_2 的特征向量,证明 $\boldsymbol{\alpha}_1+\boldsymbol{\alpha}_2$ 不是 $\boldsymbol{A}$ 的特征向量.

5. 设 $\boldsymbol{A}$ 是 n 阶矩阵,$\boldsymbol{\alpha}$ 是 $\boldsymbol{A}$ 的属于特征值 λ 的特征向量. 证明:若 $\boldsymbol{B}=\boldsymbol{C}^{-1}\boldsymbol{AC}$(其中,$\boldsymbol{C}$ 是 n 阶可逆矩阵),则 $\boldsymbol{C}^{-1}\boldsymbol{\alpha}$ 是 $\boldsymbol{B}$ 的属于特征值 λ 的特征向量.

6. 已知 $\boldsymbol{\alpha}=(1,1,-1)^T$ 是矩阵 $\boldsymbol{A}=\begin{pmatrix} 2 & -1 & 2 \\ 5 & a & 3 \\ -1 & b & -2 \end{pmatrix}$ 的一个特征向量,试确定参数 a,b 及特征向量 $\boldsymbol{\alpha}$ 所对应的特征值.

§6.3　矩阵的相似对角化

6.3.1　相似矩阵的概念

定义 6.3.1　设 $\boldsymbol{A},\boldsymbol{B}$ 是数域 $\boldsymbol{F}$ 上的两个 n 阶矩阵,如果存在 $\boldsymbol{F}$ 上一个 n 阶可逆矩阵 $\boldsymbol{P}$,使得 $\boldsymbol{B}=\boldsymbol{P}^{-1}\boldsymbol{AP}$,则称 $\boldsymbol{B}$ 是 $\boldsymbol{A}$ 的**相似矩阵**,或者说,矩阵 $\boldsymbol{A}$ 与 $\boldsymbol{B}$ 相似. 对 $\boldsymbol{A}$ 进行运算 $\boldsymbol{P}^{-1}\boldsymbol{AP}$,称为对 $\boldsymbol{A}$ 进行**相似变换**,可逆矩阵 $\boldsymbol{P}$ 称为把 $\boldsymbol{A}$ 变成 $\boldsymbol{B}$ 的相似**变换矩阵**.

矩阵的相似关系具有如下性质:

(1)自反性:每一个 n 阶矩阵 $\boldsymbol{A}$ 都与自己相似,因为 $\boldsymbol{A}=\boldsymbol{E}^{-1}\boldsymbol{AE}$.

(2)对称性:如果 $\boldsymbol{A}$ 与 $\boldsymbol{B}$ 相似,则 $\boldsymbol{B}$ 与 $\boldsymbol{A}$ 相似.

因为由 $\boldsymbol{B}=\boldsymbol{P}^{-1}\boldsymbol{AP}$ 得 $\boldsymbol{A}=\boldsymbol{PBP}^{-1}=(\boldsymbol{P}^{-1})^{-1}\boldsymbol{AP}^{-1}$.

(3)传递性:如果 $\boldsymbol{A}$ 与 $\boldsymbol{B}$ 相似,$\boldsymbol{B}$ 与 $\boldsymbol{C}$ 相似,那么 $\boldsymbol{A}$ 与 $\boldsymbol{C}$ 相似.

事实上,由 $\boldsymbol{B}=\boldsymbol{P}^{-1}\boldsymbol{AP},\boldsymbol{C}=\boldsymbol{U}^{-1}\boldsymbol{BU}$ 得,$\boldsymbol{C}=\boldsymbol{U}^{-1}\boldsymbol{P}^{-1}\boldsymbol{APU}=(\boldsymbol{PU})^{-1}\boldsymbol{APU}$.

(4)如果 $\boldsymbol{A}$ 与 $\boldsymbol{B}$ 相似,那么 $\det\boldsymbol{A}=\det\boldsymbol{B}$.

因为由 $\boldsymbol{B}=\boldsymbol{P}^{-1}\boldsymbol{AP}$ 得,$\det\boldsymbol{B}=(\det\boldsymbol{P}^{-1})(\det\boldsymbol{A})(\det\boldsymbol{P})=\det\boldsymbol{A}$.

定理 6.3.1　若 n 阶矩阵 $\boldsymbol{A}$ 与 $\boldsymbol{B}$ 相似,则 $\boldsymbol{A}$ 与 $\boldsymbol{B}$ 的特征多项式相同,从而 $\boldsymbol{A}$ 与 $\boldsymbol{B}$ 有相同的特征值.

证明　因为 $\boldsymbol{A}$ 与 $\boldsymbol{B}$ 相似,即存在可逆矩阵 $\boldsymbol{P}$,使得 $\boldsymbol{B}=\boldsymbol{P}^{-1}\boldsymbol{AP}$,故

$$\begin{aligned}|\boldsymbol{B}-\lambda\boldsymbol{E}|&=|\boldsymbol{P}^{-1}\boldsymbol{AP}-\lambda\boldsymbol{E}|=|\boldsymbol{P}^{-1}\boldsymbol{AP}-\boldsymbol{P}^{-1}\lambda\boldsymbol{EP}|=|\boldsymbol{P}^{-1}(\boldsymbol{A}-\lambda\boldsymbol{E})\boldsymbol{P}|\\&=|\boldsymbol{P}^{-1}||\boldsymbol{A}-\lambda\boldsymbol{E}||\boldsymbol{P}|=|\boldsymbol{A}-\lambda\boldsymbol{E}|.\end{aligned}$$

即 $\boldsymbol{A}$ 与 $\boldsymbol{B}$ 有相同的特征多项式,也有相同的特征值.

推论 6.3.1　若 n 阶矩阵 $\boldsymbol{A}$ 与对角矩阵

$$\boldsymbol{\Lambda}=diag(\lambda_1,\lambda_2,\cdots,\lambda_n)=\begin{pmatrix} \lambda_1 & & & \\ & \lambda_2 & & \\ & & \ddots & \\ & & & \lambda_n \end{pmatrix}$$

相似,则 $\lambda_1,\lambda_2,\cdots,\lambda_n$ 就是 $\boldsymbol{A}$ 的 n 个特征值.

证明　因为 $\lambda_1,\lambda_2,\cdots,\lambda_n$ 是 $\boldsymbol{\Lambda}$ 的 n 个特征值,由定理 6.3.1 知 $\lambda_1,\lambda_2,\cdots,\lambda_n$ 也是 $\boldsymbol{A}$ 的 n 个特征值.

注意:定理的逆不成立,即具有相同特征多项式或具有相同特征值的两个同阶方阵不一定相似,例如,$\boldsymbol{A}=\begin{pmatrix}1&0\\3&1\end{pmatrix}$,$\boldsymbol{B}=\begin{pmatrix}1&0\\0&1\end{pmatrix}$,它们的特征多项式相同,但一定不存在可逆矩阵 $\boldsymbol{P}$,使得 $\boldsymbol{P}^{-1}\boldsymbol{AP}=\boldsymbol{B}$.

另外,如果两个可逆矩阵相似,那么它们的逆矩阵也相似. 这是由于当 $\boldsymbol{B}=\boldsymbol{P}^{-1}\boldsymbol{AP}$ 时,$\boldsymbol{B}^{-1}=\boldsymbol{P}^{-1}\boldsymbol{A}^{-1}\boldsymbol{P}$,即 $\boldsymbol{A}^{-1}$ 与 $\boldsymbol{B}^{-1}$ 相似.

不难证明,若 $\boldsymbol{B}=\boldsymbol{P}^{-1}\boldsymbol{AP}$,即 $\boldsymbol{A}=\boldsymbol{PBP}^{-1}$,则 $\boldsymbol{A}^k=\boldsymbol{PB}^k\boldsymbol{P}^{-1}$,$\boldsymbol{A}$ 的多项式 $\varphi(\boldsymbol{A})=\boldsymbol{P}\varphi(\boldsymbol{B})\boldsymbol{P}^{-1}$,特别地,若有可逆矩阵 $\boldsymbol{P}$ 使 $\boldsymbol{P}^{-1}\boldsymbol{AP}=\boldsymbol{\Lambda}$ 为对角矩阵,则

$$\boldsymbol{A}^k=\boldsymbol{P\Lambda}^k\boldsymbol{P}^{-1},\ \varphi(\boldsymbol{A})=\boldsymbol{P}\varphi(\boldsymbol{\Lambda})\boldsymbol{P}^{-1}.$$

而对角矩阵 $\boldsymbol{\Lambda}$ 有

$$\boldsymbol{\Lambda}^k=\begin{pmatrix}\lambda_1^k&&&\\&\lambda_2^k&&\\&&\ddots&\\&&&\lambda_n^k\end{pmatrix},\quad \varphi(\boldsymbol{\Lambda})=\begin{pmatrix}\varphi(\lambda_1)&&&\\&\varphi(\lambda_2)&&\\&&\ddots&\\&&&\varphi(\lambda_n)\end{pmatrix},$$

这样可以很方便地计算 $\boldsymbol{A}$ 的多项式 $\varphi(\boldsymbol{A})$.

例 6.3.1　设 $\boldsymbol{A}\neq\boldsymbol{0}$,$\boldsymbol{A}^k=\boldsymbol{0}$($k$ 为正整数),证明 $\boldsymbol{A}$ 不能与对角矩阵相似.

证明　用反证法. 设 $\boldsymbol{A}$ 能与对角矩阵相似,其中 $\boldsymbol{\Lambda}=\begin{pmatrix}\lambda_1&&&\\&\lambda_2&&\\&&\ddots&\\&&&\lambda_n\end{pmatrix}$,则存在可逆矩阵 $\boldsymbol{P}$,使 $\boldsymbol{A}=\boldsymbol{P\Lambda P}^{-1}$,从而

$$\boldsymbol{A}^k=\boldsymbol{P\Lambda}^k\boldsymbol{P}^{-1}=\boldsymbol{P}\begin{pmatrix}\lambda_1^k&&&\\&\lambda_2^k&&\\&&\ddots&\\&&&\lambda_n^k\end{pmatrix}\boldsymbol{P}^{-1}=\boldsymbol{0},$$

于是可得 $\begin{pmatrix}\lambda_1^k&&&\\&\lambda_2^k&&\\&&\ddots&\\&&&\lambda_n^k\end{pmatrix}=\boldsymbol{0}$,从而 $\lambda_1=\lambda_2=\cdots=\lambda_n=0$,即有 $\boldsymbol{\Lambda}=\boldsymbol{0}$. $\boldsymbol{A}=0$ 与题设 $\boldsymbol{A}\neq 0$ 矛盾,故 $\boldsymbol{A}$ 不能与对角矩阵相似.

例 6.3.1 说明并不是每个方阵都可以相似于对角矩阵.

例 6.3.2　证明 2 阶方阵 $\boldsymbol{A}=\begin{pmatrix}2&1\\0&2\end{pmatrix}$不能相似于对角矩阵.

证明　假设 $\boldsymbol{A}$ 能够相似于对角矩阵 $\boldsymbol{B}$. 由于 $\boldsymbol{A}$ 的两个特征值都是 2,而特征值是相似不变量,因此 $\boldsymbol{B}$ 的两个特征值也都是 2,所以 $\boldsymbol{B}=2\boldsymbol{E}_2$. 由 $\boldsymbol{A}$ 相似于 $\boldsymbol{B}$ 知,存在 2 阶可逆方阵 $\boldsymbol{P}$,

使得

$$A=P^{-1}BP=P^{-1}(2E_2)P=2E_2.$$

这显然是矛盾的，因此 A 不能相似于对角矩阵.

6.3.2 矩阵的相似对角化

1. 矩阵相似于对角矩阵的充要条件

定理 6.3.2 设 A 为数域 F 上的 n 阶方阵，则属于 A 的不同特征值的特征向量是线性无关的.

证明 设 $\lambda_1,\lambda_2,\cdots,\lambda_k$ 为 A 的互不相同的特征值，$x_1,x_2,\cdots,x_k$ 为对应于它们的特征向量. 对 k 用数学归纳法证明，当 $k=1$ 时，$x_1\neq 0$，它是线性无关的. 假设 $k-1$ 时命题成立，下面证明命题对 k 成立.

假设

$$u_1x_1+u_2x_2+\cdots+u_kx_k=0, \tag{6.3.1}$$

用 λ_k 乘(6.3.1)式两端，得

$$u_1\lambda_kx_1+u_2\lambda_kx_2+\cdots+u_k\lambda_kx_k=0, \tag{6.3.2}$$

用 A 左乘(6.3.1)式，得

$$u_1\lambda_1x_1+u_2\lambda_2x_2+\cdots+u_k\lambda_kx_k=0, \tag{6.3.3}$$

(6.3.2)式减(6.3.3)式，得

$$u_1(\lambda_k-\lambda_1)x_1+u_2(\lambda_k-\lambda_2)x_2+\cdots+u_{k-1}(\lambda_k-\lambda_{k-1})x_{k-1}=0.$$

由归纳假设 $x_1,x_2,\cdots,x_{k-1}$ 线性无关，因此 $u_j(\lambda_k-\lambda_j)=0,j=1,2,\cdots,k-1$. 由于 $\lambda_k-\lambda_j\neq 0$，我们得到 $u_1=u_2=\cdots=u_{k-1}=0$. 再由(6.3.1)知 $u_kx_k=0$. 因为 $x_k\neq 0$，所以 $u_k=0$. 这就证明了 $x_1,x_2,\cdots,x_k$ 线性无关.

下面给出矩阵相似于对角矩阵的一个充分必要条件.

定理 6.3.3 数域 F 上的 n 阶方阵 A 相似于对角矩阵的充要条件是 A 有 n 个线性无关的特征向量.

证明 (必要性). 设存在可逆方阵 P，使得

$$P^{-1}AP=diag(\lambda_1,\lambda_2,\cdots,\lambda_n).$$

记 $P=(P_1,P_2,\cdots,P_n)$，其中 $P_i\in F^n\ (i=1,2,\cdots,n)$ 为矩阵 P 的第 i 列，则

$$\begin{aligned}(AP_1,AP_2,\cdots,AP_n)&=(P_1,P_2,\cdots,P_n)diag(\lambda_1,\lambda_2,\cdots,\lambda_n)\\&=(\lambda_1P_1,\lambda_2P_2,\cdots,\lambda_nP_n).\end{aligned}$$

因此 $AP_i=\lambda_iP_i,i=1,2,\cdots,n,P_1,P_2,\cdots,P_n$ 为 A 的 n 个特征向量. 由于这 n 个向量构成的矩阵 P 是可逆的，它们是线性无关的.

(充分性). 设 A 有 n 个线性无关的特征向量 $P_1,P_2,\cdots,P_n$ 分别属于特征值 $\lambda_1,\lambda_2,\cdots,\lambda_n$ (可能有相同的)的特征向量. 令 $P=(P_1,P_2,\cdots,P_n)$，则 P 为可逆方阵并且

$$\begin{aligned}AP&=A(P_1,P_2,\cdots,P_n)=(\lambda_1P_1,\lambda_2P_2,\cdots,\lambda_nP_n)\\&=(P_1,P_2,\cdots,P_n)diag(\lambda_1,\lambda_2,\cdots,\lambda_n),\end{aligned}$$

即 $P^{-1}AP=diag(\lambda_1,\lambda_2,\cdots,\lambda_n)$.

若矩阵 A 相似于对角矩阵，则该对角矩阵的 n 个主对角线元素恰为 A 的 n 个特征值. 因此如果不计主对角线上元素的先后次序，该对角矩阵是唯一的.

推论 6.3.2　如果矩阵 $\boldsymbol{A}$ 的 n 个特征值两两不同，则 $\boldsymbol{A}$ 相似于对角矩阵.

证明　由定理 6.3.2 知，$\boldsymbol{A}$ 有 n 个线性无关的特征向量，再由上面的定理知推论成立.

2. 特征值的代数重数与几何重数

虽然定理 6.3.3 给出了矩阵可对角化的一个充要条件，但是对于给定的方阵，要验证定理的条件却需要计算出 $\boldsymbol{A}$ 的特征向量. 下面我们将给出一个更加容易验证的充要条件，为此需要几个定义.

给定复数域 $\boldsymbol{C}$ 上的 n 阶方阵 $\boldsymbol{A}$，设 $\boldsymbol{A}$ 的特征多项式为

$$f_A(x)=(x-\lambda_1)^{n_1}(x-\lambda_2)^{n_2}\cdots(x-\lambda_s)^{n_s},$$

其中，$\lambda_1,\lambda_2,\cdots,\lambda_s$ 为 $\boldsymbol{A}$ 的所有不同的特征值，称 n_i 为特征值 λ_i 的**代数重数**.

特征值 λ_i 对应的特征子空间 $V_A(\lambda_i)$ 的维数，即方程组 $(\lambda_i\boldsymbol{E}-\boldsymbol{A})\boldsymbol{x}=\boldsymbol{0}$ 的解空间的维数称为特征值**几何重数**，记为 m_i. 根据维数的定义，$V_A(\lambda_i)$ 中极大线性无关组的向量个数为 m_i.

定理 6.3.3 告诉我们，一个矩阵要相似于对角矩阵，必须有足够多的线性无关的特征向量组，定理 6.3.2 指出不同特征值对应的特征向量是线性无关的，而对每个特征值 λ_i，属于 λ_i 的线性无关的特征向量有 m_i 个. 如果将这些向量放在一起仍然是线性无关的，那就得到 $m_1+\cdots+m_s$ 个线性无关的特征向量.

定理 6.3.4　设 $\boldsymbol{x}_{i1},\boldsymbol{x}_{i2},\cdots,\boldsymbol{x}_{im_i}(i=1,2,\cdots,s)$ 是 $\boldsymbol{A}$ 的属于特征值 λ_i 的线性无关的特征向量组，则 $\boldsymbol{x}_{11},\boldsymbol{x}_{12},\cdots,\boldsymbol{x}_{1m_1},\boldsymbol{x}_{21},\boldsymbol{x}_{22},\cdots,\boldsymbol{x}_{2m_2},\cdots,\boldsymbol{x}_{s1},\boldsymbol{x}_{s2},\cdots,\boldsymbol{x}_{sn_s}$ 也是线性无关的向量组.

证明类似于定理 6.3.2，请读者试证.

下面的引理指出了代数重数与几何重数的关系.

引理 6.3.1　设 λ_i 为 n 阶复方阵 $\boldsymbol{A}$ 的特征值，则它的几何重数不超过它的代数重数，即 $m_i\leqslant n_i$.

证明　根据几何重数的定义，属于特征值 λ_i 的特征子空间 $V_A(\lambda_i)$ 的维数为 m_i. 取它的一组基 $\boldsymbol{\alpha}_1,\boldsymbol{\alpha}_2,\cdots,\boldsymbol{\alpha}_{m_i}$，将其扩充为 $\boldsymbol{C}^n$ 的一组基 $\boldsymbol{\alpha}_1,\boldsymbol{\alpha}_2,\cdots,\boldsymbol{\alpha}_{m_i},\boldsymbol{\beta}_1,\boldsymbol{\beta}_2,\cdots,\boldsymbol{\beta}_{n-m_i}$.

令 $\boldsymbol{T}=(\boldsymbol{\alpha}_1,\boldsymbol{\alpha}_2,\cdots,\boldsymbol{\alpha}_{m_i},\boldsymbol{\beta}_1,\boldsymbol{\beta}_2,\cdots,\boldsymbol{\beta}_{n-m_i})$，则 $\boldsymbol{T}$ 为可逆方阵，且

$$\begin{aligned}\boldsymbol{AT}&=\boldsymbol{A}(\boldsymbol{\alpha}_1,\boldsymbol{\alpha}_2,\cdots,\boldsymbol{\alpha}_{m_i},\boldsymbol{\beta}_1,\boldsymbol{\beta}_2,\cdots,\boldsymbol{\beta}_{n-m_i})\\&=(\boldsymbol{\alpha}_1,\boldsymbol{\alpha}_2,\cdots,\boldsymbol{\alpha}_{m_i},\boldsymbol{\beta}_1,\boldsymbol{\beta}_2,\cdots,\boldsymbol{\beta}_{n-m_i})\begin{pmatrix}\lambda_i\boldsymbol{E}_{m_i}&*\\\boldsymbol{O}&\boldsymbol{A}_1\end{pmatrix}=T\begin{pmatrix}\lambda_i\boldsymbol{E}_{m_i}&*\\\boldsymbol{O}&\boldsymbol{A}_1\end{pmatrix},\end{aligned}$$

其中，$\boldsymbol{A}_1$ 为一个 $(n-m_i)$ 阶的方阵. 由上式得

$$\boldsymbol{T}^{-1}\boldsymbol{AT}=\begin{pmatrix}\lambda_i\boldsymbol{E}_{m_i}&*\\\boldsymbol{O}&\boldsymbol{A}_1\end{pmatrix}.$$

由于相似矩阵有相同的特征多项式，我们有 $f_A(x)=(x-\lambda_i)^{m_i}f_{A_1}(x)$，而 $f_A(x)$ 中 $(x-\lambda_i)$ 的指数等于 n_i，所以 $m_i\leqslant n_i$.

定理 6.3.5　复方阵 $\boldsymbol{A}$ 可对角化的充要条件是 $\boldsymbol{A}$ 的每个特征值的几何重数与代数重数相等.

证明　设 $\boldsymbol{A}$ 为 n 阶复方阵，其特征多项式为

$$f_A(x)=(x-\lambda_1)^{n_1}(x-\lambda_2)^{n_2}\cdots(x-\lambda_s)^{n_s},$$

特征值 λ_i 的代数重数为 n_i. 设 λ_i 的几何重数为 m_i，即存在 m_i 个属于特征值 λ_i 的线性无关

的特征向量. 由定理 6.3.4 知,$\boldsymbol{A}$ 有且仅有 $m_1+m_2+\cdots+m_s$ 个线性无关的特征向量. 由定理 6.3.3,$\boldsymbol{A}$ 可对角化当且仅当

$$m_1+m_2+\cdots+m_s=n.$$

又由于 $m_i\leqslant n_i\ (1\leqslant i\leqslant s)$ 及 $n_1+n_2+\cdots+n_s=n$,所以 $\boldsymbol{A}$ 可对角化当且仅当 $m_i=n_i,1\leqslant i\leqslant s$.

注意:由于 $m_i=n-rank(\lambda_i\boldsymbol{E}-\boldsymbol{A})$,上述定理表明,复方阵 $\boldsymbol{A}$ 可对角化的充要条件是 $rank(\lambda_i\boldsymbol{E}-\boldsymbol{A})=n-m_i,i=1,2,\cdots,s$.

例 6.3.3 判定矩阵 $\boldsymbol{A}=\begin{pmatrix}3&-1&-2\\2&0&-2\\2&-1&-1\end{pmatrix}$ 是否可对角化?

解 $\boldsymbol{A}$ 的特征多项式为

$$f_A(x)=\begin{vmatrix}x-3&1&2\\-2&x&2\\-2&1&x+1\end{vmatrix}=x(x-1)^2,$$

所以 $\boldsymbol{A}$ 的全部特征值为 $\lambda_1=0,\lambda_2=1$(二重根). 特征值为 0 的代数重数和几何重数都是 1,特征值为 1 的代数重数是 2. 由于 $rank(\boldsymbol{E}-\boldsymbol{A})=1$,方程组 $(\boldsymbol{E}-\boldsymbol{A})\boldsymbol{x}=\boldsymbol{0}$ 的解空间的维数等于 2,故特征值为 1 的几何重数也是 2,因此 $\boldsymbol{A}$ 是可对角化的. 事实上,令

$$\boldsymbol{T}_1=\begin{pmatrix}1\\1\\1\end{pmatrix},\quad \boldsymbol{T}_2=\begin{pmatrix}1\\2\\0\end{pmatrix},\quad \boldsymbol{T}_3=\begin{pmatrix}0\\-2\\1\end{pmatrix},$$

则 $\boldsymbol{AT}_1=\boldsymbol{0},\boldsymbol{AT}_2=\boldsymbol{T}_2,\boldsymbol{AT}_3=\boldsymbol{T}_3$. 若令 $\boldsymbol{T}=(\boldsymbol{T}_1,\boldsymbol{T}_2,\boldsymbol{T}_3)$,则有

$$\boldsymbol{T}^{-1}\boldsymbol{AT}=\begin{pmatrix}0&0&0\\0&1&0\\0&0&1\end{pmatrix}.$$

例 6.3.4 设方阵 $\boldsymbol{A}$ 相似于对角矩阵,求 x 和 y 应满足的条件,这里 $\boldsymbol{A}=\begin{pmatrix}0&0&x\\1&1&y\\1&0&0\end{pmatrix}$.

解 由于

$$\det(\lambda\boldsymbol{E}-\boldsymbol{A})=\begin{vmatrix}\lambda&0&-x\\-1&\lambda-1&-y\\-1&0&\lambda\end{vmatrix}=(\lambda-1)(\lambda^2-x),$$

当 $x\neq0,1$ 时,$\boldsymbol{A}$ 有 3 个不同的特征值,由推论 6.3.2 知,此时 $\boldsymbol{A}$ 可对角化.

当 $x=1$ 时,$\boldsymbol{A}$ 有特征值 $\lambda_1=\lambda_2=1,\lambda_3=-1$. 由定理 6.3.5 知 $\boldsymbol{A}$ 可对角化当且仅当特征值为 1 的几何重数是 2,这等价于要求 $rank(\boldsymbol{E}-\boldsymbol{A})=1$. 由于

$$\boldsymbol{E}-\boldsymbol{A}=\begin{pmatrix}1&0&-1\\-1&0&-y\\-1&0&1\end{pmatrix}\to\begin{pmatrix}1&0&-1\\-1&0&-y\\0&0&0\end{pmatrix},$$

因此 $y=-1$.

当 $x=0$ 时,$\boldsymbol{A}$ 有特征值 $\lambda_1=\lambda_2=0,\lambda_3=1$. 由于特征值为 0 的几何重数 $m=3-rank$

$(0\cdot \boldsymbol{E}-\boldsymbol{A})=1$,所以此时 $\boldsymbol{A}$ 不可对角化.

综上所述,$\boldsymbol{A}$ 可对角化的条件是 $x\neq 0,1$ 或 $x=1,y=-1$.

例 6.3.5　设 n 阶方阵 $\boldsymbol{A}$ 满足 $rank(\boldsymbol{A}+\boldsymbol{E})+rank(\boldsymbol{A}-\boldsymbol{E})=n$,证明 $\boldsymbol{A}^2=\boldsymbol{E}$.

证明　设 $rank(\boldsymbol{A}+\boldsymbol{E})=r$,则方程组 $(\boldsymbol{A}+\boldsymbol{E})\boldsymbol{x}=\boldsymbol{0}$ 的解空间是 $n-r$ 维的,它是 $\boldsymbol{A}$ 的特征值为 -1 对应的特征子空间. 取 $x_{r+1},\cdots,x_n$ 为它的一组基.

由条件知 $rank(\boldsymbol{A}-\boldsymbol{E})=n-r$,所以 $(\boldsymbol{A}-\boldsymbol{E})\boldsymbol{x}=\boldsymbol{0}$ 的解空间是 r 维的,它是 $\boldsymbol{A}$ 的特征值为 1 对应的特征子空间. 取 $x_1,\cdots,x_r$ 为它的一组基.

令 $\boldsymbol{T}=(\boldsymbol{x}_1,\cdots,\boldsymbol{x}_r,\boldsymbol{x}_{r+1},\cdots,\boldsymbol{x}_n)$,由定理 6.3.4 得 $\boldsymbol{T}$ 为可逆矩阵,且

$$\boldsymbol{AT}=\boldsymbol{A}(\boldsymbol{x}_1,\cdots,\boldsymbol{x}_r,\boldsymbol{x}_{r+1},\cdots,\boldsymbol{x}_n)=\boldsymbol{T}\begin{pmatrix}\boldsymbol{E}_r & \boldsymbol{O}\\ \boldsymbol{O} & -\boldsymbol{E}_{n-r}\end{pmatrix},$$

所以

$$\boldsymbol{A}=\boldsymbol{T}\begin{pmatrix}\boldsymbol{E}_r & \boldsymbol{O}\\ \boldsymbol{O} & -\boldsymbol{E}_{n-r}\end{pmatrix}\boldsymbol{T}^{-1},$$

易见

$$\boldsymbol{A}^2=\boldsymbol{E}.$$

习题 6.3

1. 矩阵 $\boldsymbol{A}=\begin{pmatrix}-4 & -10 & 0\\ 1 & 3 & 0\\ 3 & 6 & 1\end{pmatrix}$ 能否与对角矩阵相似?

2. 当 a,b,c 取何值时,$\boldsymbol{A}=\begin{pmatrix}1 & 0 & 0 & 0\\ a & 1 & 0 & 0\\ 2 & b & 2 & 0\\ 2 & 3 & -c & 2\end{pmatrix}$ 可对角化?

3. $\boldsymbol{A}=\begin{pmatrix}3 & 0 & 0\\ 0 & 3 & 0\\ 0 & 0 & 3\end{pmatrix}$ 与 $\boldsymbol{B}=\begin{pmatrix}3 & 1 & 0\\ 0 & 3 & 1\\ 0 & 0 & 3\end{pmatrix}$ 是否相似?

4. 设 $\boldsymbol{A}$ 与 $\boldsymbol{B}$ 都是 n 阶方阵,且 $|\boldsymbol{A}|\neq 0$,证明 $\boldsymbol{AB}$ 与 $\boldsymbol{BA}$ 相似.

5. 设 $\boldsymbol{A}$ 与 $\boldsymbol{B}$ 都是 n 阶方阵,$\boldsymbol{A}$ 与 $\boldsymbol{B}$ 相似,且 $\boldsymbol{A}^2=\boldsymbol{A}$,证明 $\boldsymbol{B}^2=\boldsymbol{B}$.

§6.4　实对称矩阵的对角化

6.4.1　实对称矩阵的特征值与特征向量

在第 2 章§2.2 中曾经介绍过共轭矩阵的概念和性质,此外,共轭矩阵还有如下性质:

(1)若复矩阵 $\boldsymbol{A}$ 可逆,则 $\overline{\boldsymbol{A}^{-1}}=(\overline{\boldsymbol{A}})^{-1}$.

(2)当 $\boldsymbol{A}$ 为实对称矩阵时,$\overline{\boldsymbol{A}}=\boldsymbol{A}$ 且 $(\overline{\boldsymbol{A}})^T=\boldsymbol{A}^T=\boldsymbol{A}$.

(3)若 $\boldsymbol{x}=(x_1,x_2,\cdots,x_n)^T$,则 $(\overline{x})^T\boldsymbol{x}=\sum\limits_{i=1}^{n}|x_i|^2\geqslant 0$,当且仅当 $\boldsymbol{x}=0$ 时等号成立.

实对称矩阵是一类很重要的可对角化的矩阵，它的特征值与特征向量具有下列性质：

性质 6.4.1 实对称矩阵 $\boldsymbol{A}$ 的特征值都是实数.

证明 设 λ 是 $\boldsymbol{A}$ 的任一特征值，即存在非零向量 $\boldsymbol{p}$ 使 $\boldsymbol{Ap}=\lambda\boldsymbol{p}$，要证 λ 是实数，只需证明 $\bar{\lambda}=\lambda$ 即可. 由 $\boldsymbol{Ap}=\lambda\boldsymbol{p}$ 及 $(\overline{\boldsymbol{A}})^T=\boldsymbol{A}$ 得

$$\lambda(\overline{\boldsymbol{p}})^T\boldsymbol{p}=(\overline{\boldsymbol{p}})^T(\lambda\boldsymbol{p})=(\overline{\boldsymbol{p}})^T(\boldsymbol{Ap})=\overline{(\boldsymbol{p})^T}(\overline{\boldsymbol{A}})^T\boldsymbol{p}=(\overline{\boldsymbol{Ap}})^T\boldsymbol{p}=(\overline{\lambda\boldsymbol{p}})^T\boldsymbol{p}=\bar{\lambda}(\overline{\boldsymbol{p}})^T\boldsymbol{p},$$

因为向量 $\boldsymbol{p}\neq 0$，所以 $\overline{\boldsymbol{p}}^T\boldsymbol{p}>0$，故 $\bar{\lambda}=\lambda$.

当特征值为实数时，齐次线性方程组 $(\boldsymbol{A}-\lambda_i\boldsymbol{E})\boldsymbol{x}=\boldsymbol{0}$ 是实系数线性方程组，由 $|\boldsymbol{A}-\lambda_i\boldsymbol{E}|=0$ 知必有实向量基础解系，所以对应的特征向量可取为实向量.

性质 6.4.2 实对称矩阵 $\boldsymbol{A}$ 的属于不同特征值的特征向量是正交的.

证明 设 λ_1,λ_2 是 $\boldsymbol{A}$ 的两个不同的特征值，p_1,p_2 分别是属于 λ_1,λ_2 的特征向量(均为实向量)，即有 $\boldsymbol{Ap}_1=\lambda_1\boldsymbol{p}_1,\boldsymbol{Ap}_2=\lambda_2\boldsymbol{p}_2$，则

$$\begin{aligned}\lambda_1(\boldsymbol{p}_1,\boldsymbol{p}_2)&=(\lambda_1\boldsymbol{p}_1,\boldsymbol{p}_2)=(\boldsymbol{Ap}_1,\boldsymbol{p}_2)=(\boldsymbol{Ap}_1)^T\boldsymbol{p}_2=\boldsymbol{p}_1^T\boldsymbol{A}^T\boldsymbol{p}_2\\&=\boldsymbol{p}_1^T(\boldsymbol{Ap}_2)=\boldsymbol{p}_1^T(\lambda_2\boldsymbol{p}_2)=(\boldsymbol{p}_1,\lambda_2\boldsymbol{p}_2)=\lambda_2(\boldsymbol{p}_1,\boldsymbol{p}_2).\end{aligned}$$

因此 $(\lambda_1-\lambda_2)(\boldsymbol{p}_1,\boldsymbol{p}_2)=0$，而 $\lambda_1\neq\lambda_2$，故有 $(\boldsymbol{p}_1,\boldsymbol{p}_2)=0$，即 $\boldsymbol{p}_1$ 与 $\boldsymbol{p}_2$ 正交.

性质 6.4.3 设 $\boldsymbol{A}$ 为 n 阶实对称矩阵，λ 是 $\boldsymbol{A}$ 的特征方程的 r 重根，则方阵 $\boldsymbol{A}-\lambda\boldsymbol{E}$ 的秩 $R(\boldsymbol{A}-\lambda\boldsymbol{E})=n-r$，从而对应的特征值 λ 恰有 r 个线性无关的特征向量.

此性质的证明留给读者.

6.4.2 实对称矩阵的对角化

一般 n 阶矩阵未必能与对角矩阵相似，而实对称矩阵则一定能够与对角矩阵相似.

定理 6.4.1 设 $\boldsymbol{A}$ 为 n 阶实对称矩阵，则必存在正交矩阵 $\boldsymbol{P}$，使得

$$\boldsymbol{P}^{-1}\boldsymbol{AP}=diag(\lambda_1,\lambda_2,\cdots,\lambda_n),$$

其中，$\lambda_1,\lambda_2,\cdots,\lambda_n$ 为 $\boldsymbol{A}$ 的 n 个特征值.

证明 设 $\boldsymbol{A}$ 的互不相同的特征值为 $\lambda_1,\lambda_2,\cdots,\lambda_s$，它们的重数依次为 $r_1,r_2,\cdots,r_s$ $(r_1+r_2+\cdots+r_s=n)$.

根据性质 6.4.1 和性质 6.4.3 知，对应于特征值 $\lambda_i(i=1,2,\cdots,s)$ 恰有 r_i 个线性无关的实特征向量，把它们标准正交化，就可得到 r_i 个单位正交的特征向量，由 $r_1+r_2+\cdots+r_s=n$ 知，这样的特征向量共有 n 个；又由性质 6.4.3 知，$\boldsymbol{A}$ 的属于不同特征值的特征向量是正交的，故这 n 个单位特征向量两两正交，以它们为列向量构成正交矩阵 $\boldsymbol{P}$，并有

$$\boldsymbol{P}^{-1}\boldsymbol{AP}=\boldsymbol{P}^{-1}\boldsymbol{P\Lambda}=\boldsymbol{\Lambda}=diag(\lambda_1,\lambda_2,\cdots,\lambda_n),$$

其中，$\lambda_1,\lambda_2,\cdots,\lambda_n$ 为 $\boldsymbol{A}$ 的 n 个特征值.

由定理 6.4.1 可知，实对称矩阵的对角化问题实质上是求正交矩阵 $\boldsymbol{P}$ 的问题，计算 $\boldsymbol{P}$ 的步骤如下：

(1)求出实对称矩阵 $\boldsymbol{A}$ 的全部互不相等的特征值 $\lambda_1,\lambda_2,\cdots,\lambda_r$.

(2)对于各个不同的特征值 λ_i，求出齐次线性方程组 $(\boldsymbol{A}-\lambda_i\boldsymbol{E})\boldsymbol{x}=\boldsymbol{0}$ 的基础解系，对基础解系进行正交化和单位化，得到 $\boldsymbol{A}$ 的属于 λ_i 的一组标准正交的特征向量. 这个向量组所含向量的个数恰好是 λ_i 作为 $\boldsymbol{A}$ 的特征值的重数.

(3)将各 $\lambda_i(i=1,2,\cdots,r)$ 的所有标准正交的特征向量构成一组 $\boldsymbol{R}^n$ 的标准正交基 $\boldsymbol{p}_1,\boldsymbol{p}_2,\cdots,\boldsymbol{p}_n$.

(4)取 $\boldsymbol{P}=(\boldsymbol{p}_1,\boldsymbol{p}_2,\cdots,\boldsymbol{p}_n)$，则 $\boldsymbol{P}$ 为正交矩阵且使得 $\boldsymbol{P}^T\boldsymbol{A}\boldsymbol{P}=\boldsymbol{P}^{-1}\boldsymbol{A}\boldsymbol{P}$ 为对角矩阵，对角线上的元为相应特征向量的特征值.

例 6.4.1　设实对称矩阵 $\boldsymbol{A}=\begin{pmatrix}4&0&0\\0&3&1\\0&1&3\end{pmatrix}$，求正交矩阵 $\boldsymbol{P}$，使 $\boldsymbol{P}^{-1}\boldsymbol{A}\boldsymbol{P}=\boldsymbol{\Lambda}$.

解　$$|\boldsymbol{A}-\lambda\boldsymbol{E}|=\begin{vmatrix}4-\lambda&0&0\\0&3-\lambda&1\\0&1&3-\lambda\end{vmatrix}=(4-\lambda)(\lambda^2-6\lambda+8)$$
$$=(2-\lambda)(4-\lambda)^2=0,$$
得特征值 $\lambda_1=2,\lambda_2=\lambda_3=4$.

对于 $\lambda_1=2$，由 $(\boldsymbol{A}-\lambda_1\boldsymbol{E})\boldsymbol{x}=\boldsymbol{0}$，即
$$\begin{pmatrix}2&0&0\\0&1&1\\0&1&1\end{pmatrix}\begin{pmatrix}x_1\\x_2\\x_3\end{pmatrix}=\begin{pmatrix}0\\0\\0\end{pmatrix},$$
解得基础解系为 $(0,1,-1)^T$，单位化得单位特征向量 $\boldsymbol{p}_1=\left(0,\frac{1}{\sqrt{2}},-\frac{1}{\sqrt{2}}\right)^T$.

对于 $\lambda_2=\lambda_3=4$，由 $(\boldsymbol{A}-\lambda_2\boldsymbol{E})\boldsymbol{x}=\boldsymbol{0}$，即
$$\begin{pmatrix}0&0&0\\0&-1&1\\0&1&-1\end{pmatrix}\begin{pmatrix}x_1\\x_2\\x_3\end{pmatrix}=\begin{pmatrix}0\\0\\0\end{pmatrix},$$
解得基础解系为 $(1,0,0)^T,(0,1,1)^T$，因为该基础解系中的两个向量恰好正交，只要单位化即得两个正交的单位特征向量 $\boldsymbol{p}_2=(1,0,0)^T,\boldsymbol{p}_3=\left(0,\frac{1}{\sqrt{2}},\frac{1}{\sqrt{2}}\right)^T$.

于是可得正交矩阵
$$\boldsymbol{P}=(\boldsymbol{p}_1,\boldsymbol{p}_2,\boldsymbol{p}_3)=\begin{pmatrix}0&1&0\\\frac{1}{\sqrt{2}}&0&\frac{1}{\sqrt{2}}\\-\frac{1}{\sqrt{2}}&0&\frac{1}{\sqrt{2}}\end{pmatrix},$$
使得
$$\boldsymbol{P}^{-1}\boldsymbol{A}\boldsymbol{P}=\boldsymbol{P}^T\boldsymbol{A}\boldsymbol{P}=\boldsymbol{\Lambda}=\begin{pmatrix}2&&\\&4&\\&&4\end{pmatrix}.$$

注意：在此例中对应于特征值 $\lambda=4$，若求得方程组 $(\boldsymbol{A}-4\boldsymbol{E})x=\boldsymbol{0}$ 的基础解系不正交，例如，$\boldsymbol{\gamma}_1=(1,1,1)^T,\boldsymbol{\gamma}_2=(-1,1,1)^T$，则需把它们标准正交化，即取
$$\boldsymbol{\eta}_1=\boldsymbol{\gamma}_1,\boldsymbol{\eta}_2=\boldsymbol{\gamma}_2-\frac{(\boldsymbol{\gamma}_2,\boldsymbol{\eta}_1)}{(\boldsymbol{\eta}_1,\boldsymbol{\eta}_1)}\boldsymbol{\eta}_1=\begin{pmatrix}-1\\1\\1\end{pmatrix}-\frac{1}{3}\begin{pmatrix}1\\1\\1\end{pmatrix}=\frac{2}{3}\begin{pmatrix}-2\\1\\1\end{pmatrix},$$
再单位化得 $\boldsymbol{p}_2=\frac{1}{\sqrt{3}}(1,1,1)^T,\boldsymbol{p}_3=\frac{1}{\sqrt{6}}(-2,1,1)^T$，取

$$P=(p_1,p_2,p_3)=\begin{pmatrix} 0 & \frac{1}{\sqrt{3}} & -\frac{2}{\sqrt{6}} \\ \frac{1}{\sqrt{2}} & \frac{1}{\sqrt{3}} & \frac{1}{\sqrt{6}} \\ -\frac{1}{\sqrt{2}} & \frac{1}{\sqrt{3}} & \frac{1}{\sqrt{6}} \end{pmatrix},$$

可以验证仍有 $P^{-1}AP=\begin{pmatrix} 2 & & \\ & 4 & \\ & & 4 \end{pmatrix}$.

此例说明所求正交矩阵不唯一.

例 6.4.2 设三阶实对称矩阵 A 的各行元之和均为 3，向量 $\alpha_1=(-1,2,-1)^T$，$\alpha_2=(0,-1,1)^T$ 是线性方程组 $Ax=0$ 的两个解.

(1)求 A 的特征值与特征向量；

(2)求正交矩阵 Q 和对角矩阵 Λ，使得 $Q^TAQ=\Lambda$.

解 (1)由于 A 的各行元之和均为 3，所以有 $A(1,1,1)^T=(3,3,3)^T$，即

$$A(1,1,1)^T=3(1,1,1)^T,$$

因此 $\lambda=3$ 是 A 的特征值，它对应的特征向量为 $c_1(1,1,1)^T$（其中，c_1 是不为零的任意常数）.

由于线性方程组 $Ax=0$ 有两个解 $\alpha_1=(-1,2,-1)^T$，$\alpha_2=(0,-1,1)^T$，所以有 $A\alpha_1=0\alpha_1$，$A\alpha_2=0\alpha_2$，因此 $\lambda=0$（二重）是 A 的特征值，它对应的特征向量为

$$k_1\alpha_1+k_2\alpha_2=k_1(-1,2,-1)^T+k_2(0,-1,1)^T (k_1,k_2 \text{ 是不全为零的常数}).$$

(2)记 $\xi_1=(1,1,1)^T$，则 ξ_1,α_1,α_2 是 A 的三个特征向量，现将 $\alpha\alpha_1,\alpha_2\alpha$ 正交化：

$$\xi_2=\alpha_1=(-1,2,-1)^T,$$

$$\xi_3=\alpha_2-\frac{(\alpha_2,\xi_2)}{(\xi_2,\xi_2)}\xi_2=(0,-1,1)^T-\frac{-3}{6}(-1,2,-1)^T=\left(-\frac{1}{2},0,\frac{1}{2}\right)^T,$$

于是 ξ_1,ξ_2,ξ_3 是正交向量组，现将它们单位化

$$\beta_1=\frac{1}{|\xi_1|}\xi_1=\left(\frac{1}{\sqrt{3}},\frac{1}{\sqrt{3}},\frac{1}{\sqrt{3}}\right)^T,\ \beta_2=\frac{1}{|\xi_2|}\xi_2=\left(-\frac{1}{\sqrt{6}},\frac{2}{\sqrt{6}},-\frac{1}{\sqrt{6}}\right)^T,$$

$$\beta_3=\frac{1}{|\xi_3|}\xi_3=\left(-\frac{1}{\sqrt{2}},0,\frac{1}{\sqrt{2}}\right)^T,$$

因此，所求的正交矩阵

$$Q=(\beta_1,\beta_2,\beta_3)=\begin{pmatrix} \frac{1}{\sqrt{3}} & -\frac{1}{\sqrt{6}} & -\frac{1}{\sqrt{2}} \\ \frac{1}{\sqrt{3}} & \frac{2}{\sqrt{6}} & 0 \\ \frac{1}{\sqrt{3}} & -\frac{1}{\sqrt{6}} & \frac{1}{\sqrt{2}} \end{pmatrix},$$

对角矩阵

$$\Lambda=\begin{pmatrix} 3 & & \\ & 0 & \\ & & 0 \end{pmatrix},$$

并且 $Q^TAQ=\Lambda$.

习题 6.4

1. 设 $A=\begin{pmatrix}2&0&-2\\0&3&0\\0&0&3\end{pmatrix}$，求可逆矩阵 P，使 $P^{-1}AP$ 为对角矩阵.

2. 设 $A=\begin{pmatrix}4&2&2\\2&4&2\\2&2&4\end{pmatrix}$，求正交矩阵 T，使 T^TAT 为对角矩阵.

3. 设 3 阶实对称矩阵 A 的特征值为 6,3,3，与特征值 6 对应的特征向量为 $p_1=(1,1,1)^T$，求 A.

4. 设 A 与 B 都是实对称矩阵，证明存在正交矩阵 P，使 $P^{-1}AP=B$ 的充要条件是 A 与 B 有相同的特征值.

5. 设 $A=\begin{pmatrix}2&0&0\\0&0&1\\0&1&x\end{pmatrix}$ 与 $B=\begin{pmatrix}2&0&0\\0&y&0\\0&0&-1\end{pmatrix}$ 相似，求 x,y 及 P，使得 $P^{-1}AP=B$.

6. 设 $A=\begin{pmatrix}1&2&0\\2&2&2\\0&2&3\end{pmatrix}$，$f(x)=\begin{vmatrix}x^4-1&x\\x^2&x^6+1\end{vmatrix}$.

(1)求 $f(A)$；

(2)求 $f(A)$的特征值及相应的特征向量.

§6.5 案例解析

6.5.1 经典例题方法与技巧案例

例 6.5.1 设 $A=\begin{pmatrix}3&2&-1\\-2&-2&2\\3&6&-1\end{pmatrix}$，求 A 的特征值和特征向量，并说明 A 是否与对角矩阵相似. 若与对角矩阵相似，试求可逆矩阵 T，使 $T^{-1}AT$ 为对角形.

解 $|\lambda E-A|=\begin{vmatrix}\lambda-3&-2&1\\2&\lambda+2&-2\\-3&-6&\lambda+1\end{vmatrix}=\lambda^3-12\lambda+16=(\lambda-2)^2(\lambda+4)$，故 A 的特征值为 $\lambda_1=-4,\lambda_2=2$(二重根).

对于特征值 $\lambda_1=-4$，解方程组

$$\begin{pmatrix}-7&-2&1\\2&-2&-2\\-3&-6&-3\end{pmatrix}\begin{pmatrix}x_1\\x_2\\x_3\end{pmatrix}=0,$$

得基础解系 $\boldsymbol{\alpha}_1=\begin{pmatrix}\frac{1}{3}\\-\frac{2}{3}\\1\end{pmatrix}$.

对于特征值 $\lambda_2=2$,解方程组

$$\begin{pmatrix}-1&-2&1\\2&4&-2\\-3&-6&3\end{pmatrix}\begin{pmatrix}x_1\\x_2\\x_3\end{pmatrix}=0,$$

得基础解系 $\boldsymbol{\alpha}_2=\begin{pmatrix}-2\\1\\0\end{pmatrix}$,$\boldsymbol{\alpha}_3=\begin{pmatrix}1\\0\\1\end{pmatrix}$.

由于基础解系含解向量的个数与对应特征值的重数相同,或由于 3 阶方阵有 3 个线性无关的特征向量,故 $\boldsymbol{A}$ 与对角矩阵相似. 令

$$\boldsymbol{T}=\begin{pmatrix}\frac{1}{3}&-2&1\\-\frac{2}{3}&1&0\\1&0&1\end{pmatrix},$$

则有

$$\boldsymbol{T}^{-1}\boldsymbol{A}\boldsymbol{T}=\begin{pmatrix}-4&0&0\\0&2&0\\0&0&2\end{pmatrix}.$$

例 6.5.2 设 $\boldsymbol{A}=\begin{pmatrix}2&0&0\\1&2&-1\\1&0&1\end{pmatrix}$,设 k 为正整数,求 $\boldsymbol{A}^k$.

解 $\boldsymbol{A}$ 的特征多项式

$$|\lambda\boldsymbol{E}-\boldsymbol{A}|=\begin{vmatrix}\lambda-2&0&0\\-1&\lambda-2&1\\-1&0&\lambda-1\end{vmatrix}=(\lambda-2)^2(\lambda-1),$$

故 $\boldsymbol{A}$ 的特征值为 $\lambda_1=\lambda_2=2,\lambda_3=1$.

当 $\lambda_1=\lambda_2=2$ 时,解齐次线性方程组 $(2\boldsymbol{E}-\boldsymbol{A})X=0$,即 $-x_1+x_3=0$,得基础解系

$$\boldsymbol{\alpha}_1=\begin{pmatrix}0\\1\\0\end{pmatrix},\boldsymbol{\alpha}_2=\begin{pmatrix}1\\0\\1\end{pmatrix}.$$

当 $\lambda_3=1$ 时,解齐次线性方程组 $(\boldsymbol{E}-\boldsymbol{A})\boldsymbol{X}=\boldsymbol{0}$,即 $\begin{cases}x_1=0,\\-x_1-x_2+x_3=0,\end{cases}$ 得基础解系 $\boldsymbol{\alpha}_3=\begin{pmatrix}0\\1\\1\end{pmatrix}$.

令 $P=\begin{pmatrix}0&1&0\\1&0&1\\0&1&1\end{pmatrix}$，则 $P^{-1}AP=\begin{pmatrix}2&&\\&2&\\&&1\end{pmatrix}$. 于是

$$A^k=P\begin{pmatrix}2&&\\&2&\\&&1\end{pmatrix}^kP^{-1}=\begin{pmatrix}0&1&0\\1&0&1\\0&1&1\end{pmatrix}\begin{pmatrix}2^k&&\\&2^k&\\&&1\end{pmatrix}\begin{pmatrix}1&1&-1\\1&0&0\\-1&0&1\end{pmatrix}$$

$$=\begin{pmatrix}2^k&0&0\\2^k-1&2^k&-2^k+1\\2^k-1&0&1\end{pmatrix}.$$

例 6.5.3　已知矩阵 $A=\begin{pmatrix}-2&0&0\\2&x&2\\3&1&1\end{pmatrix}$ 与 $B=\begin{pmatrix}-1&&\\&2&\\&&y\end{pmatrix}$ 相似，

(1)求 x,y 的值；

(2)求矩阵 P，使 $P^{-1}AP=B$.

解　(1)**解法 1**

$$|A|=\begin{vmatrix}-2&0&0\\2&x&2\\3&1&1\end{vmatrix}=-2(x-2),\quad |B|=\begin{vmatrix}-1&&\\&2&\\&&y\end{vmatrix}=-2y.$$

因为 A 与 B 相似，所以 $|A|=|B|$，由此可得 $y=x-2$.

$$|\lambda E-A|=\begin{vmatrix}\lambda+2&0&0\\-2&\lambda-x&-2\\-3&-1&\lambda-1\end{vmatrix}=(\lambda+2)[\lambda^2-(x+1)\lambda+(x-2)],$$

即 A 有特征值 -2，故得 $y=-2$，从而 $x=0$.

解法 2　$|\lambda E-A|=\begin{vmatrix}\lambda+2&0&0\\-2&\lambda-x&-2\\-3&-1&\lambda-1\end{vmatrix}=(\lambda+2)[\lambda^2-(x+1)\lambda+(x-2)]$,

$$|\lambda E-B|=\begin{vmatrix}\lambda+1&&\\&\lambda-2&\\&&\lambda-y\end{vmatrix}=(\lambda+1)(\lambda-2)(\lambda-y),$$

因为 A 与 B 相似，所以 $|\lambda E-A|=|\lambda E-B|$，由此得 $y=-2$ 且

$$\lambda^2-(x+1)\lambda+(x-2)=(\lambda+1)(\lambda-2)=\lambda^2-\lambda-2,$$

因而有 $x+1=1$，即 $x=0$.

(2)A,B 的特征值是 $\lambda_1=-1,\lambda_2=2,\lambda_3=-2$，

当 $\lambda_1=-1$ 时，齐次线性方程组 $(-E-A)X=0$ 有基础解系 $\alpha_1=\begin{pmatrix}0\\-2\\1\end{pmatrix}$；

当 $\lambda_2=2$ 时，齐次线性方程组 $(2E-A)X=0$ 有基础解系 $\alpha_2=\begin{pmatrix}0\\1\\1\end{pmatrix}$；

当 $\lambda_3=-2$ 时,齐次线性方程组 $(-2\boldsymbol{E}-\boldsymbol{A})\boldsymbol{X}=\boldsymbol{0}$ 有基础解系 $\boldsymbol{\alpha}_3=\begin{pmatrix}-1\\0\\1\end{pmatrix}$.

取 $\boldsymbol{P}=\begin{pmatrix}0&0&-1\\-2&1&0\\1&1&1\end{pmatrix}$,则 $\boldsymbol{P}^{-1}\boldsymbol{AP}=\boldsymbol{B}$.

例 6.5.4 设 $\boldsymbol{A}=\begin{pmatrix}1&1&0\\0&0&1\\0&-1&0\end{pmatrix}$,

(1)证明 $\boldsymbol{A}^n=-\boldsymbol{A}^{n-2}+\boldsymbol{A}^2+\boldsymbol{E}\ (n\geqslant 3)$;

(2)计算 $\boldsymbol{A}^{103}$ 和 $\boldsymbol{A}^{102}$.

解 $\boldsymbol{A}$ 的特征多项式

$$f(\lambda)=|\lambda\boldsymbol{E}-\boldsymbol{A}|=\begin{vmatrix}\lambda-1&-1&0\\0&\lambda&-1\\0&1&\lambda\end{vmatrix}=(\lambda-1)(\lambda^2+1)=\lambda^3-\lambda^2+\lambda-1.$$

由哈米顿—凯莱定理

$$\boldsymbol{A}^3-\boldsymbol{A}^2+\boldsymbol{A}-\boldsymbol{E}=\boldsymbol{0}. \qquad (6.5.1)$$

(1)由(6.5.1)得,$\boldsymbol{A}^m+\boldsymbol{A}^{m-2}=\boldsymbol{A}^{m-1}+\boldsymbol{A}^{m-3}\ (m\geqslant 3)$,因而

$$\boldsymbol{A}^n+\boldsymbol{A}^{n-2}=\boldsymbol{A}^{n-1}+\boldsymbol{A}^{n-3}=\boldsymbol{A}^{n-2}+\boldsymbol{A}^{n-4}=\cdots=\boldsymbol{A}^2+\boldsymbol{E},$$

所以 $\boldsymbol{A}^n=-\boldsymbol{A}^{n-2}+\boldsymbol{A}^2+\boldsymbol{E}\quad(n\geqslant 3)$.

(2)$\boldsymbol{A}^{103}=-\boldsymbol{A}^{103-2}+\boldsymbol{A}^2+E=-(-\boldsymbol{A}^{103-4}+\boldsymbol{A}^2+E)+\boldsymbol{A}^2+E=\boldsymbol{A}^{103-4}$

$$=-\boldsymbol{A}^{103-6}+\boldsymbol{A}^2+\boldsymbol{E}=\cdots=-\boldsymbol{A}+\boldsymbol{A}^2+\boldsymbol{E}=\begin{pmatrix}1&0&1\\0&0&-1\\0&1&0\end{pmatrix}.$$

故

$$\boldsymbol{A}^{102}=\boldsymbol{A}^2=\begin{pmatrix}1&1&1\\0&-1&0\\0&0&-1\end{pmatrix}.$$

例 6.5.5 设 $\boldsymbol{A}$ 是数域 P 上的 n 阶可逆矩阵,证明以下条件等价:

(1)$\boldsymbol{A}$ 与对角阵相似; (2)$\boldsymbol{A}^{-1}$ 与对角阵相似; (3)$\boldsymbol{A}^*$ 与对角阵相似.

证明

(1)⇒(2) 设

$$\boldsymbol{D}=\begin{pmatrix}\lambda_1&&&\\&\lambda_2&&\\&&\ddots&\\&&&\lambda_n\end{pmatrix},$$

且 $\boldsymbol{A}$ 与 $\boldsymbol{D}$ 相似,则存在可逆矩阵 $\boldsymbol{T}$,使 $\boldsymbol{T}^{-1}\boldsymbol{AT}=\boldsymbol{D}$,由 $\boldsymbol{A}$ 可逆知 $\boldsymbol{D}$ 也可逆,于是有

$$T^{-1}A^{-1}T=\begin{pmatrix}\lambda_1^{-1}&&&\\&\lambda_2^{-1}&&\\&&\ddots&\\&&&\lambda_n^{-1}\end{pmatrix},$$

即 A^{-1} 也与对角阵相似.

(2)⇒(3)　设

$$U=\begin{pmatrix}u_1&&&\\&u_2&&\\&&\ddots&\\&&&u_n\end{pmatrix},$$

且 A^{-1} 与 U 相似,则存在可逆矩阵 Q,使

$$Q^{-1}A^{-1}Q=\begin{pmatrix}u_1&&&\\&u_2&&\\&&\ddots&\\&&&u_n\end{pmatrix},$$

于是有

$$A^{-1}=Q\begin{pmatrix}u_1&&&\\&u_2&&\\&&\ddots&\\&&&u_n\end{pmatrix}Q^{-1},$$

进而有

$$A^*=|A|A^{-1}=|A|Q\begin{pmatrix}u_1&&&\\&u_2&&\\&&\ddots&\\&&&u_n\end{pmatrix}Q^{-1}=Q\begin{pmatrix}|A|u_1&&&\\&|A|u_2&&\\&&\ddots&\\&&&|A|u_n\end{pmatrix}Q^{-1},$$

即 A^* 也与对角阵相似.

(3)⇒(1)　设

$$S=\begin{pmatrix}s_1&&&\\&s_2&&\\&&\ddots&\\&&&s_n\end{pmatrix},$$

且 A^* 与 S 相似,设可逆矩阵 K,使 $K^{-1}A^*K=S$,S 可逆,而 $A^*=KSK^{-1}$,$(A^*)^{-1}=KS^{-1}K^{-1}$,因此

$$A=|A|(A^*)^{-1}=|A|KS^{-1}K^{-1}=K\begin{pmatrix}|A|s_1^{-1}&&&\\&|A|s_2^{-1}&&\\&&\ddots&\\&&&|A|s_n^{-1}\end{pmatrix}K^{-1},$$

即 A 也与对角阵相似.

例 6.5.6 设 $\boldsymbol{A}$ 为 n 阶方阵，且满足 $\boldsymbol{A}^2-3\boldsymbol{A}+2\boldsymbol{E}=\boldsymbol{0}$，求一可逆矩阵 $\boldsymbol{T}$，使 $\boldsymbol{T}^{-1}\boldsymbol{A}\boldsymbol{T}$ 为对角形.

解 由于 $\boldsymbol{A}^2-3\boldsymbol{A}+2\boldsymbol{E}=0$，则 $(\boldsymbol{A}-\boldsymbol{E})(\boldsymbol{A}-2\boldsymbol{E})=(\boldsymbol{A}-2\boldsymbol{E})(\boldsymbol{A}-\boldsymbol{E})=\boldsymbol{0}$. 由于 $\boldsymbol{A}-2\boldsymbol{E}$ 的每一个列向量是 $(\boldsymbol{A}-\boldsymbol{E})\boldsymbol{X}=\boldsymbol{0}$ 的解，因而 $r(\boldsymbol{A}-\boldsymbol{E})+r(\boldsymbol{A}-2\boldsymbol{E})\leqslant n$.

又由于 $\boldsymbol{A}-\boldsymbol{E}-(\boldsymbol{A}-2\boldsymbol{E})=\boldsymbol{E}$，也有 $r(\boldsymbol{A}-\boldsymbol{E})+r(\boldsymbol{A}-2\boldsymbol{E})\geqslant r(\boldsymbol{E})=n$，因此，

$$r(\boldsymbol{A}-\boldsymbol{E})+r(\boldsymbol{A}-2\boldsymbol{E})=n.$$

设 $r(\boldsymbol{A}-\boldsymbol{E})=k,r(\boldsymbol{A}-2\boldsymbol{E})=s$，则 $k+s=n$. 设 $\boldsymbol{\alpha}_1,\boldsymbol{\alpha}_2,\cdots,\boldsymbol{\alpha}_k$ 是 $\boldsymbol{A}-\boldsymbol{E}$ 的列极大线性无关组，$\boldsymbol{\beta}_1,\boldsymbol{\beta}_2,\cdots,\boldsymbol{\beta}_s$ 是 $\boldsymbol{A}-2\boldsymbol{E}$ 的列极大线性无关组，由 $(\boldsymbol{A}-\boldsymbol{E})(\boldsymbol{A}-2\boldsymbol{E})=\boldsymbol{0}$ 知 $\boldsymbol{\beta}_1,\boldsymbol{\beta}_2,\cdots,\boldsymbol{\beta}_s$ 是属于特征值为 1 的线性无关的特征向量.

由 $(\boldsymbol{A}-2\boldsymbol{E})(\boldsymbol{A}-\boldsymbol{E})=\boldsymbol{0}$ 知 $\boldsymbol{\alpha}_1,\boldsymbol{\alpha}_2,\cdots,\boldsymbol{\alpha}_k$ 是属于特征值为 2 的线性无关的特征向量，因而 $\boldsymbol{\alpha}_1,\boldsymbol{\alpha}_2,\cdots,\boldsymbol{\alpha}_k,\boldsymbol{\beta}_1,\boldsymbol{\beta}_2,\cdots,\boldsymbol{\beta}_s$ 线性无关. 令 $\boldsymbol{T}=(\boldsymbol{\alpha}_1,\boldsymbol{\alpha}_2,\cdots,\boldsymbol{\alpha}_k,\boldsymbol{\beta}_1,\boldsymbol{\beta}_2,\cdots,\boldsymbol{\beta}_s)$，则有

$$\boldsymbol{T}^{-1}\boldsymbol{A}\boldsymbol{T}=\begin{pmatrix}1&&&&&\\&\ddots&&&&\\&&1&&&\\&&&2&&\\&&&&\ddots&\\&&&&&2\end{pmatrix}\begin{matrix}\left.\vphantom{\begin{matrix}1\\ \ddots\\1\end{matrix}}\right\}k\\ \left.\vphantom{\begin{matrix}2\\ \ddots\\2\end{matrix}}\right\}s.\end{matrix}$$

点评：对 $\forall \boldsymbol{A}\in P^{n\times n}$，若有 $(\boldsymbol{A}+a\boldsymbol{E})(\boldsymbol{A}+b\boldsymbol{E})=0$，其中 $a\neq b$，则 $\boldsymbol{A}$ 与对角阵

$$\begin{pmatrix}a&&&&&\\&\ddots&&&&\\&&a&&&\\&&&b&&\\&&&&\ddots&\\&&&&&b\end{pmatrix}$$

相似.

6.5.2 应用案例解析

1. 投入—产出模型

社会中的经济结构是非常复杂的，有农、工、商等各种行业，有衣、食、住、行等各种消费品，也有货币、股票、期权等金融产品. 马克思在《资本论》中指出，社会的生产可分为两类：一类是生产资料的生产，另一类是消费品的生产. 产品的生产需要时间、资源、人力等产品的投入. 生产出来的产品一部分被消费，另一部分被用于产品的再生产. 为了对宏观经济行为进行数学描述，经济学家 Wassily Wassilyovich Leontief 提出了**投入—产出模型**.

设经济社会中共有 n 种产品 $P_1,P_2,\cdots,P_n$，每生产一个单位的 P_i 需要消耗 a_{ij} 个单位的 P_j，矩阵 $\boldsymbol{A}=(a_{ij})_{n\times n}$ 称为消耗系数方阵. 以 $\boldsymbol{x}=(x_1,x_2,\cdots,x_n)$ 表示各种产品的产出总量，$\boldsymbol{y}=(y_1,y_2,\cdots,y_n)$ 表示生产所需的各种产品的投入总量，则有 $\boldsymbol{y}=\boldsymbol{x}\boldsymbol{A}$. 为了保证生产的可持续发展，必须满足 $x_i\geqslant y_i,i=1,2,\cdots,n$.

问题 1 若以 $f(x)=\min\limits_{1\leqslant i\leqslant n}\dfrac{x_i}{y_i}$ 作为衡量生产效率的标准，则 $\boldsymbol{x}$ 取何值时 $f(x)$ 最大？

解 对任意两个实向量 $\boldsymbol{\alpha}=(a_1,a_2,\cdots,a_n)$ 和 $\boldsymbol{\beta}=(b_1,b_2,\cdots,b_n)$，用 $\boldsymbol{\alpha}\geqslant\boldsymbol{\beta}$ 表示对任意 i，

$a_i \geqslant b_i (1 \leqslant i \leqslant n)$. 设 $\mu = \dfrac{1}{f(x)}$，则有 $\mu \boldsymbol{x} \geqslant \boldsymbol{x}\boldsymbol{A}$. 若 $\boldsymbol{A}$ 不可分拆，则根据 Perron-Frobenius 定理，$\boldsymbol{A}$ 有最大实特征值 λ_1 和对应的正特征向量 $\boldsymbol{\alpha}$. 于是，$\mu \boldsymbol{x}\boldsymbol{\alpha} \geqslant \boldsymbol{x}\boldsymbol{A}\boldsymbol{\alpha} = \lambda_1 \boldsymbol{x}\boldsymbol{\alpha}$，由此得 $\mu \geqslant \lambda_1$. 特别地，当 $\boldsymbol{x}\boldsymbol{A} = \lambda_1 \boldsymbol{x}$ 时，μ 取最小值 λ_1，$f(x)$ 取最大值 $\dfrac{1}{\lambda_1}$.

通过问题 1 的解我们可以看出，当各行业按照 $\boldsymbol{A}^T$ 的属于最大实特征值的特征向量的比例生产时，可以提高生产效率，这种生产方法称为正特征向量法. 此外，我们还可以看到，对固定的 x，如果能够降低消耗系数，则 y 会变小，$f(x)$ 会变大，从而也可以提高生产效率.

接下来考虑产品的价格问题.

问题 2　假设产品的定价不受供需变化、市场垄断、商品倾销、资本炒作、政府干预等因素的影响，则什么样的产品价格才是合理的?

解　根据马克思主义经济学，合理的产品价格应当由生产该产品所投入的劳动价值来决定. 设产品 P_i 的单位价格是 x_i，则生产一个单位的 P_i 所需的成本投入 $y_i = \sum\limits_{j=1}^{n} a_{ij} x_j$，即 $\boldsymbol{y} = \boldsymbol{A}\boldsymbol{x}$. 假设 $\boldsymbol{y} = \boldsymbol{\lambda}\boldsymbol{x}$，则 $\boldsymbol{x}$ 是 $\boldsymbol{A}$ 的属于最大实特征值 λ 的正特征向量.

上述问题涉及非负矩阵、不可分拆等概念及 Perron-Frobenius 定理，下面我们给予说明.

定义 6.5.1　设 A 是任意实矩阵，若 A 的所有元素都是非负数，则 A 称为**非负矩阵**；若 A 的所有元素都是正数，则 A 称为**正矩阵**. 类似地，可定义非负向量和正向量.

定义 6.5.2　设 A 是任意方阵，若存在置换方阵 P，使得 PAP^{-1} 是准三角形矩阵，则称 A 是**可分拆**的；否则，称 A 是**不可分拆**的.

定理 6.5.1(Perron-Frobenius 定理)　设 A 是不可分拆的非负实方阵，则 A 有一个正特征值 λ 和属于 λ 的正特征向量，并且 λ 的重数是 1，其他特征值的模都不超过 λ.

2. 层次分析法

层次分析法是决策论中一种重要的方法，在解决多层次、多因素的复杂决策问题中起着十分重要的作用. 层次分析可以用矩阵的理论与语言表述如下，我们以一个具体例子加以说明.

问题 3　春天来了，班级准备组织一次集体春游活动，有三个候选地点 A，B 与 C. 现从自然景色、安全性、经济性等方面去衡量这些地点：A 距离最近、最安全、花费最少；B 风景最好、花费最多；C 各方面情况都介于 A 和 B 之间. 问：去哪里春游最好?

解　我们对各种方案和指标因素打分，把它们量化. 设自然景色、安全性、经济性在总分中的权重分别为 a_1, a_2, a_3，三个地点的景色得分为 b_1, b_2, b_3，安全性得分为 c_1, c_2, c_3，经济性得分为 d_1, d_2, d_3，则三个地点的总分为

$$(s_1 s_2 s_3) = (a_1 a_2 a_3) \begin{pmatrix} b_1 & b_2 & b_3 \\ c_1 & c_2 & c_3 \\ d_1 & d_2 & d_3 \end{pmatrix}.$$

则哪个总分最大就去哪里最划算. 例如，设 $a_1 = 0.1, a_2 = 0.8, a_3 = 0.1, b_1 = 0.1, b_2 = 0.7, b_3 = 0.2, c_1 = 0.6, c_2 = 0.1, c_3 = 0.3, d_1 = 0.7, d_2 = 0.1, d_3 = 0.2$，求得 $s_1 = 0.56, s_2 = 0.16, s_3 = 0.28$，因此去 A 春游是最佳选择.

以上求解问题3的方法属于层次分析法. 层次分析法最早由运筹学家 Thomas L. Saaty① 于20世纪70年代初期提出,它是一种定量分析与定性分析相结合的方法. 与问题有关的因素被分成若干层,第一层为目标层,是问题的决策目标;其后每层因素均对前一层因素产生直接影响;最后一层为方案层,是待选择的方案. 我们需要比较各方案对目标的最终影响程度.

设系统共有 m 层因素,第 k 层的因素共有 n_k 个,第 k 层第 i 个因素受第 $k+1$ 层第 j 个因素的影响程度为 $p_{k,i,j}$,权重矩阵 $\boldsymbol{P_k}=(p_{k,i,j})$ 是一个 $n_k\times n_{k+1}$ 的矩阵,其各行都是概率向量. 于是,目标层因素受方案层因素的影响程度可通过 $n_1\times n_m$ 矩阵

$$\boldsymbol{P}=\boldsymbol{P}_1\boldsymbol{P}_2\cdots\boldsymbol{P}_{m-1}$$

表示,$\boldsymbol{P}$ 的各行也都是概率向量.

由于第 $k+1$ 层各因素对于第 k 层特定因素的影响可能是多方面的,具有不同的性质,把它们放在一起比较可能会有困难. 解决的办法是:

(1)对第 k 层每个因素(设为第 l 个因素),构造第 $k+1$ 层因素关于它的比较矩阵 $\boldsymbol{B}=(b_{ij})$,其中,$b_{ij}=b_{ji}^{-1}>0$ 是第 $k+1$ 层第 i 个因素和第 j 个因素对它的影响程度的比值.

(2)求方程组 $\left\{\dfrac{x_i}{x_j}=b_{ij},i,j=1,2,\cdots,n_{k+1}\right\}$ 的最小二乘解.

设二次型 $\boldsymbol{Q}(x)=\sum\limits_{i\neq j}b_{ij}^{-1}(x_i-b_{ij}x_j)^2=\boldsymbol{x}^T\boldsymbol{S}\boldsymbol{x}$,这里 $\boldsymbol{S}=(s_{ij})$ 是 n_{k+1} 阶对称方阵,其中,$i\neq j$ 时,$s_{ij}=-2$,$s_{ii}=\sum\limits_{j\neq i}(b_{ij}+b_{ji})$. 若 $\det(\boldsymbol{S})=0$,则有概率向量 $\boldsymbol{x}$ 使 $\boldsymbol{Q}(x)=0$. 若 $\det(\boldsymbol{S})\neq 0$,则 $\boldsymbol{S}$ 正定. 由于

$$s_{ii}=\sum_{j\neq i}(b_{ij}+b_{ji})=\sum_{j\neq i}(b_{ij}+b_{ij}^{-1})\geqslant\sum_{j\neq i}2=\sum_{j\neq i}|s_{ij}|,$$

$\boldsymbol{S}$ 是一个行主对角占优矩阵. 由定理6.5.2和 Perron-Frobenius 定理,S^{-1} 是正矩阵,从而存在 S^{-1} 的属于最大特征值的正特征向量 $\boldsymbol{y}$. $\boldsymbol{y}$ 也是 $\boldsymbol{S}$ 的属于最小特征值的特征向量,故在所有概率向量中,$\boldsymbol{x}=(y_1+\cdots+y_{n_{k+1}})^{-1}\boldsymbol{y}$ 使 $Q(\boldsymbol{x})$ 达到最小值.

(3)令 $\boldsymbol{P}_k$ 的第 l 个行向量为 $\boldsymbol{x}$,这样就构造出了矩阵 $\boldsymbol{P}_k$.

上述算法中用到了主对角占优矩阵及其性质,下面我们简单地介绍.

定义 6.5.3 若实矩阵 $\boldsymbol{A}=(a_{ij})_{m\times n}$ 满足对任意 i,$a_{ii}\geqslant\sum\limits_{j\neq i}|a_{ij}|$,则 $\boldsymbol{A}$ 称为行主对角占优矩阵.

定理 6.5.2 若 n 阶可逆实方阵 $\boldsymbol{A}=(a_{ij})$ 是行主对角占优的,并且对任意 $i\neq j$,$a_{ij}<0$,则 $\boldsymbol{A}^{-1}$ 的每个元素都是正数.

证明 设 $\boldsymbol{D}=diag(a_{11},\cdots,a_{nn})$,$\boldsymbol{C}=\boldsymbol{E}-\boldsymbol{D}^{-1}\boldsymbol{A}$. $\boldsymbol{C}$ 的对角元素都是0,非对角元素都是正数. 设 $(x_1,\cdots,x_n)^T$ 是 $\boldsymbol{C}$ 的属于任意特征值 λ 的特征向量,$|x_i|=\max(|x_1|,\cdots,|x_n|)$,则由 $\lambda x_i=-\sum\limits_{j\neq i}\dfrac{a_{ij}}{a_{ii}}x_j$,可知 $|\lambda|\leqslant\sum\limits_{j\neq i}\left|\dfrac{a_{ij}}{a_{ii}}\dfrac{x_j}{x_i}\right|\leqslant 1$.

---

① T. L. Saaty. *The Analytic Hierarchy Process: Planning, Priority Setting, Resource Allocation*. New York: McGraw-Hill, 1980.

若$|\lambda|=1$,则 $x_1=\cdots=x_n$,由此得 $\lambda=1$,这与 A 可逆矛盾. 故恒有$|\lambda|<1$. 于是,

$$\boldsymbol{A}^{-1}=(\boldsymbol{I}-\boldsymbol{C})^{-1}\boldsymbol{D}^{-1}=\sum_{k=0}^{\infty}\boldsymbol{C}^{k}\boldsymbol{D}^{-1}.$$

从而 $\boldsymbol{A}^{-1}$ 的每个元素都是正数.

第 7 章　二次型与常见的二次曲面

二次型理论在几何、物理、优化等方面都有着广泛的应用. 本章以矩阵为工具讨论 n 元二次型的标准化问题,并用它来研究二次曲面.

§7.1　二次型的矩阵表示

定义 7.1.1　数域 F 上关于 n 个文字 $x_1,x_2,\cdots,x_n$ 的二次齐次多项式

$$\begin{aligned} f(x_1,x_2,\cdots,x_n)=a_{11}x_1^2&+2a_{12}x_1x_2+2a_{13}x_1x_3+\cdots+2a_{1n}x_1x_n\\ &+a_{22}x_2^2+2a_{23}x_2x_3+\cdots+2a_{2n}x_2x_n\\ &+a_{33}x_3^2+\cdots+2a_{3n}x_3x_n\\ &+\cdots\\ &+a_{nn}x_n^2 \end{aligned} \tag{7.1.1}$$

叫做数域 F 上关于 n 个文字 $x_1,x_2,\cdots,x_n$ 的二次型,简称为 F 上 n 元二次型. 在不致引起混淆时也简称二次型.

为了讨论问题的方便,在(7.1.1)中把 $x_ix_j\,(i<j)$ 的系数写成 $2a_{ij}$,而不是简单地写成 a_{ij}.

令 $a_{ji}=a_{ij}\,(1\leqslant i<j\leqslant n)$,那么二次型(7.1.1)可以写成

$$\begin{aligned} f(x_1,x_2,\cdots,x_n)=&a_{11}x_1^2+a_{12}x_1x_2+a_{13}x_1x_3+\cdots+a_{1n}x_1x_n\\ &+a_{21}x_2x_1+a_{22}x_2^2+a_{23}x_2x_3+\cdots+a_{2n}x_2x_n\\ &+\cdots\cdots\\ &+a_{n1}x_nx_1+a_{n2}x_nx_2+a_{n3}x_nx_3+\cdots+a_{nn}x_n^2, \end{aligned} \tag{7.1.2}$$

称对称矩阵 $\boldsymbol{A}=(a_{ij})_n$ 为二次型(7.1.1)或(7.1.2)的矩阵. 因此,二次型的矩阵都是对称矩阵. 若令 $\boldsymbol{X}=\begin{pmatrix}x_1\\ \vdots\\ x_n\end{pmatrix}$,则二次型(7.1.1)或(7.1.2)可用矩阵乘积表示出来:

$$f(x_1,x_2,\cdots,x_n)=(x_1,x_2,\cdots,x_n)\boldsymbol{A}\begin{pmatrix}x_1\\ x_2\\ \vdots\\ x_n\end{pmatrix}=\boldsymbol{X}^{\mathrm{T}}\boldsymbol{A}\boldsymbol{X}. \tag{7.1.3}$$

(7.1.3)称为二次型的矩阵形式. 这里的一阶矩阵(a)就是数 a. 容易验证,n 元二次型与其矩阵相互唯一确定.

这样就在 F 上的 n 元二次型和 F 上的 n 阶对称矩阵之间建立了一一对应关系.

n 元二次型的矩阵的秩称为该二次型的秩.

例 7.1.1　三元二次型 $f(x_1,x_2,x_3)=2x_1^2+x_2^2-x_1x_2+x_2x_3$ 的矩阵是

$$A=\begin{pmatrix}2 & -\frac{1}{2} & 0\\ -\frac{1}{2} & 1 & \frac{1}{2}\\ 0 & \frac{1}{2} & 0\end{pmatrix},$$

该二次型的矩阵形式是

$$(x_1,x_2,x_3)\begin{pmatrix}2 & -\frac{1}{2} & 0\\ -\frac{1}{2} & 1 & \frac{1}{2}\\ 0 & \frac{1}{2} & 0\end{pmatrix}\begin{pmatrix}x_1\\x_2\\x_3\end{pmatrix}.$$

由于 A 的秩等于 3，所以这个二次型的秩为 3.

注意：若不要求 A 对称，则将二次型表示成 X^TAX 的方法不唯一. 例如，二次型

$$f(x_1,x_2)=x_1^2+2x_1x_2+x_2^2=(x_1,x_2)\begin{pmatrix}1 & 0\\2 & 1\end{pmatrix}\begin{pmatrix}x_1\\x_2\end{pmatrix}=(x_1,x_2)\begin{pmatrix}1 & 1\\1 & 1\end{pmatrix}\begin{pmatrix}x_1\\x_2\end{pmatrix}.$$

若要求 A 对称，则这种表示方法唯一.

在本例中，$f(x_1,x_2)$ 的矩阵是 $\begin{pmatrix}1 & 1\\1 & 1\end{pmatrix}$，而不是 $\begin{pmatrix}1 & 2\\0 & 1\end{pmatrix}$ 或 $\begin{pmatrix}1 & 0\\2 & 1\end{pmatrix}$，并且约定，后文在二次型的表达式 X^TAX 中，A 均为对称矩阵.

习题 7.1

1. 写出下列二次型的矩阵：

(1) $f(x_1,x_2,x_3,x_4)=x_1^2+3x_2^2-x_3^2+2x_1x_2+2x_1x_3-3x_2x_3$；

(2) $f(x_1,x_2,x_3)=X^T\begin{pmatrix}1 & 3 & 5\\2 & 4 & 6\\7 & 8 & 5\end{pmatrix}X$，其中，$X=\begin{pmatrix}x_1\\x_2\\x_3\end{pmatrix}$.

2. 已知二次型 $f(x_1,x_2,x_3)=5x_1^2+5x_2^2+cx_3^2-2x_1x_2+6x_1x_3-6x_2x_3$ 的秩为 2，求参数 c.

§7.2　标准型与唯一性

在解析几何里，中心与坐标原点重合的有心二次曲线的一般方程是

$$ax^2+bxy+cy^2=d. \tag{7.2.1}$$

(7.2.1)左端就是实数域上一个二元二次型. 对坐标轴作适当的旋转变换，即相当于作如下的变量替换

$$\begin{cases}x=x'\cos\theta-y'\sin\theta,\\ y=x'\sin\theta+y'\cos\theta,\end{cases}$$

可把方程(7.2.1)左端化为只含平方项的标准形式 $a'x'^2+b'y'^2$，此时方程(7.2.1)化为

$$a'x'^2+b'y'^2=d.$$

从上式中我们容易识别曲线的类型和研究曲线的性质. 这种方法在二次曲面的研究中也被采用.

对于一般的 n 元二次型,我们也可以通过变量替换化为只含平方项的二次型. 为此,先引入

定义 7.2.1 设 $x_1,x_2,\cdots,x_n$ 与 $y_1,y_2,\cdots,y_n$ 是两组文字,系数在数域 F 中的一组关系式

$$\begin{aligned} x_1&=c_{11}y_1+c_{12}y_2+\cdots+c_{1n}y_n,\\ x_2&=c_{21}y_1+c_{22}y_2+\cdots+c_{2n}y_n,\\ &\cdots\cdots\\ x_n&=c_{n1}y_1+c_{n2}y_2+\cdots+c_{nn}y_n, \end{aligned} \tag{7.2.2}$$

称为由 $x_1,x_2,\cdots,x_n$ 到 $y_1,y_2,\cdots,y_n$ 的一个线性变换或线性替换.

若令

$$\boldsymbol{X}=\begin{pmatrix}x_1\\x_2\\\vdots\\x_n\end{pmatrix},\boldsymbol{C}=\begin{pmatrix}c_{11}&c_{12}&\cdots&c_{1n}\\c_{21}&c_{22}&\cdots&c_{2n}\\\vdots&\vdots&&\vdots\\c_{n1}&c_{n2}&\cdots&c_{nn}\end{pmatrix},\boldsymbol{Y}=\begin{pmatrix}y_1\\y_2\\\vdots\\y_n\end{pmatrix},$$

则如上的线性变换(7.2.2)也可表示为

$$\begin{pmatrix}x_1\\x_2\\\vdots\\x_n\end{pmatrix}=\boldsymbol{C}\begin{pmatrix}y_1\\y_2\\\vdots\\y_n\end{pmatrix},\text{或 }\boldsymbol{X}=\boldsymbol{CY}.$$

当 $\boldsymbol{C}$ 是可逆矩阵(或正交矩阵)时,称线性变换(7.2.2)是可逆的(或正交的),此时有逆变换 $\boldsymbol{Y}=\boldsymbol{C}^{-1}\boldsymbol{X}$,可逆线性变换也称为非奇异线性变换.

显然,对 $x_1,x_2,\cdots,x_n$ 的二次型 $\boldsymbol{X}^T\boldsymbol{AX}$ 施行线性变换(7.2.2),就得到一个关于 $y_1,y_2,\cdots,y_n$ 的二次型 $\boldsymbol{Y}^T(\boldsymbol{C}^T\boldsymbol{AC})\boldsymbol{Y}$.

例 7.2.1 因为矩阵 $\begin{pmatrix}\cos\theta&-\sin\theta\\\sin\theta&\cos\theta\end{pmatrix}$ 是正交矩阵,所以线性变换 $\begin{cases}x=x'\cos\theta-y'\sin\theta,\\y=x'\sin\theta+y'\cos\theta\end{cases}$ 是可逆的,也是正交的.

如果可以通过 F 上可逆线性变换将其中一个化为另一个,数域 F 上两个二次型则称为等价的.

定义 7.2.2 设 $\boldsymbol{A},\boldsymbol{B}$ 是数域 F 上的两个 n 阶矩阵,如果存在 F 上一个 n 阶可逆矩阵 $\boldsymbol{P}$,使得 $\boldsymbol{B}=\boldsymbol{P}^T\boldsymbol{AP}$,则称 $\boldsymbol{A}$ 与 $\boldsymbol{B}$ 合同.

矩阵的合同关系具有如下性质:

(1)自反性:任意 n 阶矩阵 $\boldsymbol{A}$ 都与自己合同,因为 $\boldsymbol{A}=\boldsymbol{E}^T\boldsymbol{AE}$.

(2)对称性:如果 $\boldsymbol{A}$ 与 $\boldsymbol{B}$ 合同,那么 $\boldsymbol{B}$ 与 $\boldsymbol{A}$ 合同.

因为由 $\boldsymbol{B}=\boldsymbol{P}^T\boldsymbol{AP}$ 得 $\boldsymbol{A}=(\boldsymbol{P}^T)^{-1}\boldsymbol{BP}^{-1}=(\boldsymbol{P}^{-1})^T\boldsymbol{BP}^{-1}$.

(3)传递性:如果 $\boldsymbol{A}$ 与 $\boldsymbol{B}$ 合同,$\boldsymbol{B}$ 与 $\boldsymbol{C}$ 合同,那么 $\boldsymbol{A}$ 与 $\boldsymbol{C}$ 合同.

因为由 $\boldsymbol{B}=\boldsymbol{P}^T\boldsymbol{AP},\boldsymbol{C}=\boldsymbol{Q}^T\boldsymbol{BQ}$ 得 $\boldsymbol{C}=\boldsymbol{Q}^T(\boldsymbol{P}^T\boldsymbol{AP})\boldsymbol{Q}=(\boldsymbol{PQ})^T\boldsymbol{A}(\boldsymbol{PQ})$.

定理 7.2.1　设 $\boldsymbol{X}^T\boldsymbol{A}\boldsymbol{X}$ 和 $\boldsymbol{Y}^T\boldsymbol{B}\boldsymbol{Y}$ 分别是数域 F 上以 $\boldsymbol{A}$,$\boldsymbol{B}$ 为矩阵的 n 元二次型,那么 $\boldsymbol{X}^T\boldsymbol{A}\boldsymbol{X}$ 与 $\boldsymbol{Y}^T\boldsymbol{B}\boldsymbol{Y}$ 等价的充分必要条件是 $\boldsymbol{A}$ 与 $\boldsymbol{B}$ 合同.

证明　若 $\boldsymbol{X}^T\boldsymbol{A}\boldsymbol{X}$ 与 $\boldsymbol{Y}^T\boldsymbol{B}\boldsymbol{Y}$ 等价,则存在可逆线性变换 $\boldsymbol{X}=\boldsymbol{C}\boldsymbol{Y}$,使得

$$\boldsymbol{X}^T\boldsymbol{A}\boldsymbol{X}=(\boldsymbol{C}\boldsymbol{Y})^T\boldsymbol{A}(\boldsymbol{C}\boldsymbol{Y})=\boldsymbol{Y}^T(\boldsymbol{C}^T\boldsymbol{A}\boldsymbol{C})\boldsymbol{Y}=\boldsymbol{Y}^T\boldsymbol{B}\boldsymbol{Y}.$$

而 $(\boldsymbol{C}^T\boldsymbol{A}\boldsymbol{C})^T=\boldsymbol{C}^T\boldsymbol{A}^T\boldsymbol{C}=\boldsymbol{C}^T\boldsymbol{A}\boldsymbol{C}$,由二次型矩阵的唯一性 $\boldsymbol{B}=\boldsymbol{C}^T\boldsymbol{A}\boldsymbol{C}$,即 $\boldsymbol{A}$ 与 $\boldsymbol{B}$ 合同.

反之,若 $\boldsymbol{A}$ 与 $\boldsymbol{B}$ 合同,则存在可逆矩阵 $\boldsymbol{P}$,使 $\boldsymbol{B}=\boldsymbol{P}^T\boldsymbol{A}\boldsymbol{P}$. 作可逆线性变换 $\boldsymbol{X}=\boldsymbol{P}\boldsymbol{Y}$,则

$$\boldsymbol{X}^T\boldsymbol{A}\boldsymbol{X}=(\boldsymbol{P}\boldsymbol{Y})^T\boldsymbol{A}(\boldsymbol{P}\boldsymbol{Y})=\boldsymbol{Y}^T(\boldsymbol{P}^T\boldsymbol{A}\boldsymbol{P})\boldsymbol{Y}=\boldsymbol{Y}^T\boldsymbol{B}\boldsymbol{Y}.$$

定理 7.2.2　数域 F 上每一个对称矩阵都与一个对角线矩阵合同.

证明　设 $\boldsymbol{A}=(a_{ij})$ 是数域 F 上任意一个 n 阶对称矩阵,注意到初等矩阵的性质

$$\boldsymbol{P}_{ij}^T=\boldsymbol{P}_{ij},\quad \boldsymbol{D}_i(k)^T=\boldsymbol{D}_i(k),\quad \boldsymbol{T}_{ij}(k)^T=\boldsymbol{T}_{ji}(k),$$

对 $\boldsymbol{A}$ 的阶数 n 作数学归纳法.

当 $n=1$ 时,定理成立.

设 $n>1$,并且假设对于 $n-1$ 阶对称矩阵来说,定理成立. 设 $\boldsymbol{A}=(a_{ij})$ 是一个 n 阶对称矩阵. 如果 $\boldsymbol{A}=\boldsymbol{0}$,这时 $\boldsymbol{A}$ 本身就是对称矩阵. 设 $\boldsymbol{A}\neq\boldsymbol{0}$,下面分两种情形来考虑:

(1)设 $\boldsymbol{A}$ 的主对角线上元素不全为零,例如 $a_{ii}\neq 0$. 如果 $i\neq 1$,那么交换 $\boldsymbol{A}$ 的第 1 列和第 i 列,再交换第 1 行和第 i 行,就可以把 a_{ii} 换到左上角. 这样做相当于用初等矩阵 P_{1i} 右乘 A,再用 $\boldsymbol{P}_{1i}^T=\boldsymbol{P}_{1i}$ 左乘 $\boldsymbol{A}$,于是 $\boldsymbol{P}_{1i}^T\boldsymbol{A}\boldsymbol{P}_{1i}$ 的左上角的元素不等于零. 因此,不妨设 $a_{11}\neq 0$. 用 $-\dfrac{a_{1j}}{a_{11}}$ 乘 $\boldsymbol{A}$ 的第 1 列加到第 j 列,再用 $-\dfrac{a_{1j}}{a_{11}}$ 乘第 1 行加到第 j 行,就可以把第 1 行第 j 列和第 j 行第 1 列位置的元素变成零,这样做相当于用 $\boldsymbol{T}_{1j}\left(-\dfrac{a_{1j}}{a_{11}}\right)$ 右乘 $\boldsymbol{A}$,用

$$\boldsymbol{T}_{j1}\left(-\frac{a_{1j}}{a_{11}}\right)=\boldsymbol{T}_{1j}\left(-\frac{a_{1j}}{a_{11}}\right)^T$$

左乘 A,这样总可以选取初等矩阵 $\boldsymbol{E}_1,\boldsymbol{E}_2,\cdots,\boldsymbol{E}_s$,使得

$$\boldsymbol{E}_s^T\cdots\boldsymbol{E}_2^T\boldsymbol{E}_1^T\boldsymbol{A}\boldsymbol{E}_1\boldsymbol{E}_2\cdots\boldsymbol{E}_s=\begin{pmatrix} a_{11} & 0 & \cdots & 0 \\ 0 & & & \\ \vdots & & \boldsymbol{A}_1 & \\ 0 & & & \end{pmatrix},$$

这里 $\boldsymbol{A}_1$ 是一个 $n-1$ 阶对称矩阵. 由归纳法假设,存在 $n-1$ 阶可逆矩阵 $\boldsymbol{Q}_1$,使得

$$\boldsymbol{Q}_1^T\boldsymbol{A}_1\boldsymbol{Q}_1=\begin{pmatrix} c_2 & & & 0 \\ & c_3 & & \\ & & \ddots & \\ 0 & & & c_n \end{pmatrix}.$$

取

$$\boldsymbol{Q}=\begin{pmatrix} 1 & 0 & \cdots & 0 \\ 0 & & & \\ \vdots & & \boldsymbol{Q}_1 & \\ 0 & & & \end{pmatrix},\boldsymbol{P}=\boldsymbol{E}_1\boldsymbol{E}_2\cdots\boldsymbol{E}_s\boldsymbol{Q},$$

那么

$$P^TAP = Q^TE_s^T\cdots E_2^TE_1^TAE_1E_2\cdots E_sQ = Q^T\begin{pmatrix} a_{11} & 0 & \cdots & 0 \\ 0 & & & \\ \vdots & & A_1 & \\ 0 & & & \end{pmatrix}Q$$

$$= \begin{pmatrix} a_{11} & 0 & \cdots & 0 \\ 0 & & & \\ \vdots & & Q_1^TA_1Q_1 & \\ 0 & & & \end{pmatrix} = \begin{pmatrix} c_1 & & & 0 \\ & c_2 & & \\ & & \ddots & \\ 0 & & & c_n \end{pmatrix},$$

这里 $c_1 = a_{11}$.

(2)如果 $a_{ii}=0, i=1,2,\cdots,n$. 由于 $A\neq 0$,所以一定有某一个元素 $a_{ij}\neq 0, i\neq j$. 把 A 的第 j 列加到第 i 列,再把第 j 行加到第 i 行,这相当于用初等矩阵 $T_{ji}(1)$ 右乘 A,再用 $T_{ij}(1)=T_{ji}(1)^T$ 左乘 A. 而经过这样的变换后所得的矩阵第 i 行第 j 列的元素是 $2a_{ij}\neq 0$. 于是情形(2)就归结到情形(1).

注意:在定理 7.2.2 的对角矩阵 P^TAP 中,主对角线上的元素 $c_1,c_2,\cdots,c_n$ 的一部分甚至全部可以是零,而不为零的 c_i 的个数等于 A 的秩. 如果 A 的秩 $r>0$,由定理 7.2.2 的证明过程可知,$c_1,c_2,\cdots,c_r\neq 0$,而 $c_{r+1}=\cdots=c_n=0$.

那么,对于数域 F 上的 n 阶对称矩阵 A,如何求出可逆矩阵 P,使 P^TAP 为对角矩阵?即

$$P^TAP = \begin{pmatrix} c_1 & & & \\ & c_2 & & \\ & & \ddots & \\ & & & c_n \end{pmatrix}.$$

由可逆矩阵 P 可表示为初等矩阵之积,即存在 n 阶初等矩阵 $P_1,P_2,\cdots,P_s$,使得 $P=P_1P_2\cdots P_s$. 于是

$$P^TAP = P_s^T\cdots P_2^TP_1^TAP_1\cdots P_s. \tag{7.2.3}$$

又由

$$P = P_1P_2\cdots P_s = E_nP_1P_2\cdots P_s, \tag{7.2.4}$$

比较(7.2.3),(7.2.4)两式可知,在对 A 施行一对相同类型的列初等变换和行初等变换的同时,对 n 阶单位矩阵 E_n 仅施行同样的列初等变换,那么当 A 化为对角矩阵

$$\begin{pmatrix} c_1 & & & \\ & c_2 & & \\ & & \ddots & \\ & & & c_n \end{pmatrix}$$

时,E_n 就化为 P,并且

$$P^TAP = \begin{pmatrix} c_1 & & & \\ & c_2 & & \\ & & \ddots & \\ & & & c_n \end{pmatrix}.$$

通常,对对称矩阵 A 施行一对相同类型的列初等变换和行初等变换的变换叫做对 A 施

行的合同变换.

综上,可得到一种求可逆矩阵 $\boldsymbol{P}$ 及 $\boldsymbol{P}^T\boldsymbol{A}\boldsymbol{P}=\boldsymbol{\Lambda}$(对角矩阵)的方法如下:

$$\begin{pmatrix} A \\ \boldsymbol{E} \end{pmatrix} \xrightarrow[\text{对}\boldsymbol{E}\text{只施行列初等变换}]{\text{对}A\text{施行合同变换}} \begin{pmatrix} \boldsymbol{\Lambda} \\ \boldsymbol{P} \end{pmatrix}.$$

例 7.2.2　已知 $\boldsymbol{A}=\begin{pmatrix} 0 & 0 & 0 & 3 \\ 0 & 3 & -6 & 0 \\ 0 & -6 & 12 & -4 \\ 3 & 0 & -4 & 0 \end{pmatrix}$. 作如下的一系列合同变换:

$$\begin{pmatrix} \boldsymbol{A} \\ \boldsymbol{E} \end{pmatrix}=\begin{pmatrix} 0 & 0 & 0 & 3 \\ 0 & 3 & -6 & 0 \\ 0 & -6 & 12 & -4 \\ 3 & 0 & -4 & 0 \\ 1 & 0 & 0 & 0 \\ 0 & 1 & 0 & 0 \\ 0 & 0 & 1 & 0 \\ 0 & 0 & 0 & 1 \end{pmatrix} \xrightarrow[R_{12}]{C_{12}} \begin{pmatrix} 3 & 0 & -6 & 0 \\ 0 & 0 & 0 & 3 \\ -6 & 0 & 12 & -4 \\ 0 & 3 & -4 & 0 \\ 0 & 1 & 0 & 0 \\ 1 & 0 & 0 & 0 \\ 0 & 0 & 1 & 0 \\ 0 & 0 & 0 & 1 \end{pmatrix}$$

$$\xrightarrow[R_3+2R_1]{C_3+2C_1} \begin{pmatrix} 3 & 0 & 0 & 0 \\ 0 & 0 & 0 & 3 \\ 0 & 0 & 0 & -4 \\ 0 & 3 & -4 & 0 \\ 0 & 1 & 0 & 0 \\ 1 & 0 & 2 & 0 \\ 0 & 0 & 1 & 0 \\ 0 & 0 & 0 & 1 \end{pmatrix} \xrightarrow[R_2+R_4]{C_2+C_4} \begin{pmatrix} 3 & 0 & 0 & 0 \\ 0 & 6 & -4 & 3 \\ 0 & -4 & 0 & -4 \\ 0 & 3 & -4 & 0 \\ 0 & 1 & 0 & 0 \\ 1 & 0 & 2 & 0 \\ 0 & 0 & 1 & 0 \\ 0 & 1 & 0 & 1 \end{pmatrix}$$

$$\xrightarrow[\substack{R_3+\frac{2}{3}R_2 \\ R_4-\frac{1}{2}R_2}]{\substack{C_3+\frac{2}{3}C_2 \\ C_4-\frac{1}{2}C_2}} \begin{pmatrix} 3 & 0 & 0 & 0 \\ 0 & 6 & 0 & 0 \\ 0 & 0 & -\frac{8}{3} & -2 \\ 0 & 0 & -2 & -\frac{3}{2} \\ 0 & 1 & \frac{2}{3} & -\frac{1}{2} \\ 1 & 0 & 2 & 0 \\ 0 & 0 & 1 & 0 \\ 0 & 1 & \frac{2}{3} & \frac{1}{2} \end{pmatrix} \xrightarrow[R_4-\frac{3}{4}R_3]{C_4-\frac{3}{4}C_3} \begin{pmatrix} 3 & 0 & 0 & 0 \\ 0 & 6 & 0 & 0 \\ 0 & 0 & -\frac{8}{3} & 0 \\ 0 & 0 & 0 & 0 \\ 0 & 1 & \frac{2}{3} & -1 \\ 1 & 0 & 2 & -\frac{3}{2} \\ 0 & 0 & 1 & -\frac{3}{4} \\ 0 & 1 & \frac{2}{3} & 0 \end{pmatrix}.$$

于是取

$$P=\begin{pmatrix}0 & 1 & \frac{2}{3} & -1\\ 1 & 0 & 2 & -\frac{3}{2}\\ 0 & 0 & 1 & -\frac{3}{4}\\ 0 & 1 & \frac{2}{3} & 0\end{pmatrix},$$

则

$$P^{T}AP=\begin{pmatrix}3 & 0 & 0 & 0\\ 0 & 6 & 0 & 0\\ 0 & 0 & -\frac{8}{3} & 0\\ 0 & 0 & 0 & 0\end{pmatrix}.$$

由定理 7.2.1,定理 7.2.2 可知,

定理 7.2.3 数域 F 上每个 n 元二次型都可以通过可逆线性变换化为

$$c_1y_1^2+c_2y_2^2+\cdots+c_ny_n^2,$$

其中,$c_1,c_2,\cdots,c_n\in F$.

为了方便,把二次型经过可逆线性变换化成的只含平方项的二次型叫原二次型的标准形. 二次型的标准形中非零项的个数等于该二次型矩阵的秩,因而是唯一确定的.

例 7.2.3 四元二次型 $f(x_1,x_2,x_3,x_4)=3x_2^2+12x_3^2+6x_1x_4-12x_2x_3-8x_3x_4$ 的矩阵就是例 7.2.2 中的矩阵 A,通过可逆线性变换

$$\begin{pmatrix}x_1\\ x_2\\ x_3\\ x_4\end{pmatrix}=\begin{pmatrix}0 & 1 & \frac{2}{3} & -1\\ 1 & 0 & 2 & -\frac{3}{2}\\ 0 & 0 & 1 & -\frac{3}{4}\\ 0 & 1 & \frac{2}{3} & 0\end{pmatrix}\begin{pmatrix}y_1\\ y_2\\ y_3\\ y_4\end{pmatrix},$$

$f(x_1,x_2,x_3,x_4)$化为标准形 $3y_1^2+6y_2^2-\frac{8}{3}y_3^2$.

需要指出,虽然二次型的标准形中非零项的个数等于该二次型的秩,也就是二次型矩阵的秩,但这些非零项的系数并不是唯一确定的,所以二次型的标准形不唯一,其与所作的线性变换无关.

例如,三元二次型 $2x_1x_2+2x_1x_3-6x_2x_3$ 经可逆线性变换

$$\begin{pmatrix}x_1\\ x_2\\ x_3\end{pmatrix}=\begin{pmatrix}1 & 1 & 3\\ 1 & -1 & -1\\ 0 & 0 & 1\end{pmatrix}\begin{pmatrix}w_1\\ w_2\\ w_3\end{pmatrix}$$

化为标准形 $2w_1^2-2w_2^2+6w_3^2$,而经可逆线性变换

$$\begin{pmatrix}x_1\\x_2\\x_3\end{pmatrix}=\begin{pmatrix}1 & -\frac{1}{2} & 1\\1 & \frac{1}{2} & -\frac{1}{3}\\0 & 0 & \frac{1}{3}\end{pmatrix}\begin{pmatrix}y_1\\y_2\\y_3\end{pmatrix}$$

则化为标准形 $2y_1^2-\frac{1}{2}y_2^2+\frac{2}{3}y_3^2$.

值得一提的是,用配方法化二次型为标准形有时是简便的.

例 7.2.4　$f(x_1,x_2,x_3)=x_1^2+x_2^2+3x_3^2+4x_1x_2+2x_1x_3+2x_2x_3$

$$=(x_1+2x_2+x_3)^2+2\left(x_3-\frac{1}{2}x_2\right)^2-\frac{7}{2}x_2^2.$$

令

$$\begin{cases}y_1=x_1+2x_2+x_3,\\y_2=x_3-\frac{1}{2}x_2,\\y_3=x_2,\end{cases}\tag{7.2.5}$$

则二次型化为标准形 $y_1^2+2y_2^2-\frac{7}{2}y_3^2$.

事实上,(7.2.5)式相当于

$$\begin{pmatrix}y_1\\y_2\\y_3\end{pmatrix}=\begin{pmatrix}1 & 2 & 1\\0 & -\frac{1}{2} & 1\\0 & 1 & 0\end{pmatrix}\begin{pmatrix}x_1\\x_2\\x_3\end{pmatrix},$$

即相当于可逆线性变换

$$\begin{pmatrix}x_1\\x_2\\x_3\end{pmatrix}=\begin{pmatrix}1 & 2 & 1\\0 & -\frac{1}{2} & 1\\0 & 1 & 0\end{pmatrix}^{-1}\begin{pmatrix}y_1\\y_2\\y_3\end{pmatrix}.$$

注意:可以对一个二次型作各种可逆线性变换,化得的结果有繁有简,且并不是任意的一个可逆线性变换都能将一个二次型化为标准形.比如,可逆线性变换

$$\boldsymbol{X}=\begin{pmatrix}1 & -1 & 0\\0 & 1 & 2\\0 & 0 & 1\end{pmatrix}\boldsymbol{Y}$$

将二次型 $2x_1^2+x_2^2-4x_1x_2-4x_2x_3$ 化为 $2y_1^2+7y_2^2+4y_3^2-8y_1y_2-8y_1y_3+8y_2y_3$.

因此定理 7.2.3 只是说“存在可逆线性变换把二次型化为标准形”,而不是说“任意可逆线性变换把二次型化为标准形”.

例 7.2.5　用配方法将二次型 $f(x_1,x_2,x_3)=x_1x_2+4x_1x_3-6x_2x_3$ 化为标准形,并求出变换矩阵.

解　在二次型 f 中不含平方项,由于含有乘积项 x_1x_2,故令

$$\begin{cases}x_1=y_1+y_2,\\x_2=y_1-y_2,\\x_3=y_3,\end{cases}$$

即

$$C_1=\begin{pmatrix}1&1&0\\1&-1&0\\0&0&1\end{pmatrix},$$

代入题设二次型可得

$$f(y_1,y_2,y_3)=y_1^2-y_2^2-2y_1y_3+10y_2y_3,$$

再配方得

$$f(y_1,y_2,y_3)=(y_1-y_3)^2-(y_2-5y_3)^2+24y_3^2.$$

令

$$\begin{cases}z_1=y_1-y_3,\\z_2=y_2-5y_3,\\z_3=y_3,\end{cases}$$

解得

$$\begin{cases}y_1=z_1+z_3,\\y_2=z_2+5z_3,\\y_3=z_3,\end{cases}$$

即

$$C_2=\begin{pmatrix}1&0&1\\0&1&5\\0&0&1\end{pmatrix},$$

故所用变换矩阵为

$$C=C_1C_2=\begin{pmatrix}1&1&0\\1&-1&0\\0&0&1\end{pmatrix}\begin{pmatrix}1&0&1\\0&1&5\\0&0&1\end{pmatrix}=\begin{pmatrix}1&1&6\\1&-1&-4\\0&0&1\end{pmatrix},$$

即所用的可逆变换(非退化的线性变换)为 $\boldsymbol{x}=\boldsymbol{C}\boldsymbol{z}$,二次型的标准形为

$$f(z_1,z_2,z_3)=z_1^2-z_2^2+24z_3^2. \tag{7.2.6}$$

如果再令

$$\begin{cases}t_1=z_1,\\t_2=\sqrt{24}\,z_3,\\t_3=z_2,\end{cases}$$

则

$$f(t_1,t_2,t_3)=t_1^2+t_2^2-t_3^2. \tag{7.2.7}$$

式(7.2.6)与(7.2.7)表示的二次型都是 $f(x_1,x_2,x_3)$ 的标准形,由此可见,一个二次型的标准形不是唯一的,式(7.2.7)这样的标准形称为规范形.

n 元实二次型的规范形为 $y_1^2+y_2^2+\cdots+y_p^2-y_{p+1}^2-\cdots-y_r^2\ (r\leqslant n)$,而且任何一个二次

型的规范形都是唯一的.

习题 7.2

1. 设二次型 $f(x_1,x_2,x_3)=2x_1^2+x_2^2-4x_1x_2-4x_2x_3$ 分别作下列两个非奇异线性变换,求新的二次型.

(1) $\begin{pmatrix}x_1\\x_2\\x_3\end{pmatrix}=\begin{pmatrix}1&1&-2\\0&1&-2\\0&0&1\end{pmatrix}\begin{pmatrix}y_1\\y_2\\y_3\end{pmatrix}$；　　(2) $\begin{pmatrix}x_1\\x_2\\x_3\end{pmatrix}=\begin{pmatrix}1&-1&0\\0&1&2\\0&0&1\end{pmatrix}\begin{pmatrix}y_1\\y_2\\y_3\end{pmatrix}$.

2. 证明对 n 元二次型 $\boldsymbol{X}^T\boldsymbol{A}\boldsymbol{X}$ 作线性变换 $\boldsymbol{X}=\boldsymbol{C}\boldsymbol{Y}$ 得到的新二次型的矩阵是 $\boldsymbol{C}^T\boldsymbol{A}\boldsymbol{C}$.

3. 用合同变换求可逆矩阵 $\boldsymbol{P}$,使 $\boldsymbol{P}^T\boldsymbol{A}\boldsymbol{P}$ 为对角矩阵.

(1) $\begin{pmatrix}1&2&1\\2&1&1\\1&1&3\end{pmatrix}$；　　(2) $\begin{pmatrix}1&1&1&1\\1&2&2&2\\1&2&3&3\\1&2&3&4\end{pmatrix}$.

4. 化二次型 $2x_1^2+x_2^2-4x_1x_2-4x_2x_3$ 为标准形.

5. 求出二次型 $\sum\limits_{i=1}^{3}\sum\limits_{j=1}^{3}|i-j|x_ix_j$ 的标准形.

§7.3　正定二次型

7.3.1　正定二次型的概念

由上节的讨论可知,化一个实二次型为标准形,用不同的可逆变换得到不同的标准形,也就是说,二次型的标准形不唯一,但二次型的标准形中所含的项数(即二次型的秩)是确定的.还可进一步证明:同一个实二次型的不同标准形中正系数的个数相同,因此负系数的个数也相同,这就是下面的定理.

定理 7.3.1　设二次型 $f(x_1,x_2,\cdots,x_n)=\boldsymbol{x}^T\boldsymbol{A}\boldsymbol{x}$ 的秩为 r,若有两个实可逆线性变换 $\boldsymbol{x}=\boldsymbol{C}\boldsymbol{y}$ 及 $\boldsymbol{x}=\boldsymbol{P}\boldsymbol{z}$,使

$$f(y_1,y_2,\cdots,y_r)=k_1y_1^2+k_2y_2^2+\cdots+k_ry_r^2\,(k_i\neq0,i=1,2,\cdots,r)$$

及

$$f(z_1,z_2,\cdots,z_r)=h_1z_1^2+h_2z_2^2+\cdots+h_rz_r^2\,(h_i\neq0,i=1,2,\cdots,r),$$

则 $k_1,k_2,\cdots,k_r$ 中正数的个数与 $h_1,h_2,\cdots,h_r$ 中正数的个数相等.

二次型的标准形中正项项数 p 称为**正惯性指数**,负项项数 $r-p$ 称为**负惯性指数**,而正负惯性指数的差 $2p-r$ 称为**符号差**,这个定理也称为**惯性定理**.

比较常用的二次型是其标准形的系数全为正($r=n$)或全为负的情形,有下述定义:

定义 7.3.1　设有实二次型 $f(x_1,x_2,\cdots,x_n)=\boldsymbol{x}^T\boldsymbol{A}\boldsymbol{x}$,如果对任意的 $\boldsymbol{x}\neq\boldsymbol{0}(\boldsymbol{x}\in\boldsymbol{R}^n)$,都有

(1)若 $\boldsymbol{x}^T\boldsymbol{A}\boldsymbol{x}>0$,则称 f 为**正定二次型**,相应的矩阵 $\boldsymbol{A}$ 称为**正定矩阵.**

(2)若 $\boldsymbol{x}^T\boldsymbol{A}\boldsymbol{x}<0$,则称 f 为**负定二次型**,相应的矩阵 $\boldsymbol{A}$ 称为**负定矩阵.**

(3)若 $\boldsymbol{x}^T\boldsymbol{A}\boldsymbol{x}\geqslant0$,则称 f 为**半正定二次型**,相应的矩阵 $\boldsymbol{A}$ 称为**半正定矩阵.**

(4)若 $\boldsymbol{x}^T\boldsymbol{A}\boldsymbol{x}\leqslant 0$,则称 f 为**半负定二次型**,相应的矩阵 $\boldsymbol{A}$ 称为**半负定矩阵**.

不是正定、半正定、负定、半负定的二次型称为不定二次型.下面研究正定二次型的判别方法.

7.3.2 正定二次型的判定

定理 7.3.2 实二次型 $f(x_1,x_2,\cdots,x_n)=\boldsymbol{x}^T\boldsymbol{A}\boldsymbol{x}$ 正定的必要条件是 $a_{ii}>0(i=1,2,\cdots,n)$,其中,$\boldsymbol{A}=(a_{ij})_{n\times n}$.

证明 因为 $f(x_1,x_2,\cdots,x_n)=\boldsymbol{x}^T\boldsymbol{A}\boldsymbol{x}$ 是正定二次型,所以对于任意一组不全为零的实数 $x_1=c_1,x_2=c_2,\cdots,x_n=c_n$,都有 $f(c_1,c_2,\cdots,c_n)>0$,取 $x_1=x_2=\cdots=x_{i-1}=x_{i+1}=\cdots=x_n=0,x_i=1$,于是 $f(0,\cdots,0,1,0,\cdots,0)=a_{ii}>0(i=1,2,\cdots,n)$.

注意:定理 7.3.2 是实二次型正定的必要条件,但不是充分条件.例如,实二次型 $f(x_1,x_2,x_3)=x_1^2+2x_2^2+2x_3^2-6x_2x_3$,其中,$a_{11}=1>0,a_{22}=2>0,a_{33}=2>0$,但 $f(1,1,1)=1^2+2\cdot 1^2+2\cdot 1^2-6\cdot 1\cdot 1=-1<0$,因此 $f(x_1,x_2,x_3)$ 不是正定二次型.

定理 7.3.3 实二次型 $f(x_1,x_2,\cdots,x_n)=\boldsymbol{x}^T\boldsymbol{A}\boldsymbol{x}$ 正定的充分必要条件是它的标准形的 n 个系数全为正.

证明 设有可逆变换 $\boldsymbol{x}=\boldsymbol{C}\boldsymbol{y}$,将二次型 $f(x_1,x_2,\cdots,x_n)=\boldsymbol{x}^T\boldsymbol{A}\boldsymbol{x}$ 化为标准形

$$f(\boldsymbol{x})=f(\boldsymbol{C}\boldsymbol{y})=g(\boldsymbol{y})=\sum_{i=1}^{n}k_iy_i^2.$$

(充分性).设 $k_i>0(i=1,2,\cdots,n)$,任给 $\boldsymbol{x}\neq\boldsymbol{0}$,则 $\boldsymbol{y}=\boldsymbol{C}^{-1}\boldsymbol{x}\neq\boldsymbol{0}$,故

$$f(\boldsymbol{x})=f(\boldsymbol{C}\boldsymbol{y})=\sum_{i=1}^{n}k_iy_i^2>0,$$

即 f 是正定二次型.

(必要性).(反证)设存在 $k_i\leqslant 0$,不妨取 $\boldsymbol{y}_0=(0,\cdots,0,1,0,\cdots,0)^T$,其中,$y_i=1,y_j=0\ (i\neq j)$,此时 $\boldsymbol{x}_0=\boldsymbol{C}\boldsymbol{y}_0\neq\boldsymbol{0}$,则

$$f(0,\cdots,0,1,0,\cdots,0)=k_10^2+\cdots+k_{i-1}0^2+k_i1^2+k_{i+1}0^2+\cdots+k_n0^2=k_i\leqslant 0,$$

此与正定二次型矛盾,故对任意的 i 必有 $k_i>0(i=1,2,\cdots,n)$.

推论 7.3.1 实二次型 $f(x_1,x_2,\cdots,x_n)=\boldsymbol{x}^T\boldsymbol{A}\boldsymbol{x}$ 正定的充分必要条件是 $\boldsymbol{A}$ 的所有特征值均为正.

证明 设 $\boldsymbol{A}$ 的特征值为 $\lambda_1,\lambda_2,\cdots,\lambda_n$,则通过正交变换 $\boldsymbol{x}=\boldsymbol{C}\boldsymbol{y}$ 将二次型 f 化为

$$f(\boldsymbol{x})=\lambda_1y_1^2+\lambda_2y_2^2+\cdots+\lambda_ny_n^2=g(\boldsymbol{y}).$$

(充分性).若 $\lambda_1,\lambda_2,\cdots,\lambda_n$ 全为正实数,则对于任一非零实向量 $\boldsymbol{y}\neq\boldsymbol{0}$,均有 $g(\boldsymbol{y})>0$.故对任一非零向量 $\boldsymbol{x}$,可得非零实向量 $\boldsymbol{y}=\boldsymbol{C}^{-1}\boldsymbol{x}$,使 $f(\boldsymbol{x})=g(\boldsymbol{y})>0$,故 $f(\boldsymbol{x})$ 是正定二次型.

(必要性).用反证法.设 $\boldsymbol{A}$ 的某个特征值,比如 $\lambda_1\leqslant 0$,则对于 $\boldsymbol{y}=(1,0,\cdots,0)^T$,有 $\boldsymbol{x}=\boldsymbol{C}\boldsymbol{y}\neq\boldsymbol{0}$,而 $f(\boldsymbol{x})=g(\boldsymbol{y})=\lambda_1\leqslant 0$,这与 $f(x)$ 是正定二次型矛盾,故 $\lambda_1,\lambda_2,\cdots,\lambda_n$ 全为正实数.

推论 7.3.2 二次型 $f(x_1,x_2,\cdots,x_n)=\boldsymbol{x}^T\boldsymbol{A}\boldsymbol{x}$ 是正定二次型的充分必要条件是 f 的正惯性指数为 n.

事实上,二次型 f 通过正交变换化为标准形 $f(\boldsymbol{x})=\lambda_1y_1^2+\lambda_2y_2^2+\cdots+\lambda_ny_n^2$,由推论 7.3.1 知 $\lambda_1,\lambda_2,\cdots,\lambda_n$ 是正的特征值,即 f 的正惯性指数为 n.

如果 n 元实二次型 $f(x_1,x_2,\cdots,x_n)=\boldsymbol{x}^T\boldsymbol{A}\boldsymbol{x}$ 的正惯性指数为 n,则其规范形为

$$g(\boldsymbol{y})=y_1^2+y_2^2+\cdots+y_n^2=\boldsymbol{y}^T\boldsymbol{E}\boldsymbol{y}.$$

故 A 与 E 合同.

反之,如果 A 与 E 合同,则 f 的规范形必然是上式. 于是可得

推论 7.3.3　二次型 $f(x_1,x_2,\cdots,x_n)=\boldsymbol{x}^T\boldsymbol{A}\boldsymbol{x}$ 是正定二次型的充分必要条件是矩阵 $\boldsymbol{A}$ 与单位矩阵 $\boldsymbol{E}$ 合同.

有时需要直接从二次型 $f(x_1,x_2,\cdots,x_n)=\boldsymbol{x}^T\boldsymbol{A}\boldsymbol{x}$ 的矩阵 $\boldsymbol{A}$ 判断 f 是否是正定二次型. 为此,先引入主子式和顺序主子式的概念.

一个矩阵 $\boldsymbol{A}$ 的 k 阶子式是任取 k 行 k 列,位于这 k 行和 k 列交叉处的元,按原来的顺序构成的一个 k 阶行列式,现在考虑一种特殊取法所得到的子式.

定义 7.3.2　在 n 阶矩阵 $\boldsymbol{A}$ 中,取第 $i_1,i_2,\cdots,i_k$ 行及第 $i_1,i_2,\cdots,i_k$ 列(即行标与列标相同)所得到的 k 阶子式称为矩阵 $\boldsymbol{A}$ 的 k 阶主子式.

例如,设 $\boldsymbol{A}=\begin{pmatrix}-1 & 0 & 4\\ 7 & 2 & -2\\ 5 & 8 & 6\end{pmatrix}$,取 A 的第 1,3 行及第 1,3 列,得到二阶子式 $\begin{vmatrix}-1 & 4\\ 5 & 6\end{vmatrix}$,就是 $\boldsymbol{A}$ 的一个二阶主子式.

定义 7.3.3　设 $\boldsymbol{A}=(a_{ij})$ 是 n 阶矩阵,那么位于 $\boldsymbol{A}$ 的左上角的主子式

$$\begin{vmatrix}a_{11} & a_{12} & \cdots & a_{1i}\\ a_{21} & a_{22} & \cdots & a_{2i}\\ \vdots & \vdots & & \vdots\\ a_{i1} & a_{i2} & \cdots & a_{ii}\end{vmatrix}\ (i=1,2,\cdots,n)$$

称为矩阵 $\boldsymbol{A}$ 的 i 阶**顺序主子式**.

由此可得如下定理:

定理 7.3.4　(1)实二次型 $f(x_1,x_2,\cdots,x_n)=\boldsymbol{x}^T\boldsymbol{A}\boldsymbol{x}$ 正定的充分必要条件是 $\boldsymbol{A}$ 的各阶顺序主子式都为正,即

$$a_{11}>0,\begin{vmatrix}a_{11} & a_{12}\\ a_{21} & a_{22}\end{vmatrix}>0,\cdots,\begin{vmatrix}a_{11} & a_{12} & \cdots & a_{1n}\\ a_{21} & a_{22} & \cdots & a_{2n}\\ \vdots & \vdots & & \vdots\\ a_{n1} & a_{n2} & \cdots & a_{nn}\end{vmatrix}>0.$$

(2)实二次型 $f(x_1,x_2,\cdots,x_n)=\boldsymbol{x}^T\boldsymbol{A}\boldsymbol{x}$ 负定的充分必要条件是 $\boldsymbol{A}$ 的奇数阶顺序主子式为负,偶数阶顺序主子式为正.

此定理称为**赫尔维茨定理**.

证明　设 $f(x_1,x_2,\cdots,x_n)=\boldsymbol{x}^T\boldsymbol{A}\boldsymbol{x}$ 正定. 若 $f(x_1,x_2,\cdots,x_n)$ 的某一 k 阶顺序主子式不大于零($1\leqslant k\leqslant n$),则对于 k 阶实对称矩阵 $\boldsymbol{A}_k=(a_{ij})$,存在 k 阶实可逆矩阵 $\boldsymbol{Q}$,使得

$$\boldsymbol{Q}^T\boldsymbol{A}_k\boldsymbol{Q}=\begin{pmatrix}\boldsymbol{I}_s & 0 & 0\\ 0 & -\boldsymbol{I}_t & 0\\ 0 & 0 & 0\end{pmatrix}.$$

由于 $\det\boldsymbol{A}_k\leqslant 0$,因此 $\det(\boldsymbol{Q}^T\boldsymbol{A}_k\boldsymbol{Q})=(\det\boldsymbol{Q})^2\det\boldsymbol{A}_k\leqslant 0$,所以 $s<k$. 由推论 7.3.2 知,以 $\boldsymbol{A}_k$ 为矩阵的 k 个变量的实二次型不正定,即存在一组不全为零的实数 $c_1,c_2,\cdots,c_k$,使得

$$(c_1, c_2, \cdots, c_k)\boldsymbol{A}_k\begin{pmatrix}c_1\\c_2\\\vdots\\c_k\end{pmatrix}\leqslant 0.$$

于是

$$f(c_1, c_2, \cdots, c_k, 0, \cdots, 0) = (c_1, c_2, \cdots, c_k, 0, \cdots, 0)\boldsymbol{A}\begin{pmatrix}c_1\\\vdots\\c_k\\0\\\vdots\\0\end{pmatrix}$$

$$= (c_1, c_2, \cdots, c_k)\boldsymbol{A}_k\begin{pmatrix}c_1\\c_2\\\vdots\\c_k\end{pmatrix}\leqslant 0,$$

所以 $f(x_1, x_2, \cdots, x_n)$ 不正定，这与 $f(x_1, x_2, \cdots, x_n)$ 正定相矛盾.

反之，设 $f(x_1, x_2, \cdots, x_n)$ 的顺序主子式全大于零，对 n 用数学归纳法.

当 $n=1$ 时，因为 $a_{11}>0$，所以对任意非零实数 x_1 必有 $f(x_1)=a_{11}x_1^2>0$，因此 $f(x_1)$ 是正定的.

假设 $n>1$，并且对于 $n-1$ 元二次型结论成立，那么对于 n 元二次型

$$f(x_1, x_2, \cdots, x_n) = \boldsymbol{x}^T\boldsymbol{A}\boldsymbol{x},$$

将矩阵 $\boldsymbol{A}$ 分块为 $\boldsymbol{A}=\begin{pmatrix}\boldsymbol{A}_1 & \boldsymbol{\alpha}\\\boldsymbol{\alpha}^T & a_{nn}\end{pmatrix}$，其中

$$\boldsymbol{A}_1=\begin{pmatrix}a_{11} & \cdots & a_{1,n-1}\\\vdots & & \vdots\\a_{n-1,1} & \cdots & a_{n-1,n-1}\end{pmatrix}, \boldsymbol{\alpha}=\begin{pmatrix}a_{1n}\\\vdots\\a_{n-1,n}\end{pmatrix}.$$

因为实对称矩阵 $\boldsymbol{A}_1$ 的顺序主子式都大于零，所以由归纳法假设知，以 $\boldsymbol{A}_1$ 为矩阵的 $n-1$ 元二次型正定. 因此由推论 7.3.2，存在 $n-1$ 阶实可逆矩阵 $\boldsymbol{P}_1$，使得 $\boldsymbol{P}_1^T\boldsymbol{A}_1\boldsymbol{P}_1=\boldsymbol{I}_{n-1}$. 取 $\boldsymbol{Q}=\begin{pmatrix}\boldsymbol{P}_1 & 0\\0 & 1\end{pmatrix}$，则 $\boldsymbol{Q}$ 是实可逆矩阵，并且

$$\boldsymbol{Q}^T\boldsymbol{A}\boldsymbol{Q}=\begin{pmatrix}\boldsymbol{P}_1^T & \boldsymbol{0}\\\boldsymbol{0} & 1\end{pmatrix}\begin{pmatrix}\boldsymbol{A}_1 & \boldsymbol{\alpha}\\\boldsymbol{\alpha}^T & a_{nn}\end{pmatrix}\begin{pmatrix}\boldsymbol{P}_1 & \boldsymbol{0}\\\boldsymbol{0} & 1\end{pmatrix}=\begin{pmatrix}\boldsymbol{I}_{n-1} & \boldsymbol{P}_1^T\boldsymbol{\alpha}\\(\boldsymbol{P}_1^T\boldsymbol{\alpha})^T & a_{nn}\end{pmatrix}.$$

令 $\boldsymbol{P}=\begin{pmatrix}\boldsymbol{I}_{n-1} & -\boldsymbol{P}_1^T\boldsymbol{\alpha}\\\boldsymbol{0} & 1\end{pmatrix}$，则 $\boldsymbol{P}$ 是 n 阶实可逆矩阵，且

$$\boldsymbol{P}^T\boldsymbol{Q}^T\boldsymbol{A}\boldsymbol{Q}\boldsymbol{P}=\boldsymbol{P}^T\begin{pmatrix}\boldsymbol{I}_{n-1} & \boldsymbol{P}_1^T\boldsymbol{\alpha}\\(\boldsymbol{P}_1^T\boldsymbol{\alpha})^T & a_{nn}\end{pmatrix}\boldsymbol{P}=\begin{pmatrix}\boldsymbol{I}_{n-1} & \boldsymbol{0}\\\boldsymbol{0} & a_{nn}-\boldsymbol{\alpha}^T\boldsymbol{P}_1\boldsymbol{P}_1^T\boldsymbol{\alpha}\end{pmatrix},$$

这里实数

$$a_{nn}-\boldsymbol{\alpha}^T\boldsymbol{P}_1\boldsymbol{P}_1^T\boldsymbol{\alpha}=\det\begin{pmatrix}\boldsymbol{I}_{n-1} & \boldsymbol{0}\\\boldsymbol{0} & a_{nn}-\boldsymbol{\alpha}^T\boldsymbol{P}_1\boldsymbol{P}_1^T\boldsymbol{\alpha}\end{pmatrix}=\det(\boldsymbol{P}^T\boldsymbol{Q}^T\boldsymbol{A}\boldsymbol{Q}\boldsymbol{P})$$

$$=(\det\boldsymbol{P})^2(\det\boldsymbol{Q})^2\det\boldsymbol{A}=(\det\boldsymbol{Q})^2\det\boldsymbol{A}>0.$$

作实可逆线性变换

$$\begin{pmatrix}x_1\\x_2\\\vdots\\x_n\end{pmatrix}=\begin{pmatrix}\boldsymbol{P}_1&\boldsymbol{0}\\\boldsymbol{0}&1\end{pmatrix}\begin{pmatrix}\boldsymbol{I}_{n-1}&-\boldsymbol{P}_1^T\boldsymbol{\alpha}\\\boldsymbol{0}&1\end{pmatrix}\begin{pmatrix}y_1\\y_2\\\vdots\\y_n\end{pmatrix},$$

则 n 元实二次型

$$(x_1,x_2,\cdots,x_n)\boldsymbol{A}\begin{pmatrix}x_1\\x_2\\\vdots\\x_n\end{pmatrix}=(y_1,y_2,\cdots,y_n)\begin{pmatrix}\boldsymbol{I}_{n-1}&\boldsymbol{0}\\\boldsymbol{0}&a_{nn}-\boldsymbol{\alpha}^T\boldsymbol{P}_1\boldsymbol{P}_1^T\boldsymbol{\alpha}\end{pmatrix}\begin{pmatrix}y_1\\y_2\\\vdots\\y_n\end{pmatrix}$$

$$=y_1^2+\cdots+y_{n-1}^2+(a_{nn}-\boldsymbol{\alpha}^T\boldsymbol{P}_1\boldsymbol{P}_1^T\boldsymbol{\alpha})y_n^2>0,$$

所以 n 元实二次型 $f(x_1,x_2,\cdots,x_n)$ 是正定的，因此对于 n 元实二次型的情形结论也成立.

例 7.3.1　判定二次型 $f(x,y,z)=3x^2+2y^2+2z^2+2xy+2xz$ 的正定性.

解　该二次型的矩阵 $A=\begin{pmatrix}3&1&1\\1&2&0\\1&0&2\end{pmatrix}$.

解法 1　因其特征多项式为 $|\boldsymbol{A}-\lambda\boldsymbol{E}|=-(\lambda-1)(\lambda-2)(\lambda-4)$，故 $\boldsymbol{A}$ 的特征值 $\lambda_1=1$，$\lambda_2=2$，$\lambda_3=4$ 均大于 0，所以该二次型为正定二次型.

解法 2　由于 $a_{11}=3>0$，$\begin{vmatrix}3&1\\1&2\end{vmatrix}=5>0$，$\begin{vmatrix}3&1&1\\1&2&0\\1&0&2\end{vmatrix}=8>0$，即 $\boldsymbol{A}$ 的各阶顺序主子式都大于 0，由赫尔维茨定理知该二次型为正定二次型.

另外，此题也可将二次型化为标准形，各项系数均为正，因此该二次型是正定的.

例 7.3.2　问 t 取何值时，二次型 $f(x_1,x_2,x_3)=x_1^2+x_2^2+5x_3^2+2tx_1x_2-2x_1x_3+4x_2x_3$ 为正定二次型？

解　二次型的矩阵

$$\boldsymbol{A}=\begin{pmatrix}1&t&-1\\t&1&2\\-1&2&5\end{pmatrix},$$

因为对称矩阵 $\boldsymbol{A}$ 为正定的充分必要条件是 $\boldsymbol{A}$ 的各阶顺序主子式都为正，即

$$1>0,\quad\begin{vmatrix}1&t\\t&1\end{vmatrix}=1-t^2>0,\quad\begin{vmatrix}1&t&-1\\t&1&2\\-1&2&5\end{vmatrix}=-(5t^2+4t)>0,$$

即

$$\begin{cases}1-t^2>0,\\5t^2+4t<0,\end{cases}$$

由此解得 $-\frac{4}{5}<t<0$，即当 $-\frac{4}{5}<t<0$ 时，该二次型为正定二次型.

实二次型的矩阵是实对称矩阵，而正定二次型 $f=\boldsymbol{x}^T\boldsymbol{A}\boldsymbol{x}$ 的矩阵 $\boldsymbol{A}$ 为正定矩阵，所以关于二次型正定性的判定，可用实对称矩阵来确定.

定理 7.3.5 对于实对称矩阵 $\boldsymbol{A}$，下列命题等价：

(1)$\boldsymbol{A}$ 是正定矩阵；

(2)$\boldsymbol{A}$ 的特征值为正实数；

(3)$\boldsymbol{A}$ 与单位矩阵 $\boldsymbol{E}$ 合同；

(4)$\boldsymbol{A}$ 的顺序主子式全大于零.

例 7.3.3 判断下列对称矩阵的正定性：

(1) $\begin{pmatrix} 2 & -1 & 0 \\ -1 & 2 & -1 \\ 0 & -1 & 2 \end{pmatrix}$； (2) $\begin{pmatrix} -5 & 2 & 2 \\ 2 & -6 & 0 \\ 2 & 0 & -4 \end{pmatrix}$.

解 (1)因为 $2>0$，$\begin{vmatrix} 2 & -1 \\ -1 & 2 \end{vmatrix}=3>0$，$\begin{vmatrix} 2 & -1 & 0 \\ -1 & 2 & -1 \\ 0 & -1 & 2 \end{vmatrix}=4>0$，所以由赫尔维茨定理知该矩阵为正定矩阵.

(2)因为 $-5<0$，$\begin{vmatrix} -5 & 2 \\ 2 & -6 \end{vmatrix}=26>0$，$\begin{vmatrix} -5 & 2 & 2 \\ 2 & -6 & 0 \\ 2 & 0 & -4 \end{vmatrix}=-80<0$，所以由赫尔维茨定理知该矩阵为负定矩阵.

习题 7.3

1. 判定下列二次型的正定性：

(1)$f(x_1,x_2,x_3)=-5x_1^2-6x_2^2-4x_3^2+4x_1x_2+4x_1x_3$；

(2)$f(x_1,x_2,x_3,x_4)=x_1^2+3x_2^2+9x_3^2+19x_4^2-2x_1x_2+4x_1x_3+2x_1x_4-6x_2x_4-12x_3x_4$.

2. 判定 t 取什么值时，二次型是正定的：

(1)$f(x_1,x_2,x_3)=x_1^2+4x_2^2+2x_3^2+2tx_1x_2+2x_1x_3$；

(2)$f(x_1,x_2,x_3,x_4)=t(x_1^2+x_2^2+x_3^2+x_4^2)+2x_1x_2+2x_1x_3+2x_1x_4+2x_2x_3+2x_3x_4$.

3. 判断下列各实对称矩阵是否正定：

(1) $\begin{pmatrix} 10 & 4 & 12 \\ 4 & 2 & -14 \\ 12 & -14 & 1 \end{pmatrix}$； (2) $\begin{pmatrix} 1 & 1 & 1 & 1 \\ 1 & 2 & 2 & 2 \\ 1 & 2 & 3 & 3 \\ 1 & 2 & 3 & 4 \end{pmatrix}$.

4. 设 $\boldsymbol{A}$ 为 n 阶正定矩阵，证明：

(1)$\boldsymbol{A}^m$(m 为正整数)为正定矩阵；

(2)$\boldsymbol{A}^{-1}$ 为正定矩阵；

(3)$k\boldsymbol{A}$($k>0$)为正定矩阵；

(4)$\boldsymbol{A}^*$ 为正定矩阵.

5. 设 $\boldsymbol{A},\boldsymbol{B}$ 为 n 阶正定矩阵，则 $\boldsymbol{A}+\boldsymbol{B}$ 也是正定矩阵.

§7.4　常见的二次曲面

在空间直角坐标系中，满足三元方程 $F(x,y,z)=0$ 的有序数组 (x,y,z) 所对应的点的集合 $S=\{(x,y,z)\mid F(x,y,z)=0\}$ 表示空间中的曲面.

如果空间曲面 S 与三元方程 $F(x,y,z)=0$ 有下述关系：

(1)曲面 S 上任何一点的坐标 (x,y,z) 都满足方程；

(2)满足方程的点 (x,y,z) 必是曲面 S 上的某点.

那么方程 $F(x,y,z)=0$ 称为**曲面 S 的方程**，曲面 S 就称为方程 $F(x,y,z)=0$ 的**图形**. 而方程组 $\begin{cases}F(x,y,z)=0,\\G(x,y,z)=0\end{cases}$ 则表示**空间曲线**(两个曲面的交线).

本节将讨论一些常见的曲面，主要是二次曲面(二次方程 $a_{11}x^2+a_{22}y^2+a_{33}z^2+2a_{12}xy+2a_{13}xz+2a_{23}yz+b_1x+b_2y+b_3z+c=0$ 所表示的曲面)，研究空间曲面方程的特点，并利用"**截痕法**"研究空间曲面的形状. 所谓"截痕法"，就是指用坐标面和平行于坐标面的平面去截空间曲面，考察其交线(即截痕)的形状，然后加以综合，从而了解空间曲面的全貌，这是经常使用的方法.

在本书第 4 章中已经讨论过球面和空间曲线的方程，接下来将继续深入研究其他类型的二次曲面的性质.

7.4.1　柱面

由一族平行直线形成的曲面叫做**柱面**. 这些平行的直线称为柱面的**母线**，在柱面上与各母线垂直相交的一条曲线称为柱面的**准线**，通常用垂直于母线的平面去截柱面就得到一条准线 C，准线不是唯一的. 柱面也可以看成由一条动直线 L 沿定曲线 C 平行移动所得到的曲面，L 称为母线，C 称为准线(见图 7—1).

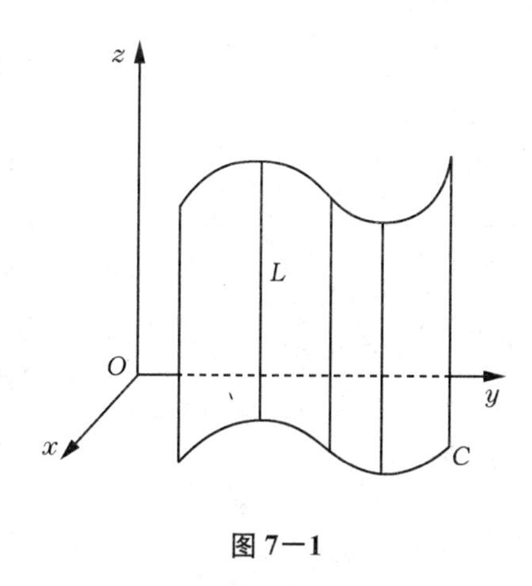

图 7—1

下面建立柱面方程. 假设有一柱面，选取坐标系，使该柱面的母线平行于 z 轴，设 $P(x,y,z)$ 为柱面上任意一点，当该点平行于 z 轴上下移动时，它仍保持在该柱面上. 就是说，不论 z 为何值，$P(x,y,z)$ 的坐标都满足柱面的方程. 因此该柱面方程中不含有 z. 可设柱

面方程为 $F(x,y)=0$,它与 xOy 面的交线

$$\begin{cases}F(x,y)=0,\\ z=0\end{cases}$$

就是它的一条准线.

一般地,在空间直角坐标系中 $F(x,y)=0$(不含 z)表示母线平行于 z 轴的柱面,它的一条准线为

$$\begin{cases}F(x,y)=0,\\ z=0.\end{cases}$$

方程 $G(x,z)=0$(不含 y)表示母线平行于 y 轴的柱面,它的一条准线为

$$\begin{cases}G(x,z)=0,\\ y=0.\end{cases}$$

方程 $H(y,z)=0$(不含 x)表示母线平行于 x 轴的柱面,它的一条准线为

$$\begin{cases}H(y,z)=0,\\ x=0.\end{cases}$$

例 7.4.1 说明下列方程在空间直角坐标系中各表示什么曲面?

(1)$\dfrac{y^2}{b^2}+\dfrac{z^2}{c^2}=1$; (2)$x^2+y^2=1$; (3)$\dfrac{x^2}{a^2}-\dfrac{z^2}{c^2}=1$;

(4)$x^2-y=0$; (5)$x-y=0$.

解 (1)方程表示椭圆柱面,母线平行于 x 轴,准线是 yOz 面上的椭圆(见图 7—2).

(2)方程表示圆柱面,母线平行于 z 轴,准线是 xOy 面上的单位圆(见图 7—3).

(3)方程表示双曲柱面,母线平行于 y 轴,准线是 xOz 面上的双曲线(见图 7—4).

(4)方程表示抛物柱面,母线平行于 z 轴,准线是 xOy 面上的抛物线(见图 7—5).

(5)方程表示过 z 轴的平面,母线平行于 z 轴,准线是 xOy 面上的直线(见图 7—6).

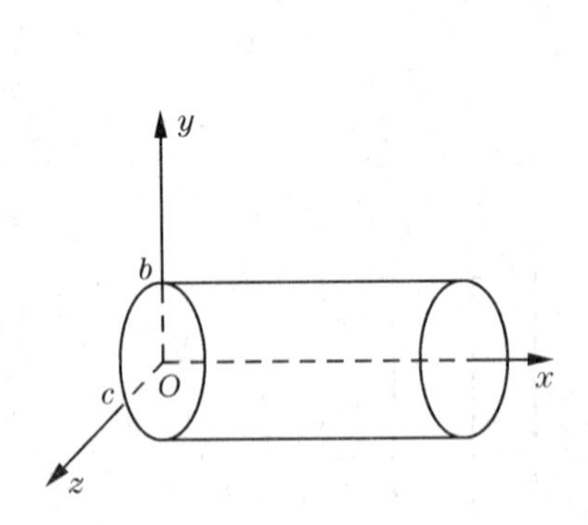

图 7—2

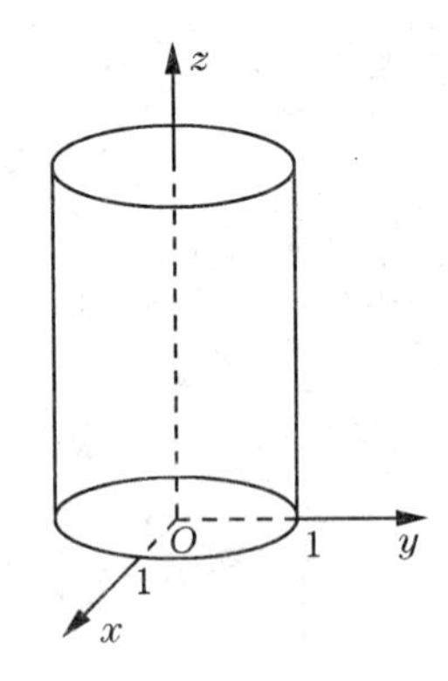

图 7—3

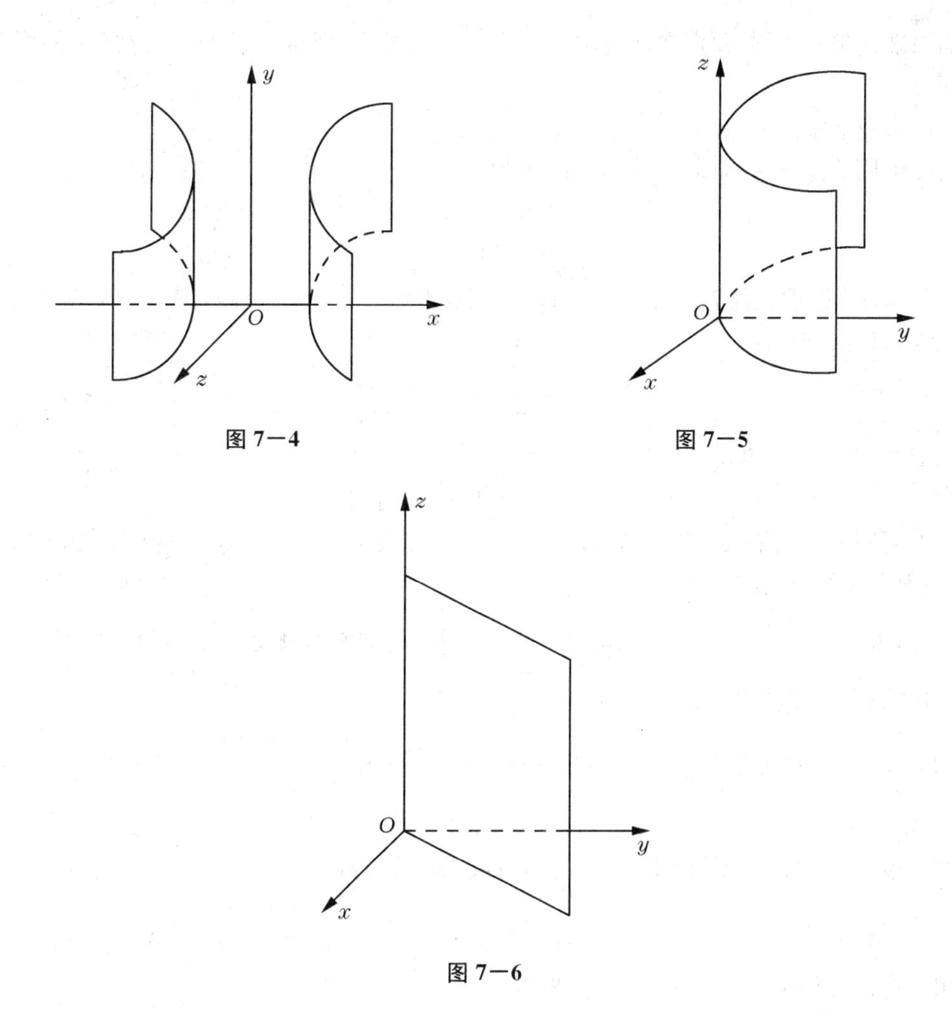

图 7—4　　图 7—5

图 7—6

7.4.2　锥面

过一个定点的直线形成的曲面叫做**锥面**. 这些直线叫做它的**母线**,定点叫做它的**顶点**. 在锥面上与各条母线都相交的曲线叫做它的一条准线. 准线不是唯一的,通常可取在一个平面上的截线作为其准线(见图 7—7).

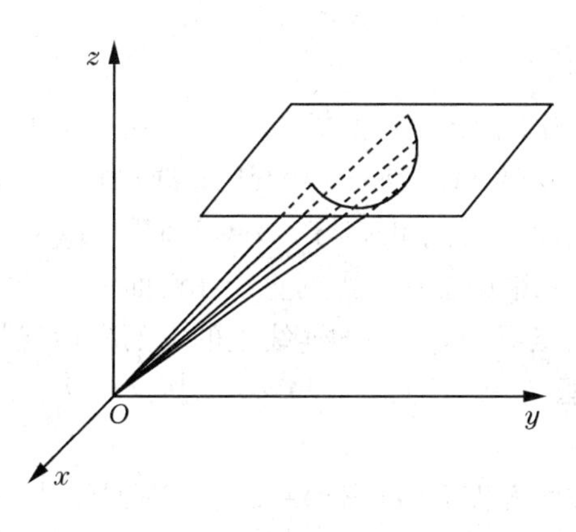

图 7—7

如果准线是一个圆，顶点在通过圆心且垂直于此圆所在平面的直线上，这样的锥面就是**圆锥面**.

下面来建立锥面的方程.

已知锥面的顶点为 $A(x_0,y_0,z_0)$，准线为

$$L:\begin{cases}F_1(x,y,z)=0,\\F_2(x,y,z)=0,\end{cases}$$

设 $P(x,y,z)$ 为锥面上任意一点，母线 AP 交准线于点 $P_1(x_1,y_1,z_1)$，则由直线的两点式方程知母线 AP 的方程为

$$\frac{x-x_0}{x_1-x_0}=\frac{y-y_0}{y_1-y_0}=\frac{z-z_0}{z_1-z_0}.$$

同时点 $P_1(x_1,y_1,z_1)$ 满足

$$F_1(x_1,y_1,z_1)=0, F_2(x_1,y_1,z_1)=0.$$

由上面四个等式消去参数 x_1,y_1,z_1，可得一个三元方程 $F(x,y,z)=0$，这就是以 A 为顶点、L 为准线的锥面方程.

例如，方程 $\frac{x^2}{a^2}+\frac{y^2}{b^2}-\frac{z^2}{c^2}=0\ (a\geqslant b>0,c>0)$ 所确定的曲面就是一个锥面，由于该方程是二次齐次方程，所以称之为**二次锥面**.

例 7.4.2 设锥面的顶点在坐标原点 O，准线方程为 $\begin{cases}x^2+y^2=1,\\z=c\end{cases}$ （c 为常数），求锥面的方程.

解 设 $P(x,y,z)$ 为锥面上任意一点，母线 OP 交准线于 $P_1(x_1,y_1,z_1)$，则有

$$\frac{x}{x_1}=\frac{y}{y_1}=\frac{z}{z_1},\ x_1^2+y_1^2=1,\ z_1=c.$$

由上面的方程消去参数 x_1,y_1,z_1，可得

$$z^2=c^2(x^2+y^2).$$

这就是所求的锥面的方程. 由于其准线为圆，故此锥面称为圆锥面.

方程 $\frac{x^2}{a^2}+\frac{y^2}{b^2}-\frac{z^2}{c^2}=0$ 表示一个顶点在原点的锥面. 用平面 $z=c$ 去截它，就得到一条准线

$$\begin{cases}\frac{x^2}{a^2}+\frac{y^2}{b^2}=1,\\z=c.\end{cases}$$

显然这是一个椭圆. 若用平面 $z=c_1$ 去截锥面，$|c_1|$ 由 0 增大，椭圆的半轴也由 0 单调增大. 用 $x=x_0$ 去截，当 $|x_0|=0$ 时，截线是一对相交的直线；当 $|x_0|$ 从 0 增大到 $+\infty$，截线是半轴单调增大的一组双曲线. 用 $y=y_0$ 去截也有与 $x=x_0$ 类似的结果，其图形如图 7－8 所示.

锥面的特点是：过顶点和锥面上任一点的直线在锥面上. 如果顶点在 $O(0,0,0)$，那么顶点 $O(0,0,0)$ 与锥面上任一点 $P(x,y,z)$ 的连线上的点的坐标就是 (tx,ty,tz)，其中，t 是参数；若 (x,y,z) 满足锥面方程 $F(x,y,z)=0$，则 (tx,ty,tz) 也满足锥面方程，即 $F(tx,ty,tz)=0$.

因此，顶点在原点的锥面方程 $F(x,y,z)=0$ 是齐次方程. 另外，可以证明任何一个关于 x,y,z 的齐次方程都表示顶点在坐标原点的锥面.

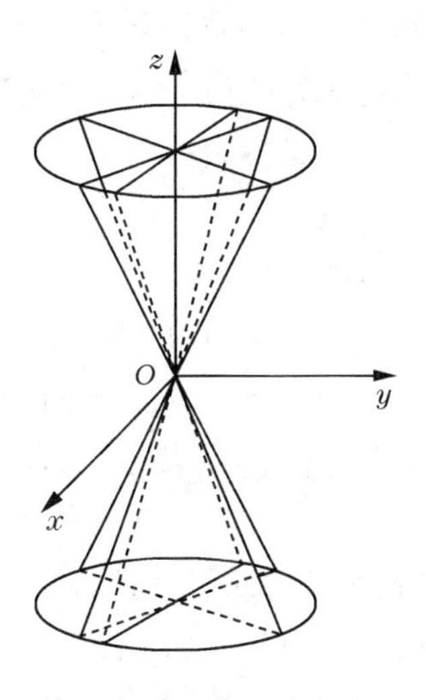

图 7—8

类似地，关于 $x-x_0, y-y_0, z-z_0$ 的齐次方程表示顶点在 (x_0, y_0, z_0) 的锥面.

如例 7.4.2 中顶点在原点的圆锥面的方程 $z^2=c^2(x^2+y^2)$ 是关于 x, y, z 的齐次方程，又如二次齐次方程 $xy+yz+xz=0$ 一定表示一个顶点在原点的锥面.

7.4.3　旋转曲面

圆柱面可以看作由一条直线绕与它平行的另一条直线旋转一周所成的曲面. 一般地，由一条曲线 L 绕一条定直线 l 旋转一周所成的曲面叫做**旋转曲面**，定直线 l 称为旋转曲面的**轴**，即**旋转轴**，曲线 L 称为旋转曲面的**母线**.

下面只考虑母线为平面曲线的情形，把曲线所在的平面取作坐标面，把旋转轴取作坐标轴.

设 yOz 面上的一条曲线 L，其方程为

$$\begin{cases} F(y,z)=0, \\ x=0. \end{cases}$$

L 绕 z 轴旋转一周就得到一个旋转面(见图 7—9)，下面求该旋转面的方程.

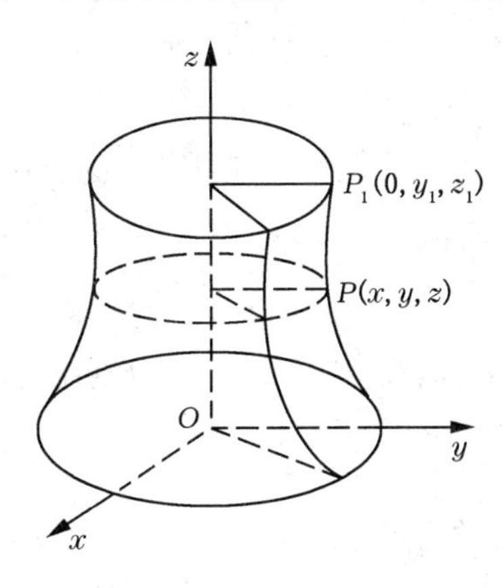

图 7—9

设旋转面上任一点的坐标为 $P(x,y,z)$，将该点旋转至 yOz 面得点 $P_1(0,y_1,z_1)$，这时 $z=z_1$ 保持不变，且点 P 到 z 轴的距离 $d=\sqrt{x^2+y^2}=|y_1|$，即

$$\begin{cases}|y_1|=\sqrt{x^2+y^2},\\ z_1=z.\end{cases} \tag{7.4.1}$$

又因 $P_1(0,y_1,z_1)$ 在曲线 L 上，故有

$$F(y_1,z_1)=0. \tag{7.4.2}$$

由式(7.4.2)得 $y_1=\pm\sqrt{x^2+y^2}$，$z_1=z$，代入式(7.4.2)得

$$F(\pm\sqrt{x^2+y^2},z)=0,$$

这就是所求的旋转面的方程.

同理，如果绕 y 轴旋转，所得旋转面的方程为 $F(\pm\sqrt{x^2+z^2},y)=0$.

用类似的方法，读者可以自己推出 xOz 平面上的曲线分别绕 x 轴、z 轴旋转所得到的旋转曲面的方程，xOy 平面上的曲线分别绕 x 轴、y 轴旋转所得到的旋转曲面的方程.

例 7.4.3 求 yOz 面上的直线 $z=y\cot\alpha$ 绕 z 轴旋转一周所得圆锥面的方程(见图 7—10).

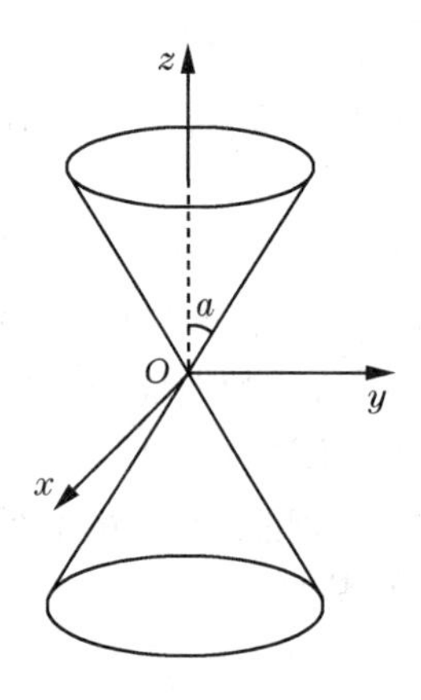

图 7—10

解 所求圆锥面的方程为 $z=\pm\sqrt{x^2+y^2}\cdot\cot\alpha$(直线方程中 z 不变，y 变为 $\pm\sqrt{x^2+y^2}$)，即 $z^2=a^2(x^2+y^2)$，其中，$a=\cot\alpha$.

直线 L 绕另一条与之相交的直线旋转一周，所得的旋转曲面叫做**圆锥面**，两条直线的夹角 $\alpha\left(0<\alpha<\frac{\pi}{2}\right)$称为圆锥面的**半顶角**.

例 7.4.4 求 yOz 面上的双曲线$\begin{cases}\frac{y^2}{b^2}-\frac{z^2}{c^2}=1,\\ x=0\end{cases}$分别绕 z 轴、y 轴旋转所得的旋转曲面的方程.

解 绕 z 轴旋转所得曲面的方程为

$$\frac{x^2+y^2}{b^2}-\frac{z^2}{c^2}=1$$

(双曲线方程中 z 不变,y 变为 $\pm\sqrt{x^2+y^2}$),如图 7—11 所示,该曲面称为单叶旋转双曲面.

绕 y 轴旋转所得曲面的方程为

$$\frac{y^2}{b^2}-\frac{x^2+z^2}{c^2}=1$$

(双曲线方程中 y 不变,z 变为 $\pm\sqrt{x^2+z^2}$),如图 7—12 所示,该曲面称为双叶旋转双曲面.

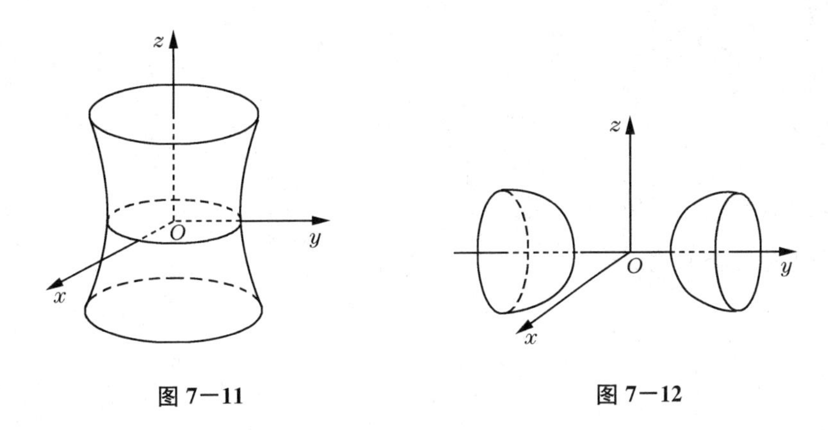

图 7—11　　　　图 7—12

7.4.4　空间曲线的投影

设空间曲线 C 的一般方程为

$$\begin{cases}F(x,y,z)=0,\\G(x,y,z)=0.\end{cases}\tag{7.4.3}$$

由方程组(7.4.3)消去 z 后得到方程 $H(x,y)=0$,在空间直角坐标系中,$H(x,y)=0$ 表示母线平行于 z 轴的柱面. 由于 $H(x,y)=0$ 是曲线 C 的方程消去 z 得到的. 因此,曲线 C 上任一点的前两个坐标 x,y 满足 $H(x,y)=0$,即曲线 C 上的任一点都在柱面 $H(x,y)=0$ 上,即柱面 $H(x,y)=0$ 包含曲线 C.

从上面的讨论可知,柱面 $H(x,y)=0$ 是母线平行于 z 轴,以曲线 C 为准线的柱面,称该柱面为空间曲线 C 关于 xOy 面的**投影柱面**. 投影柱面与 xOy 面的交线

$$\begin{cases}H(x,y)=0,\\z=0\end{cases}$$

称为空间曲线 C 在 xOy 面上的**投影曲线**(简称**投影**).

同理,如果由方程

$$\begin{cases}F(x,y,z)=0,\\G(x,y,z)=0,\end{cases}$$

消去 x,得到 $R(y,z)=0$,则方程组

$$\begin{cases}R(y,z)=0,\\x=0\end{cases}$$

就是空间曲线 C 在 yOz 面上的投影曲线.

如果由方程

$$\begin{cases}F(x,y,z)=0,\\G(x,y,z)=0\end{cases}$$

消去 y,得到 $T(x,z)=0$,则方程组

$$\begin{cases}T(x,z)=0,\\ y=0\end{cases}$$

就是空间曲线 C 在 xOz 面上的投影曲线.

例 7.4.5 求球面 $x^2+y^2+z^2=9$ 与平面 $x+z=1$ 的交线在 xOy 面上的投影曲线方程.

解 由 $\begin{cases}x^2+y^2+z^2=9,\\ x+z=1\end{cases}$ 消去 z 可得投影柱面 $x^2+y^2+(1-x)^2=9$,因此所求的投影曲线的方程为

$$\begin{cases}x^2+y^2+(1-x)^2=9,\\ z=0.\end{cases}$$

将这个方程配方并化简得

$$\begin{cases}2\left(x-\frac{1}{2}\right)^2+y^2=\frac{17}{2},\\ z=0.\end{cases}$$

所以所求投影曲线为 xOy 面上的椭圆,其中心在 $\left(\frac{1}{2},0\right)$,两半轴长分别为 $\sqrt{\frac{17}{4}}$ 和 $\sqrt{\frac{17}{2}}$.

在重积分和曲线积分的计算中,往往需要确定一个立体或曲面在坐标面上的投影,这时要利用投影柱面和投影曲线.

例 7.4.6 设一个立体由上半球面 $z=\sqrt{4-x^2-y^2}$ 和锥面 $z=\sqrt{3(x^2+y^2)}$ 所围成(见图 7—13),求它在 xOy 面上的投影.

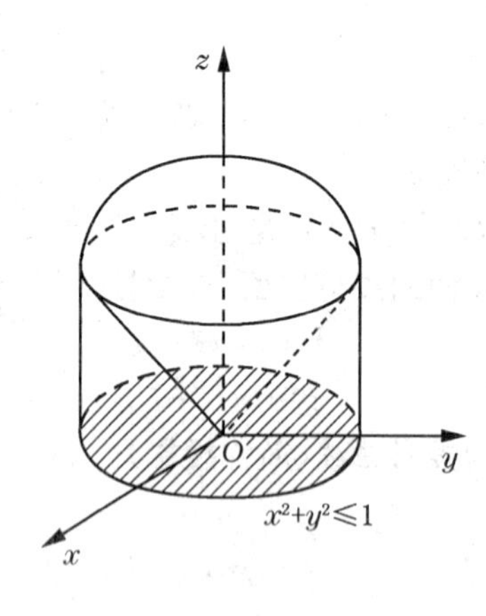

图 7—13

解 半球面和柱面的交线为

$$C:\begin{cases}z=\sqrt{4-x^2-y^2},\\ z=\sqrt{3(x^2+y^2)},\end{cases}$$

消去 z,得到 $x^2+y^2=1$,这是一个母线平行于 z 轴的圆柱面. 容易看出,这恰好是交线 C 在

xOy 面上的投影柱面,因此交线 C 在 xOy 面上的投影曲线为$\begin{cases}x^2+y^2=1,\\z=0.\end{cases}$

这是 xOy 面上的一个圆,于是所求立体在 xOy 面上的投影就是该圆在 xOy 面上所围部分 $x^2+y^2\leqslant 1$.

7.4.5　几类特殊的二次曲面

三元二次方程所表示的曲面称为二次曲面,前面已经介绍了几种,如球面、圆锥面等,下面利用“截痕法”再研究几种特殊的二次曲面.

1. 椭球面

方程$\frac{x^2}{a^2}+\frac{y^2}{b^2}+\frac{z^2}{c^2}=1(a>0,b>0,c>0)$所表示的曲面称为**椭球面**(见图 7－14).

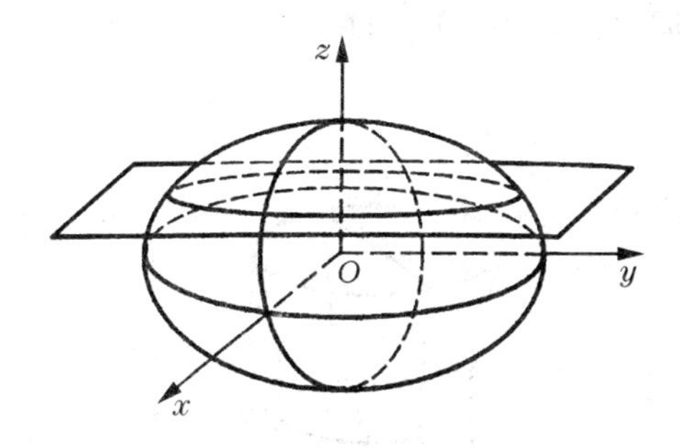

图 7－14

由方程可以看出$|x|\leqslant a,|y|\leqslant b,|z|\leqslant c$. 这说明椭球面完全包含在一个以原点为中心的长方体内部,这个长方体六个面的方程分别为 $x=\pm a,y=\pm b,z=\pm c$. 这个椭球面关于坐标面是对称的,从而关于三个坐标轴及坐标原点也是对称的. 特别地,当 $a=b=c$ 时,方程变为 $x^2+y^2+z^2=a^2$,这是一个以原点为球心、半径为 a 的球面.

如果用三个坐标面去截椭球面,截痕分别为

$$\begin{cases}\frac{x^2}{a^2}+\frac{y^2}{b^2}=1,\\z=0,\end{cases}\qquad\begin{cases}\frac{y^2}{b^2}+\frac{z^2}{c^2}=1,\\x=0,\end{cases}\qquad\begin{cases}\frac{x^2}{a^2}+\frac{z^2}{c^2}=1,\\y=0,\end{cases}$$

这些截痕都是椭圆.

如果用平行于 xOy 面的平面 $z=z_1(|z_1|\leqslant c)$ 去截椭球面,截痕为

$$\begin{cases}\dfrac{x^2}{\frac{a^2}{c^2}(c^2-z_1^2)}+\dfrac{y^2}{\frac{b^2}{c^2}(c^2-z_1^2)}=1,\\z=z_1.\end{cases}$$

这是平面 $z=z_1$ 上的椭圆,它的半轴分别为$\frac{a}{c}\sqrt{c^2-z_1^2}$,$\frac{b}{c}\sqrt{c^2-z_1^2}$. 当 z_1 变动时,这族椭圆的中心都在 z 轴上;当$|z_1|$由 0 逐渐增大到 c,椭圆截面由大到小,最后缩成一点 $(0,0,\pm c)$,如图 7－14 所示. 用平面 $y=y_1(|y_1|\leqslant b)$或$x=x_1(|x_1|\leqslant a)$去截椭球面,也有上面类似的结果.

如果 $a=b\neq c$，那么椭球面的方程变为$\frac{x^2}{a^2}+\frac{y^2}{b^2}+\frac{z^2}{c^2}=1$，它是 yOz 平面上的椭圆

$$\begin{cases}\frac{y^2}{b^2}+\frac{z^2}{c^2}=1,\\ x=0\end{cases}$$

绕 z 轴旋转所成的旋转椭球面.

2. 双曲面

双曲面可分为两种情况：一种是单叶双曲面，另一种是双叶双曲面.

(1)单叶方程双曲面

$\frac{x^2}{a^2}+\frac{y^2}{b^2}-\frac{z^2}{c^2}=1(a>0,b>0,c>0)$所表示的曲面称为**单叶双曲面**(见图 7—15). 因为$\frac{x^2}{a^2}+\frac{y^2}{b^2}\geqslant 1$，所以曲面在椭圆柱面$\frac{x^2}{a^2}+\frac{y^2}{b^2}=1$ 的外部.

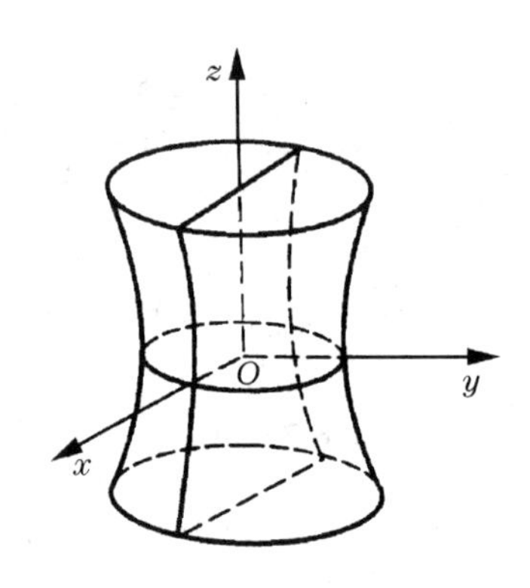

图 7—15

由方程可以看出，单叶双曲面关于三个坐标面对称，从而关于三个坐标轴和坐标原点都是对称的. 特别地，当 $a=b$ 时，方程变为

$$\frac{x^2+y^2}{b^2}-\frac{z^2}{c^2}=1.$$

这就是前面所说的单叶旋转双曲面(可以看成 yOz 面上的双曲线$\frac{y^2}{b^2}-\frac{z^2}{c^2}=1$ 绕 z 轴旋转得到).

如果用一族平行于 xOy 面的平面 $z=z_1$(z_1 为参数)去截单叶双曲面，截痕为一族椭圆，其方程为

$$\begin{cases}\frac{x^2}{\frac{a^2}{c^2}(c^2+z_1^2)}+\frac{y^2}{\frac{b^2}{c^2}(c^2+z_1^2)}=1,\\ z=z_1.\end{cases}$$

随着$|z_1|$的增大，其长短轴也增大.

如果用一族平行于 xOz 面的平面 $y=y_1$(y_1 为参数)去截单叶双曲面，截痕为一族双曲线，其方程为

$$\begin{cases} \dfrac{x^2}{\dfrac{a^2}{b^2}(b^2-y_1^2)}-\dfrac{z^2}{\dfrac{c^2}{b^2}(b^2-y_1^2)}=1, \\ y=y_1. \end{cases}$$

当 $|y_1|<b$ 时,它的实轴与 x 轴平行;当 $|y_1|>b$ 时,它的实轴与 z 轴平行;当 $|y_1|=b$ 时,截线为两条相交直线

$$\begin{cases} \left(\dfrac{x}{a}+\dfrac{z}{c}\right)\left(\dfrac{x}{a}-\dfrac{z}{c}\right)=0, \\ y=\pm b. \end{cases}$$

类似地,如果用一族平行于 yOz 面的平面去截单叶双曲面,截痕也是一族双曲线.

(2)双叶双曲面

方程 $-\dfrac{x^2}{a^2}+\dfrac{y^2}{b^2}-\dfrac{z^2}{c^2}=1(a>0,b>0,c>0)$ 所表示的曲面称为**双叶双曲面**(见图7—16).

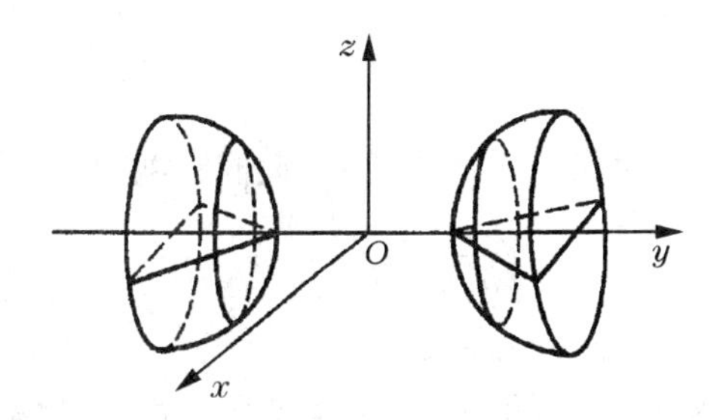

图 7—16

因为 $|y|\geqslant b$,所以曲面在两平行平面 $y=\pm b$ 之外.

由方程可以看出,双叶双曲面关于三个坐标面对称,从而关于三个坐标轴及坐标原点对称,且 $\dfrac{y^2}{b^2}\geqslant 1$,即 $y^2\geqslant b^2$,也就是说,图形被分成 $y<-b$, $y>b$ 两叶.特别地,当 $a=c$ 时,方程变为

$$-\frac{x^2+z^2}{a^2}+\frac{y^2}{b^2}=1.$$

这就是前面所讲的双叶旋转双曲面(可以看成 xOy 面上的双曲线 $-\dfrac{x^2}{a^2}+\dfrac{y^2}{b^2}=1$ 绕 y 轴旋转得到).

椭球面、单叶双曲面、双叶双曲面都有唯一的对称中心,因此又称它们为**中心二次曲面**.

3. 抛物面

抛物面也分为两种情况,即椭圆抛物面和双曲抛物面.

(1)椭圆抛物面

方程 $z=\dfrac{x^2}{a^2}+\dfrac{y^2}{b^2}$ 所表示的曲面称为**椭圆抛物面**(见图 7—17).

由方程可知,椭圆抛物面关于 xOz 面和 yOz 面对称,从而关于 z 轴对称.当 $z\geqslant 0$ 时,图形在 xOy 面的上方($z=-\dfrac{x^2}{a^2}-\dfrac{y^2}{b^2}$ 也是椭圆抛物面,由于 $z\leqslant 0$,所以图形在 xOy 面的下方).

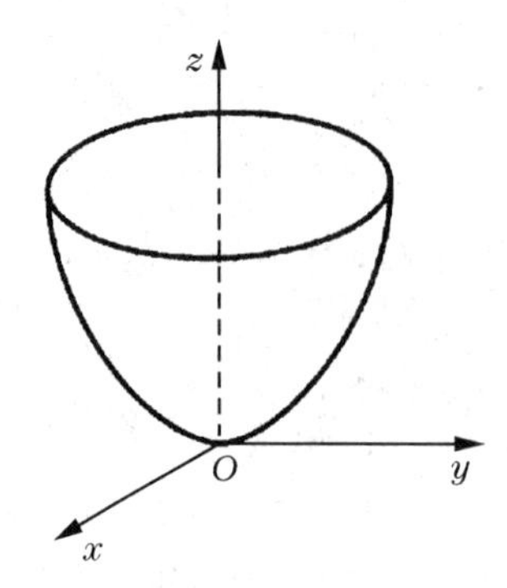

图 7－17

特别地，如果 $a=b$，方程变为 $z=\frac{x^2+y^2}{b^2}$，称它为旋转抛物面（可以看成 yOz 面上的抛物线 $z=\frac{y^2}{b^2}$ 绕 z 轴旋转得到）.

如果用平行于 xOy 面的平面 $z=z_1$ $(z_1\geqslant 0)$ 去截椭圆抛物面，截痕为椭圆

$$\begin{cases}\frac{x^2}{a^2 z_1}+\frac{y^2}{b^2 z_1}=1,\\ z=z_1.\end{cases}$$

如果用平行于 xOz 面和 yOz 面的平面去截椭圆抛物面，截痕都是抛物线.

(2)双曲抛物面

方程 $z=-\frac{x^2}{a^2}+\frac{y^2}{b^2}$ 或 $z=\frac{x^2}{a^2}-\frac{y^2}{b^2}$ 所表示的曲面称为**双曲抛物面**. 由于它的形状像马鞍，因此也称为**马鞍面**（见图 7－18）.

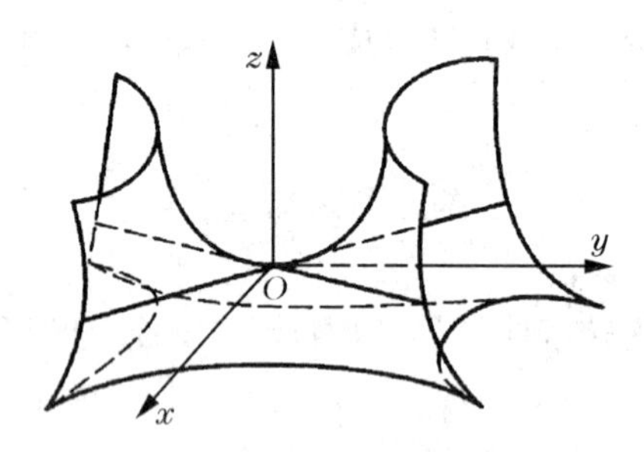

图 7－18

由方程可以看出，马鞍面关于 yOz 面和 xOz 面对称，从而关于 z 轴对称. 如果用平行于 xOy 面的平面 $z=z_1$ 去截马鞍面 $z=-\frac{x^2}{a^2}+\frac{y^2}{b^2}$，截痕为

$$\begin{cases}-\frac{x^2}{a^2}+\frac{y^2}{b^2}=z_1,\\ z=z_1.\end{cases}$$

只要 $z_1\neq 0$，它总是表示双曲线，且当 $z_1>0$ 时，实轴平行于 y 轴；当 $z_1<0$ 时，实轴平行于 x 轴；当 $z_1=0$ 时，截线为两条相交的直线.

同理可讨论用平行于 yOz 面的平面、xOz 面的平面 $x=x_1$，$y=y_1$ 去截马鞍面时截痕的情况.

椭圆抛物面与双曲抛物面都没有对称中心，因此称它们为**无心二次曲面**.

习题 7.4

1. 求母线平行于 x 轴且通过曲线 $\begin{cases}2x^2+y^2+z^2=16,\\ x^2-y^2+z^2=0\end{cases}$ 的柱面方程.

2. 将 xOy 坐标面上的双曲线 $\frac{x^2}{9}-\frac{y^2}{4}=1$ 分别绕 x 轴及 y 轴旋转一周，求所生成的两个旋转曲面的方程.

3. 指出下列方程在二维空间和三维空间中分别表示什么图形：

(1) $x=2$；　(2) $y=x+1$；　(3) $x^2+y^2=4$；

(4) $x^2-y^2=1$；　(5) $\begin{cases}y=5x+1,\\ y=2x-3;\end{cases}$　(6) $\begin{cases}\frac{x^2}{4}+\frac{y^2}{9}=1,\\ y=3.\end{cases}$

4. 说明下列旋转曲面是怎样形成的：

(1) $\frac{x^2}{4}+\frac{y^2}{9}+\frac{z^2}{9}=1$；　(2) $x^2-\frac{y^2}{4}+z^2=1$；　(3) $x^2-y^2-z^2=1$；

(4) $(z-a)^2=x^2+y^2$.

5. 求上半球 $0\leqslant z\leqslant\sqrt{a^2-x^2-y^2}$ 与圆柱体 $x^2+y^2\leqslant ax\ (a>0)$ 的公共部分在 xOy 和 xOz 面上的投影.

6. 求旋转抛物面 $z=x^2+y^2\ (0\leqslant z\leqslant 4)$ 在三个坐标面上的投影.

§7.5　案例解析

7.5.1　经典例题方法与技巧案例

例 7.5.1　用非退化线性替换化下面实二次型为标准形，并写出非退化线性替换.

$$f(x_1,x_2,x_3)=2x_1^2+4x_1x_2-4x_1x_3+5x_2^2-8x_2x_3+5x_3^2$$

解　解法 1(配方法)

$$\begin{aligned}f(x_1,x_2,x_3)&=2[x_1^2+2x_1(x_2-x_3)+(x_2-x_3)^2]+3\left[x_2^2-2\cdot\frac{2}{3}x_2x_3+\left(\frac{2}{3}x_3\right)^2\right]+\frac{5}{3}x_3^2\\&=2(x_1+x_2-x_3)^2+3\left(x_2-\frac{2}{3}x_3\right)^2+\frac{5}{3}x_3^2.\end{aligned}$$

令

$$\begin{cases}y_1=x_1+x_2-x_3,\\ y_2=x_2-\frac{2}{3}x_3,\\ y_3=x_3,\end{cases}$$

则有 $f(x_1,x_2,x_3)=2y_1^2+3y_2^2+\frac{5}{3}y_3^2$. 线性替换矩阵为

$$C=\begin{pmatrix}1 & -1 & \frac{1}{3}\\ 0 & 1 & \frac{2}{3}\\ 0 & 0 & 1\end{pmatrix}.$$

由于 $|C|\neq 0$,因此所作的线性替换是非退化的.

解法 2(初等变换法)

$f(x_1,x_2,x_3)$的矩阵为

$$\begin{pmatrix}2 & 2 & -2\\ 2 & 5 & -4\\ -2 & -4 & 5\end{pmatrix},$$

作初等变换

$$\left(\begin{array}{ccc:ccc}2 & 2 & -2 & 1 & 0 & 0\\ 2 & 5 & -4 & 0 & 1 & 0\\ -2 & -4 & 5 & 0 & 0 & 1\end{array}\right)\rightarrow\left(\begin{array}{ccc:ccc}2 & 0 & 0 & 1 & 0 & 0\\ 0 & 3 & -2 & -1 & 1 & 0\\ 0 & -2 & 3 & 1 & 0 & 1\end{array}\right)\rightarrow\left(\begin{array}{ccc:ccc}2 & 0 & 0 & 1 & 0 & 0\\ 0 & 3 & 0 & -1 & 1 & 0\\ 0 & 0 & \frac{5}{3} & \frac{1}{3} & \frac{2}{3} & 1\end{array}\right).$$

因此

$$C=\begin{pmatrix}1 & -1 & \frac{1}{3}\\ 0 & 1 & \frac{2}{3}\\ 0 & 0 & 1\end{pmatrix}.$$

即经非退化线性替换 $X=CY$ 有

$$f(x_1,x_2,x_3)=2y_1^2+3y_2^2+\frac{5}{3}y_3^2.$$

解法 3(正交替换法)

由方程

$$|\lambda E-A|=\begin{vmatrix}\lambda-2 & -2 & 2\\ -2 & \lambda-5 & 4\\ 2 & 4 & \lambda-5\end{vmatrix}=(\lambda-1)^2(\lambda-10)=0,$$

得 A 的特征值为 1(二重)与 10.

(1)对于 $\lambda=1$,求解齐次线性方程组 $(E-A)X=0$,得到两个线性无关的特征向量

$$\alpha_1=(-2,1,0)^T,\alpha_2=(2,0,1)^T.$$

先正交化:

$\beta_1=\alpha_1=(-2,1,0)^T$,

$\beta_2=\alpha_2-\frac{(\alpha_2,\beta_1)}{(\beta_1,\beta_1)}\beta_1=(2,0,1)^T+\frac{4}{5}(-2,1,0)^T=\left(\frac{2}{5},\frac{4}{5},1\right)^T$.

再单位化:

$$\boldsymbol{\eta}_1=\frac{1}{|\boldsymbol{\beta}_1|}\boldsymbol{\beta}_1=\begin{pmatrix}-\frac{2}{\sqrt{5}}\\ \frac{1}{\sqrt{5}}\\ 0\end{pmatrix},$$

$$\boldsymbol{\eta}_2=\frac{1}{|\boldsymbol{\beta}_2|}\boldsymbol{\beta}_2=\begin{pmatrix}\frac{2}{3\sqrt{5}}\\ \frac{4}{3\sqrt{5}}\\ \frac{5}{3\sqrt{5}}\end{pmatrix}.$$

(2)对于$\lambda=10$,求解齐次线性方程组$(10\boldsymbol{E}-\boldsymbol{A})\boldsymbol{X}=\boldsymbol{0}$,得一特征向量$\boldsymbol{\alpha}_3=(1,2,-2)^T$,且$\boldsymbol{\eta}_3=\frac{\boldsymbol{\alpha}_3}{|\boldsymbol{\alpha}_3|}=\left(\frac{1}{3},\frac{2}{3},-\frac{2}{3}\right)^T$.令

$$\boldsymbol{T}=\begin{pmatrix}-\frac{2}{\sqrt{5}} & \frac{2}{3\sqrt{5}} & \frac{1}{3}\\ \frac{1}{\sqrt{5}} & \frac{4}{3\sqrt{5}} & \frac{2}{3}\\ 0 & \frac{5}{3\sqrt{5}} & -\frac{2}{3}\end{pmatrix},$$

则有

$$\boldsymbol{T}^T\boldsymbol{A}\boldsymbol{T}=\begin{pmatrix}1&0&0\\0&1&0\\0&0&10\end{pmatrix},$$

即经正交线性替换$\boldsymbol{X}=\boldsymbol{T}\boldsymbol{Y}$得

$$f(x_1,x_2,x_3)=y_1^2+y_2^2+10y_3^2.$$

点评　利用非退化线性替换化二次型为标准形常用的有三种方法:

方法1(配方法)　即将变量$x_1,x_2,\cdots,x_n$逐个配成完全平方形式.为了能配方,在二次型没有平方项时,先变换出平方项,再进行配方.

方法2(初等变换法)　用非退化线性替换$\boldsymbol{X}=\boldsymbol{C}\boldsymbol{Y}$化实二次型为标准形.具体步骤是:先求出$f$的矩阵$\boldsymbol{A}$,再作如下所示的初等变换:

$$(\boldsymbol{A}\,|\,\boldsymbol{E})\xrightarrow[\text{对}\boldsymbol{E}\text{只作初等行变换}]{\text{对}\boldsymbol{A}\text{作成对的初等行、列变换}}(\boldsymbol{D}\,|\,\boldsymbol{C}^T).$$

当子块$\boldsymbol{A}$化为对角矩阵$\boldsymbol{D}$时,子块$\boldsymbol{E}$也相应地化为$\boldsymbol{C}^T$,并且有$\boldsymbol{C}^T\boldsymbol{A}\boldsymbol{C}=\boldsymbol{D}$.

方法3(正交替换法)　先写出二次型的矩阵A,再用正交替换$\boldsymbol{X}=\boldsymbol{T}\boldsymbol{Y}$将$\boldsymbol{A}$对角化,从而

$$\boldsymbol{T}^T\boldsymbol{A}\boldsymbol{T}=\begin{pmatrix}\lambda_1 & & 0\\ & \ddots & \\ 0 & & \lambda_n\end{pmatrix},$$

其中,$\lambda_i(i=1,2,\cdots,n)$为二次型矩阵的所有特征值,即有

$$f(x_1,\cdots,x_n)=\lambda_1y_1^2+\lambda_2y_2^2+\cdots+\lambda_ny_n^2.$$

例 7.5.2 已知二次型 $f(x_1,x_2,x_3)=5x_1^2+5x_2^2+cx_3^2-2x_1x_2+6x_1x_3-6x_2x_3$ 的秩为 2.

(1)求参数 c 及此二次型对应矩阵的特征值;

(2)指出方程 $f(x_1,x_2,x_3)=1$ 表示何种二次曲面.

解 (1)此二次型对应的矩阵为

$$\boldsymbol{A}=\begin{pmatrix}5 & -1 & 3\\ -1 & 5 & -3\\ 3 & -3 & c\end{pmatrix},$$

因秩 $\boldsymbol{A}=2$,故 $|\boldsymbol{A}|=0$. 由此解得 $c=3$. 进而由

$$|\lambda\boldsymbol{E}-\boldsymbol{A}|=\begin{vmatrix}\lambda-5 & 1 & -3\\ 1 & \lambda-5 & 3\\ -3 & 3 & \lambda-3\end{vmatrix}=\lambda(\lambda-4)(\lambda-9)=0$$

得特征值为 $\lambda_1=0,\lambda_2=4,\lambda_3=9$.

(2)由 $\boldsymbol{A}$ 的特征值知,$f(x_1,x_2,x_3)=1$ 可经过适当的非退化线性替换化为 $4y_2^2+9y_3^2=1$,而且经过非退化线性替换并不改变空间曲面的类型,可见这是椭圆柱面.

例 7.5.3 判定实二次型 $f(x_1,x_2,x_3)=2x_1^2+5x_2^2+5x_3^2+4x_1x_2-4x_1x_3-8x_2x_3$ 是否正定.

解 **解法 1** 因 $f(x_1,x_2,x_3)$的矩阵为

$$\boldsymbol{A}=\begin{pmatrix}2 & 2 & -2\\ 2 & 5 & -4\\ -2 & -4 & 5\end{pmatrix},$$

$$|\lambda\boldsymbol{E}-\boldsymbol{A}|=\begin{vmatrix}\lambda-2 & -2 & 2\\ -2 & \lambda-5 & 4\\ 2 & 4 & \lambda-5\end{vmatrix}=(\lambda-1)^2(\lambda-10).$$

于是 $\boldsymbol{A}$ 的特征值 $\lambda=1,1,10$ 全为正实数,故此二次型是正定的.

解法 2 因 $\boldsymbol{A}$ 的顺序主子式

$$|2|=2>0,\quad \begin{vmatrix}2 & 2\\ 2 & 5\end{vmatrix}=6>0,\quad |\boldsymbol{A}|=\begin{vmatrix}2 & 2 & -2\\ 2 & 5 & -4\\ -2 & -4 & 5\end{vmatrix}=10>0,$$

故此二次型是正定的.

例 7.5.4 作出下列方程的图形:

(1)$x^2+y^2-z^2=1$;　　(2)$x^2+y^2-z^2=0$;　　(3)$x^2+y^2-z^2=-1$;

并说明它们之间的关系.

解 利用截痕法. 用 yOz 面截割三个曲面时,交线分别为

(1)$\begin{cases}y^2-z^2=1,\\ x=0,\end{cases}$ 即 yOz 平面上以 y 轴为实轴的双曲线;

(2)$\begin{cases}y^2-z^2=0,\\ x=0,\end{cases}$ 即 yOz 平面上两相交直线;

(3) $\begin{cases} -y^2+z^2=1, \\ x=0, \end{cases}$ 即 yOz 平面上以 z 轴为实轴的双曲线；

且双曲线(1)，(3)均以(2)的两相交直线为渐近线. 同理，三个曲面和 xOz 面的交线也是如此.

用 $z=k(|k|>1)$ 的平面截割时($|k|<1$ 时，和第三个曲面没有交线)，交线为

① $\begin{cases} z=k, \\ x^2+y^2=1+k^2, \end{cases}$　② $\begin{cases} z=k, \\ x^2+y^2=k^2, \end{cases}$　③ $\begin{cases} z=k, \\ x^2+y^2=k^2-1. \end{cases}$

它们是平面 $z=k$ 上的同心圆，其半径 $r_1=\sqrt{k^2+1}$ 最大，$r_2=k$ 居中，$r_3=\sqrt{k^2-1}$ 最小，且当 $k\to+\infty$ 时，三个曲面将无限接近.

实际上，(1)是旋转单叶双曲面，(2)是圆锥面，(3)是旋转双叶双曲面，均以 z 轴为中心. 当 $z\to+\infty$ 时，(1)与(3)的双曲面均无限接近锥面，故(2)称为(1)、(3)的渐近锥面，如图7－19所示.

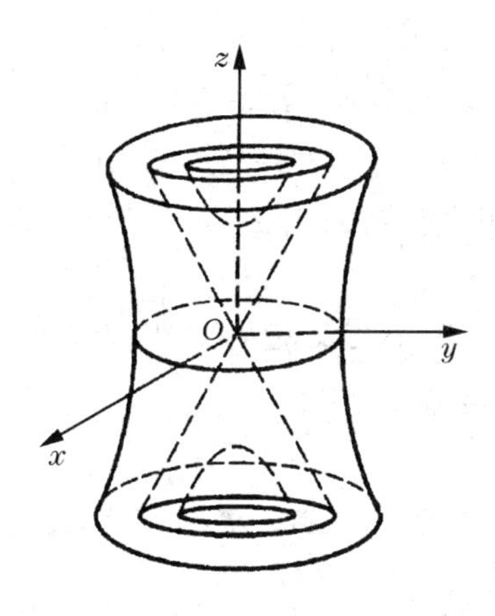

图 7－19

7.5.2　应用案例解析

前面我们讲的二次曲面，它们的方程都是特殊形式，称为二次曲面的标准方程，而二次曲面的一般方程为

$$a_{11}x^2+a_{22}y^2+a_{33}z^2+2a_{12}xy+2a_{13}xz+2a_{23}yz+b_1x+b_2y+b_3z+c=0, \quad (7.5.1)$$

其中，$a_{ij}, b_i, c\ (i,j=1,2,3)$ 都是实数. 我们记

$$\boldsymbol{x}=(x,y,z)^T, \qquad \boldsymbol{b}=(b_1,b_2,b_3)^T, \qquad \boldsymbol{A}=\begin{pmatrix} a_{11} & a_{12} & a_{13} \\ a_{21} & a_{22} & a_{23} \\ a_{31} & a_{32} & a_{33} \end{pmatrix},$$

其中，$a_{ij}=a_{ji}$，利用二次型的表示方法，方程(7.5.1)可表示成下列形式：

$$\boldsymbol{x}^T\boldsymbol{A}\boldsymbol{x}+\boldsymbol{b}^T\boldsymbol{x}+c=0. \quad (7.5.2)$$

为了研究一般二次曲面的性态，我们需要将二次曲面的一般方程转化为标准方程，为此我们分两步进行：

第一步，利用正交变换 $\boldsymbol{x}=\boldsymbol{P}\boldsymbol{y}$ 将方程(7.5.2)左边的二次型 $\boldsymbol{x}^T\boldsymbol{A}\boldsymbol{x}$ 的部分化为标准形

$$\boldsymbol{x}^T\boldsymbol{A}\boldsymbol{x}=\lambda_1x_1^2+\lambda_2y_1^2+\lambda_3z_1^2,$$

其中，$\boldsymbol{P}$ 为正交矩阵，$\boldsymbol{y}=(x_1,y_1,z_1)^T$，相应地有

$$\boldsymbol{b}^T\boldsymbol{x}=\boldsymbol{b}^T\boldsymbol{P}\boldsymbol{y}=(\boldsymbol{b}^T\boldsymbol{P})\boldsymbol{y}=k_1x_1+k_2y_1+k_3z_1,$$

于是方程(7.5.2)可化为

$$\lambda_1x_1^2+\lambda_2y_1^2+\lambda_3z_1^2+k_1x_1+k_2y_1+k_3z_1+c=0. \tag{7.5.3}$$

第二步，作平移变换 $\tilde{\boldsymbol{y}}=\boldsymbol{y}+\boldsymbol{y}_0$，将方程(7.5.3)化为标准方程，其中，$\tilde{\boldsymbol{y}}=(\tilde{x},\tilde{y},\tilde{z})$，这里只要用配方法就能找到所用的平移变换. 以下对 $\lambda_1,\lambda_2,\lambda_3$ 是否为零进行讨论：

(1)当 $\lambda_1\lambda_2\lambda_3\neq0$ 时，用配方法将方程(7.5.3)化为标准方程

$$\lambda_1\tilde{x}^2+\lambda_2\tilde{y}^2+\lambda_3\tilde{z}^2=d. \tag{7.5.4}$$

根据 $\lambda_1,\lambda_2,\lambda_3$ 与 d 的正负，可具体确定方程(7.5.4)表示什么曲面，例如，$\lambda_1,\lambda_2,\lambda_3$ 与 d 同号，则方程(7.5.4)表示椭球面.

(2)当 $\lambda_1,\lambda_2,\lambda_3$ 中有一个为 0，不妨设 $\lambda_3=0$，方程(7.5.3)可化为

$$\lambda_1\tilde{x}^2+\lambda_2\tilde{y}^2=k_3\tilde{z}\,(k_3\neq0), \tag{7.5.5}$$

$$\lambda_1\tilde{x}^2+\lambda_2\tilde{y}^2=d\,(k_3=0). \tag{7.5.6}$$

根据 λ_1,λ_2 与 d 的正负，可具体确定方程(7.5.5)，(7.5.6)表示什么曲面. 例如，当 λ_1,λ_2 同号时，则方程(7.5.5)表示椭圆抛物面；当 λ_1,λ_2 异号时，则方程(7.5.5)表示双曲抛物面，(7.5.6)表示柱面.

(3)当 $\lambda_1,\lambda_2,\lambda_3$ 中有两个为 0，不妨设 $\lambda_2=\lambda_3=0$，方程(7.5.3)可化为下列情况之一：

(a)$\lambda_1\tilde{x}^2+p\tilde{y}+q\tilde{z}=0\,(p,q\neq0)$.

此时再作新的坐标变换

$$x'=\tilde{x},\qquad y'=\frac{p\tilde{y}+q\tilde{z}}{\sqrt{p^2+q^2}},\qquad z'=\frac{q\tilde{y}-p\tilde{z}}{\sqrt{p^2+q^2}}$$

(实际上是绕 $\tilde{x}$ 轴的旋转变换)，方程可化为

$$\lambda_1x'^2+\sqrt{p^2+q^2}\,y'=0,$$

此时曲面表示抛物柱面.

(b)$\lambda_1\tilde{x}^2+p\tilde{y}=0\,(p\neq0)$表示抛物柱面.

(c)$\lambda_1\tilde{x}^2+q\tilde{z}=0\,(q\neq0)$表示抛物柱面.

(d)$\lambda_1\tilde{x}^2+d=0$，若 λ_1,d 异号，表示两个平行平面；若 λ_1,d 同号，图形无实点；若 $d=0$，表示 yOz 坐标面.

例 7.5.5 二次曲面由以下方程给出，通过坐标变换，将其化为标准形，并说明它是什么曲面.

$$2x^2+3y^2+4z^2+4xy+4yz+4x-2y+12z+10=0.$$

解 将二次曲面的一般方程写出矩阵形式

$$\boldsymbol{x}^T\boldsymbol{A}\boldsymbol{x}+\boldsymbol{b}^T\boldsymbol{x}+10=0,$$

其中，

$$\boldsymbol{x}=\begin{pmatrix}x\\y\\z\end{pmatrix},\qquad \boldsymbol{b}=\begin{pmatrix}4\\-2\\12\end{pmatrix},\qquad \boldsymbol{A}=\begin{pmatrix}2&2&0\\2&3&2\\0&2&4\end{pmatrix},$$

$$|\boldsymbol{A}-\lambda\boldsymbol{E}|=-\lambda^3+9\lambda^2-18\lambda=-\lambda(\lambda-3)(\lambda-6).$$

$\boldsymbol{A}$ 的特征值为 $\lambda_1=6,\lambda_2=3,\lambda_3=0$，分别求出它们所对应的特征向量，并将它们标准正交化得

$$\boldsymbol{p}_1=\left(\frac{1}{3},\frac{2}{3},\frac{2}{3}\right)^T,\quad \boldsymbol{p}_2=\left(\frac{2}{3},\frac{1}{3},-\frac{2}{3}\right)^T,\quad \boldsymbol{p}_3=\left(\frac{2}{3},-\frac{2}{3},\frac{1}{3}\right)^T.$$

取 $\boldsymbol{P}=(\boldsymbol{p}_1,\boldsymbol{p}_2,\boldsymbol{p}_3)$，则 $\boldsymbol{P}$ 是正交矩阵，作正交变换 $\boldsymbol{x}=\boldsymbol{P}\boldsymbol{y}$，其中，$\boldsymbol{y}=(x_1,y_1,z_1)^T$，则有

$$\boldsymbol{x}^T\boldsymbol{A}\boldsymbol{x}=6x_1^2+3y_1^2,\quad \boldsymbol{b}^T\boldsymbol{x}=(\boldsymbol{b}^T\boldsymbol{P})\boldsymbol{y}=8x_1-6y_1+8z_1.$$

因此，原方程可化为

$$6x_1^2+3y_1^2+8x_1-6y_1+8z_1+10=0,$$

配方得

$$6\left(x_1+\frac{2}{3}\right)^2+3(y_1-1)^2+8\left(z_1+\frac{13}{24}\right)=0.$$

令 $\tilde{x}=x_1+\frac{2}{3},\tilde{y}=y_1-1,\tilde{z}=z_1+\frac{13}{24}$，则原方程化为标准方程

$$6\tilde{x}^2+3\tilde{y}^2+8\tilde{z}=0,$$

所以，该曲面为椭圆抛物面.

例 7.5.6　将二次曲面 $z=xy$ 的方程化为标准方程，并说明它是什么曲面.

解　$z=xy$ 可写成 $xy-z=0$，令

$$\boldsymbol{x}=\begin{pmatrix}x\\y\\z\end{pmatrix},\ \boldsymbol{b}=\begin{pmatrix}0\\0\\-1\end{pmatrix},\ \boldsymbol{A}=\begin{pmatrix}0&\frac{1}{2}&0\\\frac{1}{2}&0&0\\0&0&0\end{pmatrix},$$

则该二次曲面方程用矩阵形式表示为 $\boldsymbol{x}^T\boldsymbol{A}\boldsymbol{x}+\boldsymbol{b}^T\boldsymbol{x}=0$，由于

$$|\boldsymbol{A}-\lambda\boldsymbol{E}|=-\lambda\left(\lambda+\frac{1}{2}\right)\left(\lambda-\frac{1}{2}\right),$$

所以 A 的特征值为 $\lambda_1=-\frac{1}{2},\lambda_2=\frac{1}{2},\lambda_3=0$，分别求出它们所对应的特征向量，并单位化得

$$\boldsymbol{p}_1=\left(\frac{1}{\sqrt{2}},-\frac{1}{\sqrt{2}},0\right)^T,\quad \boldsymbol{p}_2=\left(\frac{1}{\sqrt{2}},\frac{1}{\sqrt{2}},0\right)^T,\quad \boldsymbol{p}_3=(0,0,1)^T.$$

取 $\boldsymbol{P}=(\boldsymbol{p}_1,\boldsymbol{p}_2,\boldsymbol{p}_3)$，则 $\boldsymbol{P}$ 为正交矩阵，作正交变换 $\boldsymbol{x}=\boldsymbol{P}\boldsymbol{y},\boldsymbol{y}=(x_1,y_1,z_1)^T$，则有

$$\boldsymbol{x}^T\boldsymbol{A}\boldsymbol{x}=-\frac{1}{2}x_1^2+\frac{1}{2}y_1^2,$$

$$\boldsymbol{b}^T\boldsymbol{x}=(0,0,-1)\begin{pmatrix}\frac{1}{\sqrt{2}}&\frac{1}{\sqrt{2}}&0\\-\frac{1}{\sqrt{2}}&\frac{1}{\sqrt{2}}&0\\0&0&1\end{pmatrix}\begin{pmatrix}x_1\\y_1\\z_1\end{pmatrix}=-z_1.$$

因此所给二次曲面化成标准方程为

$$-\frac{1}{2}x_1^2+\frac{1}{2}y_1^2-z_1=0,$$

即 $z_1=-\frac{1}{2}x_1^2+\frac{1}{2}y_1^2$ 表示双曲抛物面（马鞍面）.

参考文献

[1]北京大学数学系几何与代数教研室代数小组.高等代数(第2版)[M].北京:高等教育出版社,1988.

[2]张远达,熊全淹.线性代数[M].北京:人民教育出版社,1962.

[3]陈发来,陈效群.线性代数与解析几何[M].北京:高等教育出版社,2011.

[4]李养成.空间解析几何[M].北京:科学出版社,2007.

[5]李师正,张玉芬.高等代数解题方法与技巧[M].北京:高等教育出版社,2004.

[6]吕林根,许子道.解析几何(第4版)[M].北京:高等教育出版社,2006.

[7]石福庆等.线性代数辅导[M].北京:高等教育出版社,2011.

[8]黄廷柱,成孝予.线性代数与空间解析几何(第4版)[M].北京:高等教育出版社,2015.

[9]曾令淮,段辉明,李玲.高等代数与解析几何[M].北京:清华大学出版社,2014.

[10]赵礼峰,丁秀梅,王晓平.线性代数与解析几何学习指导[M].北京:科学出版社,2013.